全国高等院校土木与建筑专业十二五创新规划教材

结构力学

王邵臻　艾海英　主　编

石晓娟　杨建功　副主编

清華大學出版社

北　京

内 容 简 介

本书主要根据高等学校土木工程专业本科教育培养目标和培养方案及结构力学课程教学大纲的要求编写的。全书内容包括绪论、平面体系的几何构造分析、静定结构的内力计算、虚功原理和结构的位移计算、力法、位移法、渐近法、影响线及其应用、矩阵位移法、结构动力计算基础、结构的极限荷载与弹性稳定等。

本书既可作为高等学校教材，供土木工程专业本科生使用，也可供研究生参考使用，还可作为专业书籍供建筑设计工作者、桥梁设计工作者和力学研究者等人员参考。

图书在版编目(CIP)数据

结构力学/王邵臻，艾海英主编. —北京：清华大学出版社，2017 (2021.3重印)
(全国高等院校土木与建筑专业十二五创新规划教材)
ISBN 978-7-302-44166-3

Ⅰ. ①结… Ⅱ. ①王… ②艾… Ⅲ. ①结构力学—高等学校—教材 Ⅳ. ①O342

中国版本图书馆 CIP 数据核字(2016)第 148575 号

责任编辑：韩 旭 李玉萍
装帧设计：刘孝琼
责任校对：周剑云
责任印制：宋 林

出版发行：清华大学出版社
网 址：http://www.tup.com.cn, http://www.wqbook.com
地 址：北京清华大学学研大厦 A 座 **邮 编**：100084
社 总 机：010-62770175 **邮 购**：010-62786544
投稿与读者服务：010-62776969, c-service@tup.tsinghua.edu.cn
质量反馈：010-62772015, zhiliang@tup.tsinghua.edu.cn
课件下载：http://www.tup.com.cn, 010-62791865
印 装 者：三河市龙大印装有限公司
经 销：全国新华书店
开 本：185mm×260mm **印 张**：16.5 **字 数**：395 千字
版 次：2017 年 1 月第 1 版 **印 次**：2021 年 3 月第 2 次印刷
定 价：49.00 元

产品编号：067860-02

前　言

本书以教育部高等学校力学基础课程教学指导委员会制订的“结构力学课程教学基本要求”为依据，着重培养学生分析问题、解决问题的能力。本书可作为独立学院土木工程专业、土木建筑类及其他专业的教学用书，也可供从事土木工程勘测、设计、施工、监理、科研和管理等相关人员的学习参考。

“结构力学”是土木工程专业一门重要的专业基础课。它以“高等数学”“理论力学”“材料力学”等课程为基础；同时，它又是“混凝土结构设计原理”“钢结构设计原理”“土力学与地基基础”“结构抗震”“砌体结构”等专业课程的基础。该课程在专业基础课与专业课之间起着承上启下的作用。本书在选择和编写教材内容时，根据独立学院的整体建设规划目标及发展方向，针对独立学院的学生编写。独立学院的人才培养目标是以通识教育为基础，培养学生理论联系实际，用其所掌握的知识和技术解决实际问题的能力。本书重点突出，内容简单扼要，既方便教师教学，也方便学生自学。本书为土木工程专业学生编写，未编写动力学部分。

本书由北京科技大学天津学院教师王邵臻、艾海英担任主编，北京科技大学天津学院教师石晓娟、杨建功担任副主编，北京科技大学刘胜富教授担任主审。本书第 5 章、第 10 章由王邵臻编写，第 6 章、第 8 章由艾海英编写，第 1～4 章由石晓娟编写，第 7 章、第 9 章由杨建功编写。王邵臻负责全书统稿，汤华鑫负责制图和图片处理工作。

书中借用的图片、图标的作者请与本书编写人员联系。由于编者水平有限，编写时间仓促，书中难免有疏漏、不足乃至错误之处，恳请广大读者批评指正，以利修订及更正(jiegoulixue2015@sina.com)。感谢大家对本教材的关心和支持。

编　者

前 言

[illegible]

编 者

目　　录

第1章 绪 论

1.1 结构力学的研究对象、任务和学习方法

建筑物和工程设施中承受、传递荷载而起骨架作用的部分称为工程结构，简称结构。如图 1-1 所示是一些结构的外形，其中图 1-1(a)为高层建筑结构，图 1-1(b)为水利枢纽工程结构，图 1-1(c)为桥梁结构。结构通常是由许多构件联结而成的，如梁、柱、杆、屋架等。

(a)上海浦东陆家嘴

(b)长江三峡水利工程

(c)杭州湾跨海大桥

图 1-1　工程结构示例

为了使结构既能安全、正常地工作，又能符合经济的要求，就需对其进行强度、刚度和稳定性的计算。这一任务是由“材料力学”“结构力学”“弹性力学”等几门课程共同来承担的。在材料力学中主要研究单个杆件的计算；结构力学则在此基础上着重研究由杆件所组成的结构；弹性力学将对杆件作更精确的分析，并将研究板、壳、块体等非杆状结构。当然，这种分工不是绝对的，各课程间常存在互相渗透的情况。

如上所述，结构力学的研究对象主要是杆系结构。具体来说，结构力学的任务包括以下几个方面。

(1) 研究结构的组成规律和合理形式等问题。

(2) 研究结构内力和变形的计算方法，进行结构的强度和刚度的验算。

(3) 研究结构的稳定性计算以及在动力荷载作用下的结构反应。

结构力学是一门技术基础课。该课程一方面要用到“高等数学”“理论力学”“材料力学”等课程的知识，另一方面又为学习钢筋混凝土结构、钢结构、砌体结构、桥梁、隧道等专业课程提供必要的基本理论和计算方法。因此，结构力学是一门承上启下的课程，它在结构、水利、道路、桥梁及地下工程等各专业的学习中占有重要地位。

学习结构力学课程时要注意它与先修课程的联系。对先修课的知识，应当根据情况进行必要的复习，并在运用中得到巩固和提高。只有牢固地掌握结构力学课程所涉及的基本理论和基本方法，才能为后继课程的学习奠定坚实的基础。

在学习中必须贯彻理论与实际相结合的原则。要注意结构力学的理论是怎样服务于工程实际的；要留心观察实际结构，了解它们的构造，分析它们的受力特点，并考虑怎样用所学的理论、方法解决其力学分析问题。只有联系实际学习理论，才能培养用所学知识去解决实际问题的能力。

学习时要注意多练。做题练习，是学好结构力学的重要环节。要做足够数量的习题，才可能掌握其中的概念、原理和方法。但要注意以下两点。

(1) 做题前一定要看书复习，搞清概念及解题思路，抓住方法的本质、要点。按例题照搬照套，急于完成作业而不经过自己的思考，不会有多少效果。

(2) 作业要条理清晰、整洁、严谨，要培养对所得结果进行合理校核的能力；发现错误，要及时总结，找出原因，这样才能吸取教训，逐步提高。

1.2　荷载的分类

荷载是作用在结构上的主动力。

结构的自重、作用在结构上的土压力、水压力、风压力以及人群重量、承载物重量等都是使结构产生内力和变形的外力，它们是作用在结构上的荷载。此外，温度变化、支座移动、制造误差等其他因素的作用也会使结构产生内力和变形。从广义上说，这些因素可视为作用在结构上的广义荷载。

合理地确定荷载，是结构设计的重要环节。对荷载估计过大，结构的设计尺寸势必偏大，材料性能将得不到充分发挥，造成浪费；对荷载估计过小，则设计的结构不安全。通常应按国家颁布的有关规范确定荷载。对特殊的结构，设计荷载应通过理论分析和实验验证来最终确定。

土建、水利、道桥工程中的荷载，除广义荷载外，根据其不同的特征，可有不同的分类方法。

1.2.1　按荷载分布情况分类

按分布情况，荷载可分为以下两类。

1．集中荷载

当荷载与结构的接触面积远小于结构的尺寸时，则可以近似认为该荷载为集中荷载。在理想状态下，集中荷载就是只有一个着力点的力。例如，吊车梁上的吊车轮压、次梁对主梁的作用力等都可以看作是集中荷载。

2．分布荷载

连续分布在结构上的荷载称为分布荷载。分布荷载有体荷载、面荷载和线荷载之分。在杆件结构中，分布荷载简化到所作用杆件的轴线处，可用单位长度上的作用力，即线荷载集度表示。当线荷载集度为常数时，则称为均布荷载。

1.2.2　按作用时间久暂分类

按作用时间久暂，荷载可分为以下两类。

1．恒载

长期作用在结构上的不变荷载称为恒荷载，简称恒载。结构自重、结构上的固定设备和物品的重量等都可以看作恒载。

2．活载

作用在结构上位置可以变动的荷载称为活荷载，简称活载。人群荷载、风荷载、雪荷载和吊车荷载等都可以看作活载。

1.2.3　按荷载性质分类

按性质分类，荷载可分为以下两类。

1．静力荷载

静力荷载是指荷载的大小、方向和作用位置不随时间而变化，或虽有变化，但较缓慢，不致使结构产生显著的冲击或振动，因而可以略去惯性力影响的荷载。恒载及风荷载、雪荷载等大多数荷载都可以视为静力荷载。

2．动力荷载

动力荷载是指作用在结构上，会引起结构显著冲击或振动，使结构产生明显的加速度，因而必须考虑惯性力的荷载。地震荷载、动力机械振动荷载、爆炸冲击荷载等都属于动力荷载。

1.3　结构的计算简图

在结构设计中，需要对实际结构进行力学分析。实际结构总是比较复杂的，要完全按照结构的实际情况来进行力学分析，将是很困难的，也是不必要的。因此，在计算之前，往往需要对实际结构加以简化，表现其主要特点，略去次要因素，用一个简化图形来代替实际结构，这种图形就称为结构的计算简图。

选择计算简图的原则如下。

(1) 从实际出发。计算简图要反映实际结构的受力情况和主要性能。

(2) 分清主次，略去细节。计算简图要便于分析和计算。

将实际结构简化为计算简图，通常包括以下几方面的工作。

1.3.1　结构体系的简化

一般结构实际上都是空间结构，各部分相互联结形成一个整体，以承受实际荷载。对空间结构进行力学分析往往比较复杂，工作量较大。在土建、水利工程结构中，大量的空间杆件结构，在一定条件下，可略去结构的次要因素，将其分解简化为平面结构，使计算得到简化。在本书中主要以平面杆件结构为研究对象。

1.3.2　杆件的简化

在杆件结构中，当杆件的长度远大于它的高度和宽度时，通常可以近似地认为杆件变形时其截面保持为平面。杆件截面上的应力可以根据截面的内力来确定，且其内力仅沿长度变化。因此，在计算简图中，可以用杆轴线代替杆件，用各杆轴线相互联结构成的几何图形代替真实结构。

1.3.3　结点的简化

在杆件结构中，几根杆件相互联结的部分称为结点。根据结构的受力特点和结点的构造情况，结点可采用以下三种计算简图。

1. 铰结点

铰结点的特征是汇交于结点的各杆端不能相对移动，但它所联结的各杆可以绕铰自由转动。理想的铰结点在实际结构中是很难实现的，只有木屋架的结点比较接近。图 1-2(a)、(b)分别表示一个木屋架的结点和它的计算简图。当结构的几何构造及外部荷载符合一定条件时，结点的刚性约束对结构受力状态的影响处于次要地位，这时该结点也可以视为铰结

点。图 1-3(a)、(b)分别表示一个钢桁架的结点和它的计算简图。

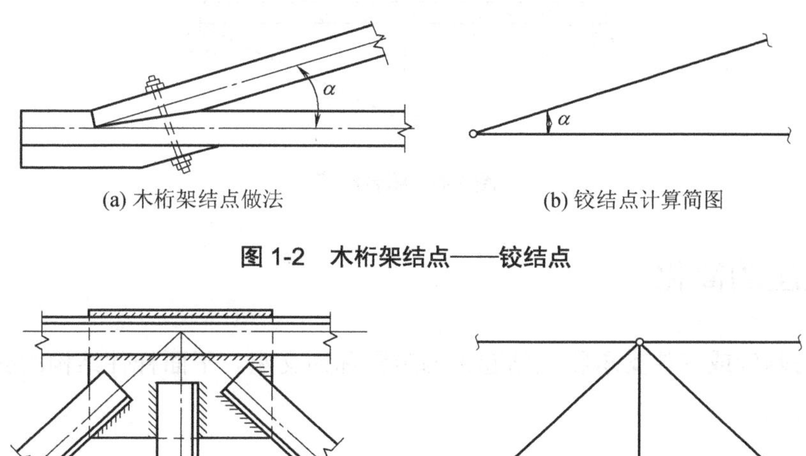

(a) 木桁架结点做法　　(b) 铰结点计算简图

图 1-2　木桁架结点——铰结点

(a) 钢桁架结点做法　　(b) 铰结点计算简图

图 1-3　钢桁架结点——铰结点

2. 刚结点

刚结点的特点是汇交于结点的各杆端除不能相对移动外，也不能相对转动，即交于结点处的各杆件之间的夹角不会因结构变形而改变。图 1-4(a)所示为一钢筋混凝土框架结点，该结点不仅可以传递力，而且可以传递力矩。其计算简图如图 1-4(b)所示。

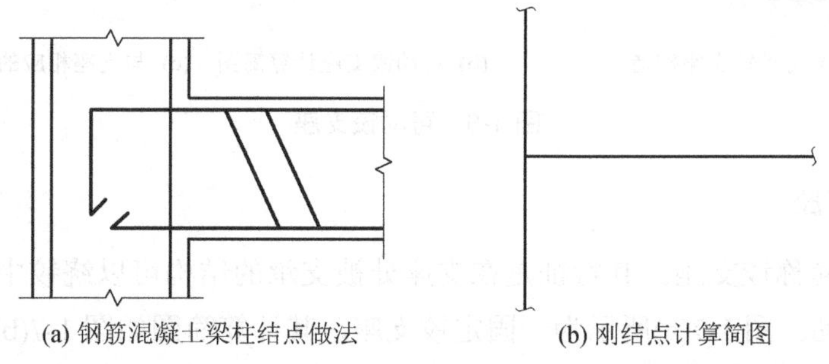

(a) 钢筋混凝土梁柱结点做法　　(b) 刚结点计算简图

图 1-4　钢筋混凝土梁柱结点——刚结点

3. 组合结点

组合结点的特点是汇交于结点的各杆端不能相对移动，但其中有些杆件的联结为刚性联结，各杆端不允许相对转动；而其余杆件视为铰结，允许绕结点转动。图 1-5 所示为一加劲梁示意图。当竖向荷载作用于加劲梁 *AB* 时，*AB* 杆以承受弯矩为主，其他杆件以承受轴力为主。此时，*AC* 杆与 *CB* 杆在 *C* 点为刚性联结，而 *CD* 杆与 *ACB* 杆为铰结，故结点 *C* 为一组合结点。

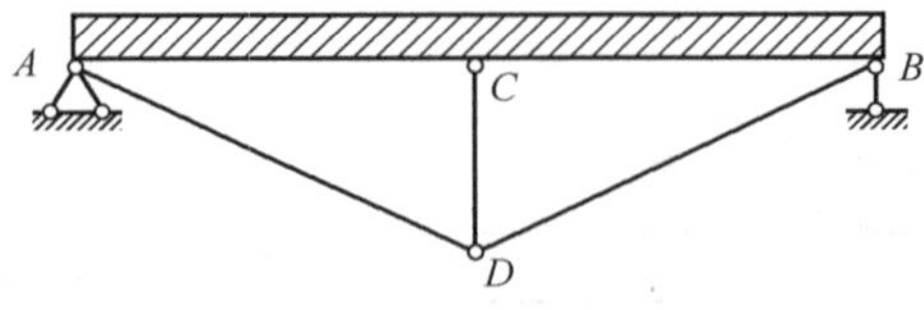

图 1-5　组合结点

1.3.4　支座的简化

把结构与基础或其他支承物联结起来的装置称为支座。平面杆件结构的支座通常简化为以下几种形式。

1．可动铰支座

可动铰支座也称为滚轴支座。其特征是在支承处被支承的结构物既可以绕铰中心转动，也可以沿支承面移动。图 1-6(a)所示为一可动铰支座，其计算简图如图 1-6(b)所示。可动铰支座的约束反力可用一作用点和作用线均为已知、只有大小未知的力 V_A 表示，如图 1-6(c)所示。

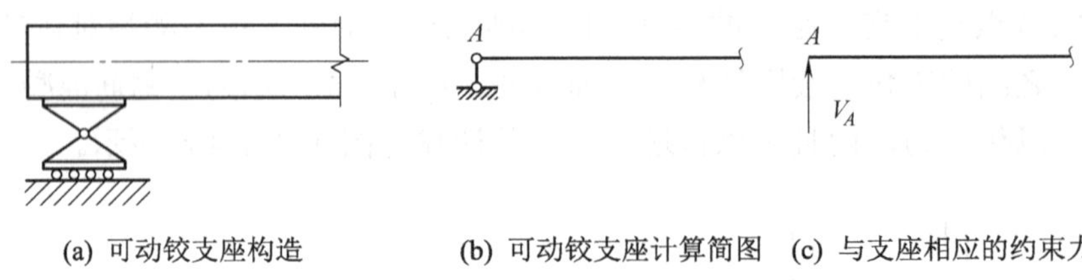

(a) 可动铰支座构造　(b) 可动铰支座计算简图　(c) 与支座相应的约束力

图 1-6　可动铰支座

2．固定铰支座

固定铰支座简称铰支座。其特征是在支座处被支承的结构可以绕铰中心转动，但不可以沿任何方向移动。图 1-7(a)所示为一固定铰支座，其计算简图如图 1-7(b)所示。固定铰支座的约束反力可用一作用点已知但作用方向和大小未知的力表示，通常该作用力可以分解为如图 1-7(c)所示的水平约束力 H_A 和竖向约束力 V_A。

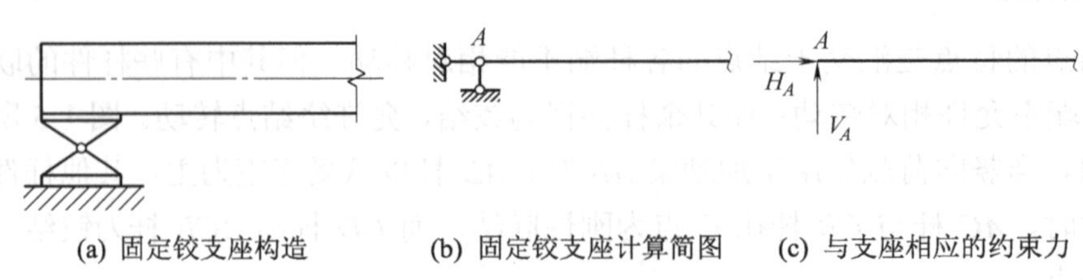

(a) 固定铰支座构造　(b) 固定铰支座计算简图　(c) 与支座相应的约束力

图 1-7　固定铰支座

3. 固定支座

固定支座的特征是在支承处被支承的结构既不允许移动，也不允许转动。如图 1-8(a)所示的基础，当土质很硬、地基变形很小时，可将柱子下端视为固定支座。其计算简图如图 1-8(b)所示。固定支座的约束反力可用一作用点、方向和大小均未知的力表示，通常该力可用水平反力 H_A、竖向反力 V_A 和约束力矩 M_A 表示，如图 1-8(c)所示。

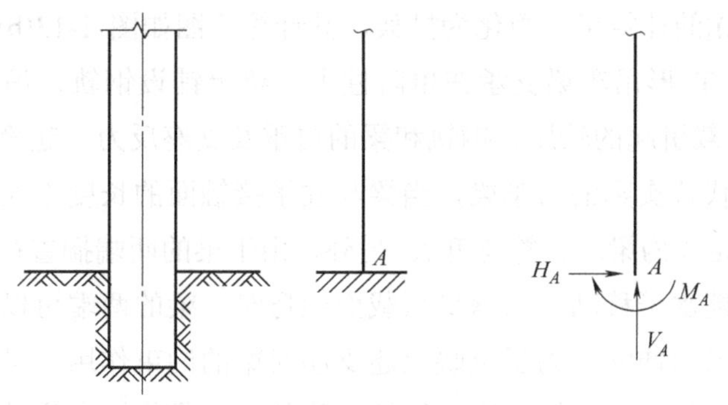

(a) 固定支座构造　(b) 固定支座计算简图　(c) 与支座相应的约束力

图 1-8　固定支座

4. 定向支座

定向支座也称滑动支座。它的特征是允许被支承的结构沿支承面移动，但不允许有垂直于支承面的移动和绕支承端的转动。图 1-9 和图 1-10 所示为定向支座的两种情况。

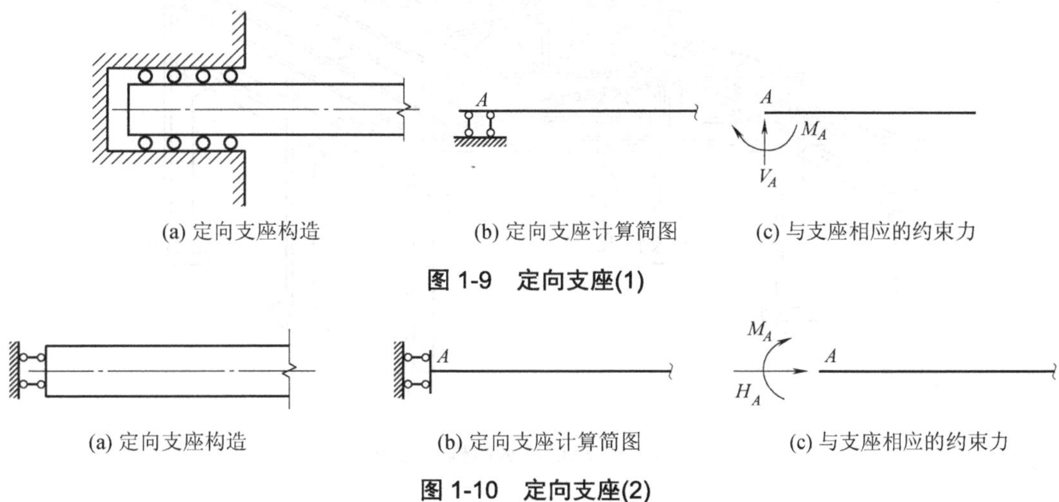

(a) 定向支座构造　(b) 定向支座计算简图　(c) 与支座相应的约束力

图 1-9　定向支座(1)

(a) 定向支座构造　(b) 定向支座计算简图　(c) 与支座相应的约束力

图 1-10　定向支座(2)

1.3.5　荷载的简化

作用在结构上的外力，包括荷载和约束反力，可以分为体积力和表面力两大类。体积力是指自重和惯性力等分布在结构内的作用力；表面力是指风压力、水压力和车辆的轮压力等分布在结构表面上的作用力。不管是体积力还是表面力，都可以简化为作用在杆轴线上的力。根据外力的分布情况，这些力一般可以简化为集中荷载、集中力偶和分布荷载。

下面举例说明结构计算简图的选取。

图 1-11 所示为一单层厂房，这是一个复杂的空间杆件结构。根据其受力特点，略去结构的次要因素，可将其分解简化为平面结构。沿厂房的横向，屋架可按桁架计算，计算简图如图 1-12 所示。在水平荷载作用下，屋架可视为连接柱端刚度无限大的链杆，故沿单层厂房横断面[图 1-13(a)]的计算可以简化为排架，其计算简图如图 1-13(b)所示。沿厂房的纵向，由于钢筋混凝土 T 形吊车梁支承在单阶柱上，梁上铺设钢轨，吊车荷载引起的轮压 P_1=P_2，故可将吊车荷载引起的轮压、钢轨和梁的自重及支座反力一起简化到梁轴线所在的平面内。以梁的轴线代替实际的吊车梁，当梁与柱子接触面的长度不大时，可取梁两端与柱子接触面的中心的距离为梁的计算跨度 l。另外，由于梁的两端搁置在柱子上，整个梁既不能上下移动，也不能水平移动，当承受荷载而微弯时，梁的两端可以发生微小的转动，当温度变化时梁还能自由伸缩；为了反映上述支座对梁的约束作用，可将梁的一端简化为固定铰支座，另一端简化为可动铰支座。钢轨和梁的自重是作用在梁轴线上的恒荷载，它们沿梁的轴线是均匀分布的，可简化为作用在梁轴线上的均布线荷载 q。吊车荷载引起的轮压 P_1 和 P_2 是活荷载，由于它们与钢轨的接触面积很小，可以简化为集中荷载，如图 1-14 所示。

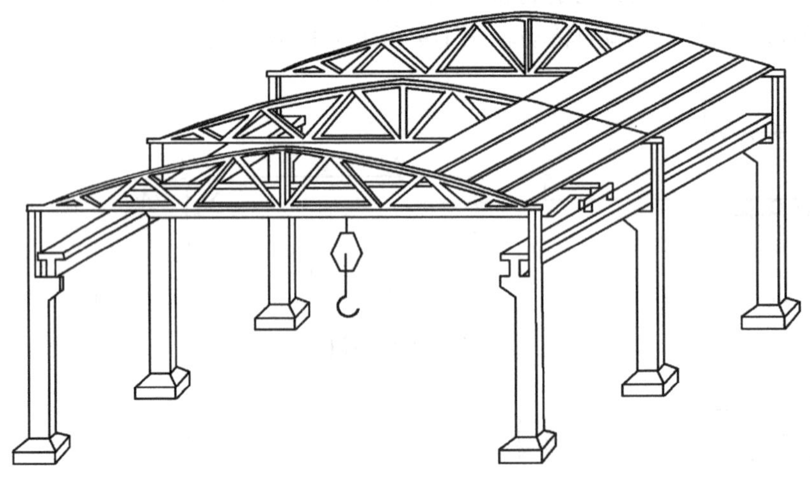

图 1-11　单层厂房结构示意图

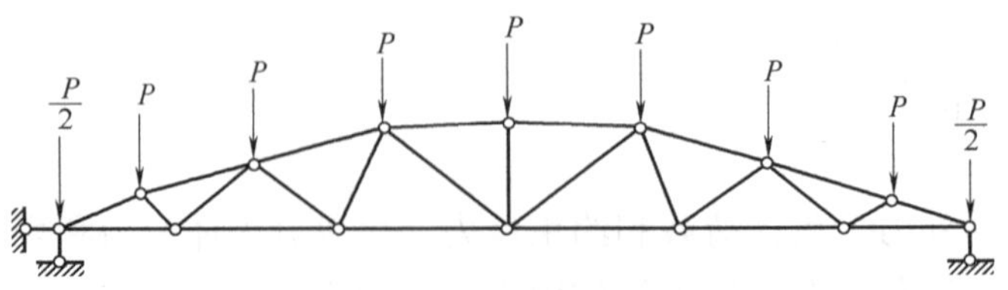

图 1-12　屋架计算简图

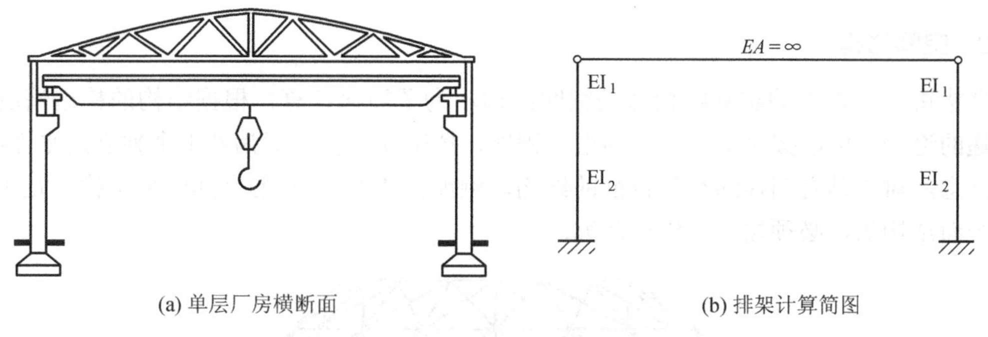

(a) 单层厂房横断面　　(b) 排架计算简图

图 1-13　排架及其计算简图

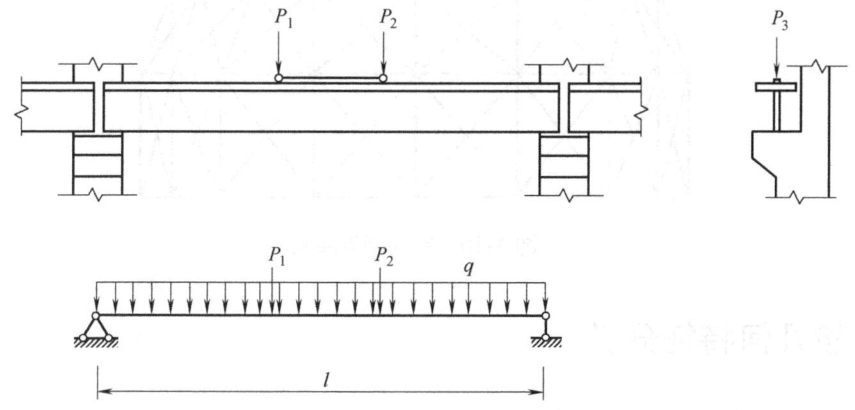

图 1-14　吊车梁及其计算简图

应该指出，确定一个结构的计算简图，特别是对于比较复杂的结构，不是一件容易的事情，它需要有一定的专业知识和实际经验，并对结构各部分的构造、相互作用和受力情况有正确的判断，有时还需借助于模型试验或现场实测才能确定合理的计算简图。

1.4　结构的分类

依据不同的观点，结构的分类方式有所不同。

1.4.1　按空间观点分类

按空间观点进行分类，结构分为以下两类。

1．平面结构

组成结构的所有杆件的轴线都位于同一平面内，并且荷载也作用于此同一平面内的结构称为平面结构。

2．空间结构

严格讲，工程中的实际结构都是空间结构。为了简化计算，根据结构的构造情况及荷载传递的途径，可以按照实用许可的近似程度，把空间结构分解为若干个独立的平面结构。应该注意，对于具有明显的空间特征的结构，例如图 1-15 所示的空间网架结构，是不能分解为平面结构的，必须按空间结构研究。

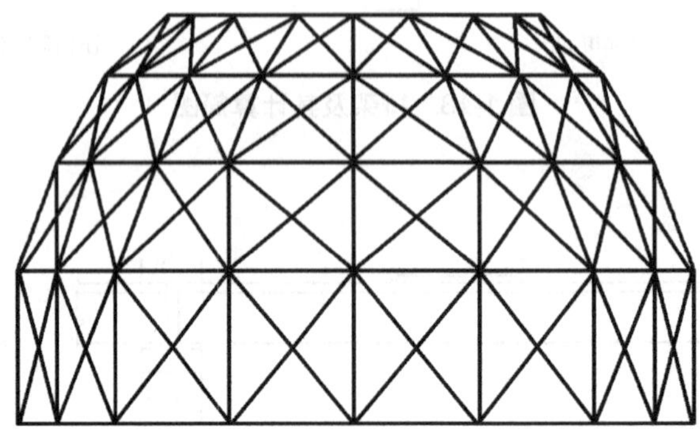

图 1-15　空间网架结构

1.4.2　按几何特征分类

按几何特征进行分类，结构分为以下三类。

1．杆件结构

杆件结构是由若干根杆件联结而成的。杆件结构的特征是杆的长度 l、宽度 b、高度 h 三个方向尺寸中的长度远大于宽度和高度，如图 1-16 所示。各种结构中，杆件结构最多，本书主要讨论杆件结构。

2．薄壁结构

薄壁结构是厚度远小于其他两个方向尺寸的结构。当它为一平板状物体时，称为板，如图 1-17 所示；当它由若干块板所围成时，称为褶板结构，如图 1-18 所示；当它具有曲面外形时，称为壳体结构，如图 1-19 所示。

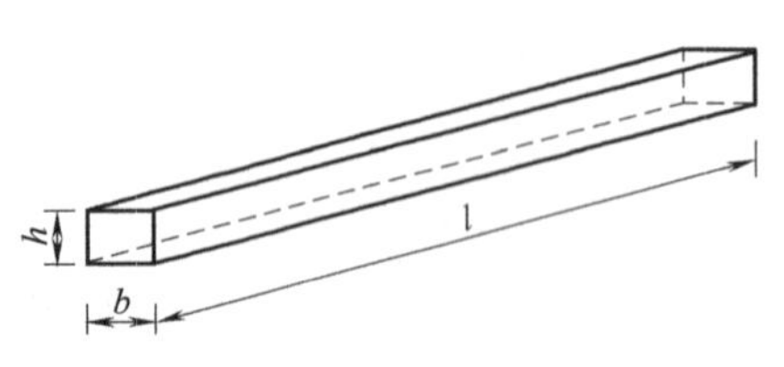

图 1-16　杆件

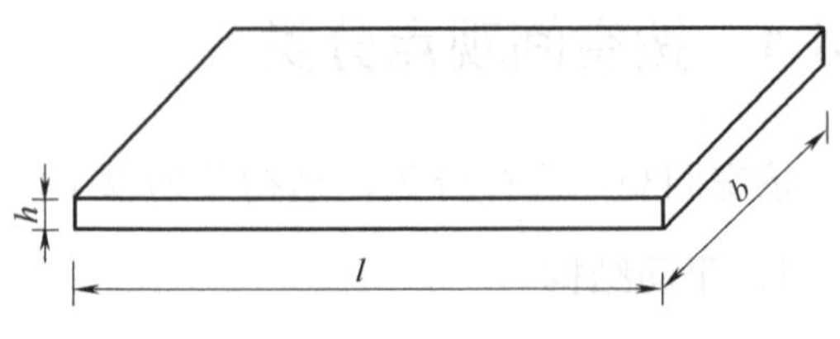

图 1-17　平板

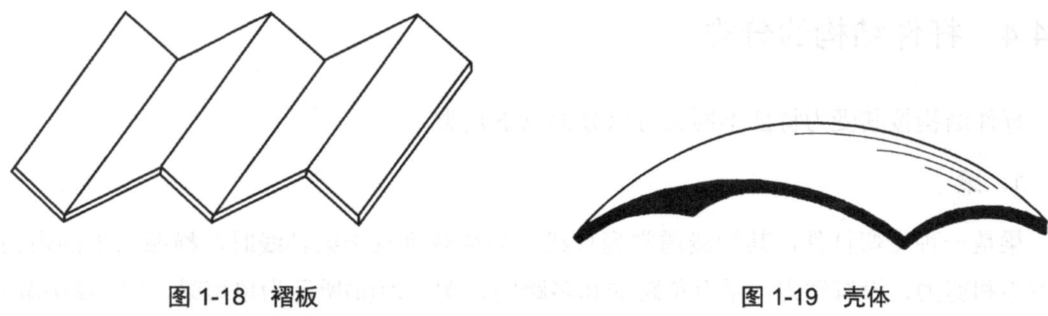

图 1-18　褶板　　　　图 1-19　壳体

3．实体结构

实体结构是长度 l、宽度 b、高度 h 三个方向尺寸均属于同一数量级的结构，如挡土墙、堤坝和基础等。图 1-20 所示为挡土墙结构。

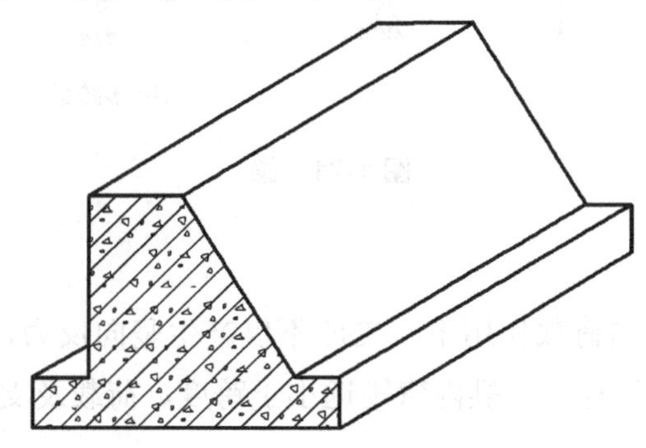

图 1-20　挡土墙

1.4.3　按内力是否静定分类

按内力是否静定进行分类，结构可分为以下两类。

1．静定结构

结构的全部反力和内力完全可以由静力平衡条件确定的结构称为静定结构。

2．超静定结构

结构的全部反力和内力仅凭静力平衡条件不能确定或不能完全确定的结构为超静定结构。

结构按内力是否静定进行分类在理论上具有重要意义，有关它们的计算，将在后面的章节中予以详细介绍。

1.4.4 杆件结构的分类

杆件结构按其受力特征不同又可以分为以下几类。

1. 梁

梁是一种受弯杆件，其轴线通常为直线，当荷载垂直于梁轴线时，横截面上的内力只有弯矩和剪力，没有轴力。梁有单跨的和多跨的，图 1-21(a)所示为单跨梁，图 1-21(b)所示为多跨梁。

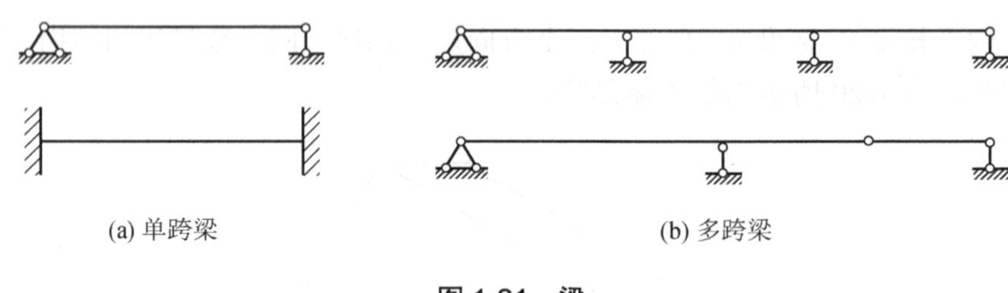

(a) 单跨梁　　(b) 多跨梁

图 1-21　梁

2. 拱

杆轴线为曲线。在竖向荷载作用下，支座不仅产生竖向反力，而且还产生水平反力的结构为拱。由于水平反力的存在，拱内弯矩远小于跨度、荷载及支承情况相同的梁的弯矩。图 1-22 所示为拱结构。

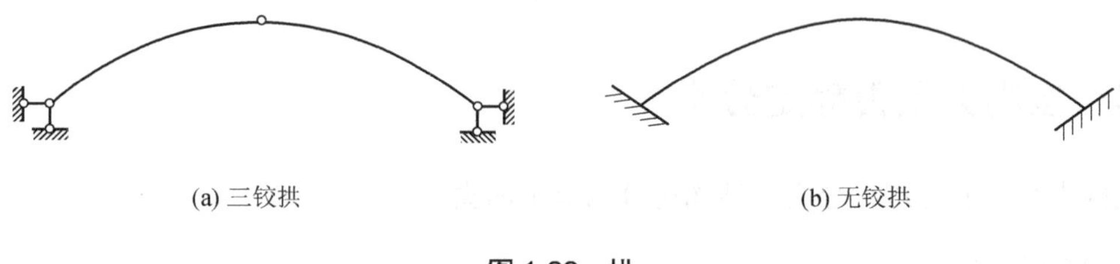

(a) 三铰拱　　(b) 无铰拱

图 1-22　拱

3. 刚架

刚架由直杆组成并具有刚结点，如图 1-23 所示，各杆均为受弯杆，内力通常是弯矩、剪力和轴力都有。

4. 桁架

由直杆组成，且所有结点均为铰结点的结构为桁架，如图 1-24 所示。当只受到作用于结点的集中荷载时，桁架各杆只产生轴力。

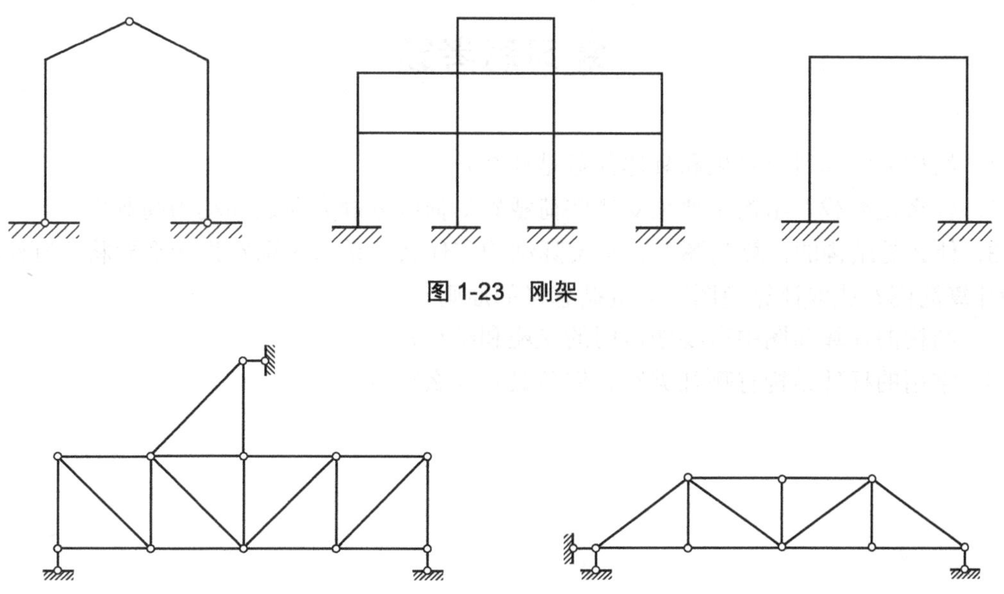

图 1-23　刚架

图 1-24　桁架

5．组合结构

由桁架与梁或桁架与刚架组合而成的结构为组合结构如图 1-25 所示，其中有些杆件只承受轴力，而有些杆件同时承受弯矩、剪力和轴力。

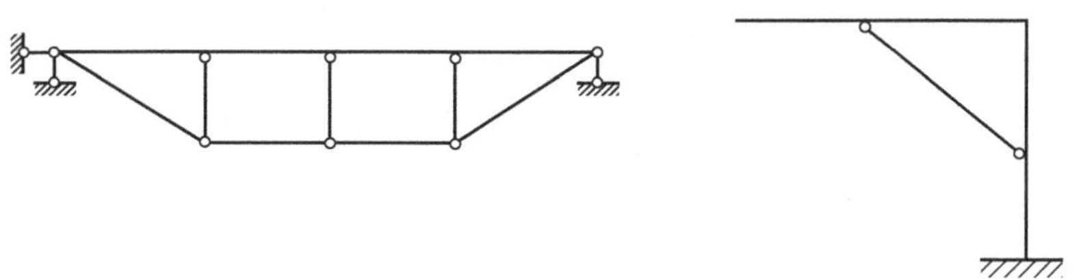

图 1-25　组合结构

6．悬索结构

悬索结构主要承重构件为悬挂于塔、柱上的缆索，索只受轴向拉力，可充分地发挥钢材强度，且自重轻，可跨越很大的跨度，如悬索屋盖、悬索桥、斜拉桥(见图 1-26)等。

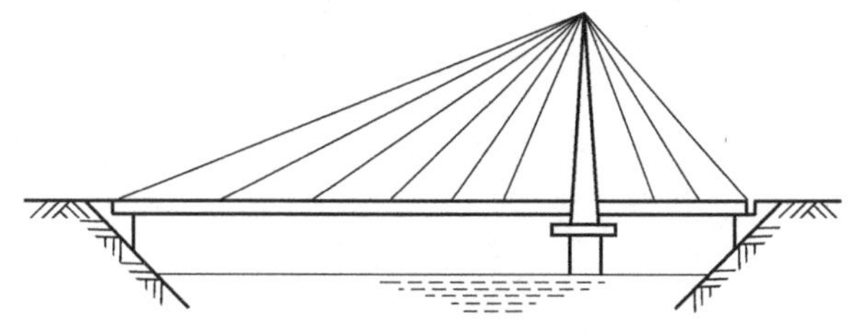

图 1-26　斜拉桥示意图

复习思考题

1．结构力学的研究对象和具体任务是什么？

2．什么是荷载？结构主要承受哪些荷载？如何区分静力荷载和动力荷载？

3．什么是结构的计算简图？它与实际结构有什么关系与区别？为什么要将实际结构简化为计算简图？选取计算简图时应遵循怎样的原则？

4．结构的计算简图中有哪些常用的支座和结点？

5．常用的杆件结构有哪几类？它们各具有什么特点？

第2章　平面体系的机动分析

学习本章的基本要求：

掌握平面几何不变体系的基本组成规律，了解自由度的概念，能熟练运用这些规律正确地分析一般平面体系的几何组成，正确判断超静定结构的多余联系及数目。

2.1　概　　述

体系受到任意荷载作用后，材料产生应变，因而体系发生变形，但是这种变形一般很小。如果不考虑这种微小的变形，而体系能维持其几何形状和位置不变，则这样的体系称为几何不变体系。如图 2-1(a)所示的体系就是一个几何不变体系，因为在所示荷载作用下，只要不发生破坏，它的形状和位置是不会改变的。在任意荷载作用下，不考虑材料的应变，体系的形状和位置可以改变，则称这样的体系为几何可变体系。图 2-1(b)所示的体系，在所示荷载 P 的作用下，即使 P 的值非常小，它也不能维持平衡，这是由于体系缺少必要的杆件或杆件布置不合理而导致的。一般工程结构都必须是几何不变体系，而不能采用几何可变体系，否则将不能承受任意荷载而维持平衡。因此，在设计结构和选取计算简图时，首先必须判别它是否几何不变，从而决定能否采用，这一工作就称为体系的机动分析或几何组成分析。此外，以后会看到，机动分析还将有助于结构的内力分析。

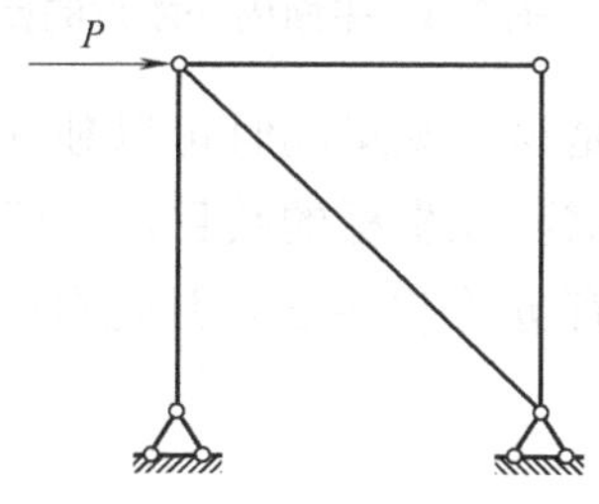

(a) 几何不变体系

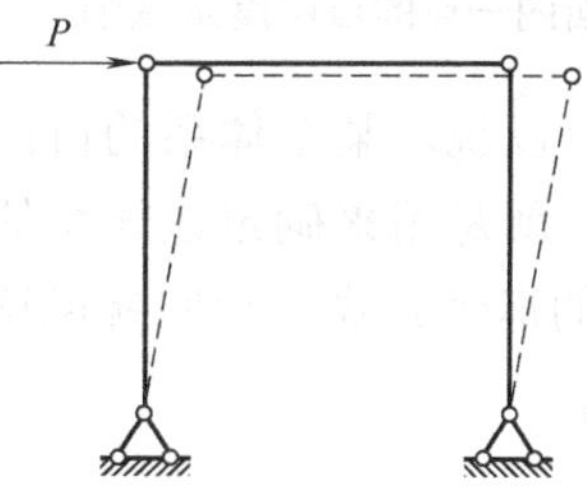

(b) 几何可变体系

图 2-1　体系几何性质

对体系进行机动分析的目的就是确定该体系是否几何不变，从而决定它能否作为结构。确定体系是否为几何不变体系，需要研究几何不变体系的组成规律，以保证所设计的结构能承受荷载而维持平衡。通过体系的几何组成，可以确定结构是静定的还是超静定的，以便在结构计算中选择相应的计算方法。

为了分析平面体系的几何组成，首先介绍几个基本概念。

(1) 刚片。

一个在平面内可以看作刚体的物体，它的几何形状和尺寸都是不变的。因此，在平面体系中，当不考虑材料的应变时，就可以把一根梁、一根链杆或者体系中已经确定为几何不变的某一部分看作一个刚片，结构的基础也可以看作刚片。

(2) 自由度。

图 2-2 所示为平面内一点 A 的运动情况。一点在平面内可以沿水平方向(x 轴方向)移动，又可以沿竖直方向(y 轴方向)移动。当给定 x、y 坐标值后，A 点的位置确定。换句话说，平面内一点有两种独立运动方式(两个坐标 x、y 可以独立地改变)，即确定平面内一点的位置需要两个独立的几何参数(x、y 坐标值)，因此我们说一点在平面内有两个自由度。

图 2-3 所示为平面内一个刚片的运动，其位置需要三个独立的几何参数确定，即刚片内任意点 A 的坐标 x、y 及通过 A 点的任一直线的倾角 ϕ。改变这三个独立的几何参数，使其变为新值 x'、y'和ϕ'，则刚片就有完全确定的新位置(见图 2-3)，因此一个刚片在平面内的运动有三个自由度。前面已提到，地基也可以看作一个刚片，但这种刚片是不动刚片，它的自由度为零。

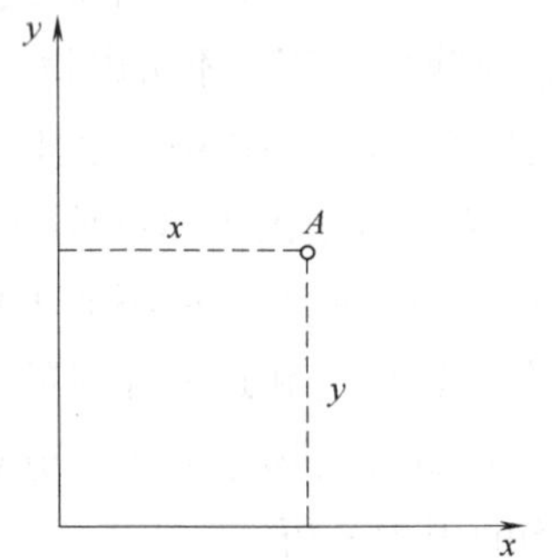

图 2-2　平面内一点的自由度示意图

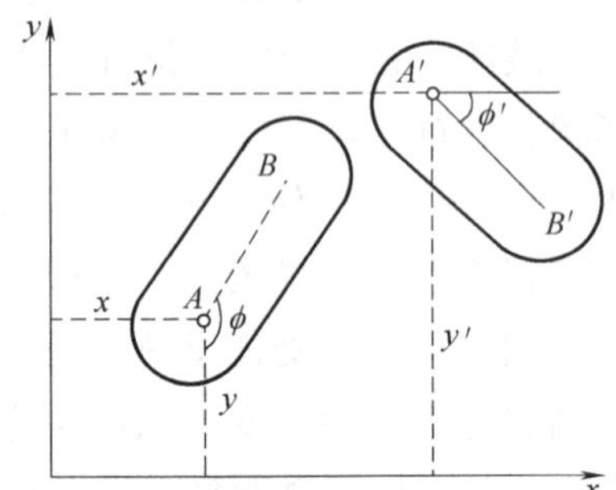

图 2-3　平面内一刚片的自由度示意图

综上所述，可以说，某个体系的自由度，就是该体系运动时可以独立变化的几何参数的数目，或者说，就是用来确定该体系的位置所需独立坐标的数目。一般来说，如果一个体系有 n 个独立的运动方式，我们就说这个体系有 n 个自由度。凡是自由度大于零的体系都是几何可变体系。

(3) 约束。

使得体系减少自由度的联结装置称约束或联系。在刚片间加入某些联结装置，它们的自由度将减少，减少一个自由度的装置就称为一个约束，减少 n 个自由度的装置就称为 n 个约束。

2.1.1　不同联结装置对体系的约束作用

1. 链杆的作用

图 2-4(a)表示用一根链杆 BC 联结的两个刚片Ⅰ和Ⅱ。未联结以前，这两个刚片在平面内共有六个自由度。用链杆 BC 联结以后，对刚片Ⅰ而言，其位置需用刚片上 A 点的坐标 x、y 和 AB 连线的倾角ϕ来确定，因此它有三个自由度。但是对刚片Ⅱ而言，由于与刚片Ⅰ已用链杆 BC 联结，它只能沿着 B 为圆心、BC 为半径的圆弧运动和绕 C 点转动，再用两个独立参数α和β即可确定它的位置，所以减少了一个自由度。因此，两个刚片用一根链杆联结后的自由度总数为五个(6−1=5)。由此可见，一根链杆使体系减少了一个自由度，也就是说，一根链杆相当于一个联系或一个约束。

2. 单铰的作用

图 2-4(b)表示用一个铰 B 联结的两个刚片Ⅰ和Ⅱ。在未联结以前，两个刚片在平面内共有六个自由度。在用铰 B 联结以后，刚片Ⅰ仍有三个自由度，而刚片Ⅱ则只能绕铰 B 作相对转动，即再用一个独立参数(夹角α)就可确定它的位置，所以减少了两个自由度。因此，两个刚片用一个铰联结后的自由度总数为四个(6−2=4)，我们把联结两个刚片的铰称为单铰。由此可见，一个单铰相当于两个联系，或两个约束，也相当于两根链杆的作用；反之，两根链杆也相当于一个单铰的作用。

我们将地基看作是不动的，这样，如果在体系上加一个可动铰支座，就使体系减少一个自由度；加一个固定铰支座，就使体系减少两个自由度；加一个固定支座，就使体系减少三个自由度。

3. 复铰的作用

图 2-4(c)表示用一个铰 C 联结的三个刚片Ⅰ、Ⅱ和Ⅲ。在未联结以前，三个刚片在平面内共有九个自由度。在用铰 C 联结以后，刚片Ⅰ仍有三个自由度，而刚片Ⅱ和刚片Ⅲ则都只能绕铰 C 作相对转动，即再用两个独立参数(夹角α、β)就可确定它们的位置，因此减少了四个自由度。我们把联结两个以上刚片的铰称为复铰。由上述可见，一个联结三个刚片的复铰相当于两个单铰的作用。一般情况下，如果 n 个刚片用一个复铰联结，则这个复铰相当于 $n-1$ 个单铰的作用。

4. 刚性联结的作用

图 2-4(d)所示为两根杆件 AB 和 BC 在 B 点连接成一个整体，其中的结点 B 为刚结点。原来的两根杆件在平面内共有六个自由度，刚性连接成整体，形成一个刚片，只有三个自由度，所以一个刚性联结相当于三个约束。

显然，可动铰支座即链杆支承只能阻止刚片沿链杆方向的运动，使刚片减少了一个自由度，相当于一个约束；铰支座阻止刚片上下、左右的移动，使刚片减少两个自由度，相当于两个约束；固定支座阻止刚片上下、左右的移动，也阻止其转动，所以相当于三个约束。

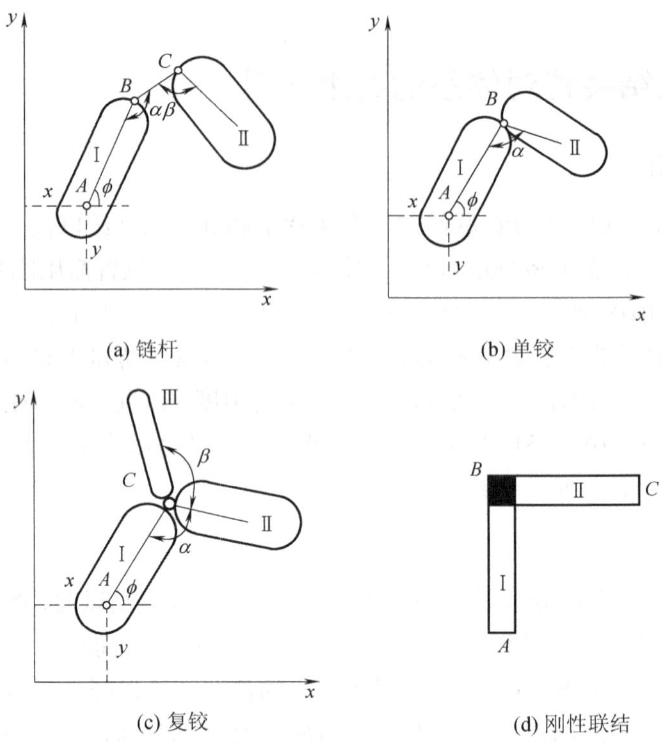

图 2-4　链杆、单铰、复铰、刚性联结相当的约束数目示意图

5．虚铰的作用

由于两根链杆也相当于一个单铰的作用，则图 2-5 所示刚片Ⅰ在平面内有三个自由度；如果用两根不平行的链杆 AB 和 BC 把它与基础相联结，则此体系仍有一个自由度。我们来分析刚片Ⅰ的运动特点。由链杆 AB 的约束作用，A 点的微小位移应与链杆 AB 垂直，C 点的微小位移要与链杆 CD 垂直。以 O 点表示两链杆轴线延长线的交点，显然，刚片Ⅰ可以发生以 O 点为中心的微小转动，且随时间不同，O 点的位置不同，因此称 O 点为瞬时转动中心。这时刚片Ⅰ的瞬时运动情况与刚片Ⅰ在 O 点用铰与基础相联结时的运动情况完全相同。因此，从瞬时微小运动来看，两根链杆所起的约束作用相当于在链杆交点处的一个铰所起的约束作用。这个铰我们称为虚铰。显然，体系在运动过程中，与两根链杆相应的虚铰位置也跟着改变。

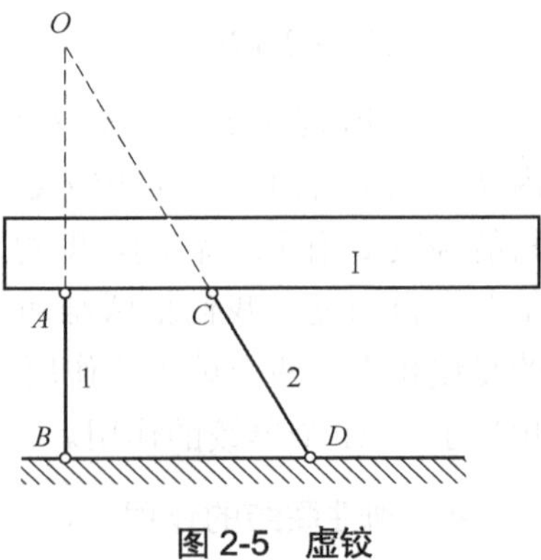

图 2-5　虚铰

2.1.2　体系自由度的计算公式

我们已经研究了不同约束对体系自由度的影响，下面给出平面刚片系统计算体系自由度的公式：

$$W = 3m - 2n - c - c_0 \tag{2-1}$$

式中，m 表示体系中的刚片数(地基不计入)；n 为联结刚片的单铰数；c 为联结刚片的链杆数；c_0 为体系与地基联结的支座链杆数，且将三类支座均用相应的链杆约束代替，即可动铰支座的 $c_0=1$，固定铰支座的 $c_0=2$，定向支座的 $c_0=2$，固定支座的 $c_0=3$。显然，几何不变体系的自由度必然是等于零或小于零，即由式(2-1)计算出的 $W \leqslant 0$。

图 2-6(a)所示为一简支梁，其刚片数 $m=1$，单铰数 $n=0$，链杆数 $c=0$，支座链杆数 $c_0=3$，则自由度 $W=0$。而图 2-6(b)所示的体系刚片数 $m=9$，单铰数 $n=12$，链杆数 $c=0$，支座链杆数 $c_0=3$，则自由度 $W=3\times9-2\times12-0-3=0$。然而，这一体系是一几何可变体系(证明见 2.2 节)，这说明体系的自由度等于或小于零，体系不一定为几何不变体系。因而我们说，由式(2-1)计算出体系的自由度等于或小于零只是判断体系为几何不变体系的必要条件，并不充分。当体系的约束或刚片布置不合理时，体系的自由度等于或小于零，体系仍然是几何可变体系。

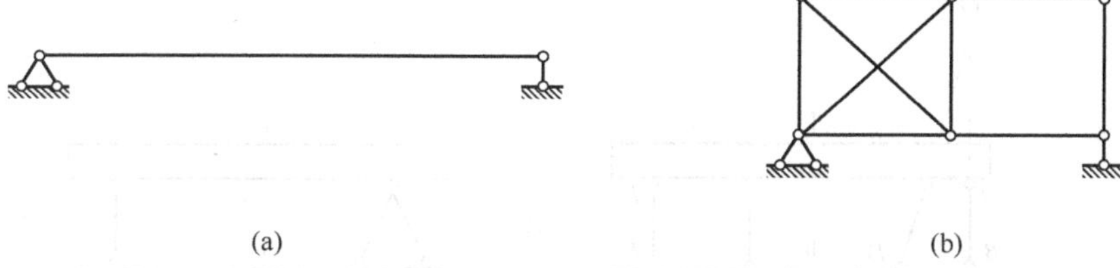

(a)　(b)

图 2-6　体系自由度计算

由于式(2-1)计算体系自由度不能保证体系的几何不变性，通常采用对体系直接进行几何组成分析的方法判断体系是否几何不变，省略体系的自由度计算。

2.2　几何不变体系的基本组成规则

为了分析体系的几何组成，我们必须知道体系不变的条件，即几何不变体系的组成规则。本节将研究构成平面几何不变体系的几个基本规则，用以判断体系的几何组成情况。

2.2.1　两刚片之间的联结

图 2-7(a)表示用两根不平行的链杆相联结的刚片 I 和刚片 II。设刚片 II 固定不动，则刚片 I 的运动方式只能是绕 *AB* 与 *CD* 杆延长线的交点即相对转动瞬心而转动。当刚片 I 运动时，其上的 *A* 点将沿与链杆 *AB* 垂直的方向运动，而 *C* 点将沿与链杆 *CD* 垂直的方向运动。因为这种转动只是瞬时的，在不同瞬时，*O* 点在平面内的位置将不同。由于两根链杆的作用相当于一个铰的作用，此时这个铰的位置是在链杆的延长线上，而且它的位置随链杆的转动而改变，即虚铰。

欲使刚片 I 和刚片 II 不能发生相对转动，需增加一根链杆，如图 2-7(b)所示。这样，刚片Ⅰ绕 O 点转动时，E 点将沿与 OE 连线垂直的方向运动。但是从链杆 EF 来看，E 点的运动方向必须与链杆 EF 垂直。由于链杆 EF 延长线不通过 O 点，所以 E 点的这种运动不可能发生，也就是链杆 EF 阻止了刚片Ⅰ和刚片Ⅱ的相对转动。因此，这样组成的体系是几何不变体系。

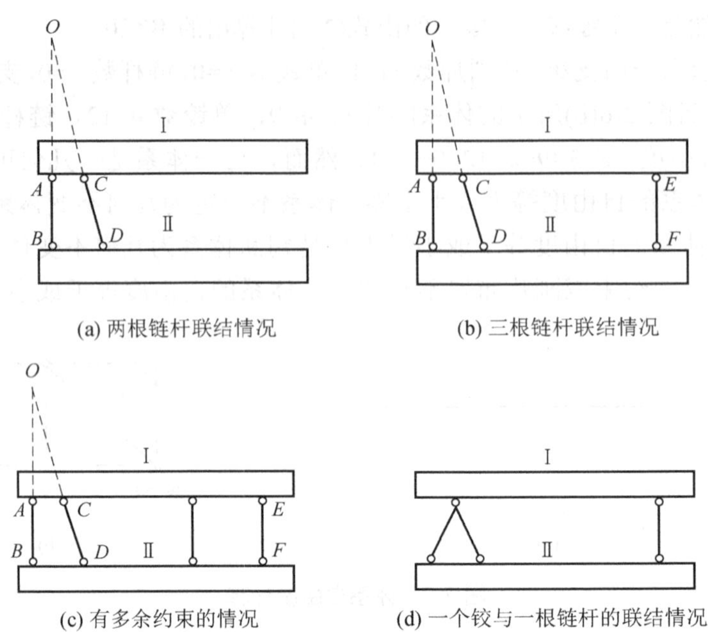

(a) 两根链杆联结情况　(b) 三根链杆联结情况

(c) 有多余约束的情况　(d) 一个铰与一根链杆的联结情况

图 2-7　两刚片组成规则

如果在刚片Ⅰ和刚片Ⅱ之间再增加一根链杆，如图 2-7(c)所示，显然体系仍是几何不变的，但从保证几何不变性来看它是多余的。这种可以去掉而不影响体系几何不变性的约束称为多余约束。

由以上分析可得以下规则。

规则一：两个刚片用不交于一点也不互相平行的三根链杆相联结，则所组成的体系是几何不变的，并且没有多余约束。

如果两根链杆 AB 和 CD 相交成为实铰，如图 2-7(d)所示，显然，它也是一个几何不变体系，故规则一也可以表述为：两个刚片用一个铰和轴线不通过这个铰的一根链杆相联结，则所组成的体系也是几何不变体系。

2.2.2　三刚片相互联结

将三个刚片Ⅰ、Ⅱ和Ⅲ用不在同一直线上的三个铰两两相联，即得三角形 ABC，如图 2-8(a)所示。从几何上看，它的几何形状是不会改变的。从运动上看，如将刚片Ⅰ固定不动，则刚片Ⅱ只能绕 A 点转动，其上的 C 点必在半径为 AC 的圆弧上运动；而刚片Ⅲ则只能绕 B 点转动，其上的 C 点又必在半径为 BC 的圆弧上运动。由于 AB 和 BC 是在 C 点用铰联结在一起的，C 点不可能同时在两个不同的圆弧上运动，因此刚片之间不可能发生相对运动，所以这样组成的体系是几何不变的。

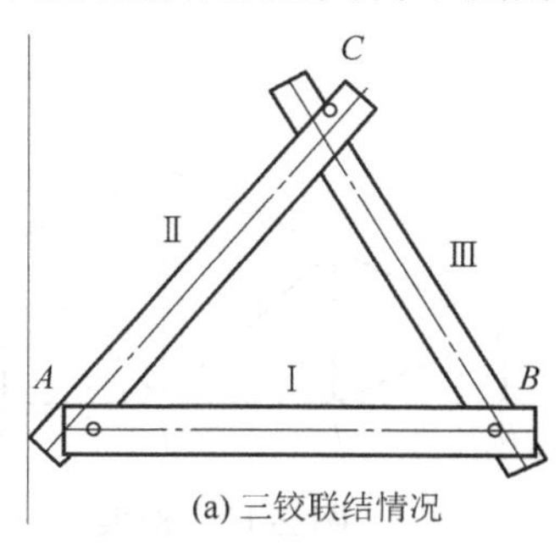

(a) 三铰联结情况

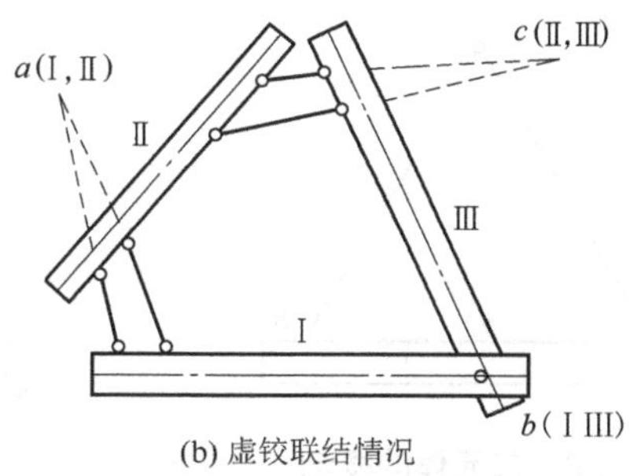

(b) 虚铰联结情况

图 2-8　三刚片组成规则

因为两根链杆的作用相当于一个单铰的作用，则将图 2-8(a)中的任一单铰换为两根链杆所构成的虚铰，如图 2-8(b)中的 a、c，此时，三刚片用三个铰(两个虚铰和一个实铰)联结，且三个铰不在一条直线上，这样组成的体系同样为几何不变的，而且无多余约束。

由以上分析可得出以下规则。

规则二：三个刚片用不在同一条直线上的三个铰两两铰联，组成的体系是几何不变的，并且没有多余约束。

2.2.3　二元体的概念

图 2-9 所示体系中Ⅰ为一刚片，从刚片上的 A、B 两点出发，用不共线的两根链杆 1、链杆 2 在结点 C 相连。将链杆 1、链杆 2 均视为刚片，则由规则二可知，该体系是几何不变的。由于实际结构的几何组成中这种联结方式应用很多，为了便于分析，我们将这样联结的两根连杆称为二元体。二元体的特征是两链杆用铰相连，而另一端分别用铰与刚片或体系相联。根据二元体的组成特征可得出以下规则。

规则三：在一个刚片上增加一个二元体，仍为几何不变体系。

由规则三不难得出以下推论：在一个体系上依次加入二元体，不会改变原体系的计算自由度，也不影响原体系的几何不变性和可变性。反之，若在已知体系上依次排除二元体，也不会改变原体系的计算自由度、几何不变性或可变性。

例如分析图 2-10 所示桁架时，由规则二可知，任选一铰结三角形都是几何不变体系，并以此为新的刚片，采用增加二元体的方式分析。例如取新刚片 AHC，增加一个二元体得结点 I，从而得到几何不变体系 $AHIC$，再以其为基础，增加一个二元体得结点 D，…，如此依次增添二元体而最后组成该桁架，故知它是一个几何不变体系，且无多余约束。

此外，也可以反过来，用拆除二元体的方法来分析。因为从一个体系拆除一个二元体后，所剩下的部分若是几何不变的，则原来的体系必定也是几何不变的。现从结点 B 开始拆除一个二元体，然后依次拆除结点 L，G，K，…，最后剩下铰结三角形 AHC，它是几何不变的，故知原体系亦为几何不变的。

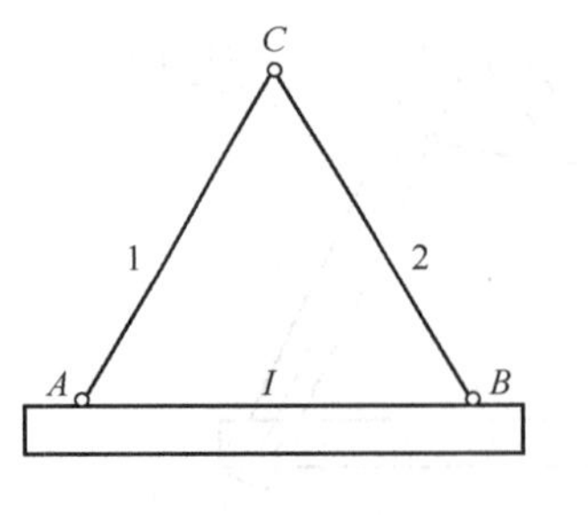

图 2-9　二元体的概念

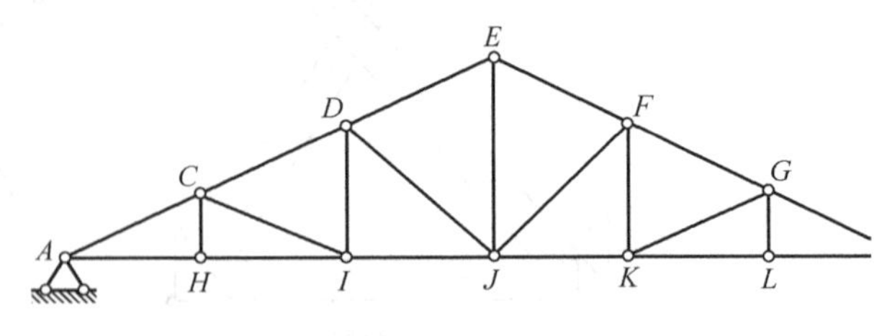

图 2-10　桁架

当然，若去掉二元体后所剩下的部分是几何可变的，则原体系必定也是几何可变的。

综上所述，可以将规则三进一步阐述为：在一个体系上增加或拆除二元体，不会改变原有体系的几何组成性质。

2.3　瞬 变 体 系

在 2.2 节讨论体系的组成规则时，曾提出了一些限制条件，如在两刚片规则中，联结两刚片的三根链杆不能完全平行也不能交于一点；三刚片规则中，要规定联结三刚片的三个铰不在同一条直线上。现在我们来研究当体系的几何组成不满足这些限制条件时体系的状态。

图 2-11 表示用三根互相平行的链杆相联结的两个刚片Ⅰ和刚片Ⅱ。在此情况下，因刚片Ⅰ和刚片Ⅱ的相对转动瞬心在无穷远处，故两刚片的相对转动即成为相对移动。在两刚片发生微小的相对移动后，相应地三根链杆发生微小的相对位移 Δ，移动后三根链杆的转角分别为

$$\alpha_1=\frac{\Delta}{l_1},\quad \alpha_2=\frac{\Delta}{l_2},\quad \alpha_3=\frac{\Delta}{l_3}$$

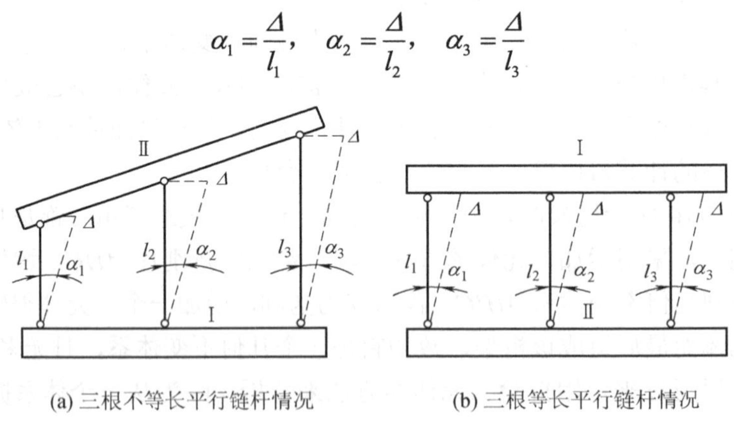

(a) 三根不等长平行链杆情况　　(b) 三根等长平行链杆情况

图 2-11　两刚片用三根平行链杆联结的情况

如图 2-11(a)所示，当三根链杆不等长，即 $l_1\neq l_2\neq l_3$ 时，$\alpha_1\neq\alpha_2\neq\alpha_3$。这就是说，在两刚片发生微小的相对位移 Δ 后，三根链杆就不再互相平行，并且不交于一点，故体系

就成为几何不变的。这种在短暂的瞬时体系从几何可变转换成几何不变的体系，我们称为瞬变体系。

而对图 2-11(b)所示的三根链杆等长，即 $l_1=l_2=l_3$，则有$\alpha_1=\alpha_2=\alpha_3$。这就是说，在两刚片发生相对位移$\Delta$后，三根链杆仍旧互相平行，故位移将继续发生，两刚片将发生相对平移运动。显然，这样的体系是几何可变体系。

图 2-12 表示由三根相交于一点的链杆相联结的两个刚片。如图 2-12(a)所示，当三根链杆相交成一虚铰，则发生一微小的转动后，三根链杆就不再全交于一点，转动瞬心不再存在，体系即成为几何不变的。因此，此体系是一个瞬变体系。当三根链杆相交成一实铰 O 时，如图 2-12(b)所示，刚片Ⅱ则相对刚片Ⅰ绕实铰 O 转动。因此，此体系是一个几何可变体系。

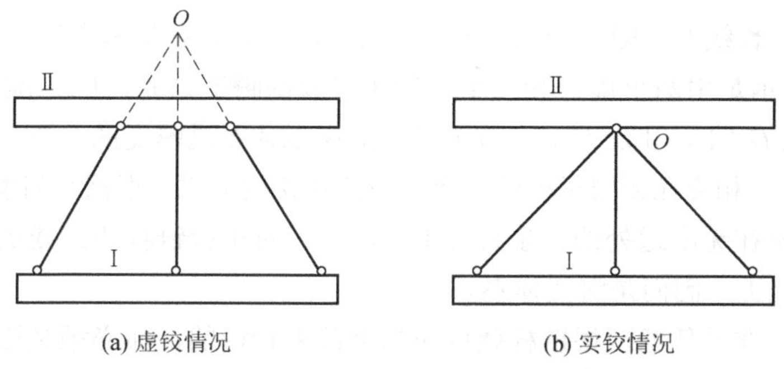

(a) 虚铰情况　　(b) 实铰情况

图 2-12　两刚片用三根相交链杆联结的情况

图 2-13 中的三刚片由在一直线上的三铰 A、B、C 联结。设刚片Ⅰ固定不动，则刚片Ⅱ绕铰 A 转动，刚片Ⅲ绕铰 B 转动。此时，C 点既属于刚片Ⅱ，又属于刚片Ⅲ，因而只可能沿着以 AC 和 BC 为半径的圆弧①和圆弧②的公切线方向发生无限小的运动。但这种微小的运动是瞬时的，一旦发生微小的运动时，三铰已不在一条直线上，圆弧①和周弧②不再有公切线，故而 C 点不可能继续运动。因此，此体系是一个瞬变体系。

瞬变体系既然只是瞬时可变，随后即转化为几何不变，那么工程结构中能否采用这种体系呢？为此来分析图 2-13 所示体系的内力。为了便于分析，将图 2-13 中的刚片Ⅰ和刚片Ⅱ用链杆 AC 和 BC 代替，如图 2-14 所示。由平衡条件可知，AC 和 BC 杆的轴力为

$$N_{AC}=N_{BC}=\frac{P}{\sin\alpha}$$

由于α非常微小，$\sin\alpha$趋于零，此时 P 即使非常小，两链杆的轴力 N_{AC} 和 N_{BC} 将趋于无穷大。这表明，瞬变体系即使在很小的荷载作用下也会产生巨大的内力，从而可能导致体系的破坏。瞬变一般发生在体系的刚片间本来有足够的约束，但其布置不合理，因而不能限制瞬时运动的情况。

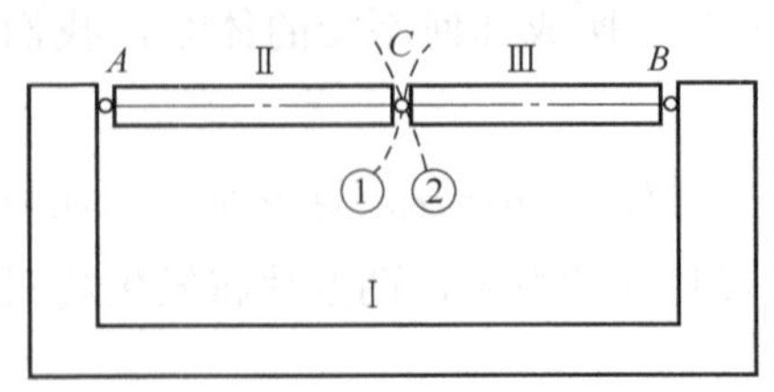

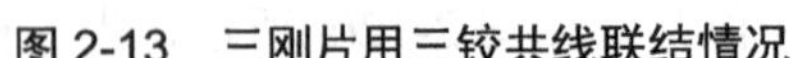
图 2-13　三刚片用三铰共线联结情况

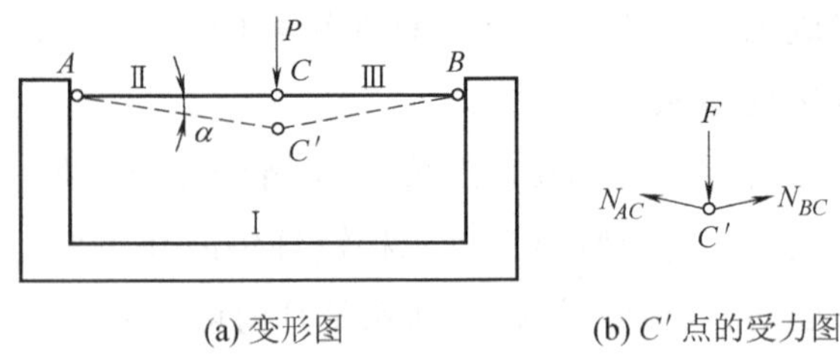

(a) 变形图　　(b) C′ 点的受力图

图 2-14　瞬变体受力分析

下面就几种特殊瞬变体情况加以说明。在三个铰中，也可以有部分或全部是虚铰的情形。例如图 2-15(a)所示是由一个虚铰和两个实铰所组成的瞬变体系。因为连接刚片Ⅰ和刚片Ⅱ的两根平行链杆与其余两个铰 O_1(Ⅰ，Ⅲ)和 O_2(Ⅱ，Ⅲ)的连线相互平行，它们相交在无限远处的一点，也就是说联结刚片Ⅰ和刚片Ⅱ交于无限远处的虚铰 O_3(Ⅰ，Ⅱ)，是在其余两个铰连线的延长线上，即三个铰在一条直线上，所以体系是瞬变的。

图 2-15(b)所示是由两个虚铰和一个实铰所组成的瞬变体系。因为虚铰 O_1(Ⅰ，Ⅲ)和 O_2(Ⅱ，Ⅲ)及实铰 O_3(Ⅰ，Ⅱ)三铰在一条直线上，所以体系是瞬变的。图 2-15(c)所示为由三对(组)平行链杆且都相交在无限远处的三个虚铰所连接的体系。根据几何学上的定义，各组平行线的相交点是在无限远处的一条直线上，故由三对平行链杆所形成的三个虚铰是在无限远处的一条直线上，因而是瞬变体系。

应当注意，并非是任意两根链杆就可作为虚铰来看待的，而必须是连接相同两个刚片的两根链杆才能形成一个虚铰。

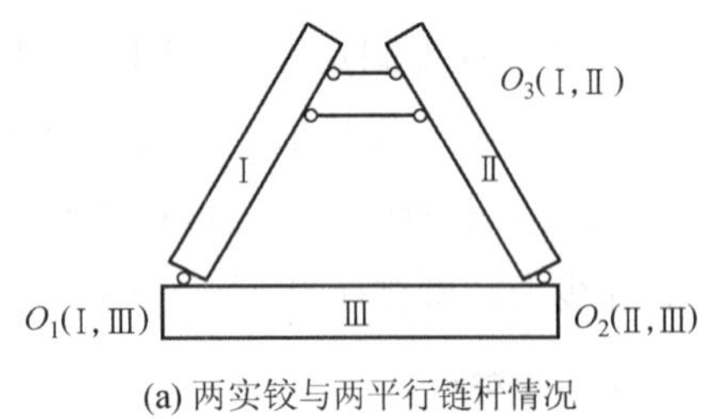

(a) 两实铰与两平行链杆情况

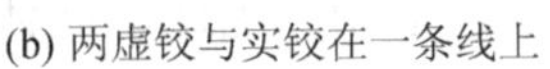
(b) 两虚铰与实铰在一条线上

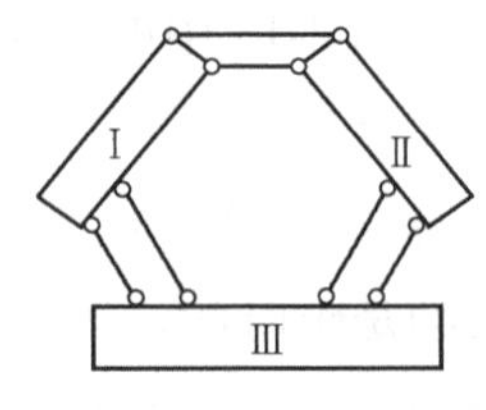

(c) 三对平行链杆的情况

图 2-15　瞬变体系

2.4　机动分析示例

应用 2.2 节的几何组成规则，对体系进行机动分析，其目的在于确定体系是否为几何不变体系，从而决定体系能否作为结构使用。一般来说，组成体系的杆件较多，需要应用几何组成规则逐次判断，最后确定体系的几何组成。对体系进行机动分析时，一般遵循的原则是：先将能直接应用规则观察出的几何不变部分当作一个刚片，再与其他刚片应用规则进行判断，依次继续联结下去。在分析过程中，一根链杆可以作为一个刚片，一个刚片也

可以作为一根链杆使用，刚片与链杆要根据具体情况来确定。对于较简单的体系，直接进行机动分析。

下面提出一些进行机动分析时行之有效的方法，可视具体情况适当地予以运用。

(1) 当体系中有明显的二元体时，可先去掉二元体，再对余下的部分进行组成分析。如图 2-16 所示体系，我们自结点 *A* 开始，按 $D \to E \to A \to C$ 的次序依次撤掉汇交于各结点的二元体，最后只余下了基础，显然该体系为一几何不变体系，且无多余约束。

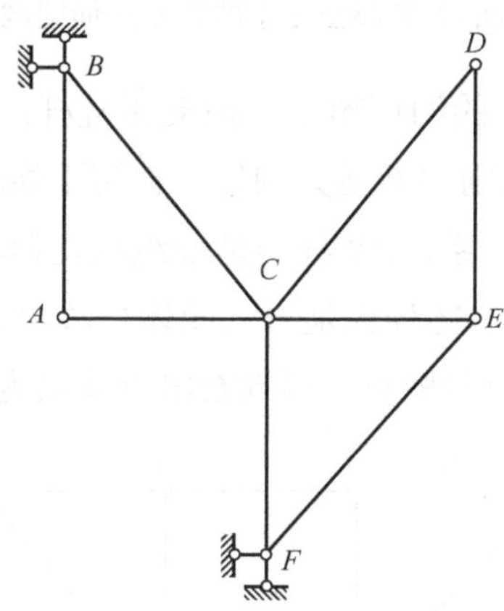

图 2-16　二元体组成的体系

(2) 当体系的基础以上部分与基础间以三根支座链杆按规则二相联结时，可以先撤去这些支杆，只就上部体系进行几何组成分析，所得结果即代表整个体系的性质，如图 2-17(a) 中的体系便可以除去基础和三根支杆，只考察图 2-17(b)所示部分即可。而对此部分来说，自结点 *B*(或结点 *D*)开始，按照上面所述方法，依次去掉二元体，最后便只剩下 *AG* 和 *GH* 两根杆件与一铰联结。由此可知，整个体系是几何可变的。

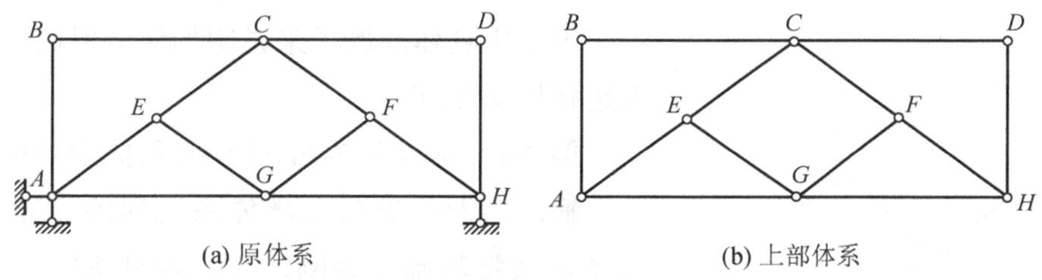

(a) 原体系　　(b) 上部体系

图 2-17　去掉与基础的联结再作几何组成分析的方式

(3) 当体系的基础与其他部分的约束超出三根支座链杆时，可将基础作为体系中的一个刚片与其他刚片一起分析。此时，如果有两根链杆形成的固定铰支座，可换成单铰，且将由此联结的杆件作为链杆使用，而链杆的另一端所联结的杆件或几何不变体部分作为刚片，然后应用规则判断即可，如图 2-18 所示。取基础、*ED* 杆和△*BCF* 为刚片Ⅰ、刚片Ⅱ、刚片Ⅲ，则不难分析出该体系为瞬变体系。

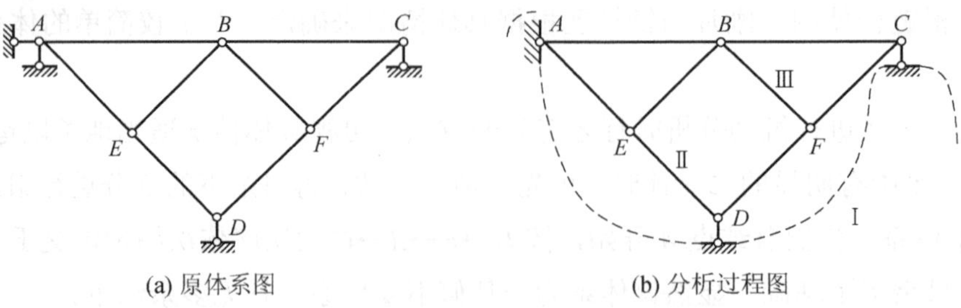

(a) 原体系图　　(b) 分析过程图

图 2-18　与基础的约束超出三个的体系几何组成分析的方式(1)

对于体系的基础与其他部分的约束超出三根支座链杆，且存在一刚片与基础有三根链杆的联结时，可由此出发，按规则逐渐增大刚片，直到不能增加为止，再与其他刚片联结，按规则判断。对图 2-19 所示的体系，*AB* 杆与基础组成几何不变体系，增加二元体 *ACB* 及 *ADC*，而 *CE* 杆和 *E* 结点对应的链杆也是一二元体，故组成一新刚片，称之为Ⅰ。△*FGI* 增加二元体 *GHI* 形成刚片Ⅱ，则由规则一可判断出该体系为一瞬变体系。

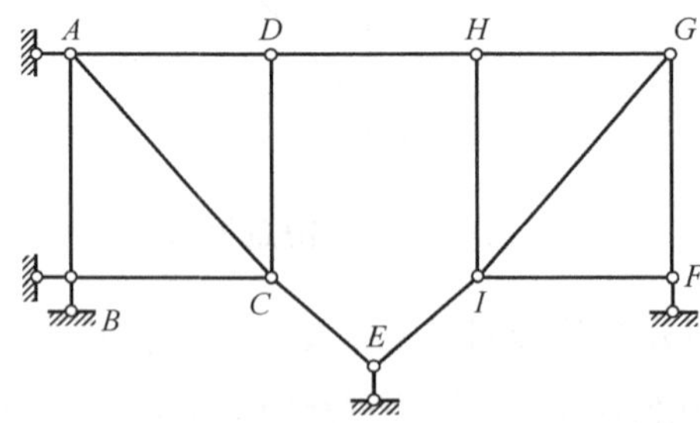

图 2-19　与基础的约束超出三个的体系几何组成分析的方式(2)

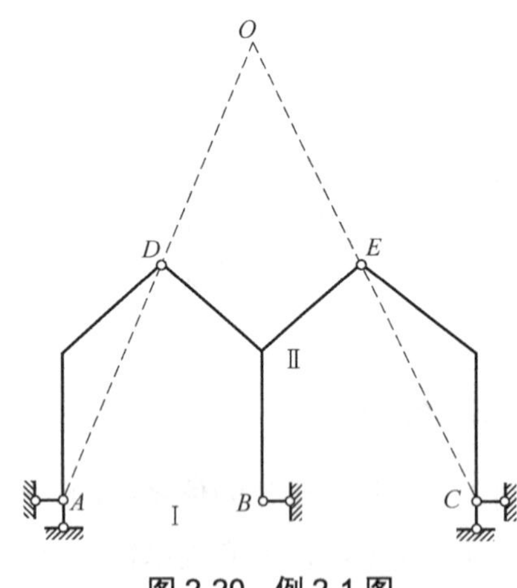

图 2-20　例 2-1 图

(4) 对于刚结点所联结的杆件视为一个刚片，对于固定支座联结的杆件与基础视为一个刚片。

下面用具体的例子来说明如何运用这些知识对体系进行机动分析。

例 2-1　试对图 2-20 所示体系进行机动分析。

解：因为基础与上部体系之间的支座链杆多于三个，故将基础作为刚片Ⅰ。取杆 *BDE* 为刚片Ⅱ，折杆 *AD* 和折杆 *CE* 看成链杆，刚片Ⅰ和刚片Ⅱ间有三根链杆相联结，三根链杆既不平行，也不交于一点。由规则一可知，该体系为几何不变体系，且无多余约束。

例 2-2　试对图 2-21 所示体系进行机动分析。

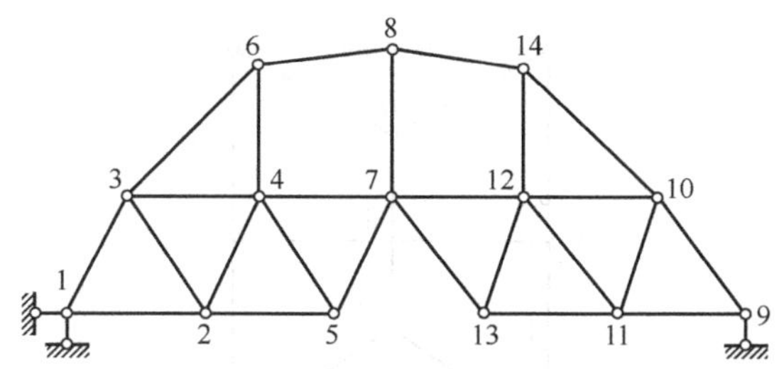

图 2-21 例 2-2 图

解：由于基础与上部体系用三根既不平行也不交于一点的链杆联结，故可撤去支座约束，只研究上部体系自身的几何组成。从△123 出发，按 4→5→6→7→8 的次序依次增加汇交于各结点的二元体，形成刚片Ⅰ。同理，由△91011 出发，按 12→13→14 的次序依次增加汇交于各结点的二元体，形成刚片Ⅱ。刚片Ⅰ和刚片Ⅱ通过铰 7 和链杆 8—14 组成几何不变体系，所以整个体系为几何不变体系，且无多余约束。

例 2-3 试对图 2-22(a)所示体系进行机动分析。

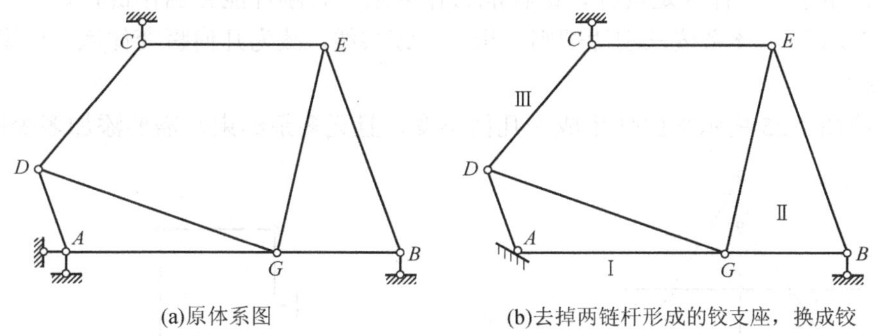

(a)原体系图　　(b)去掉两链杆形成的铰支座，换成铰

图 2-22 例 2-3 图

解：因为基础与上部体系之间的支座链杆多于三个，故将基础作为刚片Ⅰ。去掉两链杆形成的铰支座 *A*，换成铰支座，如图 2-22(b)所示。取△*BEG* 为刚片Ⅱ，杆 *CD* 为刚片Ⅲ。刚片Ⅰ与刚片Ⅱ是由链杆 *AG* 及 *B* 支座链杆相联结；刚片Ⅰ与刚片Ⅲ是由链杆 *AD* 及 *C* 支座链杆相联结；刚片Ⅱ与刚片Ⅲ是由链杆 *DG* 及 *CE* 相联结。三对链杆形成的三个虚铰不在一条直线上，故由规则二判断该体系为几何不变体系，且无多余约束。

例 2-4 试对图 2-23 所示体系进行机动分析。

解：由于基础与上部体系用三根既不平行也不交于一点的支座链杆联结，故可撤去支座约束，只研究上部体系自身的几何组成。折杆 *ACDB* 为刚片Ⅰ，△*EFH* 为刚片Ⅱ，杆 *GH* 为刚片Ⅲ。刚片Ⅰ与刚片Ⅱ是由平行链杆 *CE*、*DF* 相联结，在无穷远处形成虚铰；刚片Ⅰ与刚片Ⅲ是由链杆 *AG*、*BG* 相联结，两链杆交于 *G* 铰；刚片Ⅱ与刚片Ⅲ是由实铰 *H* 相联结。由于三铰在同一条直线上，整个体系为瞬变体系。

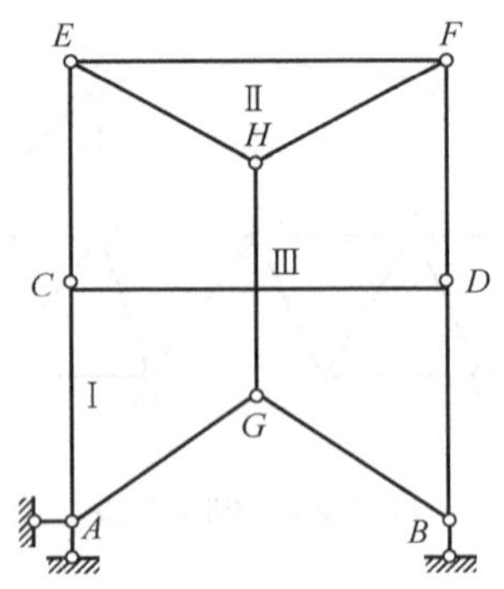

图 2-23　例 2-4 图

复习思考题

1. 为什么计算自由度 $W\leqslant 0$ 的体系不一定就是几何不变的？试举例说明。

2. 什么是刚片？什么是链杆？链杆能否作为刚片？刚片能否当作链杆？

3. 图 2-24 所示体系按三刚片规则分析，三铰共线，故为几何瞬变体系。该说法是否正确？为什么？

4. 若使图 2-25 所示平面体系成为几何不变，且无多余约束，需要添加多少链杆？

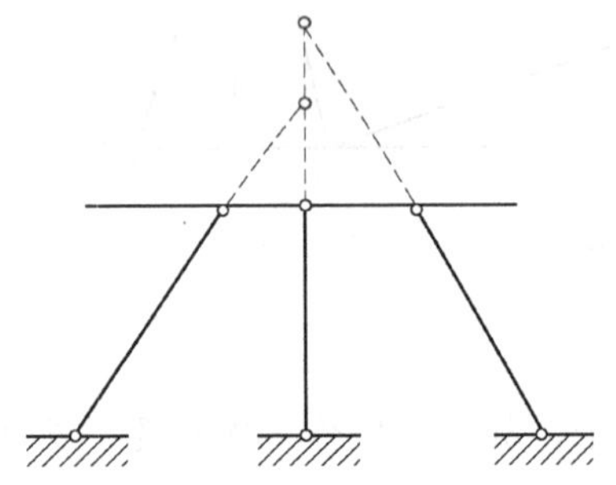

图 2-24　复习思考题 3 图

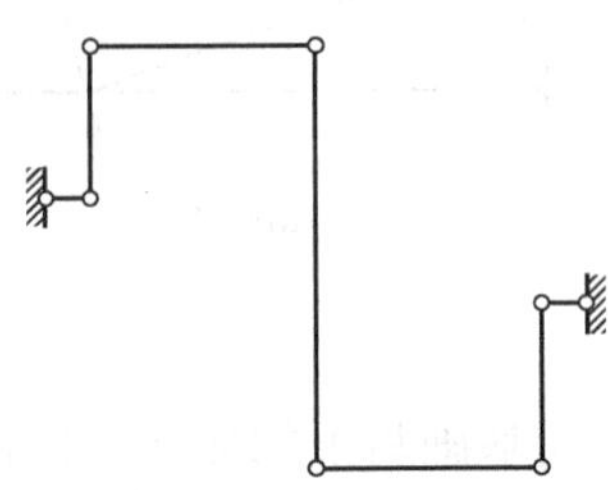

图 2-25　复习思考题 4 图

5. 静定结构的几何组成特征是什么？有多余约束的体系一定是超静定结构吗？ 为什么？

6. 何谓瞬变体系？为什么土木工程中要避免采用瞬变和接近瞬变的体系？

7. 图 2-26 所示平面体系的几何组成性质是什么？

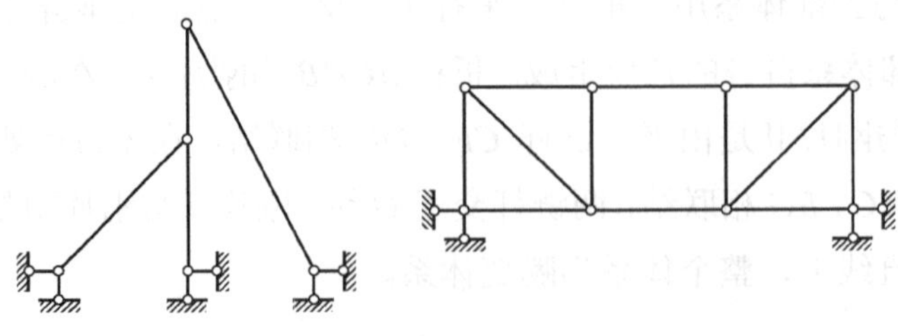

图 2-26　复习思考题 7 图

8．试小结机动分析的一般步骤和技巧。

习　题

2-1～2-24　对图示体系进行机动分析。

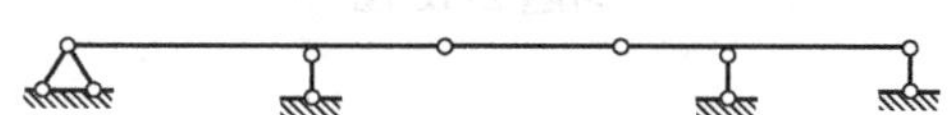

习题 2-1 图

习题 2-2 图

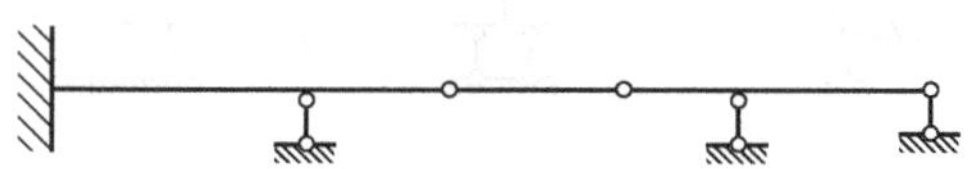

习题 2-3 图

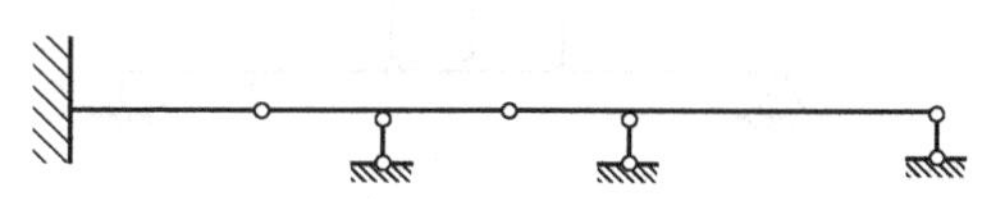

习题 2-4 图

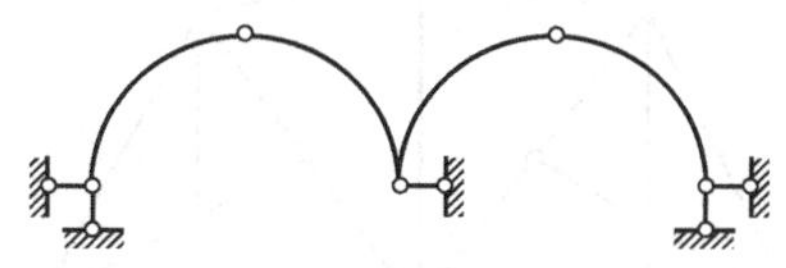

习题 2-5 图

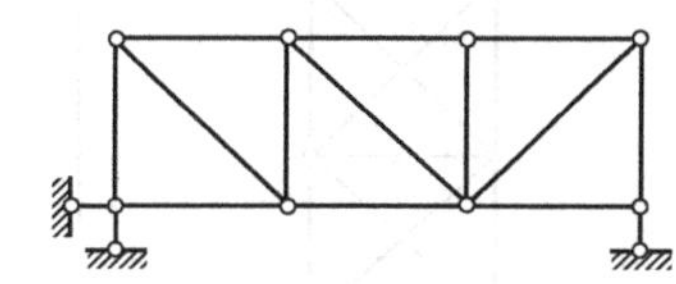

习题 2-6 图

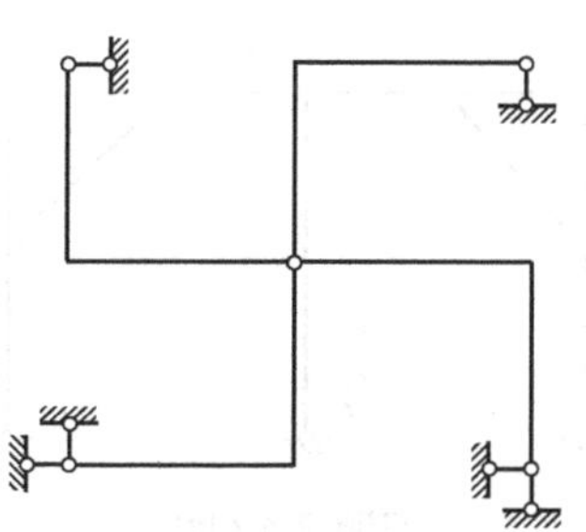

习题 2-7 图

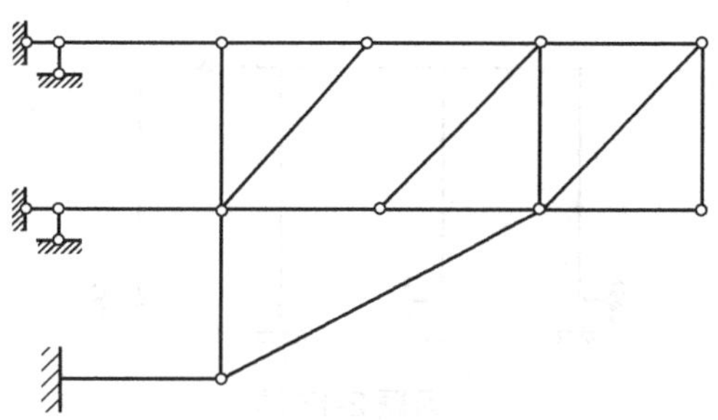

习题 2-8 图

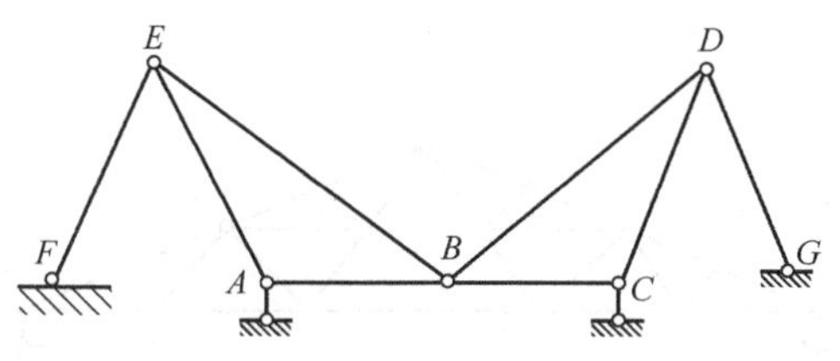

习题 2-9 图

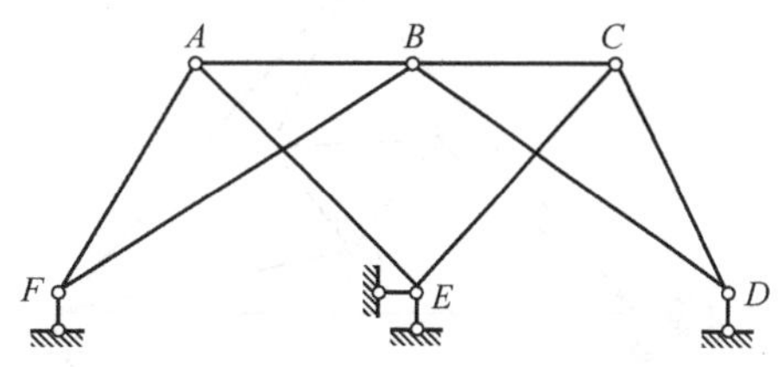

习题 2-10 图

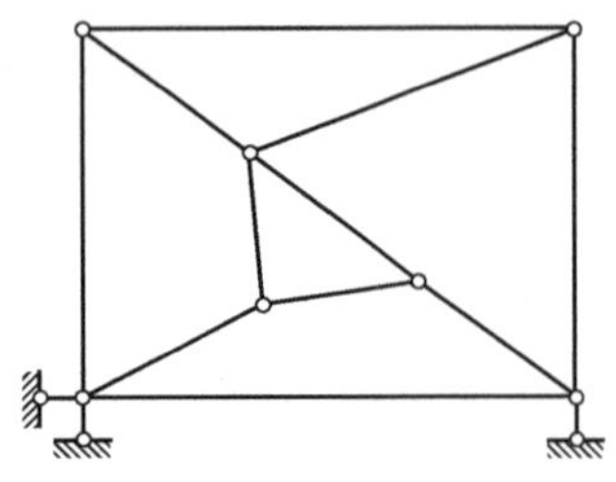

习题 2-11 图

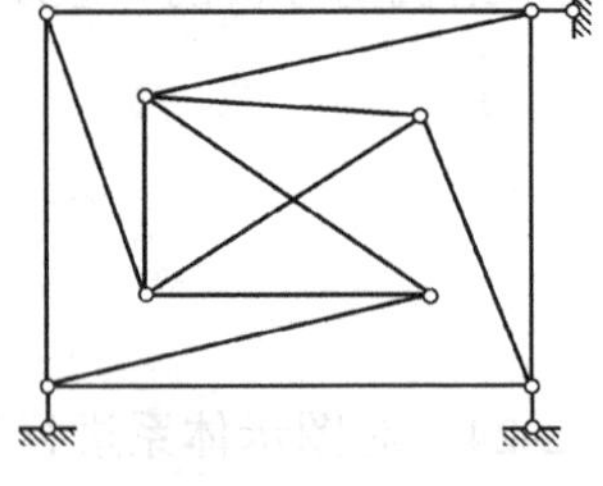

习题 2-12 图

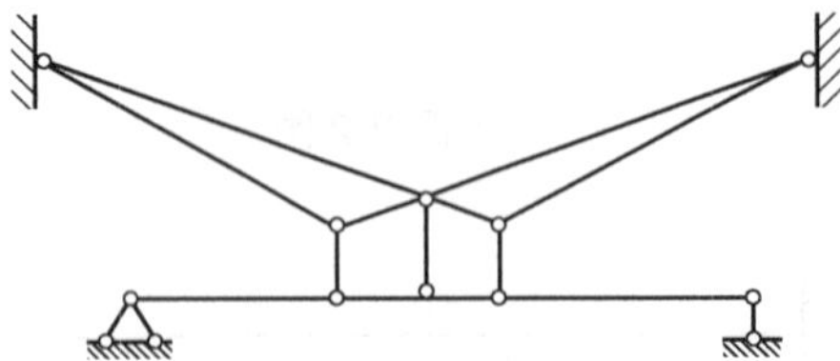

习题 2-13 图

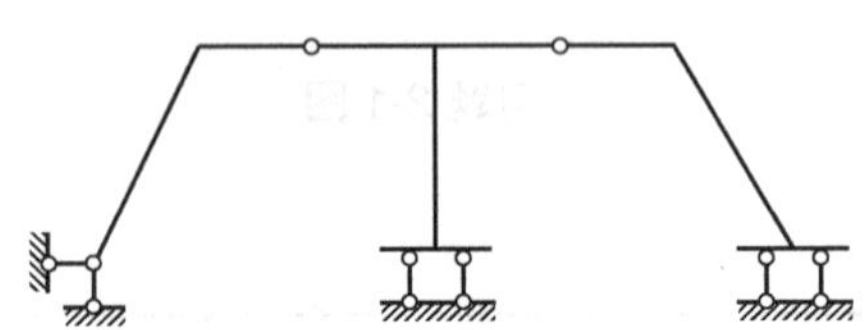

习题 2-14 图

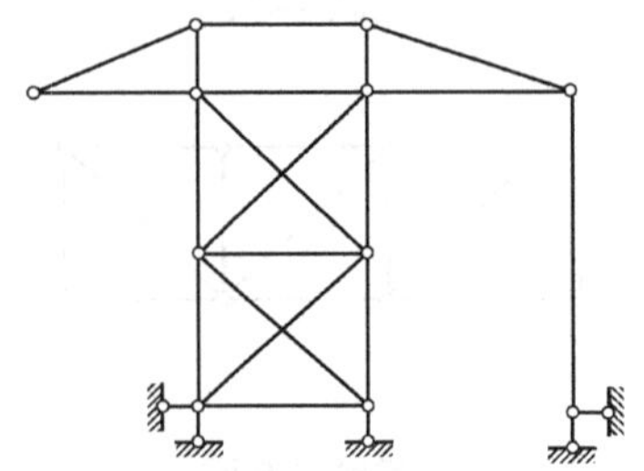

习题 2-15 图

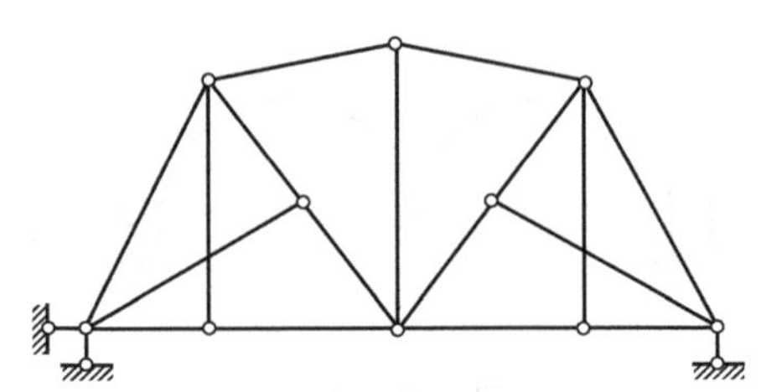

习题 2-16 图

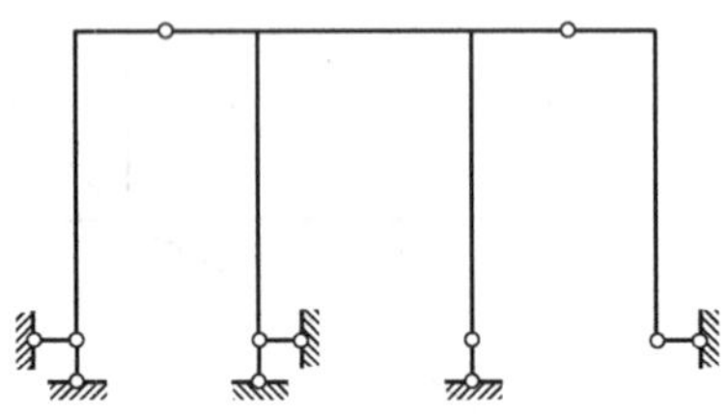

习题 2-17 图

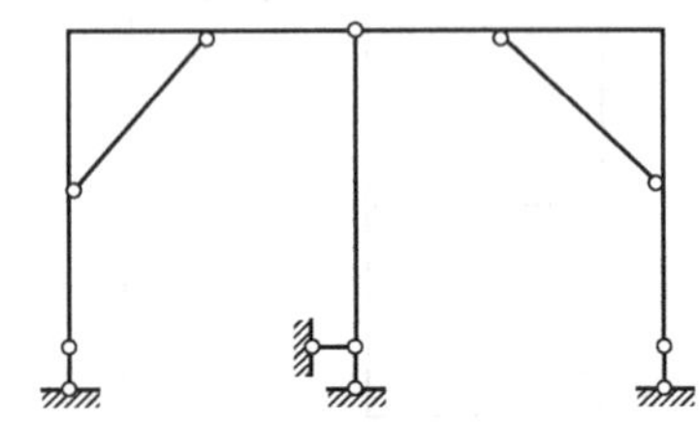

习题 2-18 图

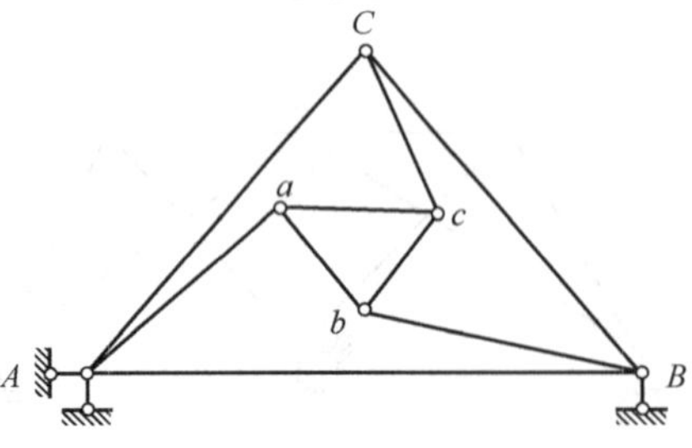

习题 2-19 图

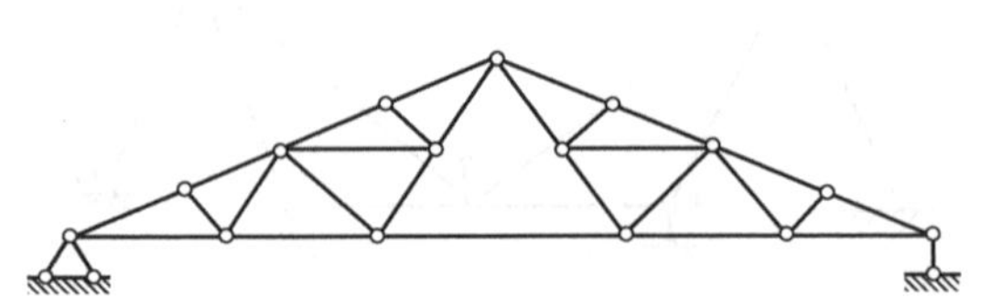

习题 2-20 图

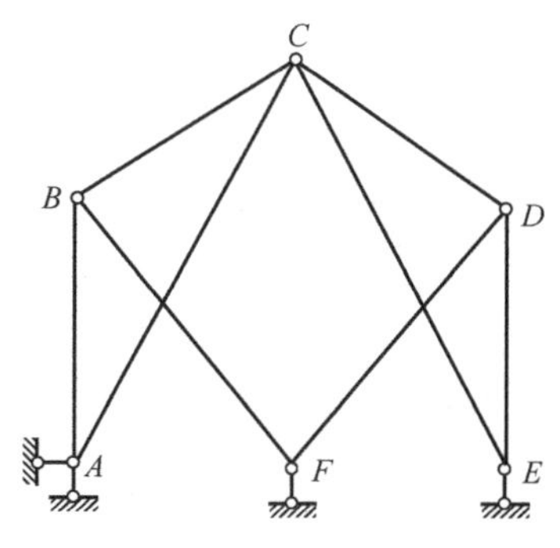

习题 2-21 图

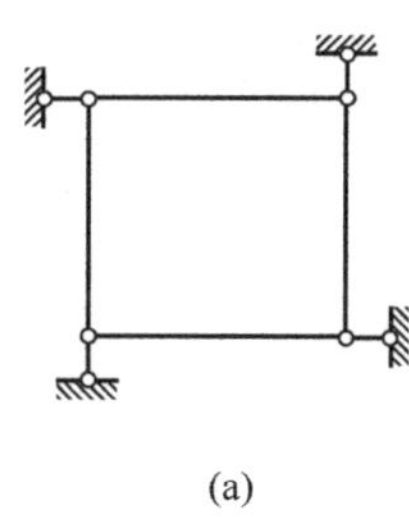

(a)　　(b)

习题 2-22 图

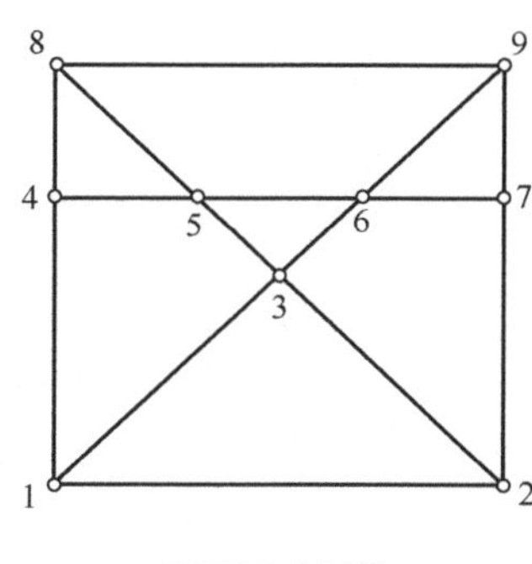

习题 2-23 图

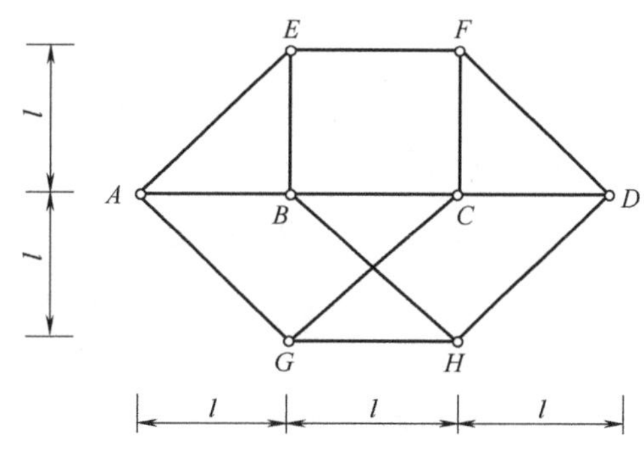

习题 2-24 图

2-25～2-26　判断下面各题所示体系的多余约束数目，并作机动分析。

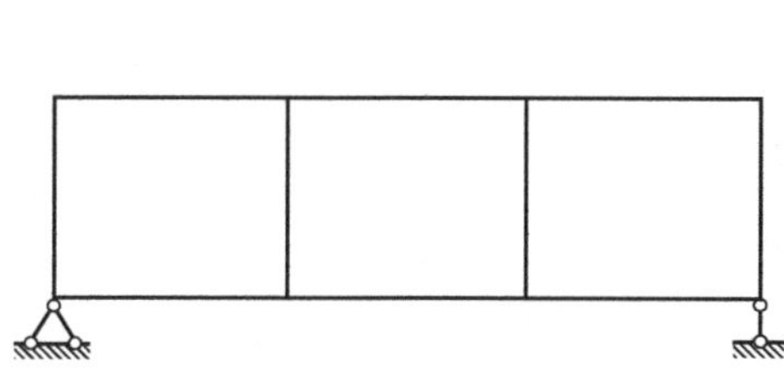

习题 2-25 图

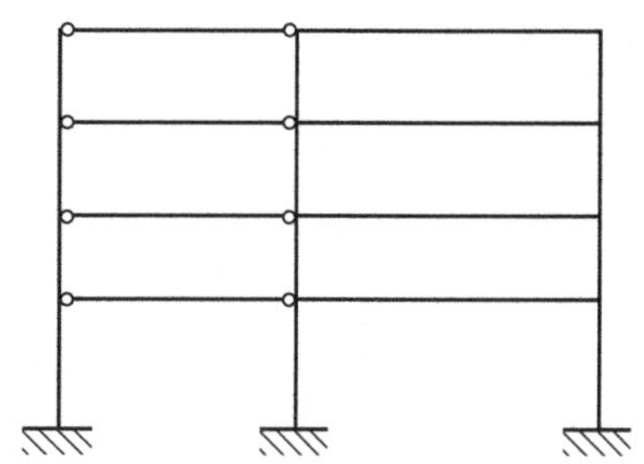

习题 2-26 图

第 3 章　静定梁与静定刚架

学习本章的基本要求：

灵活运用隔离体平衡的方法，熟练掌握静定梁和刚架内力图的做法以及内力的解法，掌握用“拟简支梁区段叠加法”绘制弯矩图。

3.1　单跨静定梁

单跨静定梁是建筑工程中常用的简单结构，是组成各种结构的基本构件之一。它设计简单、施工方便，多用于短跨结构，如楼板、门窗过梁、吊车梁等。其受力分析是各种结构受力分析的基础。因此，尽管在材料力学中对单跨静定梁的内力分析已经做过讨论，但在这里仍然有必要加以简略的回顾和补充，以使读者进一步熟练掌握，为后续课程打下良好的基础。

3.1.1　单跨静定梁的类型及反力

常见的单跨静定梁有三种形式，即简支梁、悬臂梁和外伸梁。如图 3-1 所示，它们都是由梁和地基按两刚片规则组成的静定结构，因而其支座反力都只有三个，可取全梁为隔离体，由平面一般力系的三个平衡方程求得。

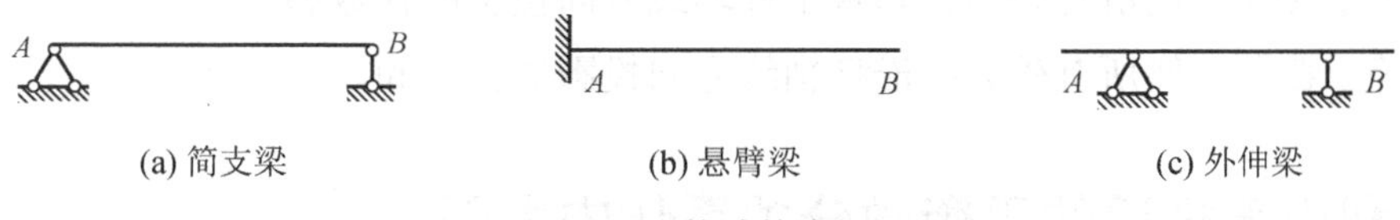

(a) 简支梁　(b) 悬臂梁　(c) 外伸梁

图 3-1　单跨静定梁

3.1.2 用截面法求梁的内力

1. 内力符号规定

在任意荷载作用下，梁横截面上有弯矩 M、剪力 Q 和轴力 N 三个内力分量，其符号通常规定如下。

梁的弯矩 M 使杆件上凹者为正(也即下侧纤维受拉为正)，反之为负；剪力 Q 使截开部分产生顺时针转动趋势为正，反之为负；轴力 N 拉为正，压为负，如图 3-2 所示。作内力图时，规定弯矩图纵坐标画在受拉一侧，不标注正负号；剪力图和轴力图可绘在杆轴的任意一侧，但必须标注正负号。

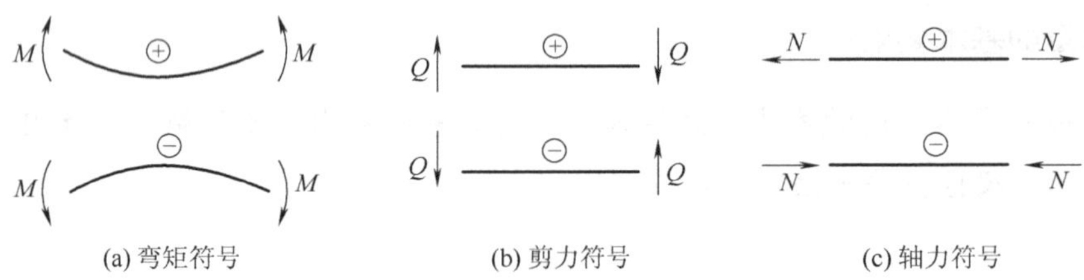

(a) 弯矩符号　(b) 剪力符号　(c) 轴力符号

图 3-2　内力符号规定

2. 求内力的方法——截面法

用假想截面将杆件截开，以截开后受力简单的部分为平衡对象，也称隔离体，并分析其内力。以图 3-3(a)所示简支梁为例，在求出支座反力 H_A、V_A、V_B 之后，用一个假想的平面 m—m 将梁沿所求内力截面 K 截开，可选取截面的任一侧为隔离体，例如取截面左侧部分为隔离体[见图 3-2(b)]，利用平衡条件计算欲求的内力分量。

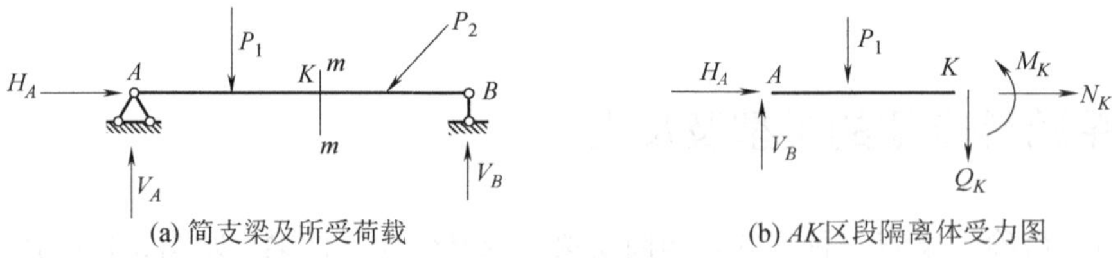

(a) 简支梁及所受荷载　(b) AK区段隔离体受力图

图 3-3　截面法

弯矩等于截面一侧所有外力(包括荷载和反力)对截面形心力矩的代数和。

剪力等于截面一侧所有外力在垂直于杆轴线方向投影的代数和。

轴力等于截面一侧所有外力在沿杆轴线方向投影的代数和。

3.1.3 利用直杆段的平衡微分关系作内力图

取微段 dx 为隔离体，如图 3-4 所示，假设其上有轴向分布荷载集度 $p(x)$、横向分布荷

载集度 $q(x)$，在给定坐标系中它们的指向与坐标正向相同者为正。

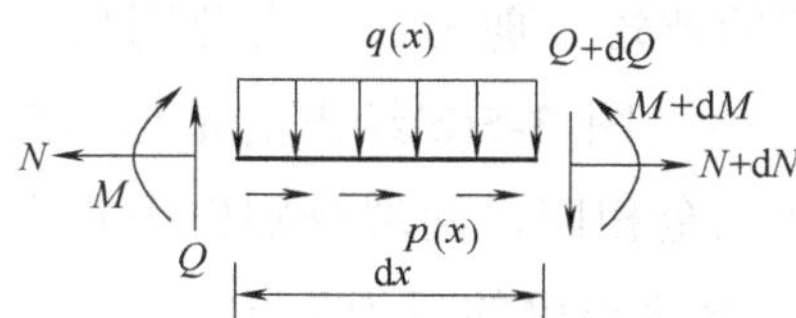

图 3-4 微段隔离体图

考虑微段的平衡条件

$$\sum X=0 \qquad \frac{\mathrm{d}N}{\mathrm{d}x}=-p(x) \tag{3-1}$$

$$\sum Y=0 \qquad \frac{\mathrm{d}Q}{\mathrm{d}x}=-q(x) \tag{3-2}$$

$$\sum M=0 \qquad \frac{\mathrm{d}M}{\mathrm{d}x}=Q \tag{3-3}$$

由式(3-2)和式(3-3)可得

$$\frac{\mathrm{d}^2M}{\mathrm{d}x^2}=-q(x) \tag{3-4}$$

式(3-1)～式(3-4)即为直杆段的平衡微分关系。其几何意义是：轴力图上某点切线的斜率等于该点处的轴向荷载集度，但是符号相反；剪力图上某点处切线的斜率等于该点处的横向荷载集度，但是符号相反；弯矩图上某点切线斜率等于该点处的剪力。由以上的微分关系可以推知荷载情况与内力图形状之间的一些对应关系，如表 3-1 所示。掌握内力图形状上的这些特征，对于正确和迅速地绘制内力图很有帮助。

表 3-1 直杆内力图的形状特征与荷载情况的对应关系

内力图情况 / 荷载情况	剪力图特点	弯矩图特点
直杆段无横向外荷载作用	平行杆轴的直线	一般为斜直线(剪力等于零时，弯矩为平行杆轴的直线)
横向均布荷载 q 作用区段	斜直线	二次抛物线(凸出方向同 q 指向)
横向集中力 P 作用点处	有突变(突变值=P)	有尖角(尖角指向同 P 指向)
集中力偶 M 作用点处	无变化	有突变(突变值=M)

3.1.4 用“拟简支梁区段叠加法”绘制弯矩图

小变形的情况下，绘制结构中的直杆段弯矩图时，可采用拟简支梁区段叠加法。它是结构力学中常用的一种简便方法，由于避免了列弯矩方程式，使得弯矩图的绘制工作得到了简化。

图 3-5(a)为结构中任意截取的某一区段 AB，杆长为 l，其上作用实际承受的荷载(本例中只有均布荷载)。AB 两端的弯短、剪力、轴力分别为 M_A、Q_A、N_A 和 M_B、Q_B、N_B，它们是这两个截面的真实内力值。图 3-5(b)绘出的是与 AB 段同长度的简支梁。此梁承受的荷载与 AB 段承受的荷载完全相同，两端分别作用有力 M_A、M_B。因杆端轴力 N_A、N_B 不产生弯矩，故没有绘出。设简支梁的反力为 V_A、V_B，由 AB 段为隔离体列出静力平衡条件及通过对比，可知 $Q_A=V_A$、$Q_B=-V_B$，即图 3-5(a)所示的区段与图 3-5(b)所示的简支梁二者的内力分布完全一样。现分别作出简支梁在 M_A、M_B 共同作用下及均布荷载 q 作用下的弯矩图，如图 3-5(c)和(d)所示。将上述两个弯矩图的纵坐标叠加(不是图形的简单拼和)，可得简支梁的最终弯矩图[见图 3-5(e)]，该弯矩图即为 AB 区段的弯矩图。实际作图时，通常不必作出图 3-5(c)和图 3-5(d)，而可直接作出图 3-5(e)。方法是：先将两端的 M_A、M_B 绘出并以直线相连，如图 3-5(e)中虚线所示，然后以此虚线为基线叠加简支梁在均布荷载 q 作用下的弯矩图。但必须注意的是，这里弯矩图的叠加是指其纵坐标叠加，因此图 3-5(d)中的竖标 $ql^2/8$ 仍垂直于杆轴(而不是垂直于 M_A、M_B 的连线)。当区段上有集中力或者是其他形式的荷载时，叠加作图的方法与之相同。这种绘制弯矩图的方法称为“拟简支梁区段叠加法”。

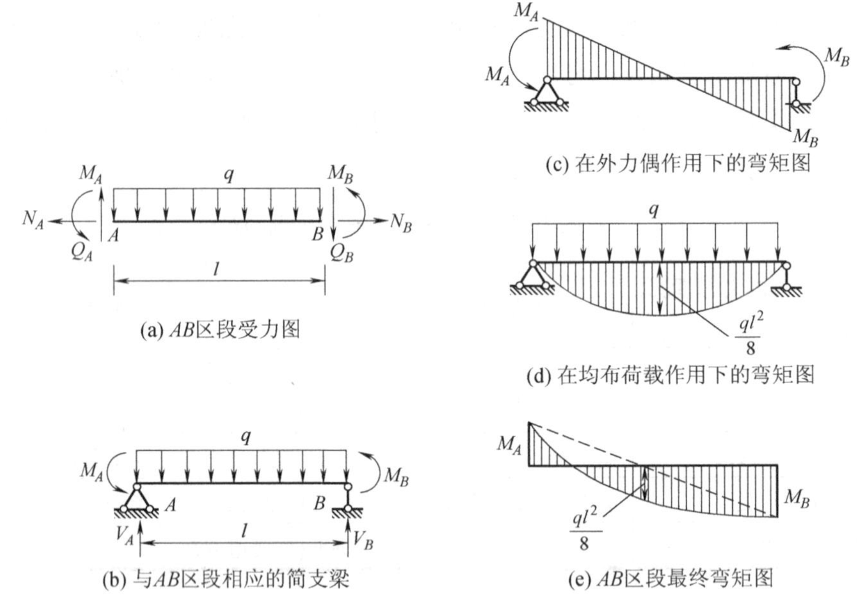

图 3-5　区段叠加法

为了方便地应用叠加原理，下面给出几种应该熟记的简支梁在不同荷载作用下的内力图，如图 3-6 所示。

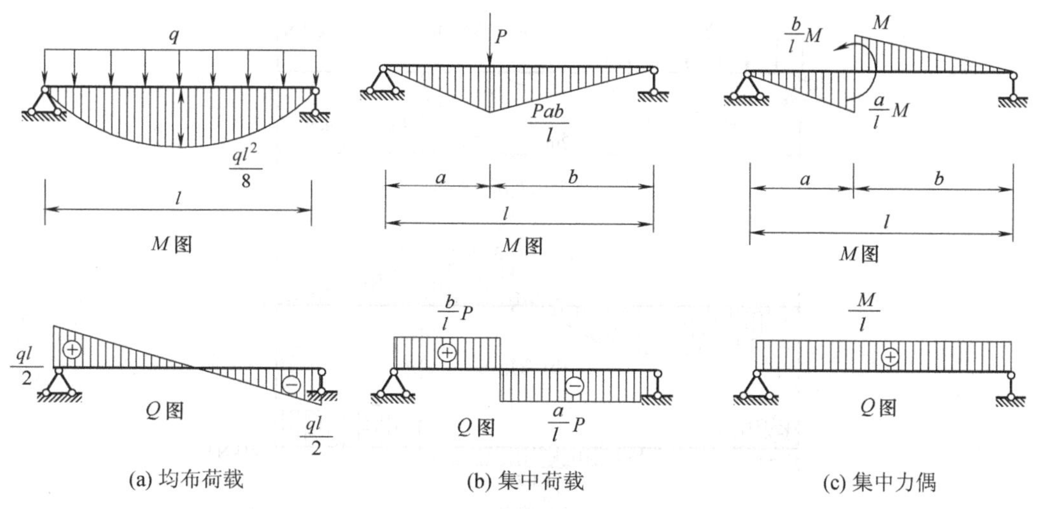

图 3-6　简支梁在不同荷载作用下的内力图

综上所述，下面给出绘制内力图的一般步骤。

(1) 求反力(悬臂梁可不必求支座反力)。

(2) 分段。凡是外力不连续处均应作为分段点，如集中力及力偶作用处、均布荷载两端点等，这样根据微分关系即可判断各段梁上的内力图形状。

(3) 定点。根据各段梁的内力图形状，选定所需要的控制截面，例如集中力及力偶的作用点两侧的截面、均布荷载两端截面等，用截面法求出这些截面的内力值，并将它们在内力图的基线上用竖标绘出。

(4) 连线。由各段梁内力图的形状，根据叠加原理，分别用直线或曲线将各控制点依次相连，即为所求的内力图。

例 3-1　试绘制图 3-7(a)所示的外伸梁的弯矩图和剪力图。

解：(1) 计算支座反力。

$$\sum X=0 \qquad H_A=0$$

$$\sum M_A=0 \qquad V_B\times 8+30-10\times 4\times 2-20\times 11=0$$

$$V_B=33.75\text{kN}(\uparrow)$$

$$\sum M_B=0 \qquad V_A\times 8-30-10\times 4\times 6+20\times 3=0$$

$$V_A=26.25\text{kN}(\uparrow)$$

校核：

$$\sum Y=26.25+33.75-10\times 4-20=0$$

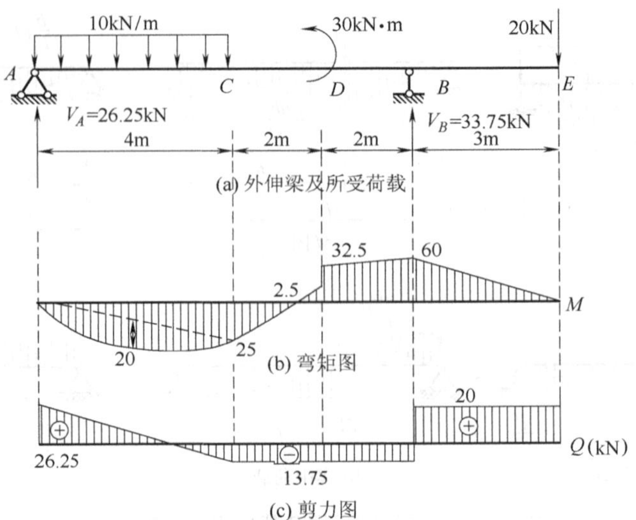

图 3-7　外伸梁内力计算示例

(2) 作弯矩图。选择 A、C、D、B、E 为控制截面，计算出其弯矩值。

$$M_A = 0$$
$$M_C = 26.25 \times 4 - 10 \times 4 \times 2 = 25\text{kN}\bullet\text{m}$$
$$M_{D左} = 26.25 \times 6 - 10 \times 4 \times 4 = -2.5\text{kN}\bullet\text{m}$$
$$M_{D右} = 26.25 \times 6 - 10 \times 4 \times 4 - 30 = -32.5\text{kN}\bullet\text{m}$$
$$M_B = -20 \times 3 = -60\text{kN}\bullet\text{m}$$
$$M_E = 0$$

对于 CD、DB、BE 各区段，分别用直线连接两端控制截面弯矩纵标。对于 AC 区段，因有均布荷载作用，则以 A、C 两点纵标连线为基线，再叠加上相应的简支梁在均布荷载作用下的弯矩图。绘制出的弯矩图如图 3-7(b)所示。

(3) 作剪力图。用截面法计算出各个控制截面的剪力值。

$$Q_A = 26.25\text{kN}$$
$$Q_C = 26.25 - 10 \times 4 = -13.75\text{kN}$$
$$Q_D = 26.25 - 10 \times 4 = -13.75\text{kN}$$
$$Q_E = 20\text{kN}$$
$$Q_{B右} = 20\text{kN}$$
$$Q_{B左} = 20 - 33.75 = -13.75\text{kN}$$

用直线连接各个梁段控制截面剪力的纵标，绘制出剪力图，如图 3-7(c)所示。

3.1.5　斜梁的受力分析

当单跨梁的两个支撑顶面的标高不相等时，即形成斜梁。斜梁在工程中经常遇到，如梁式楼梯的楼梯梁、锯齿形状楼盖及雨篷结构中的斜杆等，这里仅就简支斜梁讨论其计算方法。

计算斜梁的内力时，需要注意分布荷载的集度是怎样给定的。在图 3-8(a)中，荷载集度 q 是以沿水平线每单位长度内作用的力来表示的，如楼梯上的人群荷载以及屋面斜梁上的雪荷载等。图 3-8(b)中 q'是楼梯自重的集度，它代表的是沿斜梁轴线每单位长度内荷载的量值。为了计算的方便，将 q'折算成沿水平方向度量的集度 q_0。根据在同一微段范围内合力相等的原则，求出 q_0，即

$$q_0\mathrm{d}x = q'\mathrm{d}s \qquad q_0 = \frac{q'\mathrm{d}s}{\mathrm{d}x} = \frac{q'}{\cos\alpha}$$

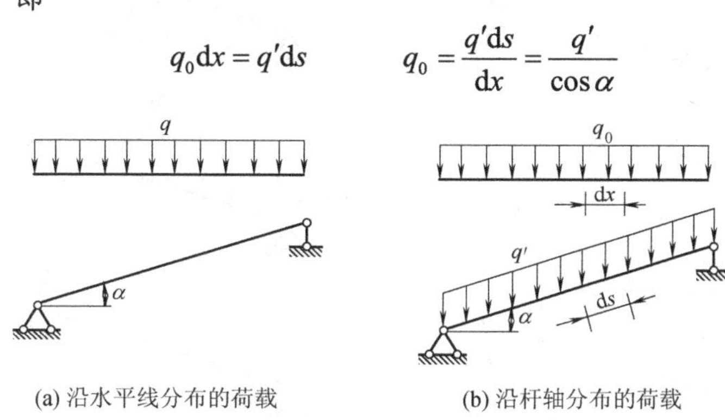

(a) 沿水平线分布的荷载　　(b) 沿杆轴分布的荷载

图 3-8　简支斜梁承受外荷载情况

斜梁计算与水平梁的计算基本相同，斜梁的主要特点是梁轴线和横截面都是倾斜的。当求斜梁上任意一截面的轴力时，应该将外力和支座反力向杆轴线的方向投影；而求剪力时，应该将外力和支座反力向垂直于杆轴线的方向投影；截面上的弯矩不因为梁轴的倾斜而受到影响。

例 3-2　作如图 3-9(a)所示斜梁的弯矩图、剪力图和轴力图。

解：(1) 求支座反力。

$$\sum X = 0 \qquad H_A = 0$$

$$\sum M_B = 0 \qquad V_A = \frac{ql}{2}(\uparrow)$$

$$\sum M_A = 0 \qquad V_B = \frac{ql}{2}(\uparrow)$$

校核：

$$\sum Y = \frac{ql}{2} + \frac{ql}{2} - ql = 0$$

(2) 作内力图。为求任意一截面 K 的内力，取如图 3-9(b)所示的隔离体，计算弯矩。

$$\sum M_K = 0 \qquad M_K(x) = V_A x - \frac{1}{2}qx^2 = \frac{ql}{2}x - \frac{q}{2}x^2$$

故 $M_K(x)$ 为一抛物线，跨中弯矩为 $\frac{ql^2}{8}$，如图 3-9(c)所示。

计算剪力和轴力。

$$\sum t=0 \quad Q_K(x)=V_A\cos\alpha-qx\cos\alpha=\left(\frac{ql}{2}-qx\right)\cos\alpha$$

$$\sum n=0 \quad N_K(x)=-V_A\sin\alpha+qx\sin\alpha=-\left(\frac{ql}{2}-qx\right)\sin\alpha$$

由以上两式可绘制出 Q 图和 N 图，如图 3-9(d)、(e)所示。

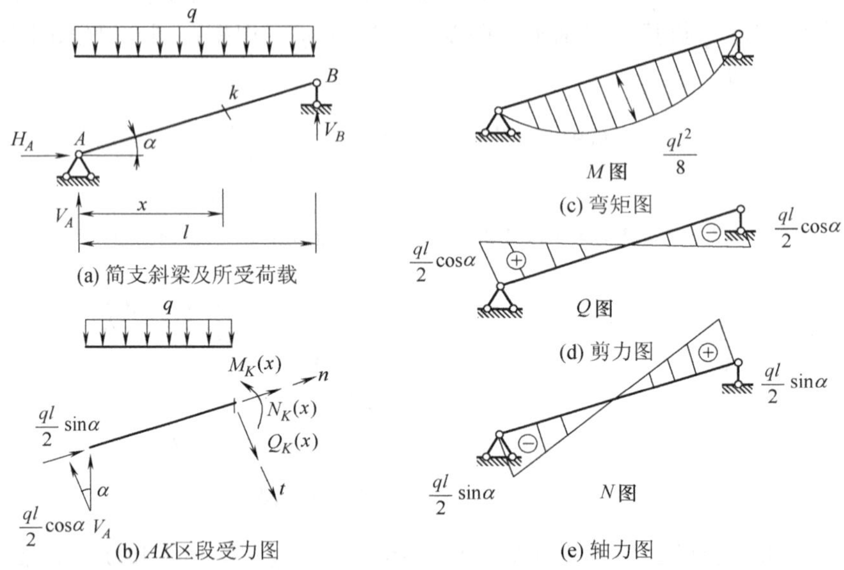

图 3-9　例 3-2 简支斜梁内力计算

例 3-3　作如图 3-10(a)所示斜梁的弯矩图、剪力图和轴力图。

解：(1) 计算支座反力。

$$\sum X=0 \qquad H_A=0$$

$$\sum M_B=0 \qquad V_A=\frac{ql}{6}(\uparrow)$$

$$\sum M_A=0 \qquad V_B=\frac{ql}{6}(\uparrow)$$

校核：

$$\sum Y=\frac{ql}{6}+\frac{ql}{6}-q\times\frac{l}{3}=0$$

(2) 作内力图。由于均布荷载只作用于斜梁上的局部，应该选择 A、C、D、B 四点为控制截面。

M 图计算：

$$M_{CA}=V_A\times\frac{l}{3}=\frac{ql^2}{18}$$

$$M_{DB}=V_B\times\frac{l}{3}=\frac{ql^2}{18}$$

CD 段梁上有均布荷载，仍然可以用拟简支梁的区段叠加法绘制 M 图。图 3-10(b)为 CD 段的隔离体，其受力状态与图 3-10(c)所示简支梁的受力状态完全相同，因而二者的弯矩图也完全相同。由于轴向力 N_{CD}、N_{DC} 不产生弯矩，CD 部分的弯矩即由两端弯矩而产生的直线弯矩图和由均布荷载所产生的抛物线弯矩图叠加而成，如图 3-10(d)所示，最终弯矩图如图 3-10(e)所示。

Q 图计算：

$$Q_{CD}=V_A\cos\alpha=\frac{ql}{6}\cos\alpha$$

$$Q_{DC}=-V_B\cos\alpha=-\frac{ql}{6}\cos\alpha$$

AC 段、DB 段没有外荷载，因此 Q 图平行于杆轴；CD 区段有均布荷载 q 的作用，故 Q 图为斜直线。最终剪力图如图 3-10(f)所示。

N 图计算：

$$N_{CD}=-V_A\sin\alpha=-\frac{ql}{6}\sin\alpha$$

$$N_{DC}=V_B\sin\alpha=\frac{ql}{6}\sin\alpha$$

在 AC 区段轴力为 N_{CD}，在 DB 段上轴力为 N_{DC}，在 CD 段轴力图为斜直线。最终轴力图如图 3-10(g)所示。

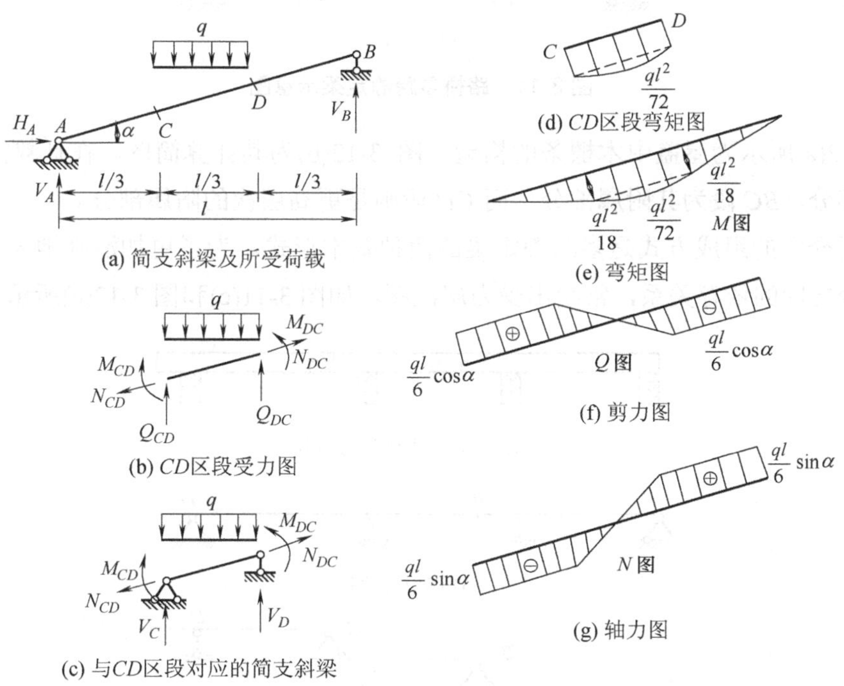

图 3-10　例 3-3 简支斜梁内力计算

3.2　多跨静定梁

简支梁、悬臂梁和外伸梁是静定梁中最简单的情况，多跨梁是将上述这些基本构造单元适当组合在一起而成的多跨静定梁，多用于桥梁、渡槽和屋盖系统。如图 3-11(a)所示为公路桥使用的多跨静定梁，其计算简图如图 3-11(b)所示。

从几何组成来看，多跨静定梁的各部分可以区分为基本部分和附属部分。就图 3-11(b)而言，梁 *AB* 和梁 *CD* 直接由支杆固定于基础，不依赖其他部分而可以维持几何不变性，我们称它为基本部分。而短梁 *BC* 的两端支于 *AB* 和 *CD* 的伸臂上面，必须依靠基本部分才能保持其几何不变性，故称为附属部分。

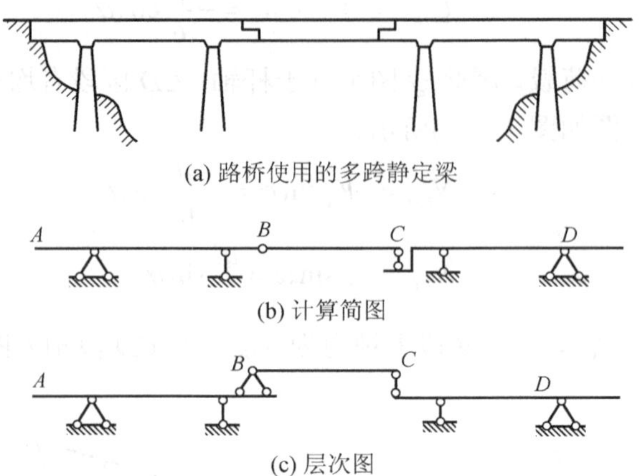

(a) 路桥使用的多跨静定梁

(b) 计算简图

(c) 层次图

图 3-11　路桥多跨静定梁示意图

图 3-12(a)所示为屋盖中木檩条的构造，图 3-12(b)为其计算简图。在计算简图中，*AB* 段为基本部分，*BC* 段为其附属部分，而 *CD* 段则是更高层次的附属部分。

以上所介绍的组成方式是多跨静定梁的两种基本形式。为了更加清晰地表示出整个结构各个部分之间的依存关系，常绘出受力层次图，如图 3-11(c)和图 3-12(c)所示。

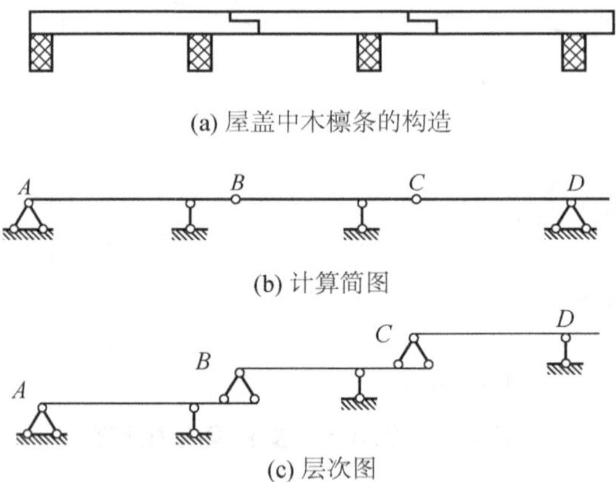

(a) 屋盖中木檩条的构造

(b) 计算简图

(c) 层次图

图 3-12　屋盖中的多跨静定梁示意图

从受力分析方面考虑，基本部分不依赖附属部分，可以独立承受荷载的作用，而附属部分必须依靠基本部分才能承受荷载的作用。当荷载单独地作用于基本部分时，只有基本部分产生内力，附属部分不产生内力；而当荷载作用于附属部分上时，附属部分将产生内力和约束力，且约束力通过联结部分向基本部分传递。

多跨静定梁的组成顺序是先基本部分，后附属部分，最终形成整个结构，而计算多跨静定梁时，我们应该遵循的原则是：先计算附属部分，再计算基本部分；将附属部分的约束力反其指向，就是加于基本部分的荷载。这样把多跨梁拆成单跨梁计算，从而避免求解联立方程。将各单跨梁的内力图组合在一起就是多跨梁的内力图。

例 3-4　试计算图 3-13(a)所示的多跨静定梁，并绘出内力图。

解：由于 A 处为固定铰支座，且略去轴向变形，故该多跨静定梁各截面均无水平线位移。于是，AC、DG 可视为基本部分，CD、GH 可视为附属部分。根据荷载情况，作出该多跨静定梁的受力层次图，如图 3-13(b)所示。

绘出各个部分隔离体的受力图[见图 3-13(c)]。先计算附属部分。求出附属部分的约束力，反其指向加在基本部分后，对基本部分进行计算。计算数据分别标在图上，其计算过程从略。

当所有的支座反力求出后，利用整体平衡条件予以检查。

$$\sum Y = -6.33 + 11.64 + 25.64 + 23.67 + 4 - 15 \times \frac{\sqrt{2}}{2} - 10 \times 4 - 8 = 0$$

证明支座反力计算无误。

分别绘出各个单跨梁的内力图并组合在一起，就得到了整个多跨静定梁的内力图，如图 3-13(d)～(f)。

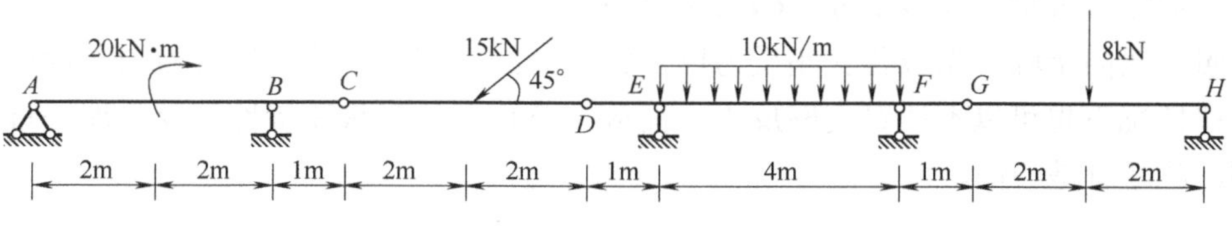

(a) 多跨静定梁及所受的荷载

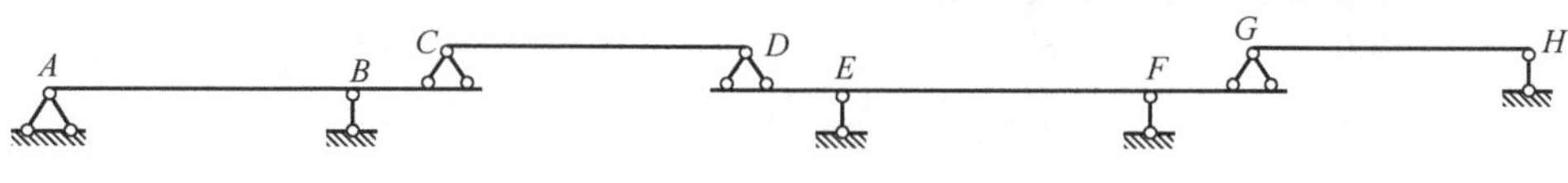

(b) 层次图

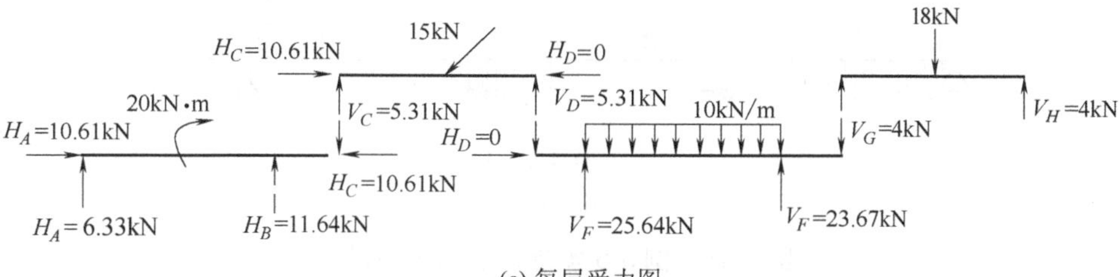

(c) 每层受力图

图 3-13　例 3-4 多跨静定梁内力计算

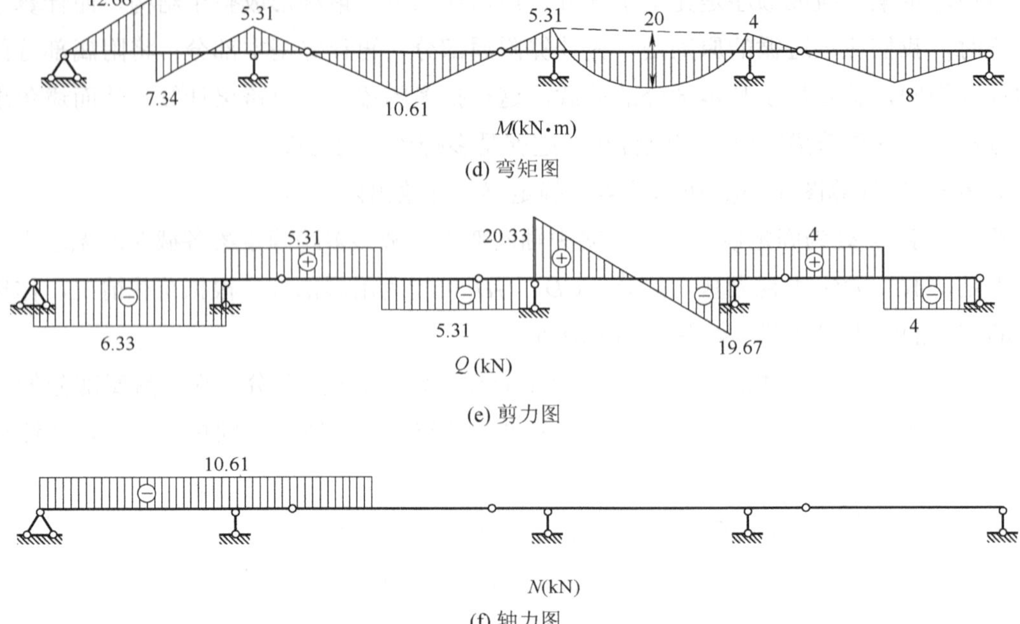

图 3-13　例 3-4 多跨静定梁内力计算示例(续)

例 3-5　试作出如图 3-14(a)所示多跨静定梁的内力图。

解： *ABC* 外伸梁为基本部分，*CDE* 和 *EFG* 为附属部分。

按照一般的步骤，先求各支座反力以及铰结处的约束力，然后作剪力图和弯矩图。但是在某些情况下也可以不计算支座反力，而应用弯矩图的形状和特性以及叠加法首先绘出弯矩图，此题就是一例。

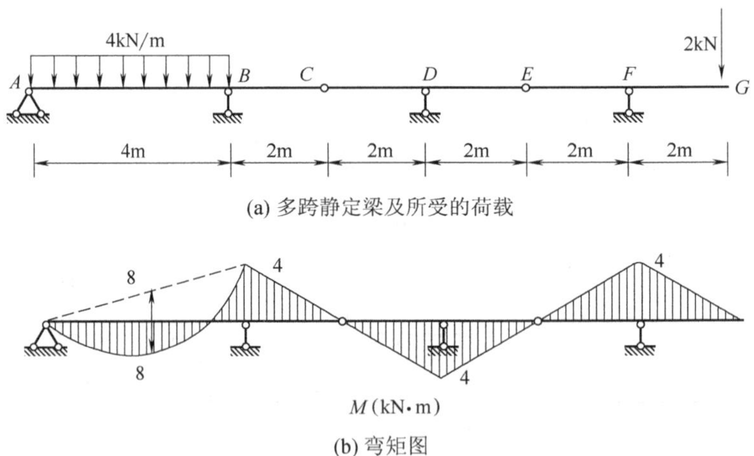

图 3-14　例 3-5 多跨静定梁内力计算

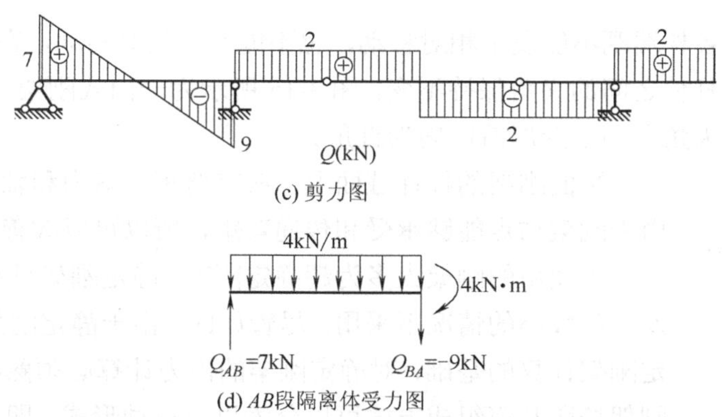

(c) 剪力图

(d) AB段隔离体受力图

图 3-14　例 3-5 多跨静定梁内力计算示例(续)

作弯矩图时应该从附属部分开始。*FG* 段的弯矩图与悬臂梁相同，可以立即绘出；*F*、*D* 间并无外力作用，故弯矩图必为一条直线，只需定出两个点便可以绘出此条直线。现已知 M_F=−4kN • m；而 *E* 处为铰，则 $M_E=0$，故将以上两点连以直线，并将其延长至 *D* 点之下，即得到 *DF* 段梁上的弯矩图，同时可以得出 M_D=4kN • m。用同样的方法可以绘制出 *BD* 段梁的弯矩图。而 *AB* 段梁有均布荷载的作用，其弯矩图可以用叠加法绘出。这样，未经过计算反力而绘出了全梁的弯矩图，如图 3-14(b)所示。

有了弯矩图，剪力图即可根据微分关系或者平衡条件求得。对于弯矩图为直线的区段，利用弯矩图的坡度(即斜率)来求剪力是很方便的。例如 *BD* 段梁的剪力为

$$Q_{BD}=\frac{4+4}{4}=2\text{kN}$$

至于剪力的正负号，可以按照以下方法判定：若弯矩图是从基线顺时针方向转的(以小于 90° 的转角)，则剪力为正；反之为负。据此可知 Q_{BD} 为正。又如 *DF* 段梁有

$$Q_{DF}=-\frac{4+4}{4}=-2\text{kN}$$

对于弯矩图为曲线的区段，例如 *AB* 段梁，可取出该段梁为隔离体，如图 3-14(d)所示，由 $\sum M_B=0$ 和 $\sum M_A=0$ 可分别求得

$$Q_{AB}=-\frac{4\times4\times2-4}{4}=7\text{kN}$$

$$Q_{BA}=\frac{-4\times4\times2-4}{4}=-9\text{kN}$$

在均布荷载作用的区段，剪力图应该为斜直线，故将以上两点连以直线，即得 *AB* 段梁的剪力图。整个多跨静定梁的剪力图如图 3-14(c)所示。

3.3　静定平面刚架

刚架(也称框架)是由若干直杆组成的具有刚结点的结构，具有刚结点是刚架的主要特

征。在刚结点处，各杆端既不能发生相对移动，也不能发生相对转动，在外部因素作用下，汇交于刚结点处各杆件之间的夹角保持不变。图 3-15 所示为一门式刚架，在荷载作用下 *C*、*D* 两结点处梁、柱夹角在刚架变形前后均为直角。

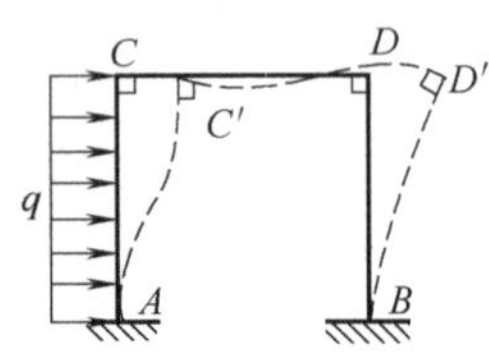

图 3-15　门式刚架

平面刚架的杆件截面上一般有弯矩、剪力和轴力三种内力分量。由于刚架结点能够承受和传递弯矩，所以可以改善结构的受力性能。工程中使用的刚架大多为超静定刚架，静定刚架只在结构比较简单以及荷载较小的情况下采用。尽管如此，由于静定刚架内力分析是超静定刚架计算的基础，对静定刚架的内力计算必须熟练掌握。静定平面刚架按照几何组成方式可以分为以下三种形式，即单体刚架、三铰刚架和具有基本-附属关系的刚架，如图 3-16 和图 3-17 所示。

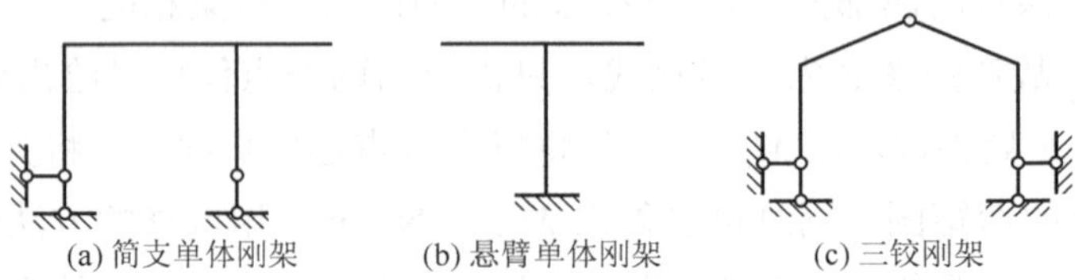

(a) 简支单体刚架　　(b) 悬臂单体刚架　　(c) 三铰刚架

图 3-16　单体刚架和三铰刚架

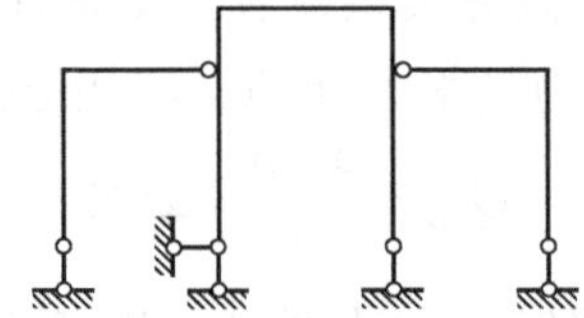

图 3-17　具有基本-附属关系的刚架

静定刚架的内力计算方法原则上与静定梁相同，通常先求出支座反力，然后逐杆按照“分段、定点、连线”的步骤绘制内力图。

在刚架的内力计算中，弯矩图通常绘在杆件的受拉侧，而不注明正负号；其剪力和轴力的正负号规定与梁相同，剪力图和轴力图可绘制在杆件的任一侧，但必须注明正负号。

为了明确地表示刚架上不同截面的内力，尤其为区分汇交于同一结点的各杆端截面的内力，使之不至于混淆，通常在内力符号后面引用两个脚标：第一个脚标表示内力所属截面，第二个脚标表示该截面所属杆件的另一端，例如 M_{AB} 表示 *AB* 杆 *A* 端的弯矩，Q_{AB} 表示 *AB* 杆 *A* 端截面的剪力，以此类推。

3.3.1　单体刚架

单体刚架是按照两刚片规则由上部与基础组成的无多余约束的几何不变体系，如简支刚架、悬臂刚梁等[见图 3-17(a)、(b)]。其特点是：以整体为隔离体，支座反力只有三个，因此只需三个平衡方程，就能将全部反力求出来。

例 3-6　试作如图 3-18(a)所示刚架的内力图。

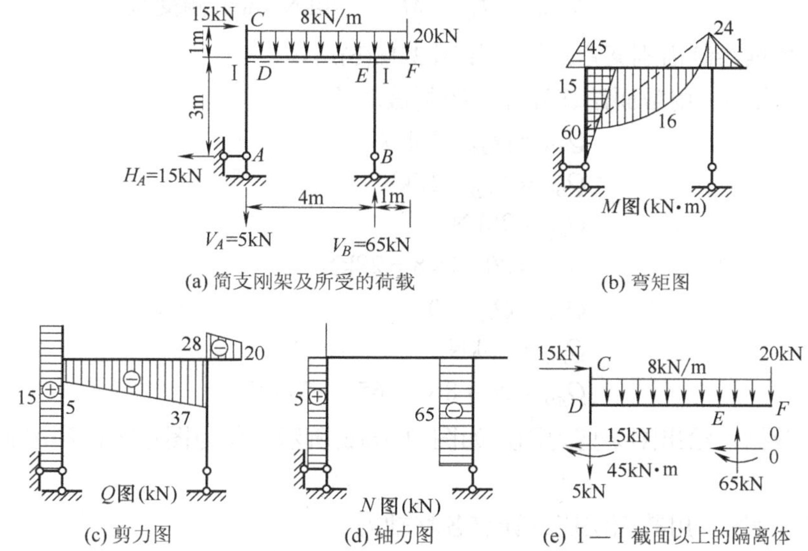

图 3-18　简支刚架内力计算示例

解：(1) 计算支座反力。

以结构整体为研究对象：

$\sum X = 0$　　$H_A = 15\text{kN}(\leftarrow)$

$\sum M_A = 0$　　$V_B \times 4 - 20 \times 5 - 8 \times 5 \times 2.5 - 15 \times 4 = 0$

$V_B = 65\text{kN}(\uparrow)$

$\sum M_B = 0$　　$V_A \times 4 + 8 \times 5 \times 1.5 - 15 \times 4 - 20 \times 1 = 0$

$V_A = 5\text{kN}(\downarrow)$

校核：

$$\sum Y = 65 - 5 - 8 \times 5 - 20 = 0$$

证明支座反力计算无误。

(2) 绘制弯矩图。选择 A、D、C、E、F、B 为控制截点，计算杆端弯矩值。控制截面的弯矩值等于该截面任意一侧(视结构受力情况而定，以受力简单、便于计算为原则)所有外力对截面形心力矩的代数和。

AD 杆：　$M_{AD} = 0$

$M_{DA} = 15 \times 3 = 45\text{kN•m}$(右侧受拉)

DC 杆：　$M_{DC} = 15 \times 1 = 15\text{kN•m}$(左侧受拉)

$M_{CD} = 0$

EF 杆：　$M_{FE} = 0$

$M_{EF} = 20 \times 1 + 8 \times 1 \times 0.5 = 24\text{kN•m}$(上侧受拉)

BE 杆：　$M_{BE} = M_{EB} = 0$

DE 杆：
$$M_{DE}=M_{DA}+M_{DC}=60\text{kN·m}(\text{下侧受拉})$$
$$M_{ED}=M_{EF}+M_{EB}=24\text{kN·m}(\text{上侧受拉})$$

根据以上数据绘制出刚架弯矩图，如图 3-18(b)所示。

(3) 绘制剪力图。用截面法逐杆计算控制截面剪力。

AD 杆：$Q_{AD}=Q_{DA}=15\text{kN}$

DC 杆：$Q_{DC}=Q_{CD}=15\text{kN}$

EF 杆：$Q_{FE}=20\text{kN}$

$Q_{EF}=20+1\times8=28\text{kN}$

BE 杆：$Q_{BE}=Q_{EB}=0$

DE 杆：$Q_{DE}=-5\text{kN}$

$Q_{ED}=20+8\times1-65=-37\text{kN}$

根据以上数据，绘出刚架剪力图，如图 3-18(c)所示。剪力图也可以利用微分关系根据弯矩图绘制。

(4) 绘制轴力图。用截面法逐杆计算各杆轴力。

AD 杆：$N_{AD}=N_{DA}=V_A=5\text{kN}(\text{拉力})$

DC 杆：$N_{DC}=N_{CD}=0$

EF 杆：$N_{FE}=N_{EF}=0$

BE 杆：$N_{BE}=N_{EB}=-V_B=-65\text{kN}(\text{压力})$

DE 杆：$N_{DE}=N_{ED}=0$

根据以上数据，绘出刚架的轴力图，如图 3-18(d)所示。轴力图也可以根据剪力图绘制。

(5) 校核内力图。截取刚架任一部分为隔离体，都应该满足静力平衡条件。例如，作Ⅰ—Ⅰ截面[见图 3-18(a)]，以截面上半部分结构为研究对象[见图 3-18(e)]。由

$$\sum M_D=45+20\times5+8\times5\times2.5+15\times1-65\times4=0$$
$$\sum X=15-15=0$$
$$\sum Y=65-5-20-8\times5=0$$

可知隔离体的内力满足静力平衡条件。

在静定刚架中，常常也可以不求或者少求反力而迅速绘制出弯矩图。例如，悬臂刚架、结构上如果有悬臂部分以及简支梁部分(含两端铰结直杆承受横向荷载)，则其弯矩可先给出；充分利用弯矩图的形状特征(最常用的是直杆无荷载区段的弯矩图为直线，有均布荷载区段为抛物线和铰处弯矩为零)，刚结点处的力矩平衡条件，用叠加法作弯矩图；外力与杆轴重合，或支座反力通过杆轴时不产生弯矩；外力与杆轴平行及外力偶产生的弯矩为常数，以及对称性的利用等，这些都将给绘制弯矩图的工作带来极大的方便。至于剪力图，则可以根据弯矩图，利用平衡条件求得，根据剪力图又可以作出轴力图。

例 3-7 试作如图 3-19(a)所示刚架的内力图。

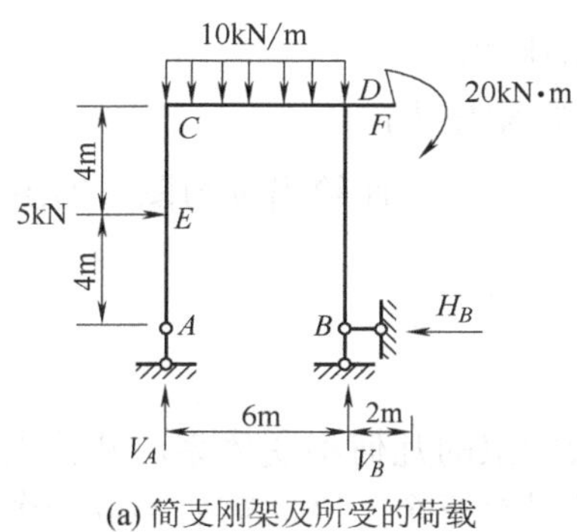

(a) 简支刚架及所受的荷载

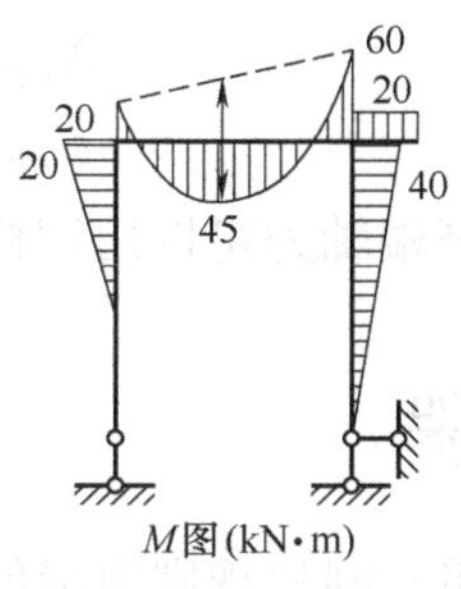

(b) 弯矩图

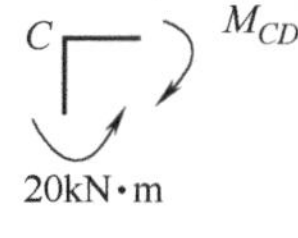

(c) C结点弯矩平衡隔离体

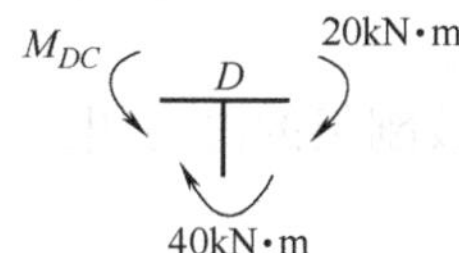

(d) D结点弯矩平衡隔离体

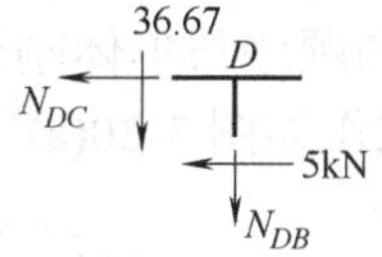

(e) D结点剪力、轴力平衡隔离体

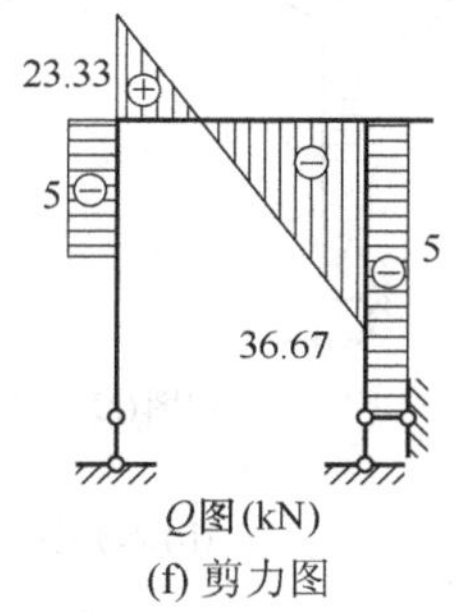

(f) 剪力图

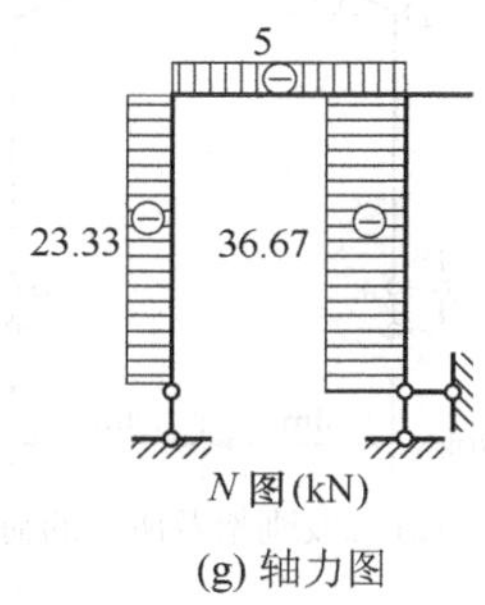

(g) 轴力图

图 3-19　简支刚架内力计算示例

解：由刚架整体平衡条件$\sum X=0$，可知水平反力

$$H_B = 5\text{kN}(\leftarrow)$$

此时不需要再求出两个竖向反力即可以绘出刚架的全部弯矩图。因为反力 V_A 与竖杆 *AC* 重合，V_B 与竖杆 *BD* 重合，由截面法可知：V_A、V_B 无论多大，都不会对 *AC* 杆和 *BD* 杆产生弯矩。因此，该两竖杆的弯矩图已可作出[见图 3-19(b)]。然后，根据结点 *C* 的力矩平衡条件[见图 3-19(c)]，可得

$$M_{CD} = 20\text{kN·m}(\text{上边受拉})$$

再考虑结点 *D* 的力矩平衡条件[见图 3-19(d)]可得

$$M_{DC} = 20 + 40 = 60\text{kN·m}(\text{上边受拉})$$

至此，横梁 *CD* 两端的弯矩图都已经求得。*CD* 杆上由于作用有均布荷载，用叠加原理可给出 *CD* 杆的弯矩图，即图 3-19(b)。

根据已作出的弯矩图，利用微分关系或杆段的平衡条件可以作出剪力图，如图 3-19(f)所示，(方法同例 3-5，读者可以自行校核)。然后，根据剪力图，考虑各结点的投影平衡条件即可求出各杆端的轴力。例如取出 *D* 结点为隔离体，如图 3-19(e)所示，由$\sum X=0$和$\sum Y=0$分别求出

$$N_{DC}=-5\text{kN}(\text{压力})$$

$$N_{DB}=-36.67\text{kN}(\text{压力})$$

结点 C 处的各杆端轴力可以用同样的方法求得，从而绘出轴力图，如图 3-19(g)所示。

3.3.2 三铰刚架

三铰刚架是按照三刚片规则组成的无多余约束的几何不变体系。其特点是：以整体为隔离体，支座反力有四个，而提供的平衡方程只有三个，因此需要再取一个隔离体。通常利用中间铰处的弯矩为零的条件，再补充一个平衡方程，才能将全部支座反力求出。其作内力图的方法和顺序与单体刚架类似。

例 3-8 试作如图 3-20(a)所示三铰刚架的内力图。

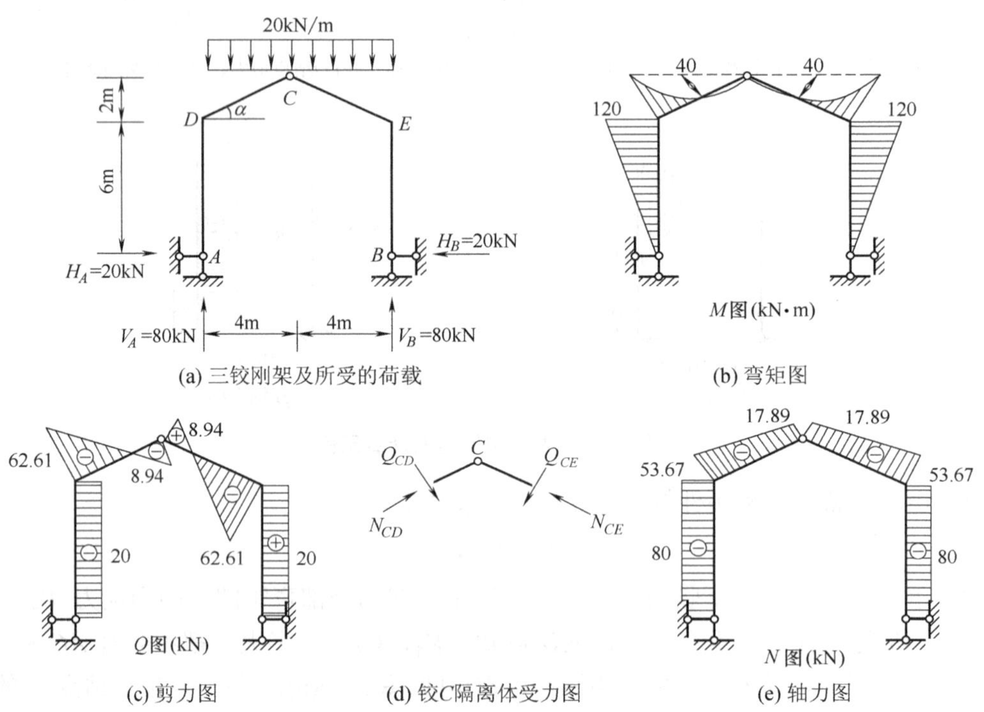

图 3-20 三铰刚架内力计算示例

解：(1) 求支座反力。

以整体为隔离体，求得

$$\sum M_B=0 \qquad V_A\times 8-20\times 8\times 4=0$$

$$V_A=80\text{kN}(\uparrow)$$

$$\sum M_A=0 \qquad V_B\times 8-20\times 8\times 4=0$$

$$V_B=80\text{kN}(\uparrow)$$

$$\sum X=0 \qquad H_A=H_B$$

以铰 C 左半部分为隔离体，铰 C 处 $M_C=0$。

$$\sum M_C=0 \qquad H_A\times 8+20\times 4\times 2-80\times 4=0$$

$$H_A=20\text{kN}(\rightarrow)$$

$$H_B=20\text{kN}(\leftarrow)$$

校核：

$$\sum Y=80+80-20\times 8=0$$

(2) 求各控制截面的内力。

M 值：

$$M_{AD}=M_{CD}=0$$

$$M_{DA}=M_{DC}=20\times 6=120\text{kN}\bullet\text{m}(\text{外侧受拉})$$

Q 值：

$$Q_{AD}=Q_{DA}=-20\text{kN}$$

$$Q_{DC}=V_A\times\cos\alpha-H_A\times\sin\alpha=80\times\frac{2}{\sqrt{5}}-20\times\frac{1}{\sqrt{5}}=62.61\text{kN}$$

$$Q_{CD}=80\times\frac{2}{\sqrt{5}}-20\times\frac{1}{\sqrt{5}}-20\times 4\times\frac{2}{\sqrt{5}}=-8.94\text{kN}$$

N 值：

$$N_{AD}=N_{DA}=-80\text{kN}$$

$$N_{DC}=-V_A\times\sin\alpha-H_A\times\cos\alpha=-80\times\frac{1}{\sqrt{5}}-20\times\frac{2}{\sqrt{5}}=53.67\text{kN}$$

$$N_{CD}=-80\times\frac{1}{\sqrt{5}}-20\times\frac{2}{\sqrt{5}}+20\times 4\times\frac{1}{\sqrt{5}}=-17.89\text{kN}$$

由于结构为对称结构，荷载为正对称的荷载，所以 M 图、N 图为正对称性图形，Q 图则为反对称图形，则右半刚架的内力值可由上述特征求出。最终的弯矩图、剪力图和轴力图如图 3-20(b)、(c)、(e)所示。

以铰 C 为隔离体，检验 $\sum Y=0$ 是否可以满足，如图 3-20(d)所示。

$$\sum Y=-N_{CD}\times\sin\alpha-N_{CE}\times\sin\alpha+Q_{CD}\times\cos\alpha+Q_{CE}\times\cos\alpha$$

$$=-17.89\times\frac{1}{\sqrt{5}}-17.89\times\frac{1}{\sqrt{5}}+8.94\times\frac{2}{\sqrt{5}}+8.94\times\frac{2}{\sqrt{5}}\approx 0$$

证明剪力、轴力计算正确。

以上为对称结构在正对称荷载作用下 M、Q、N 图的特征。若对称结构在反对称荷载作用下，则 M、N 图为反对称性图形，而 Q 图则为正对称性图形。读者可以自行用适当的例题计算证明。

3.3.3　具有基本-附属关系的刚架

这类刚架的分析过程与多跨静定梁一样，首先分清哪里是基本部分与附属部分，然后按照先分析附属部分后分析基本部分的顺序进行计算，此时应该注意各个部分之间的作用与反作用关系。

例 3-9　试作如图 3-21(a)所示刚架的弯矩图。

反力求出后即可给出整个结构的弯矩图，如图 3-21(c)所示。

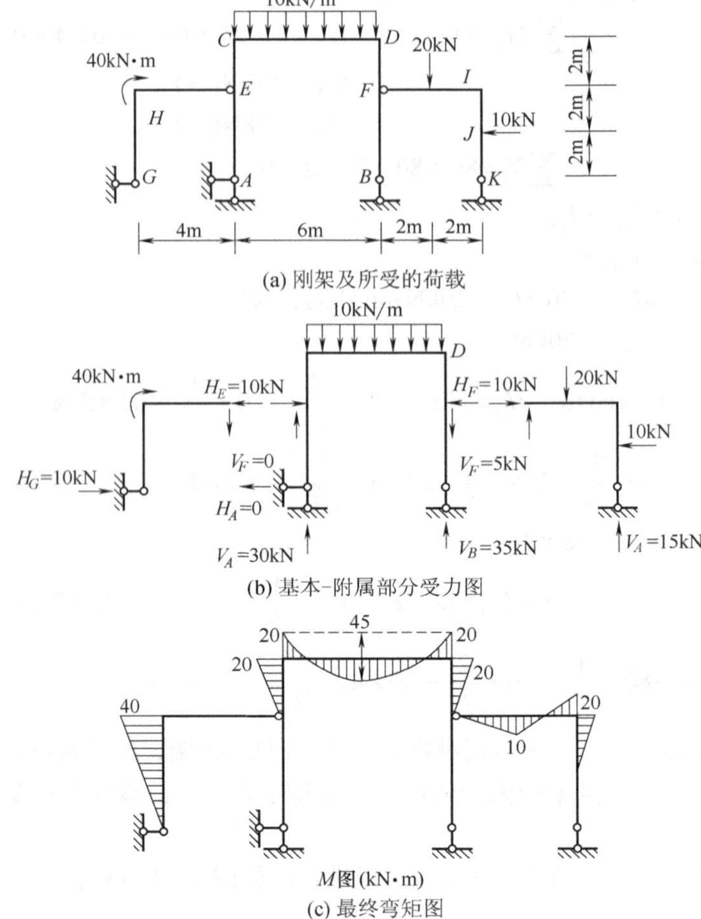

(a) 刚架及所受的荷载

(b) 基本-附属部分受力图

(c) 最终弯矩图

图 3-21　例 3-9 具有基本-附属关系刚架的内力分析

解：先进行几何构造分析。中间部分 *AECDFB* 为简支刚架，是基本部分；两边 *GHE* 和 *FIJK* 是附属部分，分别由铰 *E* 和铰 *F* 与基本部分相连。首先将附属部分 *GHE* 和 *FIJK* 作为隔离体，将其反力 H_G、V_K 以及与基本部分相连的约束力 V_E、H_E、V_F、H_F 求出来，然后将约束力 V_E、H_E、V_F、H_F 等值反向的力作用在基本部分上，连同荷载一起，计算出基本部分的反力 V_A、V_B 和 H_A，如图 3-21(b)所示。

例 3-10　试作如图 3-22(a)所示刚架的弯矩图。

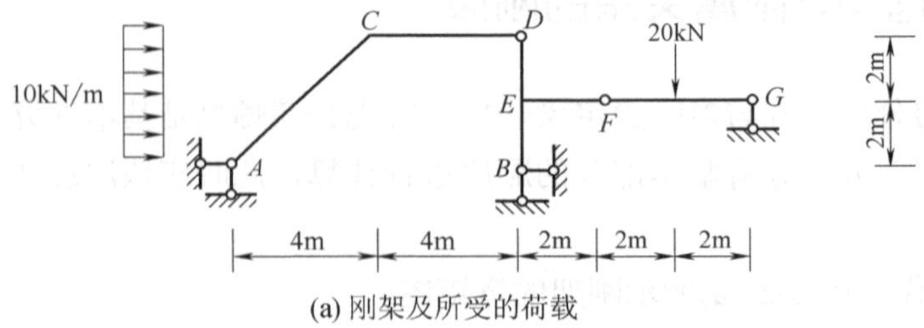

(a) 刚架及所受的荷载

图 3-22　例 3-10 具有基本-附属关系刚架的内力分析

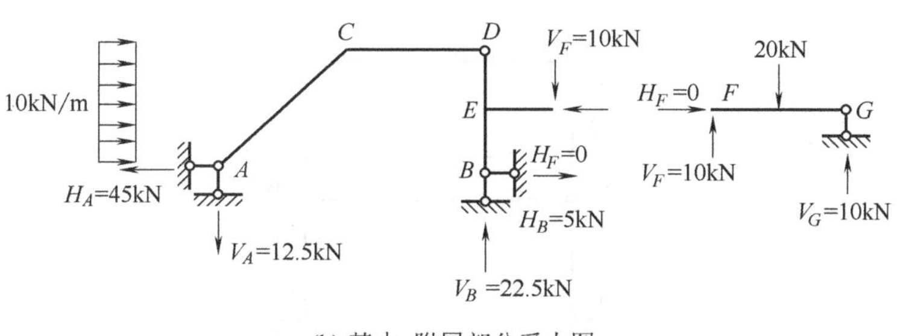

(b) 基本-附属部分受力图

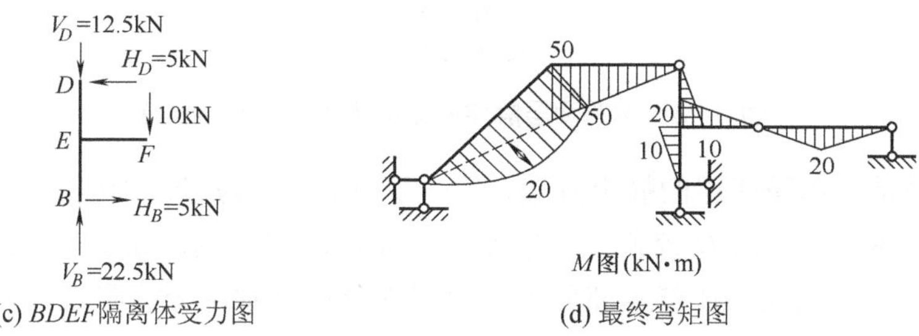

(c) BDEF隔离体受力图　　(d) 最终弯矩图

图 3-22　例 3-10 具有基本-附属关系刚架的内力分析(续)

解：先进行几何构造分析。左边 *ABCDEF* 为三铰刚架，是基本部分；右边的 *FG* 为附属部分，由铰 *F* 与基本部分相连。首先，将 *FG* 部分作为隔离体，将其反力 V_G 及与基本部分相连的约束力 V_F 和 H_F 求出来，再将 V_F 和 H_F 等值的反向力作用在基本部分上，然后以基本部分整体为隔离体，求出竖向反力 V_A 和 V_B，如图 3-22(b)所示。竖向反力 V_A 和 V_B 求出后，再拆开 *D* 铰，以 *BDEF* 为隔离体，如图 3-22(c)所示，求出水平约束力 H_D 和水平反力 H_B，再以整体为隔离体求出水平反力 H_A。反力求出后即可绘出整个结构的弯矩图，如图 3-22(d)所示。

例 3-11　试作如图 3-23(a)所示刚架的弯矩图。

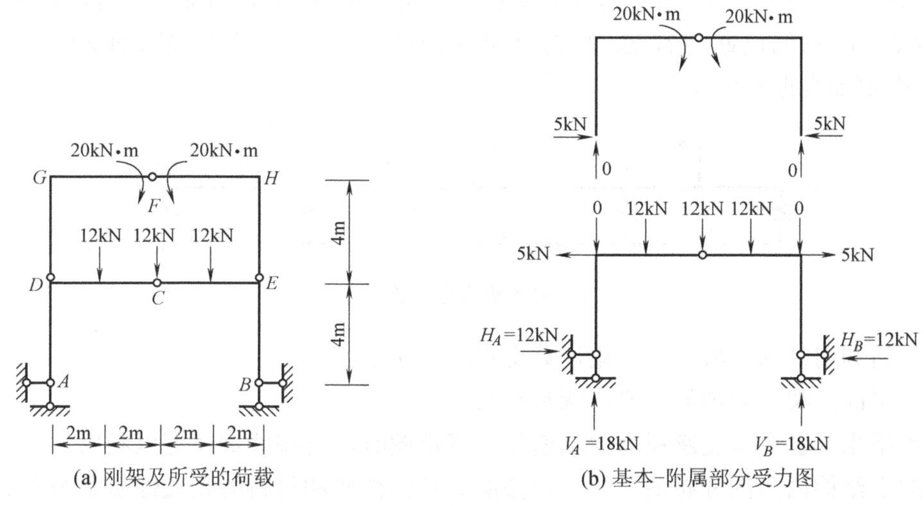

(a) 刚架及所受的荷载　　(b) 基本-附属部分受力图

图 3-23　单跨两层静定刚架的内力分析示例

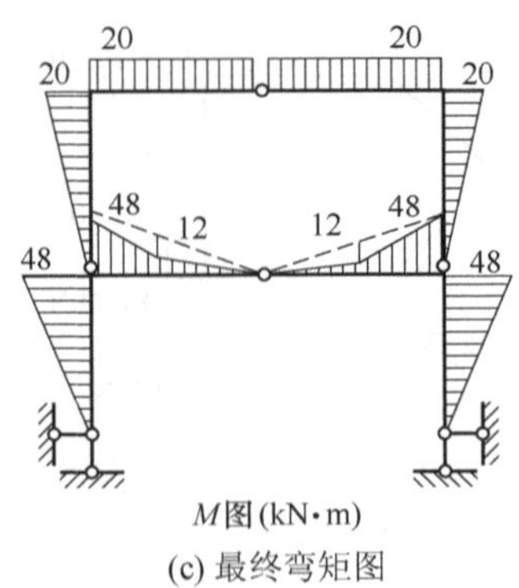

(c) 最终弯矩图

图 3-23　单跨两层静定刚架的内力分析示例(续)

解：此结构是一单跨两层的静定刚架，第一层 *ABCDE* 为三铰刚架，是基本部分；第二层 *DEFGH* 为附属部分，由 *D* 铰和 *E* 铰联结。首先作出层次图，如图 3-23(b)所示。附属部分的约束力求出后，反向加在基本部分上，附属部分和基本部分按照三铰刚架求解(求解过程请读者自己完成)。最终的弯矩图如图 3-23(c)所示。

复习思考题

1．什么是“拟简支梁区段叠加法”？使用该法绘制直杆弯矩图时应该注意什么问题？

2．试比较简支水平梁与斜梁的内力计算有什么相同之处，有什么不同之处。

3．区分多跨静定梁的基本部分与附属部分有什么作用？确定某一部分为基础部分或者是附属部分与荷载有无关系？

4．如何根据弯矩图来作剪力图？又如何进而作出轴力图以及求出支座反力？

5．如图所示的多跨静定梁，今欲使 *CD* 跨中正弯矩与 *B*、*E* 两支座负弯矩绝对值相等，试确定铰 *C*、铰 *D* 的位置。(答案：$X=l/4$)此多跨静定梁的弯矩图与多跨简支梁的弯矩图相比，哪一个更加合理？为什么？

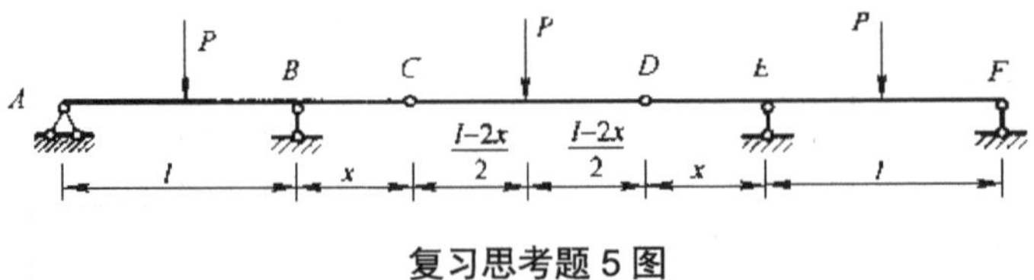

复习思考题 5 图

6．如何利用几何组成分析结论计算支座(联系)反力？

7．作平面刚架内力图的一般步骤是什么？

8．当不求或者少求支座反力而迅速作出弯矩图时，有哪些规律可以利用？

9．静定结构内力图分布情况与杆件截面的几何性质和材料的物理性质是否有关系？

习　题

3-1　试作出图示单跨静定梁的内力图。

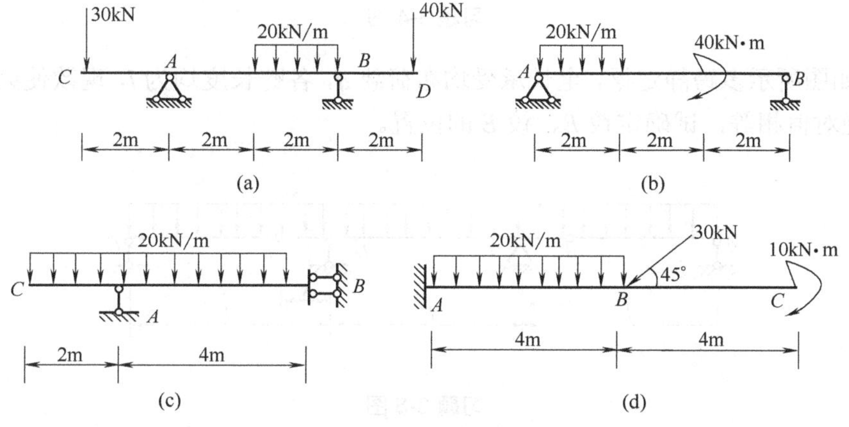

习题 3-1 图

3-2　试作出图示斜梁的内力图。

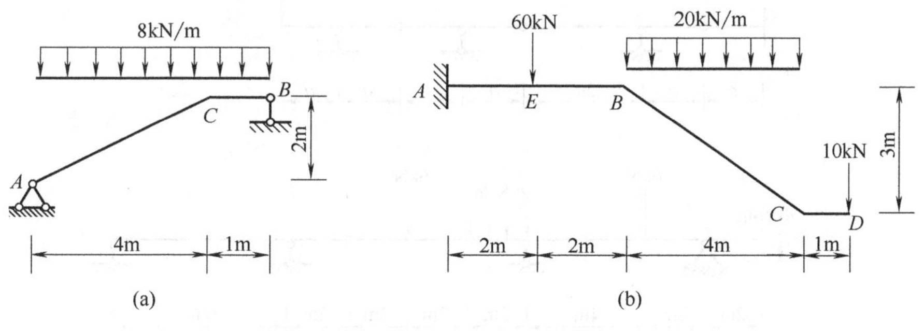

习题 3-2 图

3-3　试作出多跨静定梁的 M 图和 Q 图。

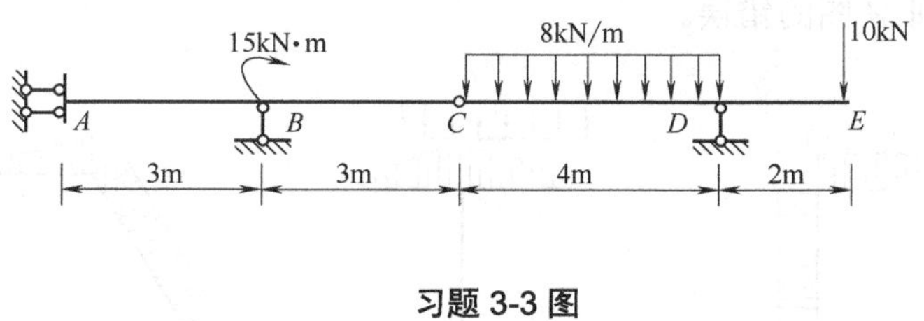

习题 3-3 图

3-4　试作出多跨静定梁的 M 图。

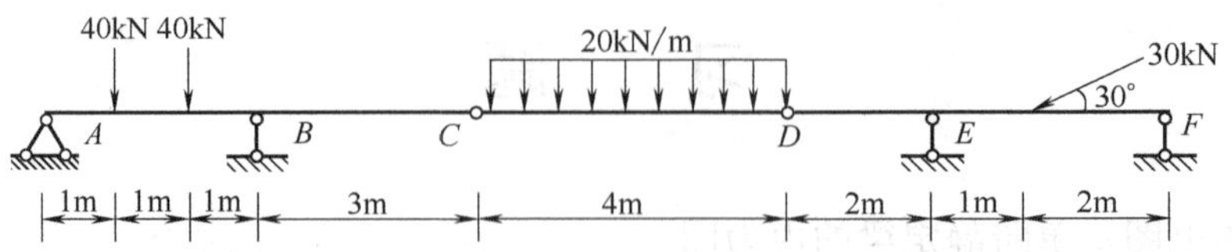

习题 3-4 图

3-5　如图所示多跨静定梁，全长承受均布荷载 q，各跨长度均为 l，现欲使梁的最大正、负弯矩的绝对值相等，试确定铰 B、铰 E 的位置。

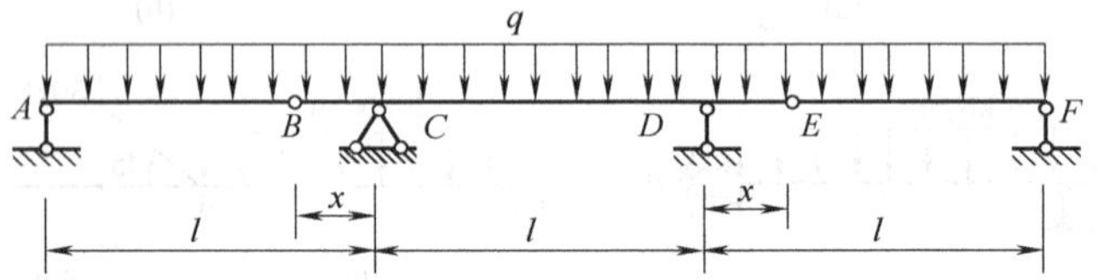

习题 3-5 图

3-6　试不经过计算反力绘制出多跨静定梁的 M 图。

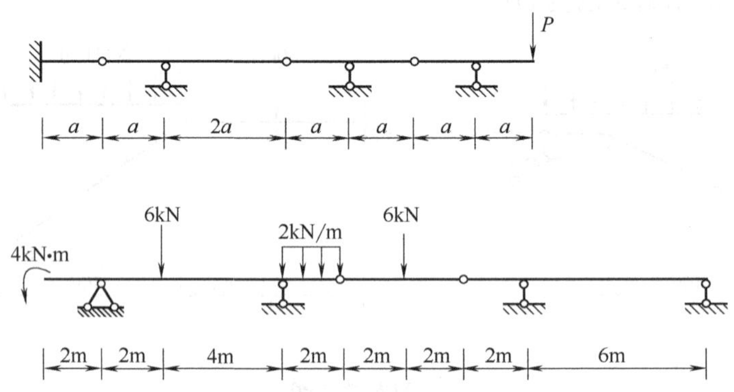

习题 3-6 图

3-7　试找出下列 M 图的错误。

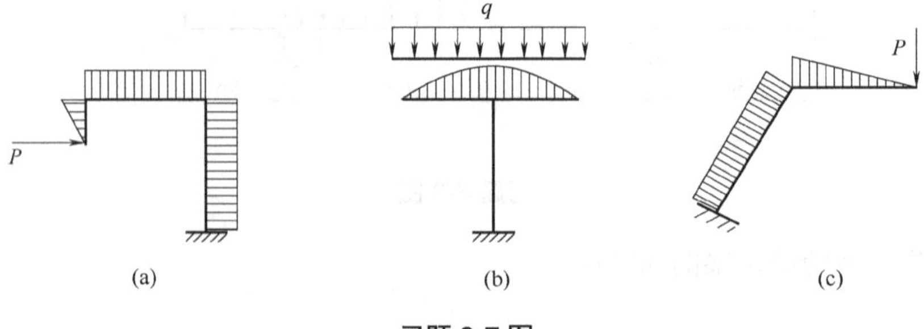

习题 3-7 图

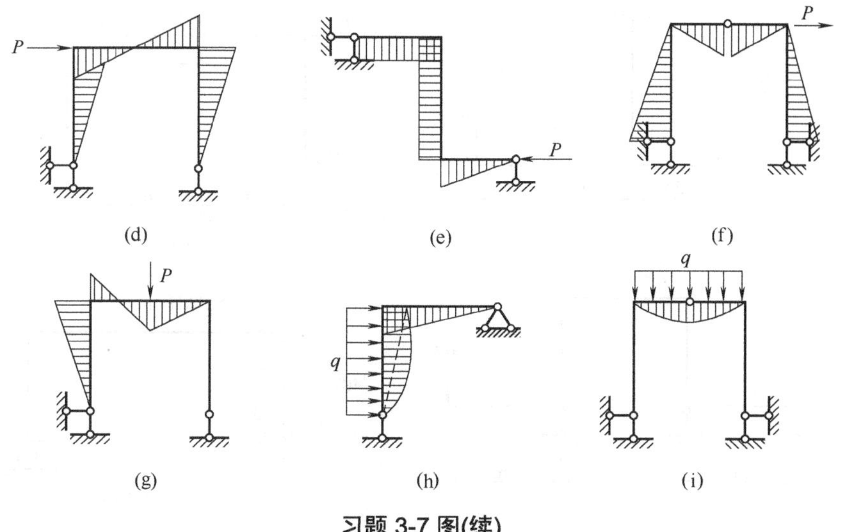

习题 3-7 图(续)

3-8　试作图示刚架的 M 图、Q 图、N 图。

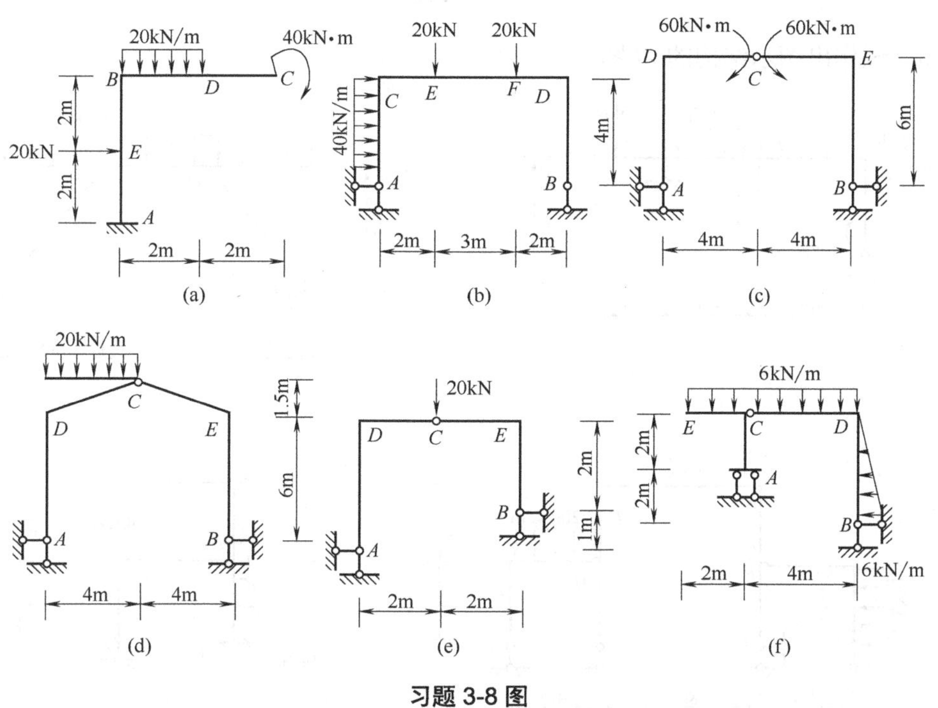

习题 3-8 图

3-9　试不经计算快速作出图示刚架的 M 图。

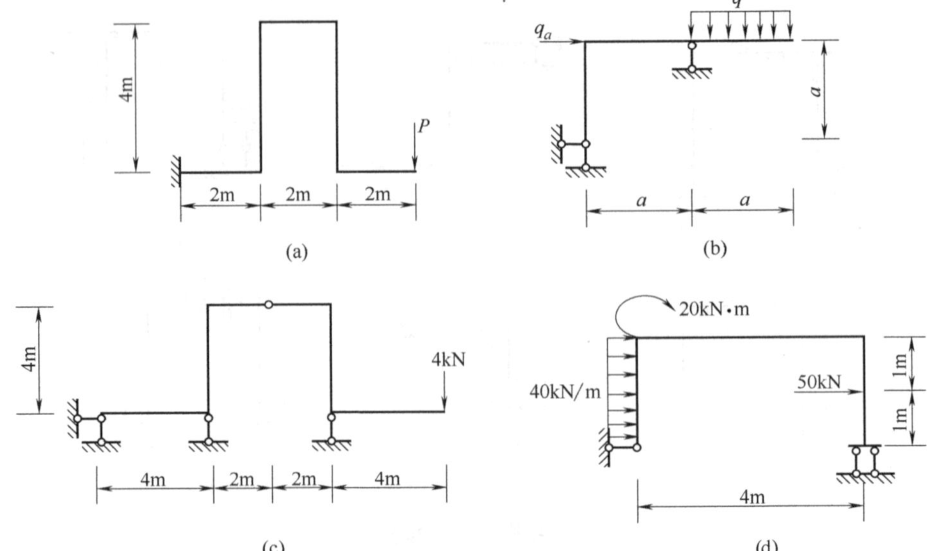

习题 3-9 图

3-10　试作出图示结构的 M 图。

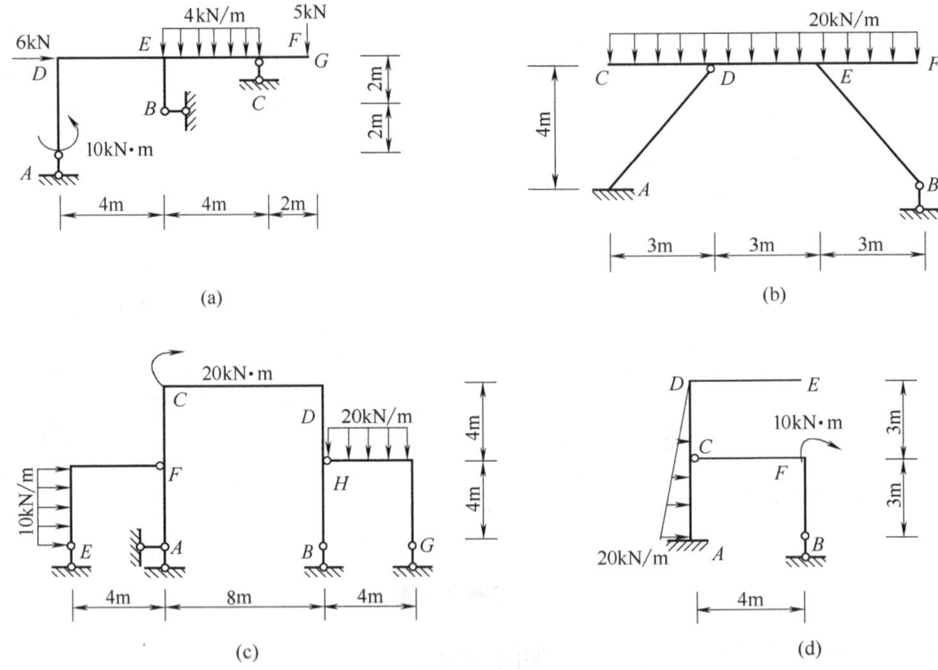

习题 3-10 图

20kN
G
F
H
20kN
E
D
C
A
B
2m
2m
4m
4m
4m
(e)
20kN
20kN
160kN·m
E
C
F
2m
40kN/m
6m
D
A
B
G
8m
4m
4m
4m
4m
8m
(f)

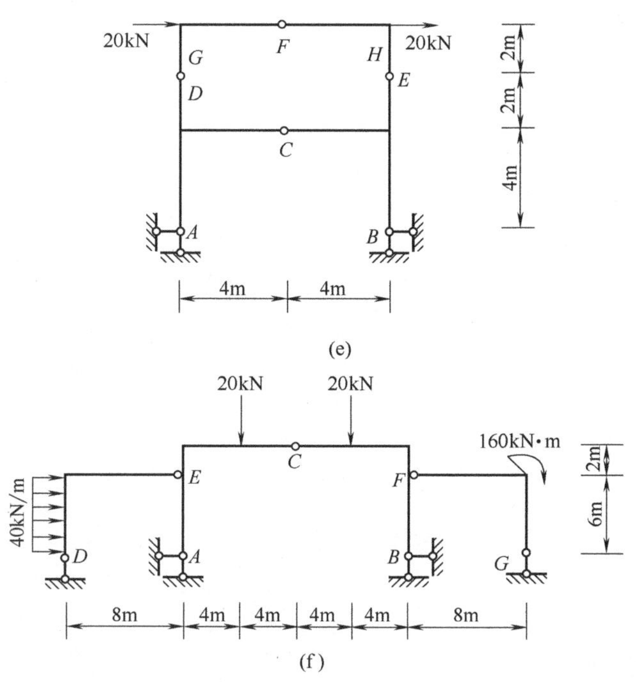

习题 3-10 图(续)

第4章 静 定 拱

学习本章的基本要求：

掌握拱的特征和受力特点，能够正确计算出三铰拱的反力和任意截面的内力，掌握拱的合理轴线的概念。

4.1 概 述

拱式结构是指杆的轴线为曲线，在竖向荷载作用下支座产生水平反力的结构。拱式结构形式有三铰拱、两铰拱和无铰拱等几种，如图 4-1 所示，其中三铰拱为静定结构，两铰拱及无铰拱为超静定结构。本章只讨论三铰拱。

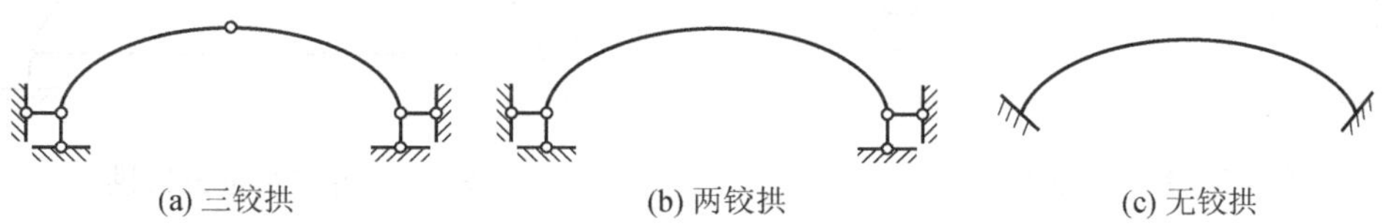

(a) 三铰拱　　(b) 两铰拱　　(c) 无铰拱

图 4-1　拱的结构形式计算

拱式结构与梁式结构的区别不仅在于外形不同，更重要的是在于水平反力是否存在。因此，在竖向荷载作用下水平反力的存在是拱区别于梁的一个重要标志。水平反力通常称为水平推力(简称推力)，所以也把拱结构称为推力结构。如图 4-2(a)所示的三铰拱结构，在竖向荷载作用下不仅有竖向反力 V_A、V_B，而且有水平反力 H_A、H_B。图 4-2(b)为曲梁结构，在竖向荷载作用下水平反力为零，这是曲梁与拱的不同之处。由于水平反力的作用，拱的弯矩比承受同样荷载且具有同样跨度曲梁的弯矩小。拱的优点是自重轻，用料省，故可跨越较大的空间；同时，拱主要承受压力，因此可以采用抗拉性能弱而抗压性能强的材料，如砖、石、混凝土等。但拱的构造比较复杂，施工费用高，且由于推力的作用需要有坚固的基础。

拱式结构各部分的名称如图 4-3 所示。拱的外轮廓线称为外缘，内轮廓线称为内缘。拱轴中间最高点称为拱顶，三铰拱的拱顶通常是布置中间铰的地方。拱的两端与支座联结处称为拱趾，两拱趾的水平距离 l 称为跨度。由拱顶到拱趾连线的竖向距离 f 称为拱高或矢高。拱高与跨度之比 f/l 称为高跨比。拱的主要性能与拱的高跨比有关，在工程中 f/l 值通常为 1～1.0。拱的轴线常用抛物线和圆弧，有时也采用悬链线。

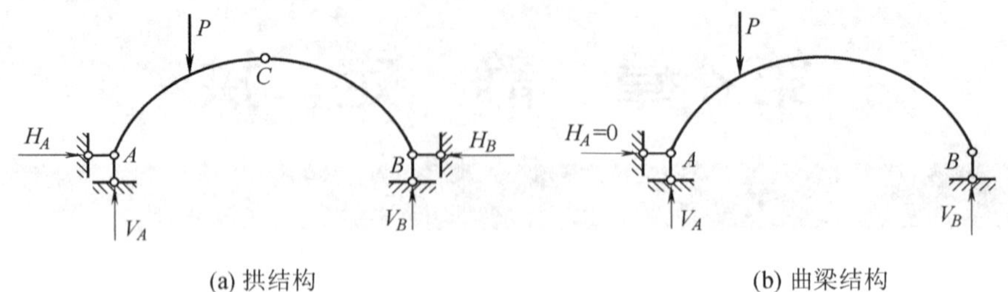

(a) 拱结构　　(b) 曲梁结构

图 4-2　拱与曲梁的受力分析

三铰拱是一种静定拱式结构，在桥梁和屋盖中都得到了应用。为了克服水平推力对支承结构(如墙、柱)的影响，常常在三铰拱支座间联结水平拉杆并，将一固定铰支座设为可动铰支座，如图 4-4 所示。拉杆内所产生的拉力代替了支座的推力，支座在竖向荷载的作用下只产生竖向反力。这种结构的内部受力情况与一般的拱并无区别，故称为带拉杆的三铰拱。图 4-5 所示为工程中使用的装配式钢筋混凝土三铰拱。

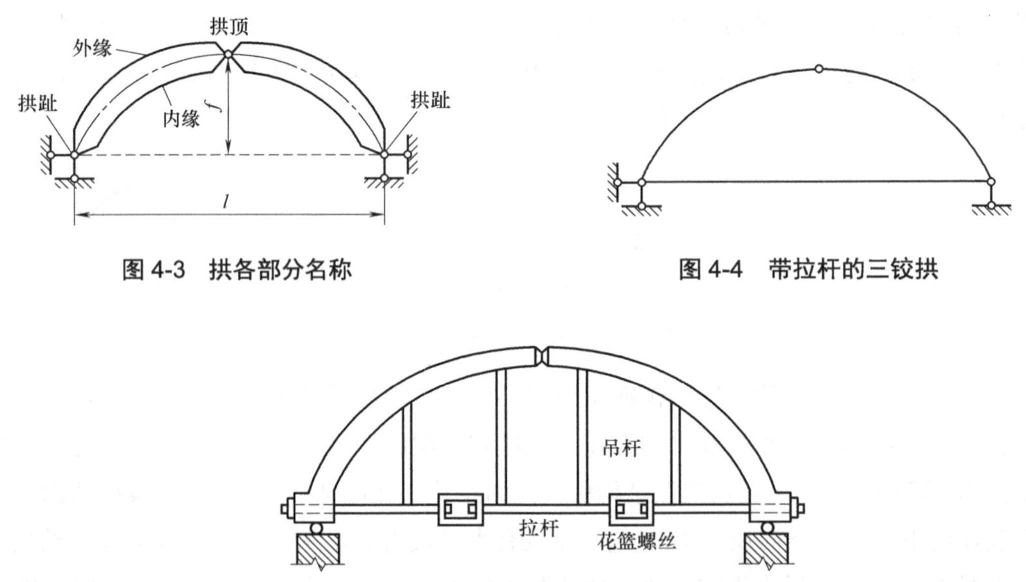

图 4-3　拱各部分名称

图 4-4　带拉杆的三铰拱

图 4-5　具有拉杆的装配式钢筋混凝土三铰拱示意图

4.2　三铰拱的内力计算

下面以图 4-6(a)所示的两拱趾在同一水平线上的三铰拱为例，讨论在竖向荷载作用下三铰拱的支座反力和内力的计算方法，并将拱与承受同样荷载且具有相同跨度的梁加以比较，用以说明拱的受力特性。

4.2.1 支座反力计算

三铰拱有四个支座反力 V_A、H_A、V_B、H_B，如图 4-6(a)所示，求解时需要四个方程。拱的整体有三个平衡方程，此外可利用铰 C 处弯矩为零的条件建立第四个静力平衡方程。四个方程解四个未知反力，所以三铰拱是静定结构。考虑拱的整体平衡，由 $\sum M_B = 0$ 和 $\sum M_A = 0$，可求出拱的竖向反力

$$V_A = \frac{1}{l}(P_1 b_1 + P_2 b_2)$$

$$V_B = \frac{1}{l}(P_1 a_1 + P_2 a_2)$$

为了便于比较，我们在图 4-6(b)中画出一个简支梁，跨度和荷载都与三铰拱相同。因为荷载是竖向的，梁没有水平反力，只有竖向反力 V_A^0 和 V_B^0。简支梁的竖向反力 V_A^0 和 V_B^0 同样可分别由平衡方程 $\sum M_B = 0$ 和 $\sum M_A = 0$ 求出，且和拱的竖向反力完全相同，即

$$\begin{aligned} V_A &= V_A^0 \\ V_B &= V_B^0 \end{aligned} \tag{4-1}$$

由拱的整体平衡方程 $\Sigma X=0$，得

$$H_A = H_B = H$$

A、B 两点的水平反力方向相反，大小相等，且以 H 表示两个水平反力即推力的大小。利用铰 C 的弯矩 $M_C=0$ 的条件，可以求出推力 H。取铰 C 左半部分为隔离体，则有

$$\sum M_C = V_A l_1 - P_1(l_1 - a_1) - Hf = 0$$

即

$$H = \frac{1}{f}[V_A l_1 - P_1(l_1 - a_1)]$$

而相应简支梁对应截面 C 的弯矩 $M_C^0 = V_A^0 l_1 - P_1(l_1 - a_1)$，而 $V_A^0 = V_A$，则上式可写成

$$H = \frac{M_C^0}{f} \tag{4-2}$$

由此可知，推力与拱轴的曲线形式无关，而与拱高 f 成反比，拱愈低推力愈大。荷载向下时，H 为正值，方向如图 4-6(a)所示，推力是向内的。当 $f \to 0$，推力 $H \to \infty$，此时 A、B、C 三个铰在一条直线上，拱变成了几何瞬变体系。

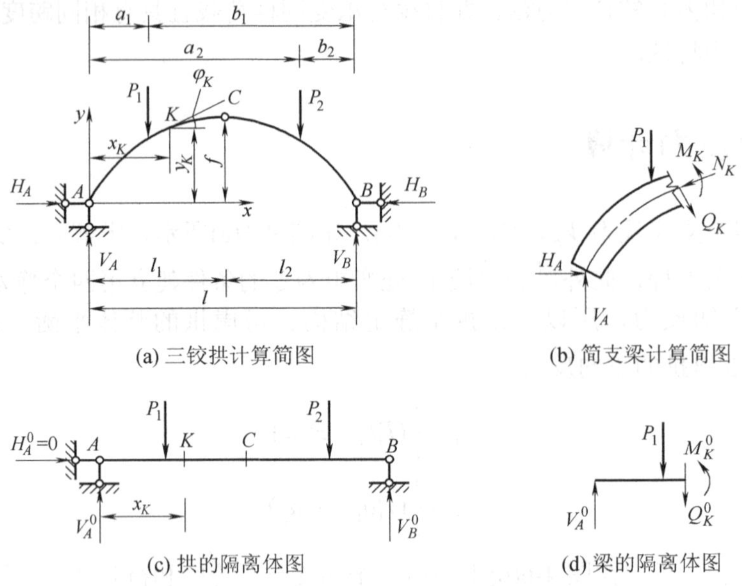

图 4-6　三铰拱与简支梁计算简图及隔离体图

4.2.2　内力计算

取与拱轴线的切线成正交的任一横截面 K[见图 4-6(a)]，且设该截面形心坐标为(x_K, y_K)，截面处拱轴切线与 x 轴的夹角为 φ_K。在图示坐标系中，规定 φ_K 在左半拱为正，右半拱为负。取截面 K 左部分为隔离体，该截面的内力为弯矩 M_K、剪力 Q_K、轴力 N_K[见图 4-6(c)]，且规定弯矩以拱的内侧纤维受拉为正，剪力使截面两侧的隔离体有顺时针转动趋势时为正，轴力以压力为正，如图所示。在计算中，利用简支梁相应截面 K 的弯矩 M_K^0 和剪力 Q_K^0 [见图 4-6(d)]进行对比。

1. 弯矩的计算

由如图 4-6(c)所示的拱的隔离体平衡，利用弯矩计算法则，得

$$M_K = [V_A x_K - P(x_K - a_1)] - H y_K$$

相应的简支梁 K 截面处的弯矩为

$$M_K^0 = [V_A^0 x_K - P(x_K - a_1)]$$

代入上式得

$$M_K = M_K^0 - H y_K \tag{4-3}$$

由式(4-3)可知，由于水平推力的存在，拱的截面的弯矩小于相应简支梁截面的弯矩。

2. 剪力的计算

三铰拱任一截面 K 的剪力等于该截面一侧所有外力在该截面切线方向上的投影代数和。由图 4-6(c)知

$$Q_K = V_A\cos\varphi_K - P_1\cos\varphi_K - H\sin\varphi_K$$
$$= (V_A - P_1)\cos\varphi_K - H\sin\varphi_K$$

而相应简支梁对应截面的剪力为

$$Q_K^0 = V_A^0 - P_1 = V_A - P_1$$

代入上式得

$$Q_K = Q_K^0\cos\varphi_K - H\sin\varphi_K \tag{4-4}$$

3. 轴力的计算

同理，三铰拱任一截面 K 的轴力等于该截面一侧所有外力在该截面法线(或轴线切线)方向上的投影代数和。由于拱主要承受压力，规定拱的轴力以压力为正，反之为负。由图 4-6(c)得

$$N_K = V_A\sin\varphi_K - P_1\sin\varphi_K + H\cos\varphi_K$$
$$= (V_A - P_1)\sin\varphi_K + H\cos\varphi_K$$

即

$$N_K = Q_K^0\sin\varphi_K + H\cos\varphi_K \tag{4-5}$$

利用式(4-3)～式(4-5)可计算三铰拱中任一截面上的内力。对于拱的内力图，可给出若干截面的位置，分别求出各截面的内力，然后在水平基线上标出各截面内力值，用曲线连接各点，标出正负，即得内力图。

由以上分析可知拱的受力特点如下。

(1) 在竖向荷载作用下，拱存在水平反力，即推力。

(2) 由于推力的存在，三铰拱截面上的弯矩比相应简支梁的弯矩小。弯矩的降低，使拱能更充分地发挥材料的作用。

(3) 在竖向荷载作用下，拱的截面上存在着较大轴力，且一般为压力，因而拱便于利用抗压性能好而抗拉性能差的材料，如砖、石、混凝土等。由于推力的出现，三铰拱的基础比梁的基础要大。因此，用拱作屋顶时，都使用有拉杆的三铰拱，以减少对墙(或柱)的推力。

例 4-1　试作如图 4-7(a)所示三铰拱的内力图。拱轴为一抛物线，坐标原点取 A 支座，其方程为 $y = \dfrac{4f}{l^2}(l-x)x$。

解： 计算支座反力。

由式(4-1)和式(4-2)可得

$$V_A = V_A^0 = \frac{20\times6\times9+100\times3}{12} = 115\text{kN}$$

$$V_B = V_B^0 = \frac{20\times6\times3+100\times9}{12} = 105\text{kN}$$

$$H = \frac{M_C^0}{f} = \frac{105\times6-100\times3}{4} = 82.5\text{kN}$$

由于拱的内力方程比较复杂，直接按方程作图非常困难。一般作法是将拱跨等分成若干等份，按式(4-3)～式(4-5)计算各等分点对应的拱轴截面上的内力，然后用描点的方法画出这些内力值，再连以曲线，即得所求的内力图。对于本题，我们将拱跨分成八等分，分别计算出各等分点处截面上的内力值，并根据这些数值作出内力图。

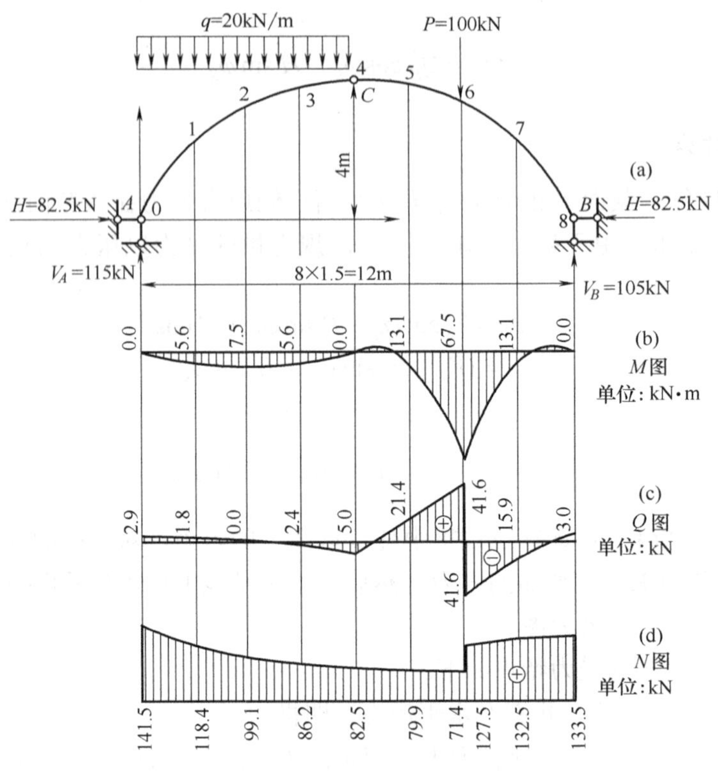

图 4-7　三铰拱的内力图

(a)三铰拱计算简图；(b)弯矩图；(c)剪力图；(d)轴力图

为了说明计算方法，现取距 A 支座 3m 处的截面 2 为例。此时，x_2=3m，由拱轴方程可得

$$y_2 = \frac{4f}{l^2}(l - x_2)x_2 = \frac{4\times4}{12^2}\times(12-3)\times3 = 3\text{m}$$

$$\tan\varphi_2 = \left.\frac{\mathrm{d}y}{\mathrm{d}x}\right|_{x_2} = \frac{4f}{l}\left(1-\frac{2x_2}{l}\right) = \frac{4\times4}{12}\times\left(1-\frac{2\times3}{12}\right) = 0.66$$

$$\varphi_2 = 33^\circ42',\ \sin\varphi_2 = 0.555,\ \cos\varphi_2 = 0.832$$

根据式(4-3)～式(4-5)计算出

$$M_2 = M_2^0 - Hy_2 = 115\times3 - \frac{1}{2}\times20\times3^2 - 82.2\times3 = 7.5\text{kN•m}$$

$$Q_2 = Q_2^0\cos\varphi_2 - H\sin\varphi_2 = (115-20\times3)\times0.832 - 82.5\times0.555 = 0$$

$$N_2 = N_2^0\sin\varphi_2 + H\cos\varphi_2 = (115-20\times3)\times0.555 + 82.5\times0.832 = 99.1\text{kN}$$

其他截面的内力计算同上。对于 6 截面，由于集中力作用在该处，相应简支梁在该处剪力图发生突变，其值为集中力数值。同样，拱的剪力图及轴力图在该处均发生突变，所

以需要分别计算 6 截面以左和以右截面上的剪力和轴力。各等分点处截面上的内力计算结果列于表 4-1 中。根据表中的数值作出的 M 图、Q 图、N 图，如图 4-7(b)～(d)所示。

表 4-1　三铰拱的内力计算

拱轴分点	横坐标值	纵坐标值	$\tan\varphi$	$\sin\varphi$	$\cos\varphi$	Q^0	M/(kN•m)			Q/kN			N/kN		
							M^0	$-Hy$	M	$Q^0\cos\varphi$	$-H\sin\varphi$	Q	$Q^0\sin\varphi$	$H\cos\varphi$	N
0	0.0	0.0	1.333	0.80	0.60	115	0.0	0.0	0.0	68.9	−66.0	2.9	92.0	49.5	141.5
1	1.5	1.75	1.00	0.707	0.707	85	150.0	−144.0	5.6	60.1	−58.3	1.8	60.1	58.3	118.4
2	3.0	3.0	0.667	0.555	0.832	55	255.0	−247.5	7.5	45.8	−45.8	0.0	30.5	68.6	99.1
3	4.5	3.75	0.333	0.316	0.948	25	315.0	−309.4	5.6	23.4	−26.1	−2.4	7.9	78.3	86.2
4	6.0	4.0	0.0	0.00	1.00	−5	333.0	−330.0	0.0	−5	0.0	−5	0.0	82.5	82.5
5	7.5	3.75	−0.333	−0.316	0.948	−5	322.5	−309.4	13.1	−4.7	26.1	21.4	1.6	78.3	79.9
6 左 6 右	9.0	3.0	−0.667	−0.555	0.832	−5 −105	315.0	−247.5	67.5	−4.2 −87.4	45.8	41.6 −41.6	2.8 58.4	68.6	71.4 127.5
7	10.5	1.75	−1.00	−0.707	0.707	−105	157.5	−144.0	13.1	−74.2	58.3	−15.9	74.2	58.3	132.5
8	12.0	0.0	−1.333	−0.80	0.60	−105	0.0	0.0	0.0	−63.0	66.0	3.0	84.0	49.5	133.5

对于两铰趾不在同一水平线上的斜拱，其支座反力的计算不能直接应用式(4-1)和式(4-2)，必须利用整体平衡方程及左半拱或右半拱为隔离体的平衡方程联立求解，如图 4-8 所示。其内力计算方法的推导与前面的推导相同，这里不再叙述。

至于带拉杆的三铰拱，其支座反力只有三个，与对应的简支梁的反力完全相同，易于求得。然后，截断拉杆，拆开顶铰，取左半拱(或右半拱)为隔离体，由 $\sum M_C = 0$ 即可求出拉杆内力。

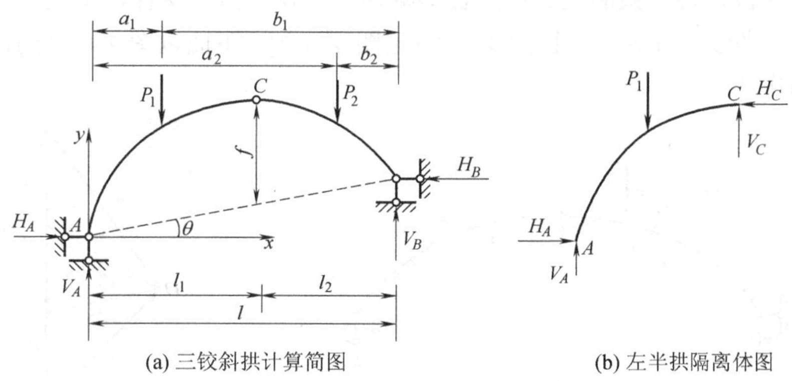

(a) 三铰斜拱计算简图　　(b) 左半拱隔离体图

图 4-8　三铰斜拱计算简图及左半拱隔离体图

4.3 三铰拱的合理拱轴线

4.3.1 三铰拱的压力线

一般情况下，在荷载作用下，三铰拱任一截面 K 上存在 M_K、Q_K、N_K 三个内力分量，由力的合成定理，可知它们可合成一个合力 R_K，如图 4-9(b)所示。如果合力的作用点 O 取在截面(或截面的延伸面)上，则 O 点到截面形心的距离 $e_O=M/N$。由于拱截面上的轴力多为压力，此合力 R 常称为截面上的总压力。截面的合力可由该截面以左(或以右)的隔离体平衡来确定，等于一侧所有外力的合力。当 R_K 已经确定，则可由此合力确定该截面的弯矩、剪力、轴力：

$$M_K = R_K r_K$$
$$Q_K = R_K \sin \alpha_K$$
$$N_K = R_K \cos \alpha_K$$

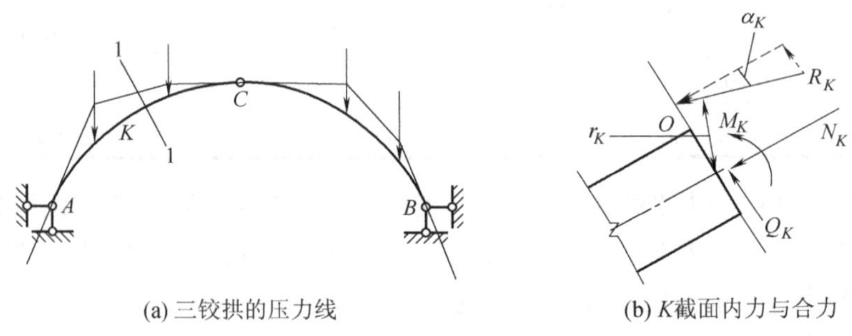

(a) 三铰拱的压力线　　(b) K截面内力与合力

图 4-9　三铰拱的压力线和 K 截面内力与合力的示意图

式中，r_K 是由截面形心到合力 R_K 的垂直距离；α 为合力 R_K 与 K 截面拱轴切线的夹角。

如果已知三铰拱每一截面上总压力在该截面上的作用点，这样，由这些作用点连接而成的一条折线或曲线，称为三铰拱的压力线[见图 4-9(a)]。下面以图 4-10 所示三铰拱为例，说明压力线的作法。

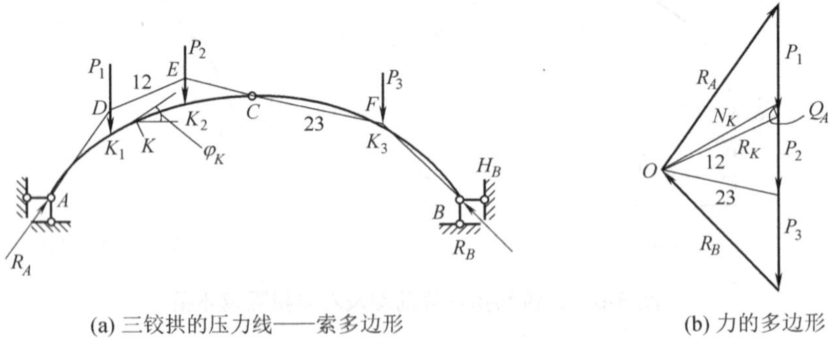

(a) 三铰拱的压力线——索多边形　　(b) 力的多边形

图 4-10　三铰拱的压力线作图方法

1．确定各截面合力的大小和方向

首先用数解法求出支座 A、B 的水平及竖向反力 H_A、V_A 及 H_B、V_B，并求出其合力 R_A 和 R_B。考虑三铰拱的整体平衡，由图解法的静力平衡条件可知，作用在结构上的所有反力 R_A、R_B 及荷载 P_1、P_2、P_3 必组成一闭合的力的多边形。现选定适当的比例尺，按 R_A、P_1、P_2、P_3、R_B 的顺序作力多边形。以 R_A、R_B 的交点 O 为极点，画出射线 12 和 23(由极点至力多边形顶点的连线称为射线)，则 R_A、R_B 及每一射线代表某一截面左边(或右边)所有外力的合力的大小和方向。例如，在拱的 AK_1 段中，任一截面左边只有一个外力 R_A，因此射线 R_A 表示 AK_1 段中任一截面左边外力的合力(K_1、K_2、K_3 表示荷载 P_1、P_2、P_3 作用点的位置)。又如射线 12 表示 K_1、K_2 段中任一截面左边所有外力 R_A 与 P_1 的合力，同时也代表该截面右边所有外力 P_2、P_3、R_B 的合力。总之，四个射线 R_A、12、23、R_B 分别表示 AK_1、K_1K_2、K_2K_3、K_3B 四段中任一截面所受的合力，即截面左边(或右边)所有外力的合力。显然，射线只表示合力的大小和方向，并不表示合力的作用线。如果我们再确定出该合力在三铰拱位置图上的作用线，便不难计算出内力。

2．确定各截面合力的作用线

由图 4-9(b)已经知道四个合力 R_A、12、23、R_B 的方向，如果再分别确定一个作用点，则每个合力的作用线就确定了。现参照图 4-9 说明作法。

首先，因为 R_A 通过支座 A，故由 A 点出发，作出力多边形图上 R_A 的平行线，即为 R_A 的作用线；R_A 与 P_1 的作用线交于 D 点，从 D 点作 12 射线的平行线即为合力 12(R_A 与 P_1 的合力)的作用线。以此类推，合力 12 的作用线与 P_2 交于 E 点，自 E 点作 23 射线的平行线即为合力 23 的作用线。最后，合力 23 的作用线与 P_3 交于 F 点，过此点作 R_B 的平行线，就是 R_B 的作用线。因铰 C 和铰支座 B 处弯矩为零，在上述作图过程中，合力 23 的作用线应通过铰 C，R_B 的作用线应通过铰 B，这一点可以作为校核，用以检验作图是否准确。

以上各条作用线组成了一个多边形 $ADEFB$，称之为索多边形，其中每个边称为索线。索多边形的每一边代表它以左(或以右)所有外力的合力的作用线，因此索多边形又叫合力多边形。又因以上各合力在拱的各个相应区段中所产生的轴力为压力，故也称为压力多边形或压力线。当拱上承受分布荷载时，可将分布荷载分段，每段范围内的均布荷载合成为一集中荷载。当然分段愈多，愈接近于实际情况。极限情形下，在分布荷载作用范围内的压力线即成为曲线。

有了压力线即可确定任一截面的内力。以截面 K 为例，截面左侧外力合力 R_K 的作用线由索多边形中 12 线表示，它的大小和方向由射线 12 确定；为求得截面 K 的剪力和轴力，可通过 K 点作拱轴的法线和切线，再将 12 射线沿 K 截面的法线和切线方向分解为两个分力，即得剪力 Q_K 和轴力 N_K(见图 4-9)。截面 K 的弯矩等于合力 R_K 对截面形心 K 的力矩，即 $M_K = R_K r_K$，r_K 为 K 点到索线 12 的垂直距离。

压力线在砖石及混凝土拱的设计中是很重要的概念。由于这些材料的抗拉强度低，通常要求截面上不出现拉应力，因此压力线不应超出截面的核心。如拱的截面为矩形，其截面核心高度为截面高度的三分之一，故压力线不应超出截面三等分后的中段范围。

4.3.2 合理拱轴的概念

由上面分析可知，如果压力线与拱的轴线重合，则各截面形心到合力作用线的距离为零。因此，各截面的弯矩及剪力均为零，截面上只有轴力，拱处于均匀受压状态，这时材料的使用是最经济的。在固定荷载作用下使拱处于无弯矩状态的轴线称为合理拱轴线。

根据式(4-3)

$$M_K = M_K^0 - Hy_K$$

当拱轴为合理拱轴时，按定义有

$$M = M^0 - Hy = 0$$

由此得

$$y = \frac{M^0}{H} \tag{4-6}$$

式(4-6)表明，在竖向荷载作用下，三铰拱的合理拱轴的竖标 y 与简支梁的弯矩成正比。当拱上所受荷载已知时，只需求出相应简支梁的弯矩方程，再除以 H，即可得到三铰拱的合理拱轴的轴线方程。

例 4-2 试求如图 4-11 所示对称三铰拱在竖向荷载 q 作用下的合理拱轴。

解： 作出相应简支梁，如图 4-11(b)所示，其弯矩方程为

$$M^0 = \frac{1}{2}qlx - \frac{1}{2}qx^2 = \frac{1}{2}qx(l-x)$$

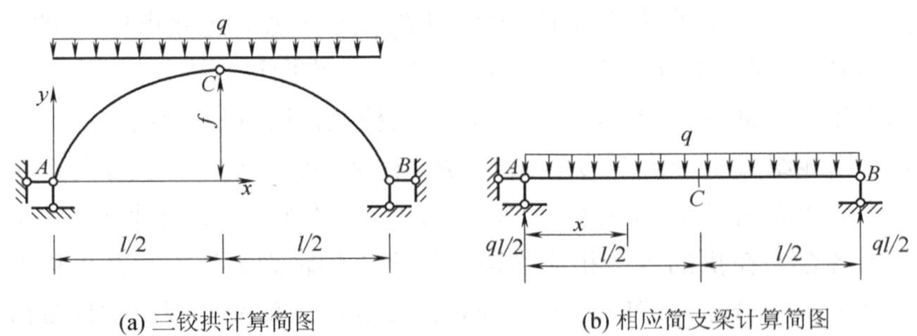

(a) 三铰拱计算简图　　(b) 相应简支梁计算简图

图 4-11　三铰拱与相应简支梁计算简图

由式(4-3)求出推力 H 为

$$H = \frac{M_C^0}{f} = \frac{ql^2}{8f}$$

则由式(4-6)得出该三铰拱的合理拱轴的轴线方程为

$$y = \frac{\frac{1}{2}qx(l-x)}{\frac{ql^2}{8f}} = \frac{4f}{l^2}(l-x)x$$

由此可知，在竖向均布荷载作用下，三铰拱的合理拱轴的轴线是一条抛物线。

例 4-3　设在三铰拱的上面填土，填土表面为水平面，试求在填土重力作用下三铰拱的合理拱轴。设填土的容重为γ，拱所受的竖向分布荷载为$q=q_C+\gamma y$，如图 4-12 所示。

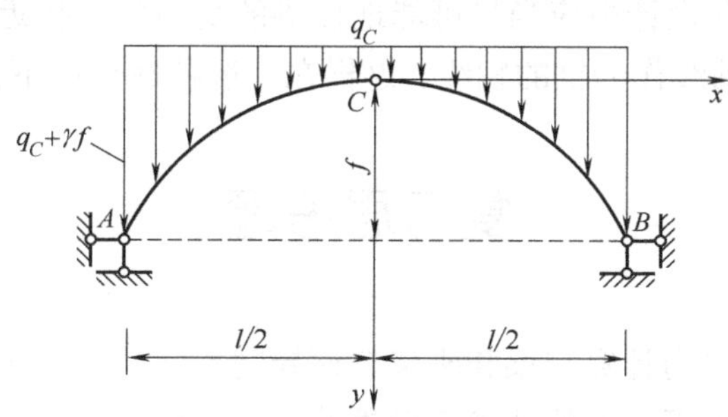

图 4-12　填土重量作用下的三铰拱

解：本题由于荷载集度 q 随拱轴线纵坐标而变，而 y 尚属未知，故相应简支梁的弯矩方程亦无法事先写出，因而不能由式(4-6)直接求出该三铰拱的合理拱轴的轴线方程。为此，将式(4-6)对 x 微分两次，得

$$-\frac{\mathrm{d}^2y}{\mathrm{d}x^2}=\frac{1}{H}\frac{\mathrm{d}^2M^0}{\mathrm{d}x^2}$$

注意到 q 向下为正，与 M^0 规定的方向一致，故

$$\frac{\mathrm{d}^2M^0}{\mathrm{d}x^2}=q$$

所以

$$\frac{\mathrm{d}^2y}{\mathrm{d}x^2}=\frac{q}{H}$$

这就是在竖向分布荷载作用下拱合理拱轴的轴线的微分方程。将$q=q_C+\gamma y$代入上式，则有

$$\frac{\mathrm{d}^2y}{\mathrm{d}x^2}-\frac{\gamma}{H}y=\frac{q_C}{H}$$

该微分方程的解答可用双曲函数表示：

$$y=A\mathrm{ch}\sqrt{\frac{\gamma}{H}}x+B\mathrm{sh}\sqrt{\frac{\gamma}{H}}x-\frac{q_C}{\gamma}$$

式中两个常数 A 和 B 可由边界条件确定如下：

在 x=0 处，y=0，得　　$A=\frac{q_C}{\gamma}$

在 x=0 处，$\frac{\mathrm{d}y}{\mathrm{d}x}=0$，得　　$B=0$

代入后有

$$y=\frac{q_C}{\gamma}\left(\mathrm{ch}\sqrt{\frac{\gamma}{H}}x-1\right)$$

上式表明：在填土重力作用下，三铰拱的合理拱轴的轴线为一悬链线。

在实际工程中，同一结构往往要受到各种不同荷载的作用，而对应不同的荷载就有不同的合理轴线。因此，根据某一固定荷载所确定的合理轴线并不能保证拱在各种荷载作用下都处于无弯矩状态。在设计中应当尽可能地使拱的受力状态接近无弯矩状态。通常是以主要荷载作用下的合理轴线作为拱的轴线、这样在一般荷载作用下拱产生的弯矩不会太大。

复习思考题

1. 拱的受力情况和内力计算与梁和刚架有何异同？
2. 在非竖向荷载作用下，如何计算三铰拱的反力和内力？能否使用式(4-1)和式(4-2)？
3. 能否根据三铰拱内力方程直接作出内力图？工程上采用什么方法？
4. 什么是合理拱轴线？

习　　题

4-1　求图示拱结构的反力。

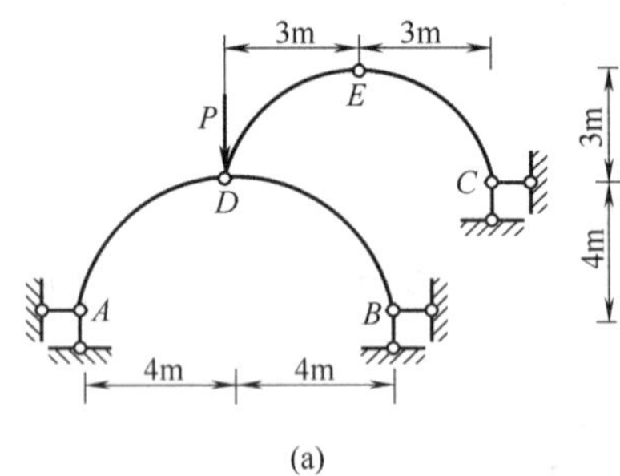

(a)

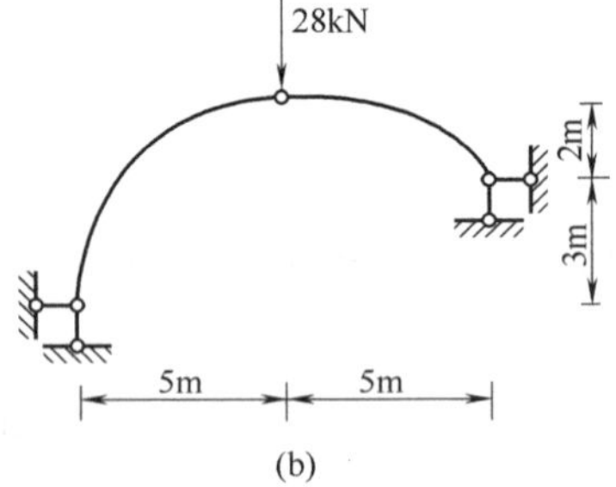

(b)

习题 4-1 图

4-2　图示半圆弧三铰拱，求 K 截面的弯矩。

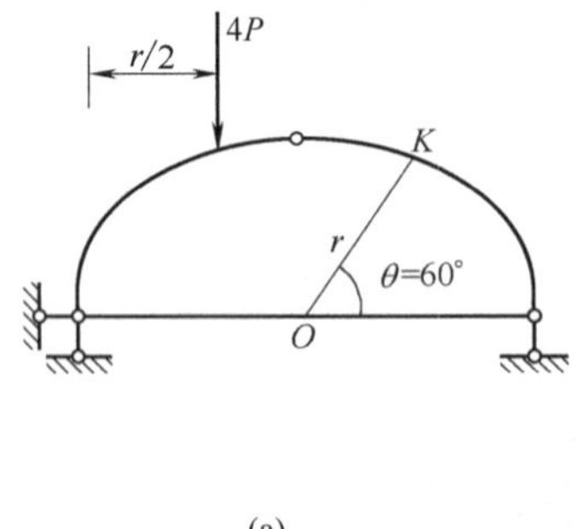

(a)

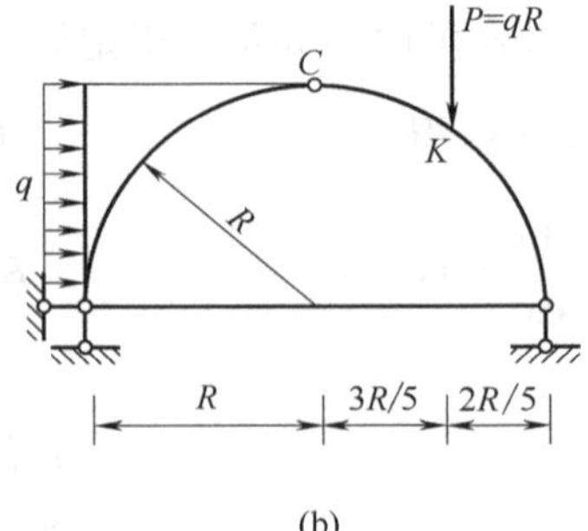

(b)

习题 4-2 图

4-3　求图示三铰拱中拉杆的轴力。

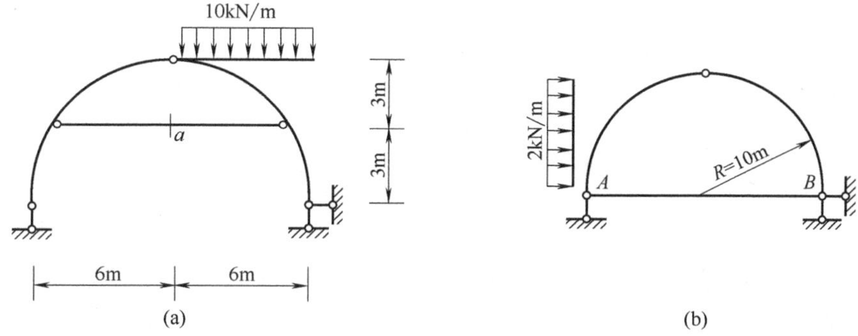

习题 4-3 图

4-4　求图示抛物线三铰拱支反力，并作内力图。已知拱轴线方程为 $y=\frac{4f}{l^2}\times x(l-x)$。

4-5　试求承受三角形分布荷载的拱的合理轴线方程。

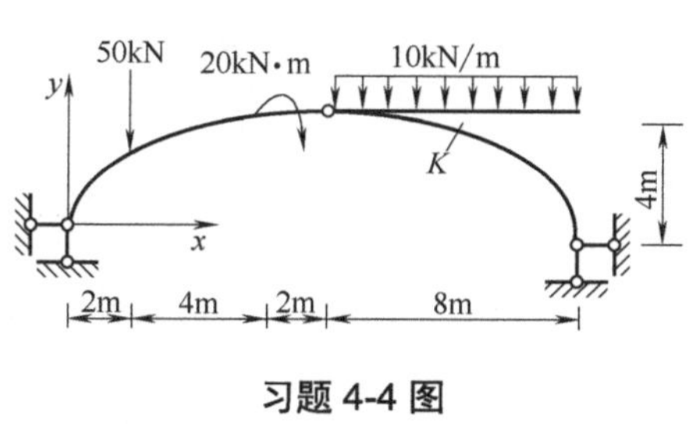

习题 4-4 图

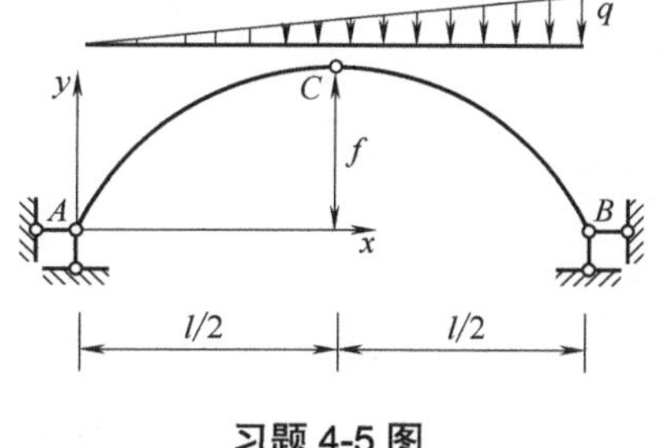

习题 4-5 图

第 5 章　静定平面桁架和组合结构

5.1　概　　述

桁架是由直杆组成，并且所有结点都为铰结点的结构。桁架是一种重要的结构形式(厂房屋架、桥梁等)。实际工程中的桁架一般都是空间桁架，但是为了简化计算，往往将空间桁架分解为平面桁架进行分析，选取既能反映结构的主要受力性能，而又便于计算的计算简图。计算桁架的时候，常采用如下假定。

(1) 各杆两端用理想铰联结。

(2) 各杆轴线绝对平直，在同一平面内且通过铰的中心。

(3) 荷载和支座反力都作用在结点上，并位于桁架平面内。

满足上述要求的桁架，称为理想平面桁架。图 5-1 为实际工程中常见的桁架结构——轻型钢组合屋架。

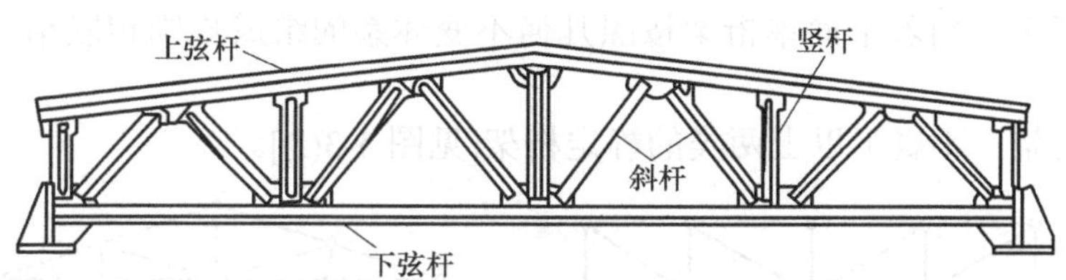

图 5-1　轻型钢组合屋架

在结点荷载作用下，桁架各杆以承受轴力为主。与同跨度的梁相比，桁架具有节省材料、自重轻等优点，因此桁架是大跨度结构常用的一种结构形式。

实际工程中的桁架并不完全符合理想假定。例如，钢桁架的结点是铆接或者焊接在一起，钢筋混凝土构件的结点是浇筑的，这些结点都不是完全光滑的理想铰；另外，各杆轴线不可能绝对平直，在结点处各杆也不一定完全汇交于一点；最后，杆件的自重、外荷载等也常常不是作用在结点上的。但我们通过试验和实际工程研究发现，在普通的工程中，这些因素对桁架的影响并不是主要的，一般可以忽略不计。

桁架中的杆件，按照它们所在位置的不同一般来说可以分为弦杆和腹杆，而弦杆又可以分为上弦杆和下弦杆，腹杆又可以分为斜杆和竖杆。弦杆两个相邻结点之间的间距称为

节间长度 d，两个支座之间的水平距离称为跨度 l，两个支座之间的连线到桁架最高点的垂直距离称为桁高 H。桁架各部分的名称如图 5-2 所示。

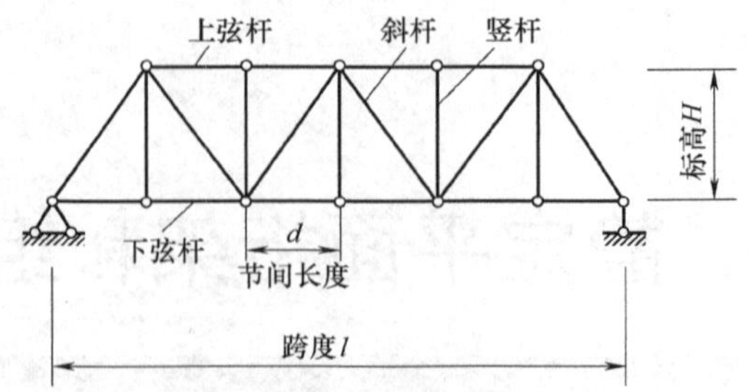

图 5-2　桁架各部分的名称

静定平面桁架的分类方法常见的有以下三种。

1. 按照桁架外形分类

根据外形不同，桁架分为平行弦桁架[见图 5-3(a)]、三角形桁架[见图 5-3(b)]、折弦桁架[见图 5-3(c)]和梯形桁架[见图 5-2]。

2. 按照承受竖向荷载作用时是否有支座反力(推力)分类

根据承受竖向荷载作用时是否有支座推力，桁架可分为梁式桁架[无推力桁架，见图 5-2，图 5-3(a)～(c)]和拱式桁架[有推力桁架，见图 5-3(d)]。

3. 按照几何组成分类

根据几何组成不同，桁架可分为以下几种。

(1) 简单桁架：由一个基本铰结三角形开始，依次增加二元体组成的桁架[见图 5-2，图 5-3(a)～(c)]。

(2) 联合桁架：由若干简单桁架按照几何不变体系的组成规则相联结而构成的桁架[见图 5-3(d)、(e)]。

(3) 复杂桁架：不属于以上两类的静定桁架[见图 5-3(f)]。

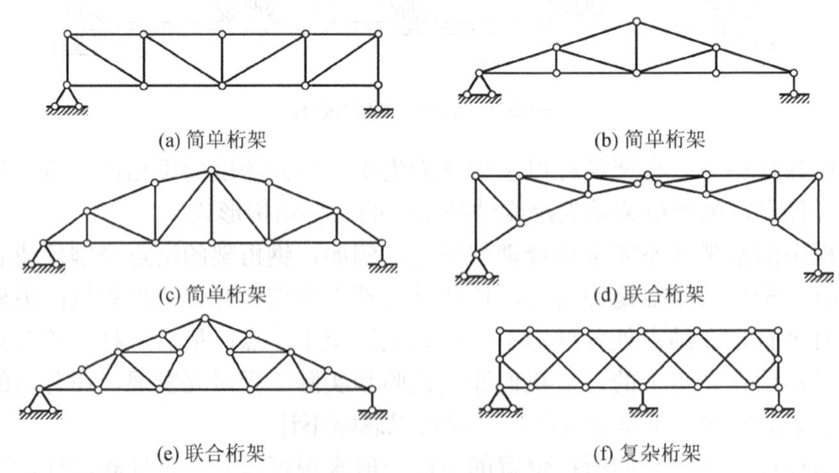

图 5-3　静定平面桁架示意图

5.2　结点法求解静定平面桁架

静定平面桁架的求解一般采用结点法、截面法以及结点法与截面法的联合(联合法)三种方法，本书将分别对这三种方法进行介绍。

结点法是利用各结点的平衡条件求解桁架内力的一种方法，它的实质是作用在结点上的各力组成一个平面汇交力系。

结点法是截取桁架的结点为隔离体，隔离体上的外力与内力构成一个平面汇交力系，利用平面汇交力系的两个平衡条件 $\sum X=0$ 和 $\sum Y=0$ 来计算未知力的方法。一般来说，任何形式的静定平面桁架都可以用结点法进行求解，但在实际计算中，为了避免求解联立方程，每次所截取的结点上未知力的个数不宜超过两个。

桁架的内力中，常需要把斜杆的内力 N_{ij} 分解为水平方向的分量 H_{ij} 和竖直方向的分量 V_{ij}[见图 5-4]，同时可将斜杆的长度 l 分解为水平方向的投影长度 l_x 和竖直方向的投影长度 l_y[见图 5-4]。由三角形的比例关系，得

$$\frac{N_{ij}}{l}=\frac{H_{ij}}{l_x}=\frac{V_{ij}}{l_y}$$

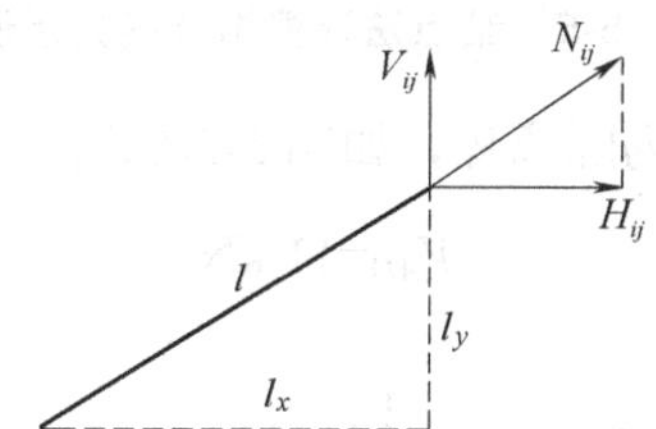

图 5-4　内力与杆长分解示意图

可知，在N_{ij}、H_{ij}和V_{ij}中，任意知道这三者的其中之一，就可以推算出其余两者，而不需要使用三角函数进行计算。

静定平面桁架的求解过程中，为便于计算，一般先假设杆件的未知轴力为拉力，如果计算结果为正，说明轴力的确是拉力；如果计算结果为负，说明杆件的轴力是压力。

例 5-1　如图 5-5(a)所示简单桁架，求所示荷载作用下各杆之轴力。

解：(1) 计算支座反力。

$$H_A=0$$
$$V_A=V_B=19\text{kN}(\uparrow)$$

(2) 分别以各结点为研究对象，求各杆之轴力。先对该简单桁架进行几何组成分析，在刚片 BGF 上依次增加二元体，得到 E、D、C、A 结点。为保证每个结点隔离体上的未知力不超过两个，可采用顺序 A、C、D、E、F、G 依次对结点进行求解。当然，简单桁架往往可以按照不同的结点顺序组成，在使用结点法求解时也可以采用不同的顺序来截取结点。

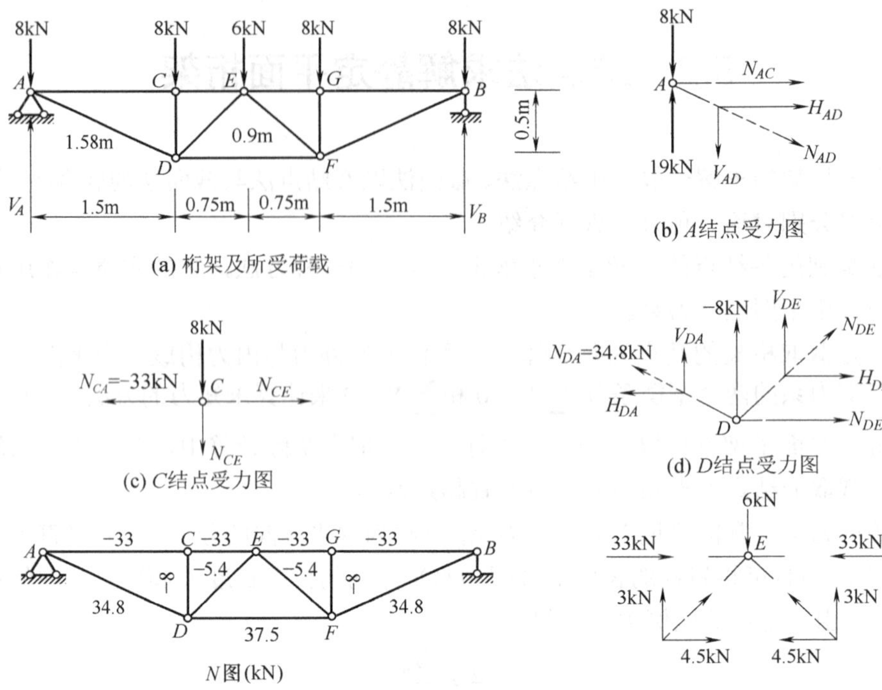

图 5-5　结点法计算桁架内力示例

① 计算结点 A。取结点 A 为隔离体，如图 5-5(b)所示，由 $\sum Y=0$ 得 $19-8-V_{AD}=0$，则

$$V_{AD}=11\text{ kN}$$

利用比例关系，得

$$H_{AD}=11\times\frac{1.5}{0.5}=33\text{kN}$$

$$N_{AD}=11\times\frac{1.58}{0.5}=34.8\text{kN}\text{（拉力）}$$

由 $\sum X=0$ 得

$$N_{AC}+H_{AD}=0$$

$$N_{AC}=-33\text{kN}\ \text{(压力)}$$

② 计算结点 C。取结点 C 为隔离体，如图 5-5(c)所示。

由 $\sum X=0$，得到

$$N_{CE}=-33\text{kN}\ \text{(压力)}$$

由 $\sum Y=0$，得到

$$N_{CD}=-8\text{kN}\ \text{(压力)}$$

③ 计算结点 D。取结点 D 为隔离体，如图 5-5(d)所示。

由 $\sum Y=0$ 得到

$$V_{DE}=8-11=-3\text{kN}$$

利用比例关系得

$$H_{DE}=-3\times\frac{0.75}{0.5}=4.5\text{kN}$$

$$N_{DE}=-3\times\frac{0.9}{0.5}=-5.4\text{kN}(压力)$$

由$\sum X=0$得到

$$N_{DF}=33-H_{DE}=37.5\text{kN}(拉力)$$

(3) 利用对称性。

该简单桁架的结构和其承受的荷载都是对称的，其轴力也应该是对称的，即位于对称位置的两根杆件轴力应相同。所以，计算时只需计算该桁架一半杆件的轴力。

(4) 校核。

可取结点 E 为隔离体进行校核，如图 5-5(f)所示。

由$\sum X=0$得到

$$33+4.5-33-4.5=0$$

由$\sum Y=0$得到

$$3+3-6=0\ (计算正确)$$

(5) 绘制轴力图。将所有杆件的轴力标注在桁架的各杆件旁边，如图 5-5(e)所示。

在桁架中，有时会出现轴力为零的杆件，它们被称为零杆。在计算之前先断定出哪些杆件为零杆、哪些杆件内力相等，这样可以使后续的计算大大简化。

在判别时，可以依照下列规律进行。

(1) L 形结点：对于没有外力作用的两杆结点，则两杆均为零杆，如图 5-6(a)所示。

(2) T 形结点：对于无外力作用的三杆结点，若其中两杆共线，则第三杆为零杆，其余两杆内力相等，且内力性质相同(均为拉力或压力)，如图 5-6(b)所示。

(3) X 形结点：对于四杆结点，当杆件两两共线，且无外力作用时，则共线的各杆内力相等，且性质相同，如图 5-6(c)所示。

(4) K 形结点：这是四杆结点。四杆中两杆共线，而另外两杆在此直线同侧且交角相等，如图 5-6(d)所示。结点上如无荷载，则非共线两杆内力大小相等而符号相反(一为拉力，则另一为压力)。

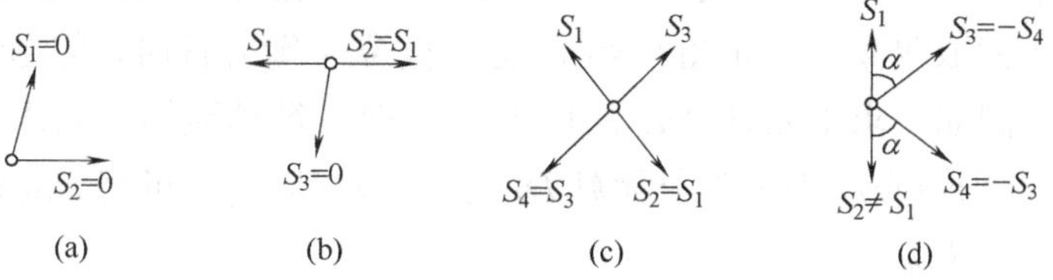

图 5-6　几种特殊形状的结点

例 5-2　计算如图 5-7(a)所示桁架 a、b、c、d 杆的内力。

解：(1) 首先判断零杆。依次分析结点 F、G、D、I、B，使用结点的上述规律可以判别 FE、FG、GD、GH、IB、BK、b 都是零杆。

(2) 计算其他非零杆的轴力。采用 I — I 截面截开，取右侧为隔离体，如图 5-7(b)所示，

由$\sum M_K = 0$可求得N_d=P，$\sum M_C = 0$可求得N_a=$-P/2$，$\sum Y = 0$可求得N_C=$-\dfrac{\sqrt{5}}{4}P$。

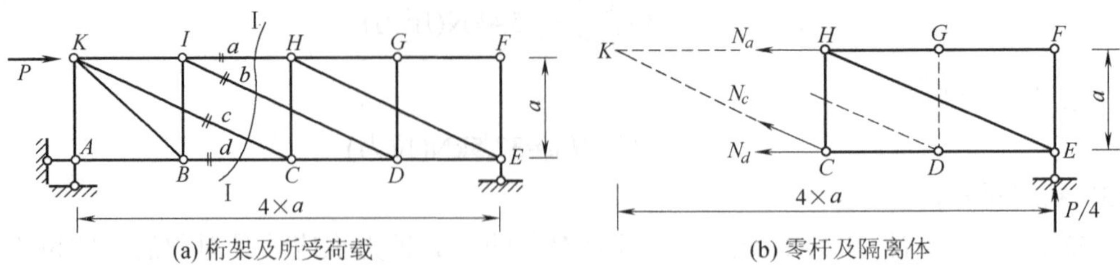

图 5-7　计算桁架内力示例

5.3　截面法求解静定平面桁架

截面法是截取桁架的一部分(至少两个结点)，利用静力平衡条件求解桁架内力的一种方法，它的实质是作用在隔离体上的各力组成一个平面任意力系。

一般来说，使用结点法可以求解任意静定桁架的内力，但在实际工程中，如果简单桁架只需要确定少数杆件的内力或者求解联合桁架时，一般不使用结点法，而采用截面法确定某些指定杆件的轴力。

截面法是截取桁架两个结点以上的部分作为隔离体，利用平面一般力系的静力平衡方程来计算未知力的方法，而平面一般力系的静力平衡方程有三个，所以在选取截面时应该尽量使隔离体中包含的未知力数目不超过三个，以便直接解出这些未知力。根据选用的平衡方程不同，截面法可以分为力矩方程法和投影方程法。

5.3.1　力矩方程法

力矩方程法是根据作用在隔离体上的力系建立力矩平衡方程以计算轴力的方法。要达到计算简便的目的，关键是选取合理的力矩中心。

以图 5-8(a)所示的桁架为例，设支座反力已经求出，现要求 DE、DF 和 CF 三杆的内力。为此，用截面 I—I 截取隔离体，如图 5-8(c)所示，建立平衡方程时，应尽量使每一个方程只包含一个未知力。例如，求上弦杆 DE 的内力 N_{DE} 时，欲达到这一要求，可取另外两杆件 DF 和 CF 的交点 F 为矩心，为了避免计算 DE 杆的力臂 r_1，可将 N_{DE} 在结点 E 处分解为两个分力，即 H_{DE} 和 V_{DE}。

由$\sum M_F = 0$，得

$$H_{DE} \times h_2 + V_A \times 2d - P_1 \times d = 0$$

得到

$$H_{DE} = -\frac{V_A \times 2d - P_1 \times d}{h_2} = -\frac{M^0{}_F}{h_2} \tag{5-1}$$

式中，$M^0{}_F$是位于 I—I 截面以左桁架的荷载和支座反力对结点 F 的力矩代数和，即是与此桁架同跨度、同荷载的简支梁 F 截面[见图 5-8(b)]相应的弯矩。已知 HDE 后，利用比例关系即可求出 N_{DE}。 因为 $M^0{}_F$为正，所以式(5-1)等号右侧的负号表示 N_{DE} 为压力。

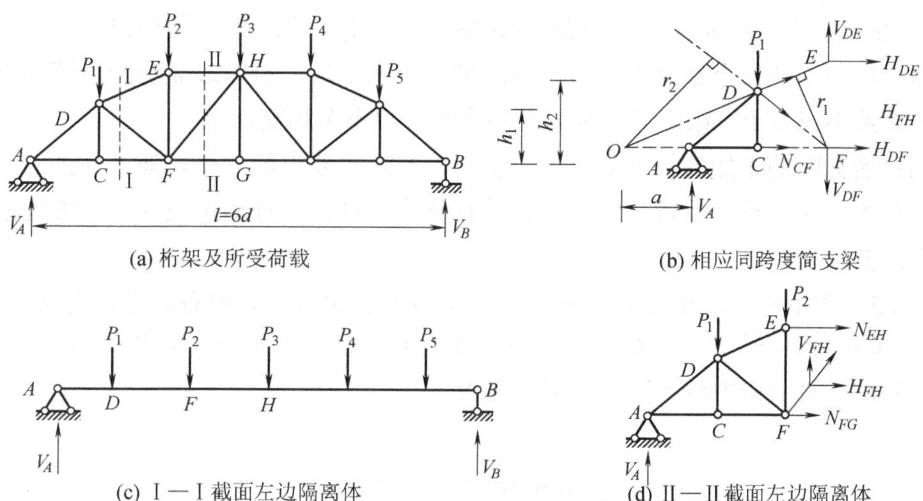

(a) 桁架及所受荷载　(b) 相应同跨度简支梁

(c) Ⅰ—Ⅰ截面左边隔离体　(d) Ⅱ—Ⅱ截面左边隔离体

图 5-8　截面法求解指定杆件内力图

同理，求下弦杆 CF 的内力 N_{CF} 时，应取 DE 杆和 DF 杆的交点 D 为矩心。

由$\sum M_D=0$，有 $N_{CF}\times h_1-V_A\times d=0$

$$N_{CF}=\frac{V_A\times d}{h_1}=\frac{M^0{}_D}{h_1} \tag{5-2}$$

式中，$M^0{}_D$ 为相应简支梁 D 截面的弯矩。因 $M^0{}_D$ 为正，故 N_{CF} 为拉力。

求斜杆 DF 的内力 N_{DF} 时，可取 DE 杆和 CF 杆的轴线的延长线的交点 O 为矩心。同样，为避免求力臂 r_2，将 N_{DF} 在结点 F 处分解为 V_{DF} 和 H_{DF}。

由$\sum M_D=0$，得

$$V_{DF}\times(a+2d)-V_A\times a+P_1\times(a+d)=0$$

$$V_{DF}=\frac{V_A\times a-P_1\times(a+d)}{a+2d} \tag{5-3}$$

式(5-3)右侧部分的正负号，即斜杆 DF 的拉、压性质，取决于荷载的分布情况。

5.3.2　投影方程法

仍以图 5-8(a)所示的桁架为例。欲求斜杆 FH 的内力 N_{FH} 时，可作Ⅱ—Ⅱ截面，并取其左侧部分为隔离体见[图 5-8(d)]，因上下弦杆都在水平方向，若选取垂直于弦杆的竖轴作为投影轴，在其投影方程中便只含有未知力 N_{FH}，将 N_{FH} 分解后，由$\sum Y=0$有

$$V_{FH}+V_A-P_1-P_2=0$$

$$V_{FH}=-(V_A-P_1-P_2)=-Q^0{}_{F\text{-}H}$$

式中，$Q^0{}_{F\text{-}H}$为相应简支梁 $F\text{-}H$ 区间的剪力。此剪力的正负号与荷载的分布情况有关，故斜杆 FH 的拉、压性质就要视荷载而定。已知 V_{FH}后，利用比例关系就不难计算出 N_{FH}了。

平面一般力系的三个独立平衡方程可求解三个未知量，所以截面法一般情况下所截断的未知杆件数不应多于三根，且三根杆件不全平行也不全相交。

特例：所截断的未知的杆件数多于三根，但是除了要求的一个未知杆件外，其他所有的未知杆件都交于一点，或都同时平行，该杆称为单杆。单杆仍可应用力矩方程法或投影方程法求出其轴力。

如图 5-9 所示桁架，要求①杆轴力，用 I—I 截面截开后，取右侧为隔离体，由力矩方程$\sum M_O=0$，可求得 N_1。又如图 5-10 所示桁架，要求①杆轴力，用 I—I 截面截开后，取上部为隔离体，由投影方程$\sum X=0$可求得 N_1。

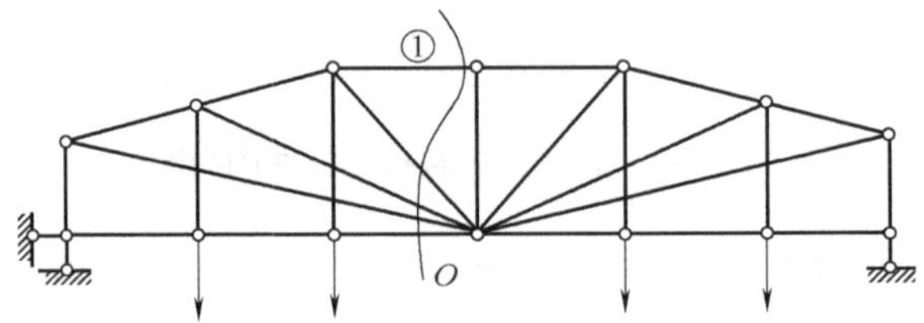

图 5-9　桁架内力求解示意图

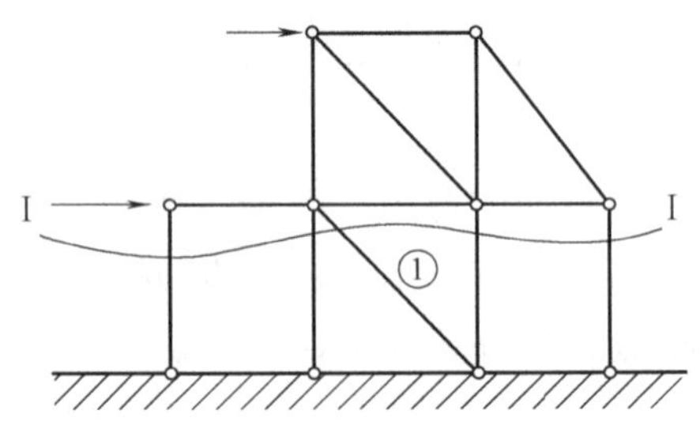

图 5-10　桁架内力求解示意图

5.4　联合法求解静定平面桁架

结点法和截面法是计算桁架内力的两种基本方法。实际计算时，这两种方法往往是联合应用的，即联合法。在计算简单桁架时，这两种方法均很简单；而计算联合桁架时，一般需要采用联合法。使用联合法时，可以先采用截面法求出桁架中相关杆件的内力，再用结点法计算其余杆件的内力。

如图 5-11 所示的联合桁架，不管从哪一个结点开始计算内力，结点上都有三个未知力，所以无法直接用结点法求解。此时我们考虑采用联合法进行求解，先用截面法求出桁架中相关杆件的内力，作 K—K 截面，取左侧(或右侧)为隔离体，由 $\sum M_8 = 0$，求出相关杆件 5-13 杆的内力 $N_{5\text{-}13}$，而后再用结点法依次求出所有杆件的内力。

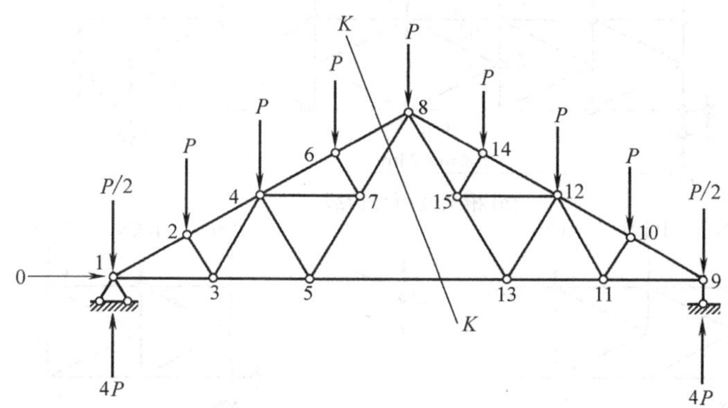

图 5-11　桁架内力求解示意图

联合法求桁架中相关杆件的内力，与单独使用截面法类似，所使用的截面可竖直可倾斜也可水平，可挺直也可弯曲，甚至可以做成闭合截面。如图 5-12(a)所示的联合桁架，△ABC 为基本部分，中间三角形为附属部分。可作如图所示的闭合截面 I，取中间部分为隔离体，如图 5-12(b)所示，通过对任意两杆交点取矩的三个力矩方程，可以求出相关杆件 a、b、c 的内力，而后再计算所有杆件的内力。

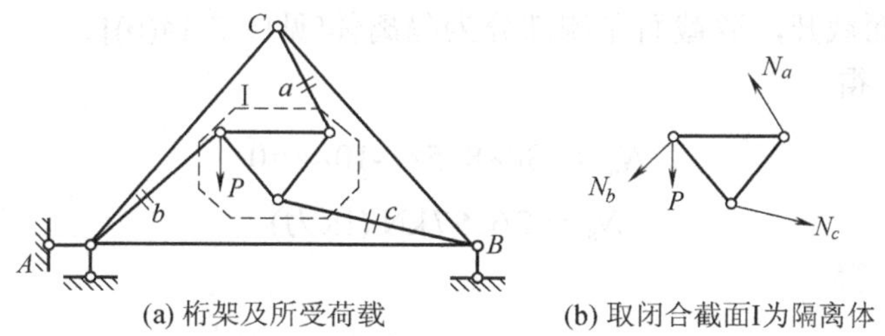

(a) 桁架及所受荷载　　(b) 取闭合截面I为隔离体

图 5-12　桁架内力求解示意图

图 5-13(a)为一联合桁架，它由两个简单桁架 ADE 和 BCF 用 a、b、c 三根链杆联结而成。如能求出三根相关杆件的轴力 N_a、N_b、N_c，则可利用结点法求得全部各杆轴力。为此，截断 a、b、c 三根链杆，取出 BCF 简单桁架作为研究对象，如图 5-13(b)所示，由 $\sum X = 0$ 求得 N_c，由 $\sum M_B = 0$ 求得 N_a，再由 $\sum M_C = 0$ 求得 N_b。

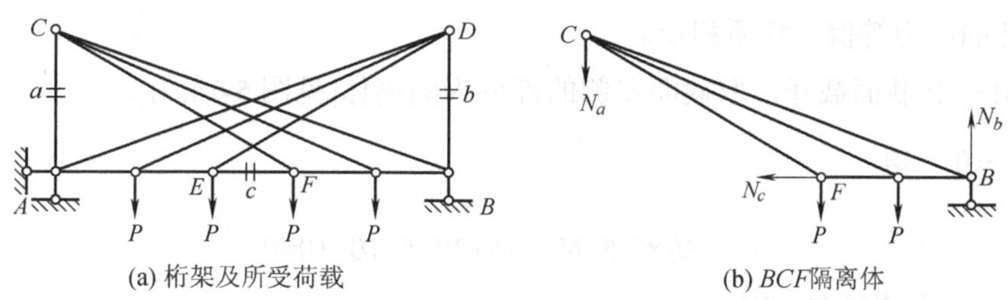

(a) 桁架及所受荷载　　(b) BCF隔离体

图 5-13　桁架内力求解示意图

例 5-3 求如图 5-14(a)所示桁架中杆 a、b、c、d 的内力。

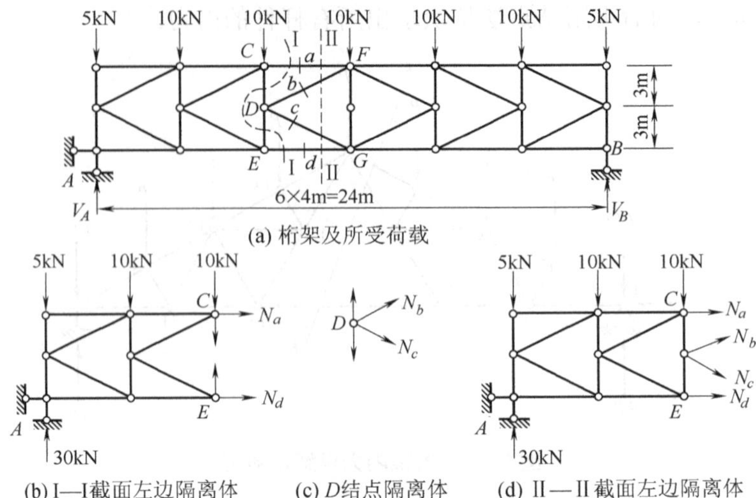

图 5-14 桁架内力求解示例

解：(1)计算支座反力。

$$V_A=V_B=30\text{kN}(\uparrow)$$

$$H_A=0$$

(2) 用I—I截面截开，取截面左侧部分为隔离体[见图 5-14(b)]。

由$\sum M_E=0$，得

$$N_a\times6+30\times8-5\times8-10\times4=0$$

$$N_a=-26.67\text{kN}\ (\text{压力})$$

由$\sum M_C=0$，得

$$N_d\times6-30\times8+5\times8+10\times4=0$$

$$N_d=26.67\ \text{kN}\ (\text{拉力})$$

(3) 以结点 D 为隔离体[见图 5-14(c)]。

由$\sum X=0$，得

$$N_b=-N_c \tag{5-4}$$

可知 b、c 杆的内力等值、性质相反。

(4) 用II—II截面截开，取截面左侧的部分为隔离体[见图 5-14(d)]。

由$\sum Y=0$，得

$$N_b\times3/5-N_c\times3/5+30-5-10-10=0 \tag{5-5}$$

将式(5-4)代入式(5-5)，得

$$N_b=-4.17\text{kN}\ (\text{压力}) \qquad N_c=4.17\text{kN}\ (\text{拉力})$$

例 5-4 求图 5-15 所示桁架中 *HC* 杆的内力。

解：可先作 I—I 截面，由$\sum M_F=0$求得 *DE* 杆内力；接着由结点 *E* 求得 *EC* 杆内力；再作Ⅱ—Ⅱ截面，由$\sum M_G=0$求得 *HC* 杆的内力。现计算如下。

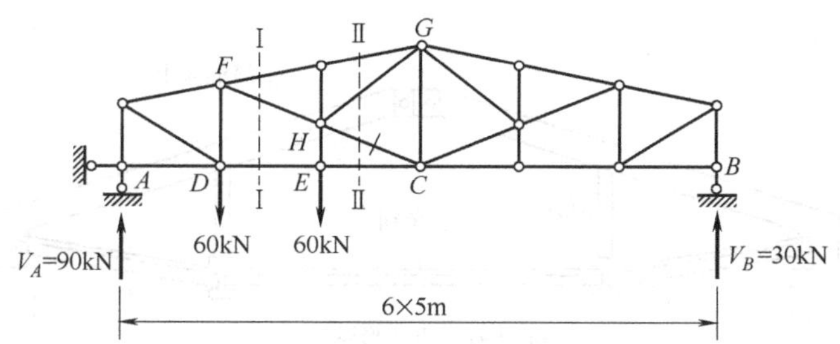

图 5-15 求桁架中 *HC* 杆的内力

(1) 计算支座反力。

$$V_A=90\text{kN}\,(\uparrow)\quad V_B=30\text{kN}\,(\uparrow)$$

(2) 用 I—I 截面截开，取截面左侧部分为隔离体。

由$\sum M_F=0$，得

$$N_{DE}\times4-90\times5=0$$

$$N_{DE}=112.5\ \text{kN}\ (拉力)$$

由结点 *E* 的平衡条件可知

$$N_{DE}=N_{DC}=112.5\ \text{kN}\ (拉力)$$

(3) 用Ⅱ—Ⅱ截面截开，取截面右侧的部分为隔离体。

由$\sum M_G=0$，得

$$H_{HC}\times6+112.5\times6-30\times15=0$$

$$H_{HC}=-37.5\ \text{kN}\ (压力)$$

$$N_{HC}=-37.5\times\frac{\sqrt{5^2+2^2}}{5}=-40.4\text{kN}(压力)$$

5.5 组合结构的计算

组合结构是由只承受轴力的二力杆和同时承受弯矩、剪力、轴力的梁式杆所组成的。图 5-16(a)为下撑式五边形屋架，其计算简图如图 5-16(b)所示；图 5-17 为施工时采用的临门架，它们都是组合结构。

组合结构的计算方法：先求出二力杆的轴力，然后将二力杆的轴力作用于梁式杆上，再求梁式杆的内力。为了使隔离体上的未知力不致过多，求二力杆的轴力时应尽量避免截断梁式杆。计算二力杆的轴力与计算桁架杆件的轴力相同，可以采用结点法、截面法和联合法。需要注意，如果二力杆的一端与梁式杆相联结，则不能不加分辨地引用 5.2 节中所讲述的结点组成规律判断二力杆的轴力。例如图 5-17 所示组合结构的 *E* 结点，由于 *CE* 不是二力杆，不能认为 ED 杆的内力就是 P。

组合结构由于在梁式杆上装置了若干个二力杆，可使梁式杆的弯矩减小，从而达到了节约材料及增加刚度的目的。梁式杆及二力杆还可采用不同材料，如梁式杆用钢筋混凝土，二力杆用钢材制作。

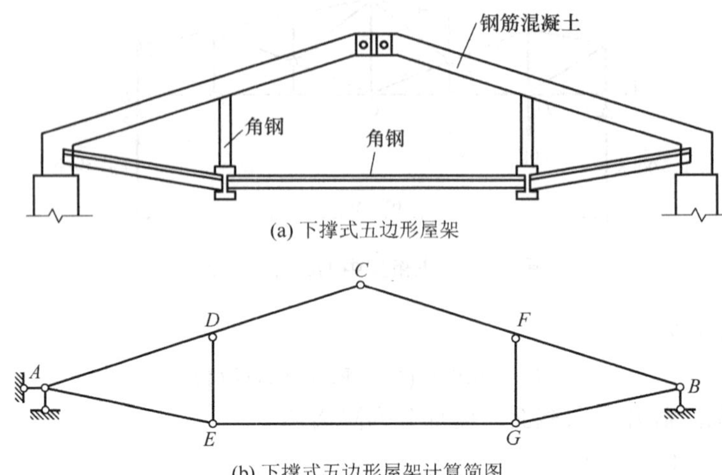

图 5-16　组合结构示意图

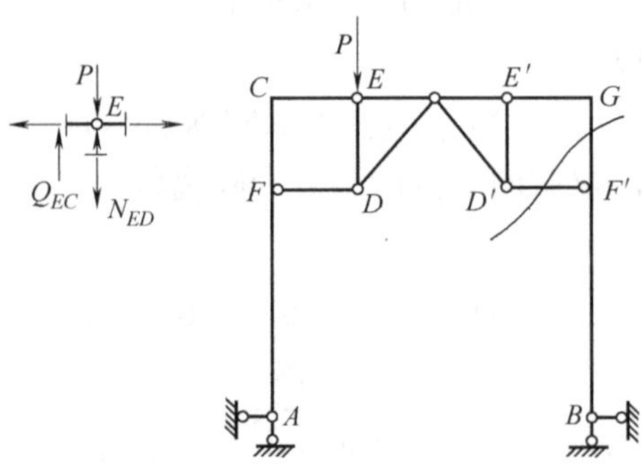

图 5-17　临时撑杆组合结构示意图

例 5-5　计算图 5-18(a)所示静定组合结构中二力杆的轴力，并绘出梁式杆的弯矩图。

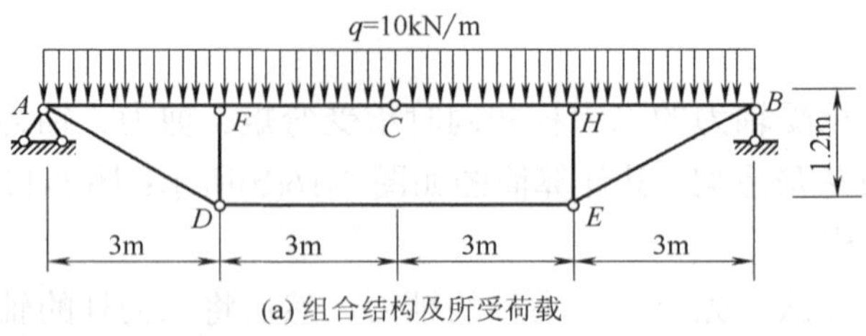

图 5-18　组合结构内力计算示例

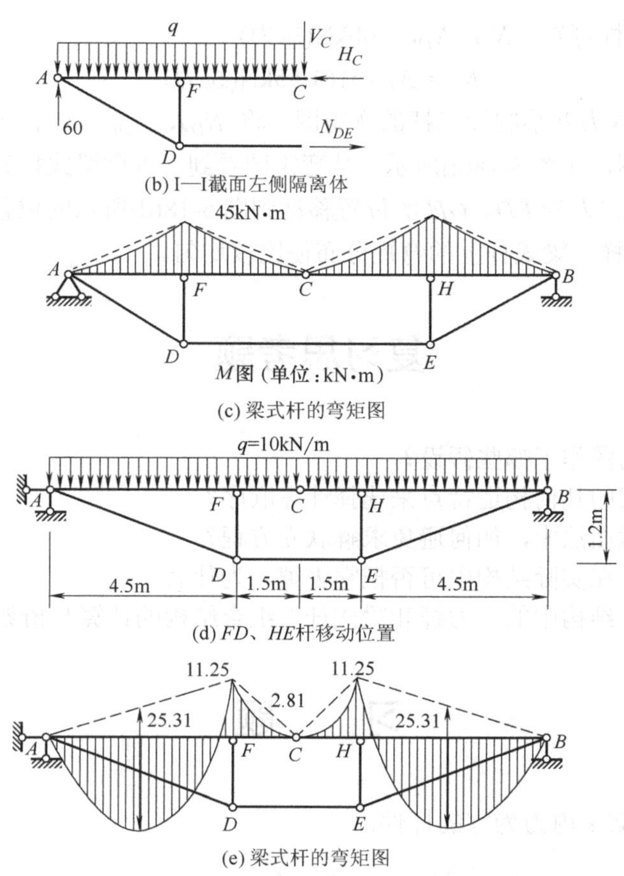

(b) I—I截面左侧隔离体

(c) 梁式杆的弯矩图

(d) *FD*、*HE*杆移动位置

(e) 梁式杆的弯矩图

图 5-18　组合结构内力计算示例(续)

解　(1) 计算支座反力。

$$H_A=0$$
$$V_A=V_B=60\text{ kN}\ (\uparrow)$$

(2) 求二力杆的轴力。

由于结构和荷载的对称性，可只计算半边结构的内力。用 I—I 截面截断 *DE* 杆及 *C* 铰，取左侧为隔离体，如图 5-18(b)所示。

由 $\sum M_C=0$ 有

$$N_{DE}\times1.2-60\times6+10\times6\times3=0$$
$$N_{DE}=150\text{kN}\ (拉力)$$

以结点 *D* 为隔离体，由 $\sum X=0$ 得，H_{AD}=150kN，根据比例关系，有

$$V_{DA}=\frac{1.2}{3}H_{DA}=60\text{kN}$$

$$N_{DA}=\frac{\sqrt{3^2+1.2^2}}{3}H_{DA}=161.55\text{kN}(拉力)$$

由 $\sum Y=0$ 得　　$N_{DF}=-V_{DA}=-60\text{kN}(压力)$

利用结构的对称性可知　$N_{EH}=N_{DF}=-60\text{kN}$(压力)

$N_{EB}=N_{DA}=161.55\text{kN}$(拉力)

(3) 求梁式杆的内力并绘制梁式杆的弯矩图。将 N_{DA}、N_{DF}、N_{EH}、N_{EB} 杆的轴力作用于梁式杆上，绘出 M 图，如图 5-18(c)所示。从弯矩图看到，本例梁式杆只承受负弯矩且沿杆长分布不均匀。若将二力杆 FD、GH 的位置移动到图 5-18(d)所示的位置，弯矩图即变为图 5-18(e)中的形状，这样，梁式杆上的弯矩分布便比较均匀。

复习思考题

1. 桁架的计算简图作了哪些假设？
2. 如何根据桁架的几何构造特点来选择计算顺序？
3. 在结点法和截面法中，如何避免求解联立方程？
4. 零杆不受力，在实际结构中可否把它去掉，为什么？
5. 如何判断组合结构中的二力杆和梁式杆？组合结构的计算与桁架有哪些不同之处？

习　题

5-1 指出下图桁架中内力为零的杆件。

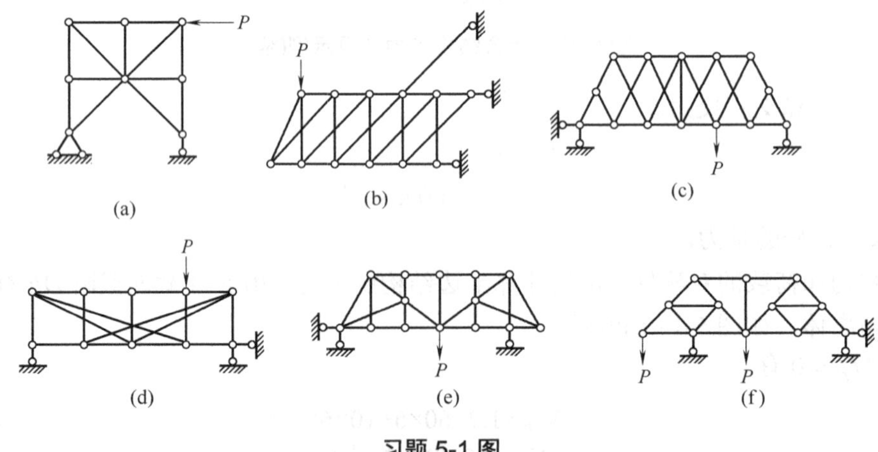

习题 5-1 图

5-2 计算下图所示桁架各杆件的轴力。

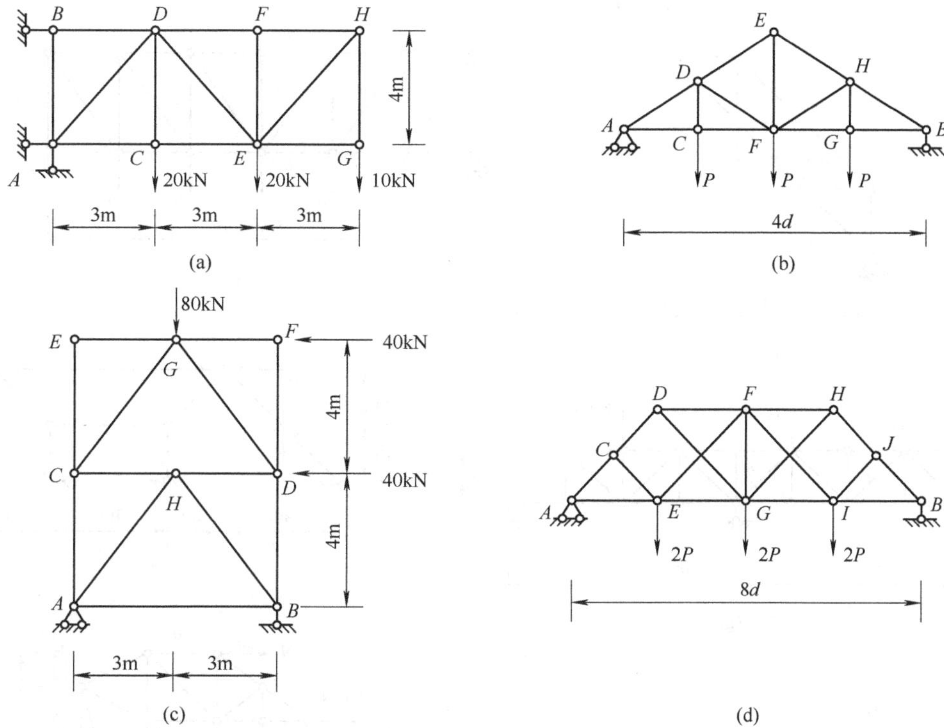

(a)　(b)　(c)　(d)

习题 5-2 图

5-3 计算下图所示桁架中指定杆件的轴力。

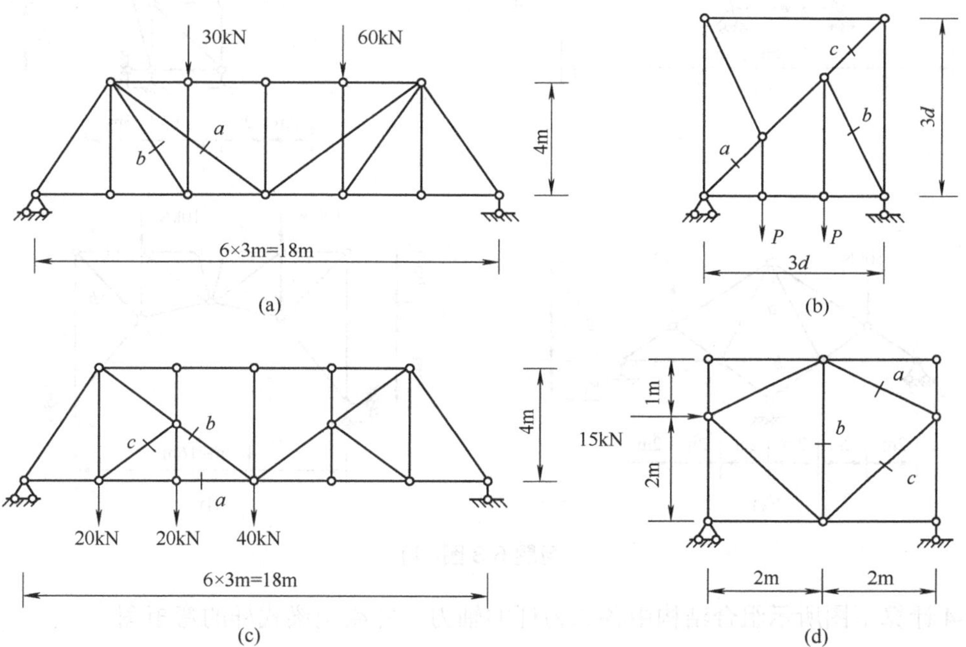

(a)　(b)　(c)　(d)

习题 5-3 图

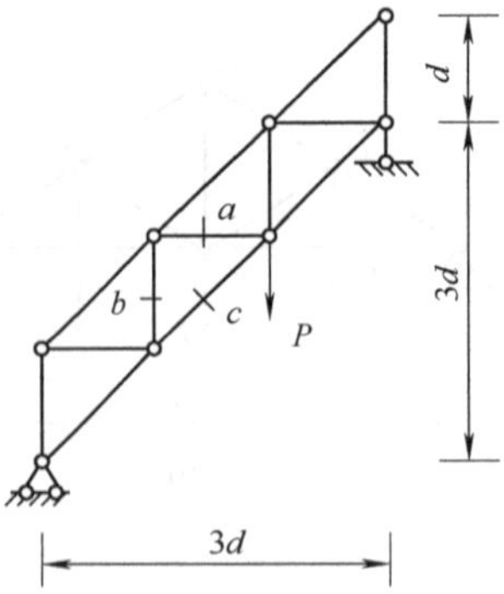

(e)

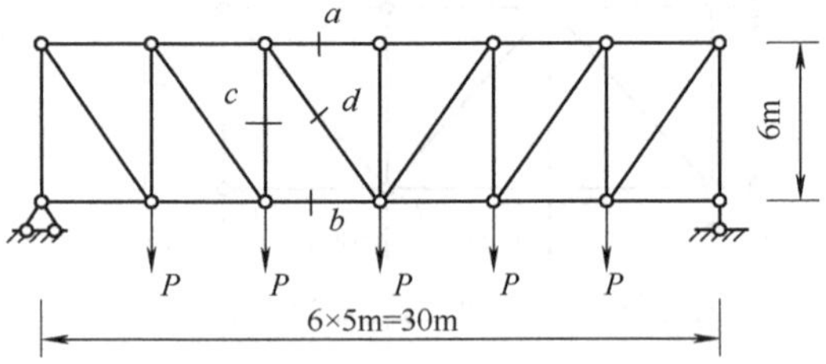

(f)

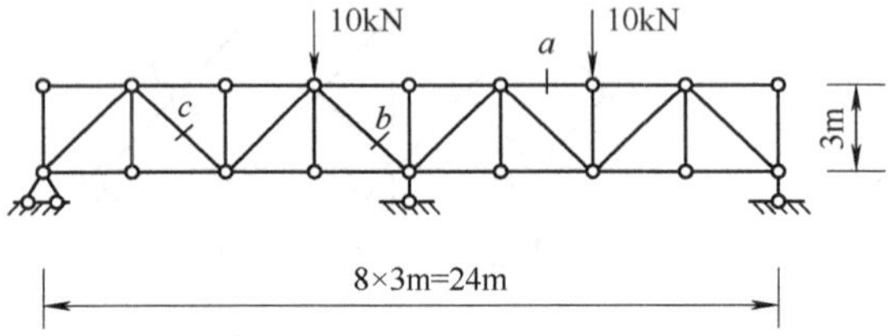

(g)

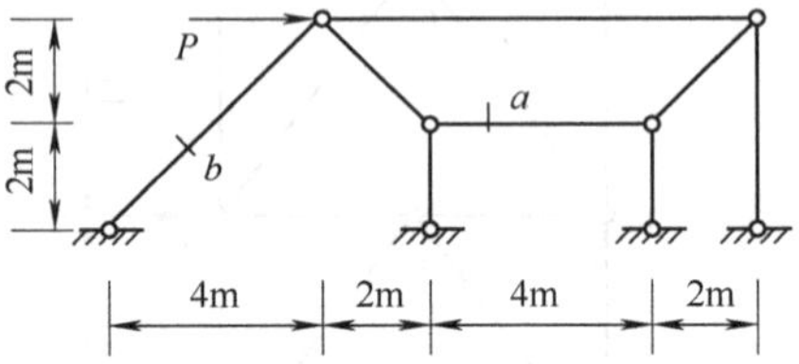

(h)

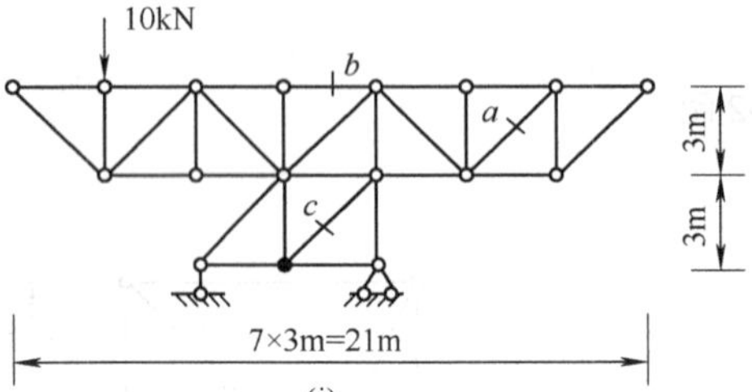

(i)

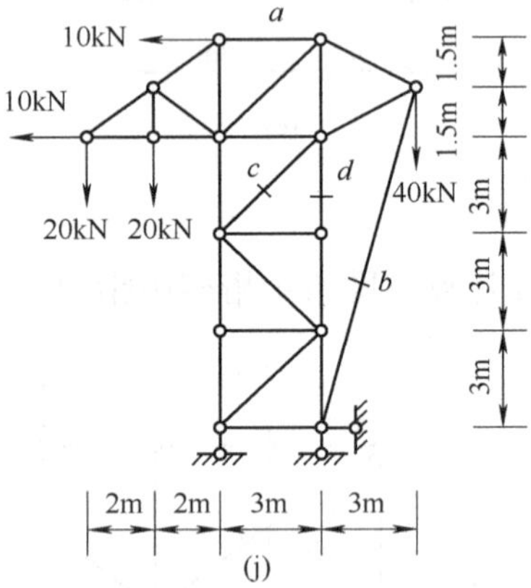

(j)

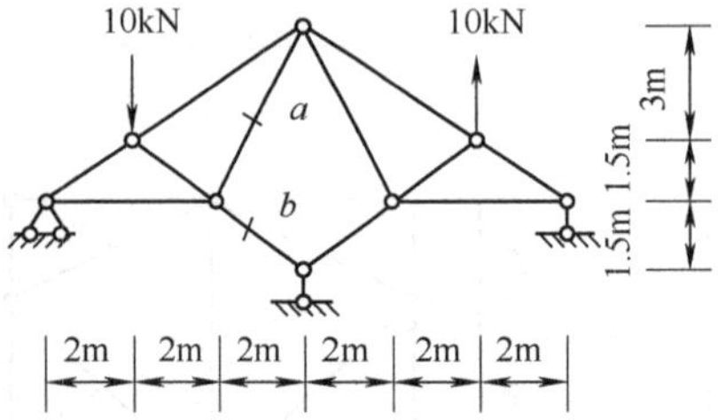

(k)

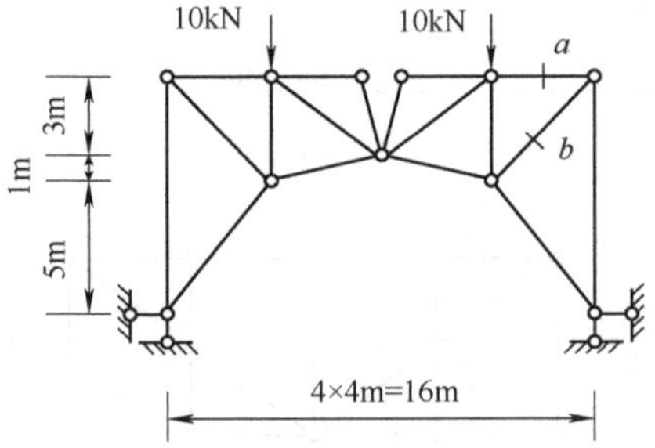

(l)

习题 5-3 图(续)

5-4 计算下图所示组合结构中各二力杆的轴力，并绘制梁式杆的弯矩图。

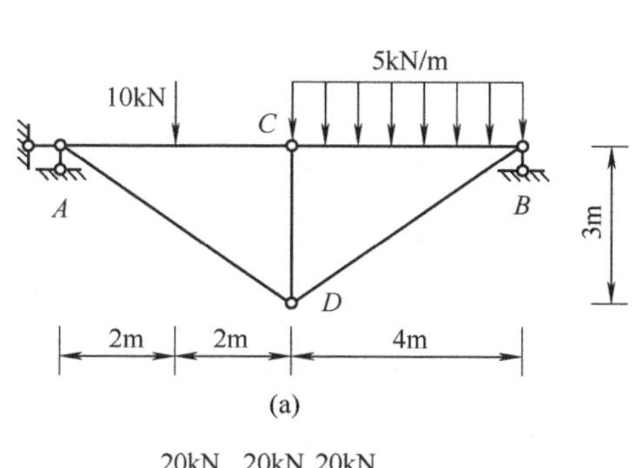

(a)

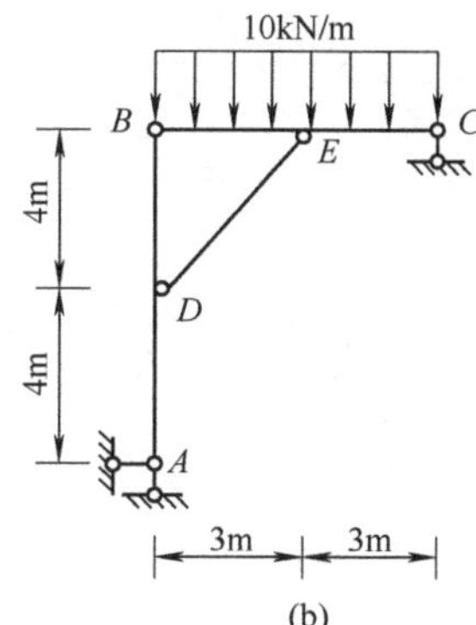

(b)

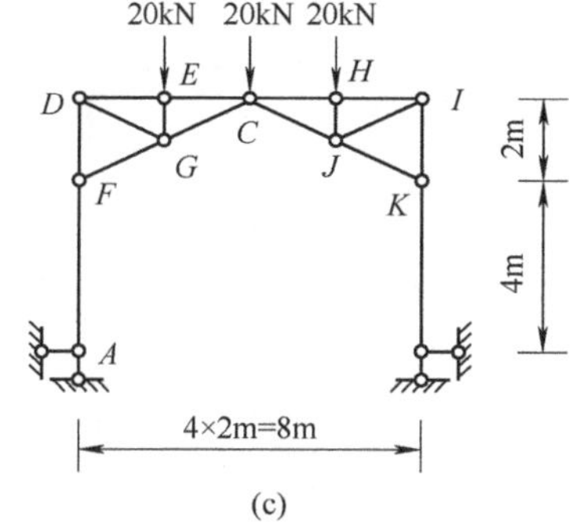

(c)

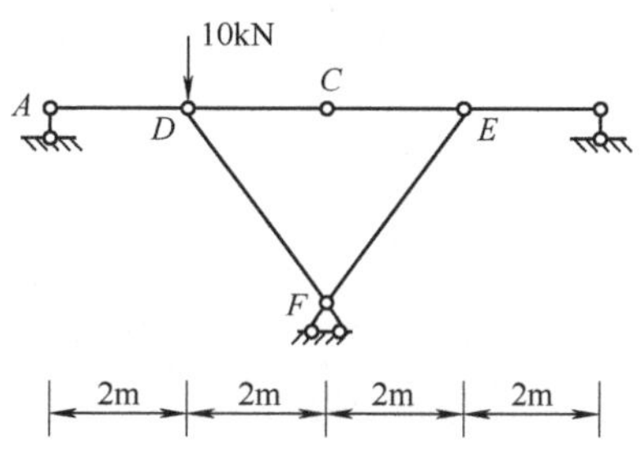

(d)

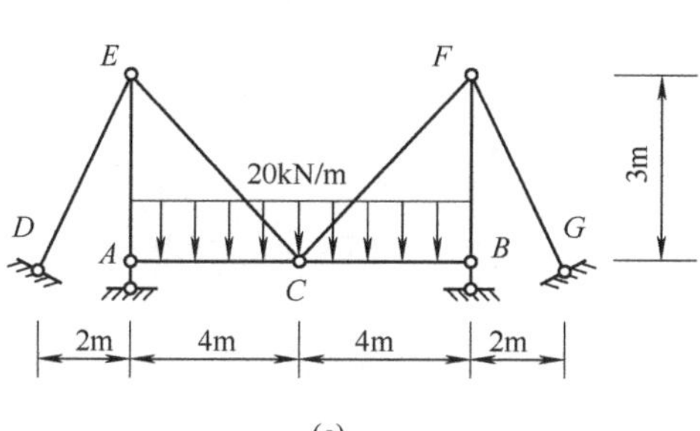

(e)

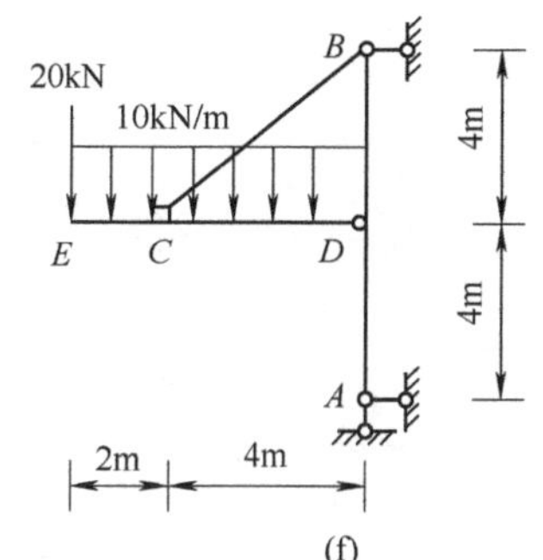

(f)

习题 5-4 图

第 6 章　结构的位移计算

学习目标：

正确理解变形体的虚功原理，掌握位移的一般计算公式，熟练运用图乘法进行荷载作用下的位移计算，了解温度改变和支座移动产生的位移计算方法，理解功的互等定理。

本章重点：

单位荷载法；荷载作用下静定结构的位移计算；图乘法的熟练运用；线弹性互等定理。

本章难点：

虚功原理的概念；荷载作用下位移计算公式的推导。

本章首先介绍虚功原理，在虚功原理基础上讲解荷载作用下静定结构的位移计算，然后学习温度变化和支座位移引起的位移计算，最后学习线弹性结构的互选定理。

6.1　概　　述

6.1.1　结构的位移

结构位移是指结构上某点位置的移动或截面的转动，位置的移动称为线位移，截面的转动称为角位移。

如图 6-1 所示，刚架在外荷载作用下发生虚线所示的变形，截面 A 的形心 A 点移动到了 A' 点，则线段 AA' 称为 A 点的线位移，记为 $\varDelta_A$，它也可以分解为水平方向的分量 $\varDelta_{Ax}$ 和竖直方向的分量 $\varDelta_{Ay}$，分别称为 A 点的水平线位移和竖向线位移。同时，截面 A 还转动了一个角度，称为截面 A 的角位移，记为 φ_A。另外，除了荷载作用，温度变化、支座移动、材料收缩和制造误差等因素也会使结构产生位移。

上述所讲的位移称为绝对位移，除了绝对位移还有相对位移。如图 6-2 所示，刚架在荷载作用下发生虚线所示的变形，截面 A 的转角为 φ_A，顺时针；截面 B 的转角为 φ_B，逆时针，则截面 A 和截面 B 的相对转角 $\varphi_{AB}=\varphi_A+\varphi_B$。同理，$C$ 点有水平向右的位移 $\varDelta_C$，D 点有水平向左的位移 $\varDelta_D$，则 C 点和 D 点的水平相对线位移 $\varDelta_{CD}=\varDelta_C+\varDelta_D$。

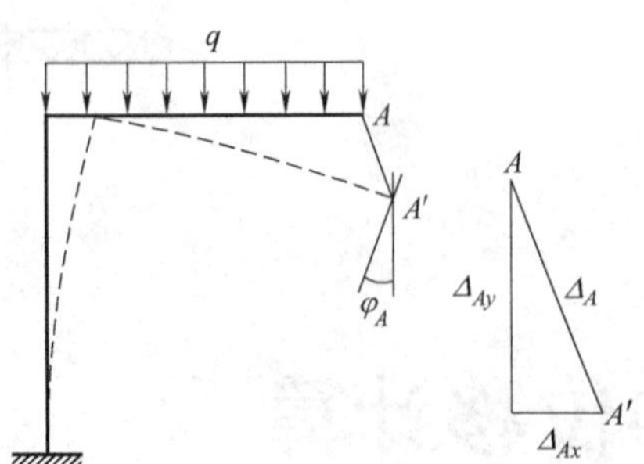

图 6-1 刚架的位移

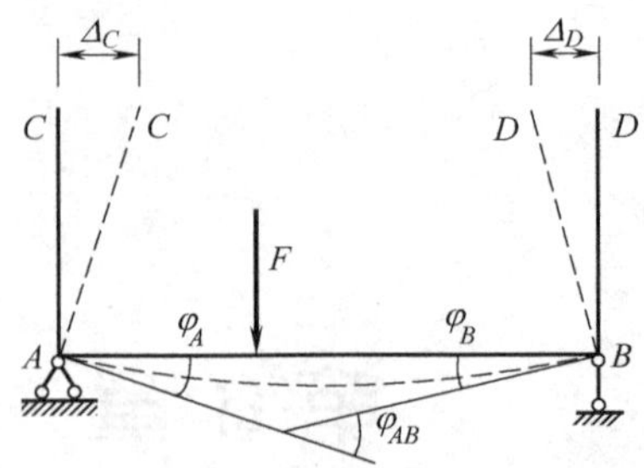

图 6-2 刚架的相对位移

6.1.2 计算结构位移的目的

分析结构位移的主要目的就是校核结构的刚度，即要求结构不出现过大的变形，保证变形在规范允许的范围之内。在结构设计中，一要满足强度的要求，二要满足刚度的要求，如果不满足刚度的要求，结构在荷载作用下变形太大，即使不破坏也不能正常使用。例如钢筋混凝土高层建筑，如果存在较大的水平位移，就会导致混凝土材料的开裂以及装饰部分的脱落，同时也会让居住的人们产生恐惧感，所以规范规定，在水平风荷载或水平地震荷载作用下，相邻两层层间位移的最大值与层高之比应小于等于 1/1000~1/500(具体取值与结构类型以及楼房总体高度有关)。

其次，在结构施工中也必须知道结构的位移，以便采取相应的措施，保证施工的准确性和安全性。另外，计算结构位移还是分析超静定结构的基础，超静定结构的内力仅用力的平衡条件不能完全确定，还必须结合变形协调条件，而建立变形协调条件的前提就是计算结构的位移。最后，在动力计算和稳定计算中，也需要计算结构的位移。可见，分析结构位移在工程中具有非常重要的意义。

计算结构位移必须基于如下基本假定：结构的材料符合虎克定律，即应力与应变成线性关系；结构的变形很小，不影响荷载的作用，即在变形后的平衡方程中，仍然可以用结构变形前的几何尺寸，忽略结构变形带来的影响；结构各处的连接是无摩擦的。若结构材料满足以上三个条件，就称为线性变形体系，此为理想化的模型，在分析结构位移时可以用叠加原理。

6.2 变形体系的虚功原理

6.2.1 功、实功、虚功

如果一个物体受到力的作用，并在力的方向上发生了一段位移，我们就说这个力对物体做了功。如果力为常量P，作用点总位移为D，力的作用方向和位移方向的夹角为α，则所做的功为$T=PD\cos\alpha=P\Delta$，其中Δ为总位移D在力P作用线方向上的投影。

对于其他形式的力或力系所做的功，也常用两个因子的乘积表示，为了方便起见，将其中与力对应的因子称为广义力，与位移对应的因子称为广义位移。例如，如果力为作用在某一截面的外力偶 M，则广义位移为该截面所发生的转角 φ，该力偶所做的功为 $T=M\varphi$。如果力为作用在结构上的一对力偶 M，则广义位移为两个作用面发生的相对转角 φ_{AB}，则这对力偶所做的功为 $T=M\varphi_{AB}$。

如图 6-3(a)所示的简支梁，受到力 P 的作用，荷载由零逐渐增大到力 P，作用点处的位移从零逐渐增大到 Δ。若结构材料符合虎克定律且结构变形不大时，静力加载过程中力与位移的关系可以用图 6-3(b)中的直线关系表示。假定在加载过程中，当 $P=P_y$ 时，相应的位移为 y，当荷载从 P_y 增加到 $P_y+\mathrm{d}P$ 时，相应的位移为 $y+\mathrm{d}y$，则荷载由零增大到 P 的过程中所做的功为

$$T=\int \mathrm{d}T=\int_0^{\Delta}\frac{P}{\Delta}y\mathrm{d}y=\frac{1}{2}P\Delta$$

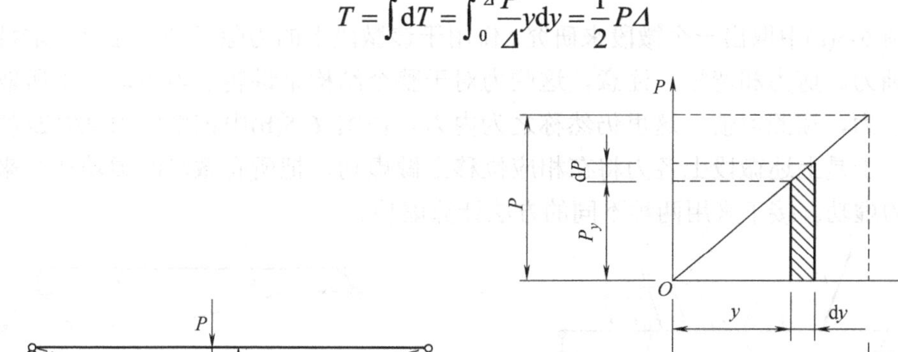

(a) 简支梁的变形　　(b) 荷载与位移的关系

图 6-3　简支梁及其荷载与位移的关系

在这个例子中，力和位移之间有直接的依赖关系，位移是由力直接引起的，像这样力在自身位移上所做的功就称为实功。根据上述公式可以得到这样的结论：若结构材料为线性变形体系，则实功即等于力与位移的乘积，再乘以 1/2。

除了实功还有虚功，所谓虚功指的是力与位移没有直接的依赖关系。如图 6-4(a)所示的简支梁，作用在 1 点处有一力 P 的作用，假设由于其他原因(该原因与 P 无关)在 1 点处有一位移 Δ，如图 6-4(b)所示，则乘积 $P\Delta$ 就称为虚功。由此可知，虚功中的力和位移分别属于同一体系中两个不同的状态，这两种状态彼此独立。

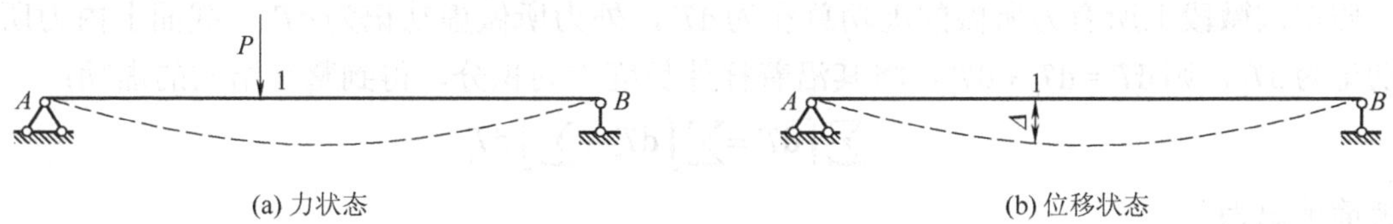

(a) 力状态　　(b) 位移状态

图 6-4　虚功中的力状态和位移状态

6.2.2 变形体系虚功原理的推导

变形体系的虚功原理可表述如下。

设变形体在力系作用下处于平衡状态，该变形体由于其他原因产生符合约束条件的微小连续变形，则外力在位移上所做外虚功恒等于各个微段上的内力在微段变形上所做的内虚功。简言之，外力虚功等于变形虚功。

下面以单个杆件变形体为例，论证上述原理的正确性。如图 6-5(a)所示，一平面杆件结构在力系作用下处于平衡状态，图 6-5(b)表示由于其他原因产生了虚位移，可以分别称这两种状态为力状态和位移状态。此处的虚位移是由其他原因引起的，如支座移动、温度变化或者另外一组力系。但位移必须是微小的，并且满足支承约束条件和变形连续条件，即变形协调。

现从图 6-5(a)中取出一个微段来研究。作用于该微段上的力除了外力还有两端截面上的内力，即轴力、剪力和弯矩。注意，这些力对于整个结构来讲属于内力，对于所取微段来讲则属于外力，按照习惯，这里仍然称之为内力。在图 6-5(b)中该微段由 $ABCD$ 移动到了 $A'B'C'D'$，于是上述微段上各力将在相应位移上做虚功，把所有微段的虚功加起来则得到整个结构的虚功。接下来用两种不同的方法计算虚功。

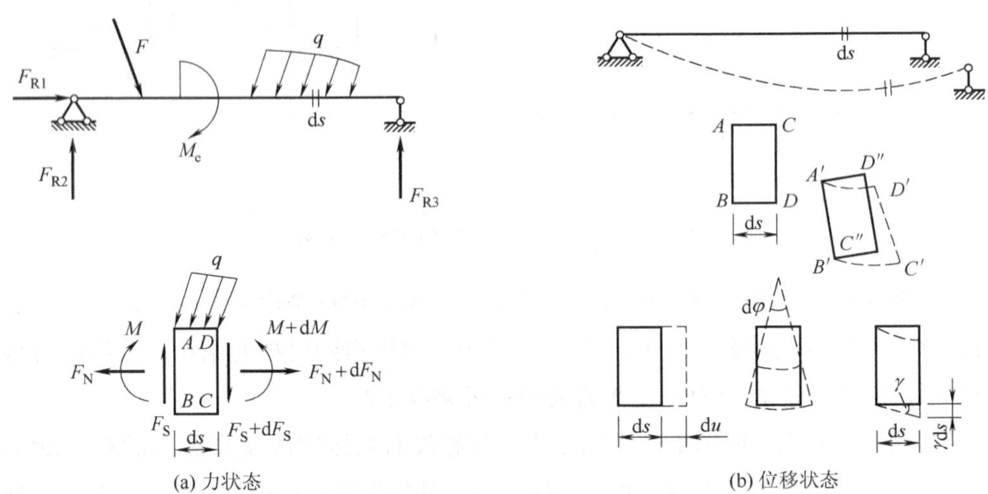

图 6-5 平面杆件的力状态和位移状态

(1) 按外力虚功和内力虚功来计算

假定该微段上所有力所做的虚功总和为 $\mathrm{d}T$，外力所做虚功记为 $\mathrm{d}T_e$，截面上内力所做虚功记为 $\mathrm{d}T_i$，则 $\mathrm{d}T=\mathrm{d}T_e+\mathrm{d}T_i$，将其沿着杆件长度方向积分，得到整个结构的虚功：

$$\sum\int \mathrm{d}T=\sum\int \mathrm{d}T_e+\sum\int \mathrm{d}T_i$$

或者简单记为

$$T=T_e+T_i$$

此处，T_e 即所有外力(含外荷载及支座反力)在其虚位移上所做虚功总和，即变形体虚功

定义中的外力虚功。T_i 则是所有微段上内力所做虚功总和。因为相邻两微段其相邻截面上的内力互为作用力和反作用力，它们大小相等、方向相反；又因为虚位移是协调的，满足变形连续的条件，即相邻截面总是密切贴合在一起而具有相同的位移，故每一对相邻截面上的内力所做的功总是大小相等、符号相反、相互抵消的，即 $T_i=0$，所以整体结构的虚功即等于外力虚功。

$$T = T_e \tag{a}$$

（2）按刚体虚功和变形虚功计算

现在把虚位移分解为两步，第一步只发生刚体位移，微段 $ABCD$ 移动到 $A'B'C''D''$，然后再发生变形位移，截面 $A'B'$ 不动，$C''D''$ 再移动到 $C'D'$，假定该微段上所有力在刚体位移上所做虚功记为 $\mathrm{d}T_s$，在变形位移上所做虚功记为 $\mathrm{d}T_v$，则 $\mathrm{d}T=\mathrm{d}T_s+\mathrm{d}T_v$，将其沿着杆件长度方向积分，得到整个结构的虚功：

$$\sum\int \mathrm{d}T = \sum\int \mathrm{d}T_s + \sum\int \mathrm{d}T_v$$

或者简单记为

$$T = T_s + T_v$$

由于微段处于平衡状态，则刚体虚功为零，即 $T_s=0$，所以整个结构的虚功即等于变形虚功：

$$T = T_v \tag{b}$$

微段的变形可以分为轴向变形 $\mathrm{d}u$、剪切变形 $\gamma\mathrm{d}s$ 和弯曲变形 $\mathrm{d}\varphi$，由于外力 q 在这些变形上所做虚功为高级微量，在此可以忽略；另外，对于外力集中荷载和力偶荷载，可以认为它们作用在截面 AB 上，当微段变形时它们并没有做功，则截面微段的变形虚功可以写为

$$T_v = \sum\int F_N\mathrm{d}u + \sum\int F_S\gamma\mathrm{d}s + \sum\int M\mathrm{d}\varphi \tag{c}$$

此处 T_v 即变形体虚功定义中的变形虚功。

结合 (a)、(b)、(c)三个式子可得到虚功方程表达式：

$$T = T_e = T_v = \sum\int F_N\mathrm{d}u + \sum\int F_S\gamma\mathrm{d}s + \sum\int M\mathrm{d}\varphi \tag{6-1}$$

这里的 $\mathrm{d}u$、$\gamma\mathrm{d}s$、$\mathrm{d}\varphi$ 为实际状态中微段的变形，若分别用 ε、κ 来表示轴向的线应变和截面曲率，则应满足变形协调条件：$\mathrm{d}u=\varepsilon\mathrm{d}s$，$\mathrm{d}\varphi=\kappa\mathrm{d}s$。另外，力学中通常也用 N 表示轴力，用 Q 表示剪力，则虚功方程也可记为

$$T = \sum\int N\varepsilon\mathrm{d}s + \sum\int Q\gamma\mathrm{d}s + \sum\int M\kappa\mathrm{d}s \tag{6-2}$$

上述虚功方程推导过程中没有涉及材料的物理性质问题，因此该公式适用于各种弹性、非弹性、线性和非线性的变形体系。

上述虚功方程对刚体体系也同样适用。刚体系统发生虚位移时刚体形状保持不变，即变形虚功为零，则虚功方程为

$$T = 0 \tag{6-3}$$

可见刚体虚功原理可以看作是变形体虚功原理的一个特殊形式，其虚功原理可以表述为：具有理想约束的质点系保持平衡的充分必要条件，对于任何虚位移，作用于质点系的主动力所做的虚功为零。

虚功原理有两种应用形式，即虚位移原理和虚力原理。虚位移原理表述为：给定力的状态，要求用虚功原理求解力状态中的未知力，这时需要沿未知力方向虚设一个位移来求解，这种方法称为虚位移原理。在理论力学中已经详细讨论过这种方法的应用，第 10 章影响线的求解也需要应用虚位移原理。虚力原理表述为：给定一位移状态，要求用虚功方程求解位移状态中的未知位移，这时需要沿未知位移方向虚设一个力来求解，这种方法称为虚力原理。虚力原理求解时，虚设力的大小不影响最后的结果，所以我们通常虚设一个单位力来求解，此方法又称为单位荷载法，本章位移的计算主要应用这种方法。

6.3 位移计算的一般公式(单位荷载法)

如图 6-6(a)所示，某刚架由于荷载作用、支座位移和温度变化等因素发生了变形，变形曲线如虚线所示，接下来用虚功原理求任一截面 M 处沿着任一指定方向 $K—K$ 上的位移 Δ_K。

运用虚功原理求解需要有两个状态：位移状态和力状态。图 6-6(a)所示的状态即位移状态，该位移是实际存在的，称为实位移状态。然后我们沿着 $K—K$ 方向假定一单位荷载，如图 6-6(b)所示，以此作为力状态，该力是虚设的，称为虚力状态。

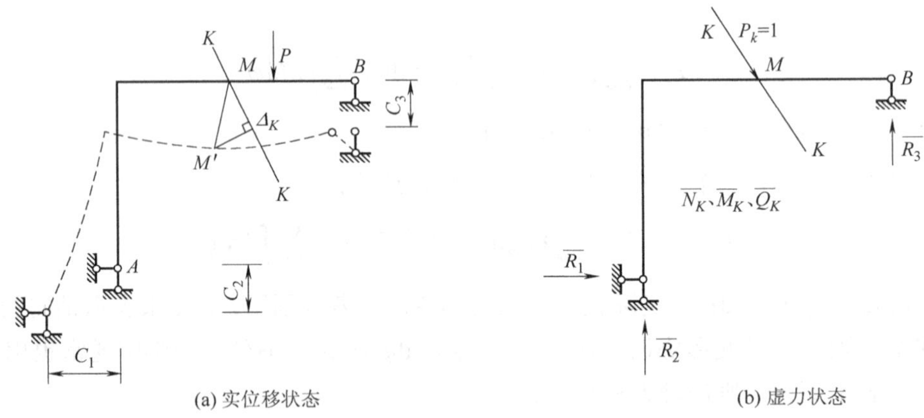

图 6-6 单位荷载计算位移的两种状态

现在根据两个状态建立虚功方程，首先计算虚力状态的外力在实际位移上所做的功，即外力虚功。单位荷载作用下引起的支座反力分别记为 $\overline{R}_1$、$\overline{R}_2$、$\overline{R}_3$，实际状态中相应的支座位移记为 C_1、C_2、C_3，则外力虚功为

$$T = 1\times\Delta_K + \overline{R}_1 C_1 + \overline{R}_2 C_2 + \overline{R}_3 C_3 = \Delta_K + \sum \overline{R}_i C_i$$

接着计算虚力状态的内力在实际位移上所做的功，即变形虚功。单位荷载作用下引起

的微段内力分别记为$\overline{N}_K$、$\overline{Q}_K$、$\overline{M}_K$，实际状态中微段的相应变形分别记为$\varepsilon \mathrm{d}s$、$\gamma \mathrm{d}s$、$\kappa \mathrm{d}s$，则变形虚功为

$$T=\sum\int \overline{N}_K\varepsilon \mathrm{d}s+\sum\int \overline{Q}_K\gamma \mathrm{d}s+\sum\int \overline{M}_K\kappa \mathrm{d}s$$

则虚功方程为

$$\varDelta_K+\sum \overline{R}_i C_i=\sum\int \overline{N}_K\varepsilon \mathrm{d}s+\sum\int \overline{Q}_K\gamma \mathrm{d}s+\sum\int \overline{M}_K\kappa \mathrm{d}s$$

即

$$\varDelta_K=\sum\int \overline{N}_K\varepsilon \mathrm{d}s+\sum\int \overline{Q}_K\gamma \mathrm{d}s+\sum\int \overline{M}_K\kappa \mathrm{d}s-\sum \overline{R}_i C_i \tag{6-4}$$

结构位移计算的一般步骤如下。

(1) 在某点沿着拟求位移$\varDelta$的方向虚设相应的单位荷载。

(2) 在单位荷载作用下，根据平衡条件，求出结构内力$\overline{N}_K$、$\overline{Q}_K$、$\overline{M}_K$和支座反力$\overline{R}_i$。

(3) 根据虚功方程(6-4)，虚力和实位移相乘得到位移$\varDelta$。

公式(6-4)右边有四个乘积，它们都是力与位移的乘积，当力与位移的方向一致时乘积为正，当力与位移方向相反时乘积为负。最后求得的$\varDelta$如果是正值，则表明位移$\varDelta$的实际方向与所虚设单位荷载方向一致。

公式(6-4)不仅可以计算任一点的线位移，还可以计算角位移、相对位移，简言之，它可以计算任一广义的位移。需要注意的是，力状态中所虚设的单位荷载必须与所求解的广义位移相对应。以下通过举例说明广义力和广义位移之间的关系。

如图6-7(a)所示，要求结构上某点沿某一方向的线位移时，应在该点沿所求位移方向施加单位力；如图6-7(b)所示，要求结构某截面的转角，应在该截面处加一单位力偶；如图6-7(c)、(d)所示，要求结构上两点间的相对线位移，应在两点处施加一对方向相反的单位力；如图6-7(e)所示，要求结构上两截面的相对转角，应在两截面处施加一对方向相反的单位力偶；如图6-7(f)所示，要求桁架某杆的角位移时，由于桁架只承受轴力，故应将单位力偶换为等效的结点集中荷载，即在该杆两端加一对方向与杆件垂直、大小等于杆件长度倒数而方向相反的集中力。

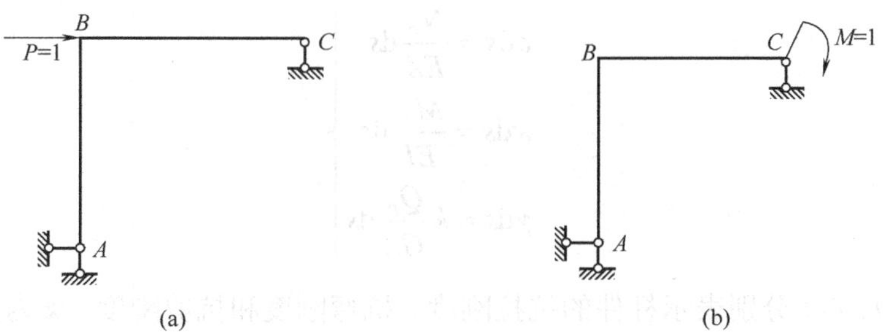

图6-7　广义力和广义位移

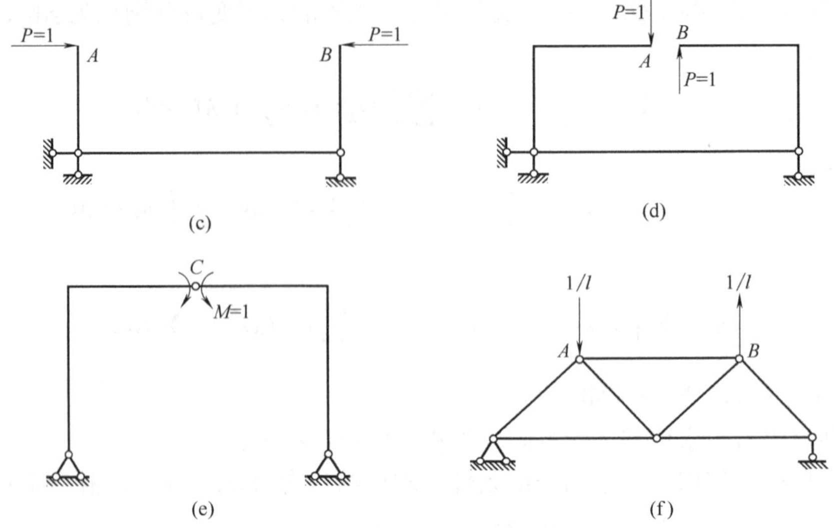

图 6-7　广义力和广义位移(续)

6.4　荷载作用下静定结构的位移计算

本节讨论只有荷载作用时位移的计算，且仅限于研究线弹性结构。线弹性结构下的微小位移，应力与应变符合虎克定律，所以计算位移时荷载的影响可以叠加，而且卸载后位移能够完全恢复。

结构只受荷载作用，所以公式(6-4)中的支座位移 $\sum \overline{R_i} C_i$ 一项为零，则位移计算公式为

$$\varDelta_K = \sum\int \overline{N}_K \varepsilon \mathrm{d}s + \sum\int \overline{Q}_K \gamma \mathrm{d}s + \sum\int \overline{M}_K \kappa \mathrm{d}s \tag{a}$$

公式中，$\overline{N}_K$、$\overline{Q}_K$、$\overline{M}_K$ 为虚拟状态下由单位荷载引起的微段的内力，$\varepsilon \mathrm{d}s$、$\gamma \mathrm{d}s$、$\kappa \mathrm{d}s$ 为实际状态下由荷载引起的微段的变形。假设实际状态下由荷载引起的内力分别为 N_P、Q_P、M_P，根据材料力学的公式微段变形可以分别表示为

$$\left.\begin{aligned} \varepsilon \mathrm{d}s &= \frac{N_P}{EA}\mathrm{d}s \\ \kappa \mathrm{d}s &= \frac{M_P}{EI}\mathrm{d}s \\ \gamma \mathrm{d}s &= k\frac{Q_P}{GA}\mathrm{d}s \end{aligned}\right\} \tag{b}$$

式中的 EA、EI、GA 分别表示杆件的抗拉刚度、抗弯刚度和抗剪刚度。k 为剪应力沿截面分布不均匀的修正系数，其取值与截面形状有关：对于矩形截面 k=1.2，圆形截面 k=10/9，薄壁圆环截面 k=2，工字形或箱形截面 $k=A/A_1$，其中 A_1 为腹板的面积。

将式(b)代入式(a)，并用 $\varDelta_{KP}$ 代替 $\varDelta_K$，得到如下表达式，其中第一个下标 K 表示发生位移的地点和方向，第二个下标 P 表示产生位移的原因，即荷载引起：

$$\Delta_{KP}=\sum\int\frac{\overline{N}_K N_P}{EA}\mathrm{d}s+\sum\int\frac{\overline{M}_K M_P}{EI}\mathrm{d}s+\sum\int k\frac{\overline{Q}_K Q_P}{GA}\mathrm{d}s \tag{6-5}$$

这就是平面杆件结构在荷载作用下的位移计算公式。对于不同的结构形式，右边三项的影响不一样，可以根据实际情况对公式(6-5)进行简化。

1. 梁和刚架

在梁和刚架结构中，位移主要是由弯矩产生的，轴力和剪力的影响均较小，实际计算时常常忽略，按照如下公式进行计算：

$$\Delta_{KP}=\sum\int\frac{\overline{M}_K M_P}{EI}\mathrm{d}s \tag{6-6}$$

2. 桁架结构

在桁架结构中，各杆件只受轴力作用，而且每根杆的截面面积 A 以及轴力 $\overline{N}_K$、N_P 沿杆件长度通常都是常数，因此位移公式可以简化为

$$\Delta_{KP}=\sum\int\frac{\overline{N}_K N_P}{EA}\mathrm{d}s=\sum\frac{\overline{N}_K N_P}{EA}\int\mathrm{d}s=\sum\frac{\overline{N}_K N_P l}{EA} \tag{6-7}$$

3. 组合结构

在桁梁组合结构中，一些杆件主要受弯矩作用，另一些杆件主要受轴力作用，故位移公式可以简化为

$$\Delta_{KP}=\sum\int\frac{\overline{M}_K M_P}{EI}\mathrm{d}s+\sum\frac{\overline{N}_K N_P l}{EA} \tag{6-8}$$

4. 拱

在拱结构中，如果压力线与拱的轴线接近，即两者的距离与杆件的截面高度为同量级时，应考虑弯曲变形和拉伸变形对位移的影响，位移公式为

$$\Delta_{KP}=\sum\int\frac{\overline{M}_K M_P}{EI}\mathrm{d}s+\sum\int\frac{\overline{N}_K N_P}{EA}\mathrm{d}s \tag{6-9}$$

当压力线与拱轴线不相近时，则只需考虑弯曲变形的影响，按公式(6-6)计算位移。

例 6-1　试求图 6-8(a)所示悬臂梁在 A 点的竖向位移，并比较弯曲变形和剪切变形对位移的影响。该梁为矩形截面，截面高度为 h。

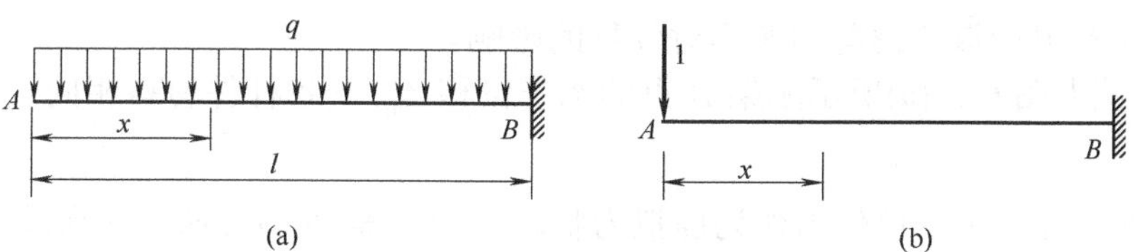

图 6-8　悬臂梁实位移状态和虚力状态

解：在 A 点加一竖向单位力作为虚拟力状态，如图 6-8(b)所示，取 A 点为坐标原点，根据图 6-9 所示弯矩和剪力图，得到任意截面 x 的内力如下。

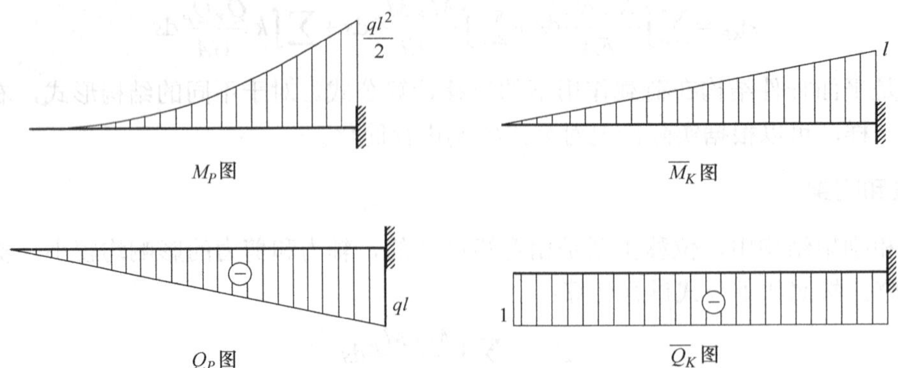

图 6-9　实际荷载和虚拟荷载作用下的内力图

(1) 实际荷载引起的内力方程为

$$M_P=-\frac{1}{2}qx^2\text{，}\quad N_P=0\text{，}\quad Q_P=-qx$$

(2) 虚拟荷载引起的内力方程为

$$\overline{M}_K=-x\text{，}\quad \overline{N}_K=0\text{，}\quad \overline{Q}_K=-1$$

(3) 将上述内力方程代入公式(6-5)，得

$$\begin{aligned}\varDelta_A&=\int_0^l\frac{\overline{M}_K M_P}{EI}\mathrm{d}s+\int_0^l\frac{\overline{N}_K N_P}{EA}\mathrm{d}s+\int_0^l k\frac{\overline{Q}_K Q_P}{GA}\mathrm{d}s\\&=\frac{1}{EI}\int_0^l(-x)\left(-\frac{1}{2}qx^2\right)\mathrm{d}x+\frac{k}{GA}\int_0^l(-1)(-qx)\mathrm{d}x\end{aligned}$$

现在比较剪切变形与弯曲变形对位移的影响，二者比值为

$$\frac{\varDelta_Q}{\varDelta_M}=\frac{kql^2}{2GA}\div\frac{ql^4}{8EI}=\frac{1.2ql^2}{2GA}\times\frac{8EI}{ql^4}=4.8\frac{EI}{GAl^2}$$

设梁的泊松比μ=1/3，则$E/G=2(1+\mu)=8/3$，对于矩形截面，$I/A=h^2/12$，代入上式，即得

$$\frac{\varDelta_Q}{\varDelta_M}=1.07\left(\frac{h}{l}\right)^2$$

当梁的高跨比$h/l=1/10$时，$\varDelta_Q/\varDelta_M=1.07\%$，剪力影响约为弯矩影响的 1%，故对于一般梁可以忽略剪切变形对位移的影响。但是当梁的高跨比h/l增大到 1/2 时，$\varDelta_Q/\varDelta_M$增大到 1/4，因此对于深梁应该考虑剪切变形对位移的影响。

例 6-2　试求图 6-10(a)所示刚架 B 点的水平位移$\varDelta_{BH}$。各杆件材料相同，截面惯性矩 I 为常数。

解：在 B 点加一水平单位力作为虚拟力状态，如图 6-10(b)所示，分别设各杆件的 x 坐标如图所示，则各杆件的内力(内侧受拉为正)如下。

(1) 实际荷载引起的内力方程为

$$AB\text{ 段：}\quad M_P=qlx-\frac{1}{2}qx^2$$

$$CB\text{段：}\quad M_P=\frac{1}{2}qlx$$

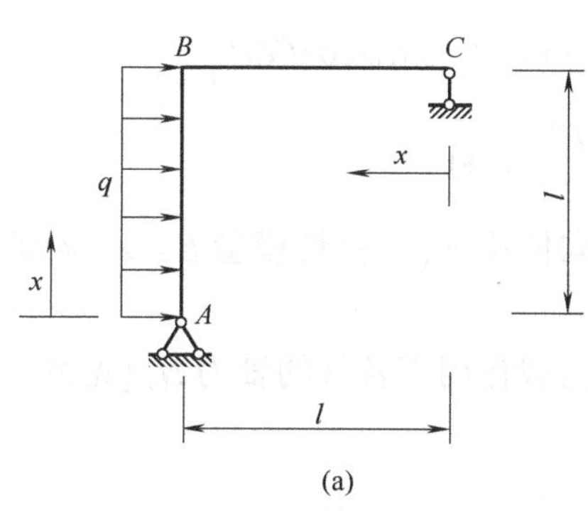

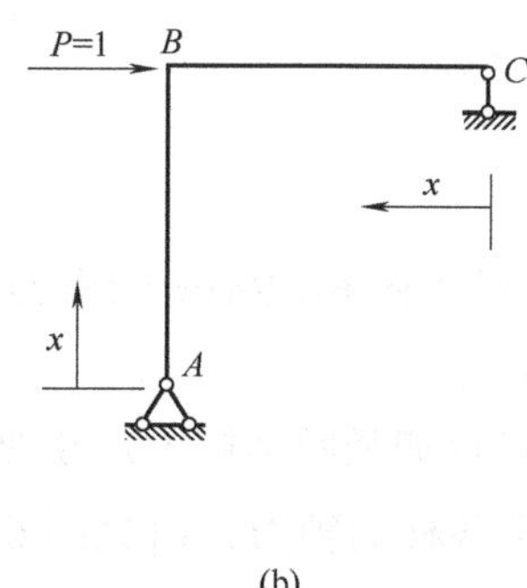

图 6-10　刚架实位移状态和虚力状态

(2) 虚拟荷载引起的内力方程为

$$AB\text{段：}\quad \overline{M}_K=x$$

$$CB\text{段：}\quad \overline{M}_K=x$$

(3) 将上述内力方程代入公式(6-6)，得

$$\varDelta_{BH}=\sum\int\frac{\overline{M}_K M_P}{EI}\mathrm{d}s=\frac{1}{EI}\int_0^l x\left(qlx-\frac{1}{2}qx^2\right)\mathrm{d}x+\frac{1}{EI}\int_0^l x\cdot\frac{1}{2}qlx\mathrm{d}x=\frac{3ql^4}{8EI}(\rightarrow)$$

例 6-3　试求图 6-11(a)所示等截面圆弧曲梁 B 点的水平位移 $\varDelta_{BH}$，已知 EI 为常数。

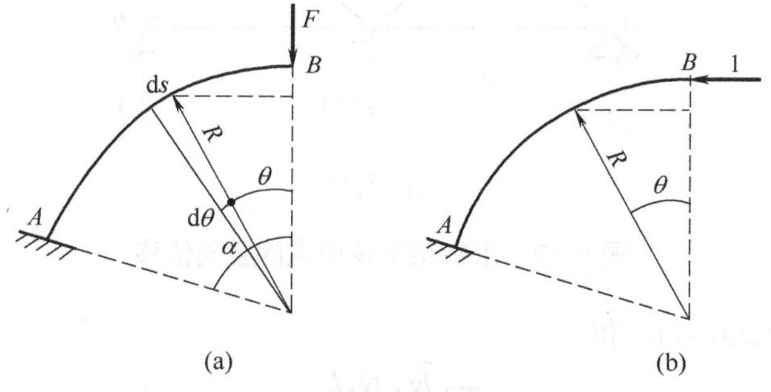

图 6-11　曲梁实位移状态和虚力状态

解：此曲梁为小曲率杆，可近似采用直杆的位移计算公式。以圆心为坐标原点，在实际荷载作用下内力方程为

$$M_P=-FR\sin\theta$$

在虚拟荷载作用下内力方程为

$$\overline{M}_K=R(1-\cos\theta)$$

代入公式(6-6)，得

$$\varDelta_{BH}=\sum\int\frac{\overline{M}_K M_P}{EI}\mathrm{d}s$$

$$=\frac{1}{EI}\int_0^{\alpha} R(1-\cos\theta)(-FR\sin\theta)R\mathrm{d}\theta$$

$$=-\frac{FR^3}{EI}\left[\int_0^{\alpha}\sin\theta\mathrm{d}\theta-\int_0^{\alpha}\sin\theta\cos\theta\mathrm{d}\theta\right]$$

$$=-\frac{(1-\cos\alpha)^2 FR^3}{2EI}(\rightarrow)$$

例 6-4 试求图 6-12(a)所示桁架 C 点的竖向位移 Δ_{CV}。弹性模量 $E=2.1\times10^8\text{kPa}$，截面面积 $A=12\text{cm}^2$。

解： 在 C 点加竖向单位力，分别求解实际荷载作用下各杆的轴力 N_P [见图 6-12(b)]和虚拟荷载作用下各杆的轴力 $\overline{N}_K$ [见图 6-12(c)]。

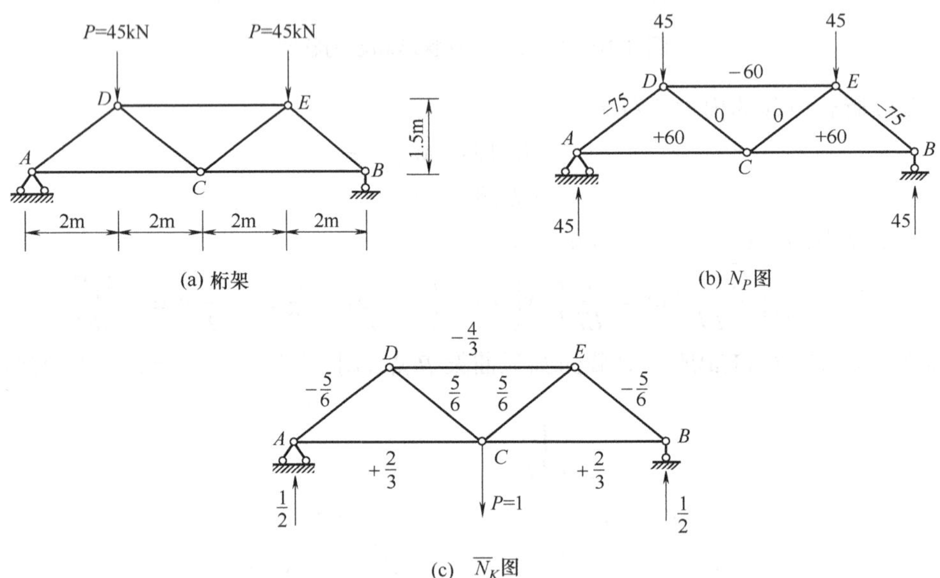

(a) 桁架

(b) N_P图

(c) $\overline{N}_K$图

图 6-12 求桁架下弦中点的竖向位移

根据桁架位移公式(6-7)，得

$$\Delta_{CV}=\sum\frac{\overline{N}_K N_P l}{EA}=0.376\text{cm}(\downarrow)$$

6.5 图 乘 法

由上节可知，计算梁和刚架的位移时，需要做如下积分运算：

$$\int\frac{\overline{M}_K M_P}{EI}\mathrm{d}s$$

积分运算是比较麻烦的，尤其是当荷载较复杂时，运算量非常大，但是在一定条件下，这种积分运算可以得到简化。当满足如下条件时，上述积分运算可以用图乘法来代替：

① 杆件轴线为直线。

② 沿杆长度方向 EI 为常数。

③ $\overline{M}_K$ 和 M_P 图中至少有一个为直线图形。下面详细讲解图乘法的概念。

如图 6-13 所示，等截面直杆 AB 段上的两个弯矩图中，$\overline{M}_K$ 图为一条直线，M_P 图为任意形状，设抗弯刚度 EI 为常数，我们以杆轴为 x 轴，以 $\overline{M}_K$ 图的延长线与 x 轴的交点为坐标原点，并沿垂直方向设置 y 轴，建立坐标系。$\overline{M}_K$ 图的倾角记为 α，则 $\overline{M}_K = x\tan\alpha$，于是

$$\int \frac{\overline{M}_K M_P}{EI} ds = \frac{1}{EI}\int x\tan\alpha \cdot M_P dx = \frac{\tan\alpha}{EI}\int x \cdot M_P dx$$

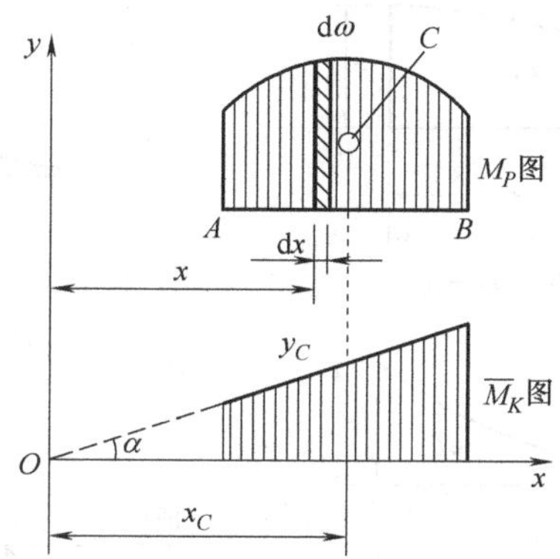

图 6-13　图乘法公式推导图

上式中，$M_P dx$ 可以看作是 M_P 图的微分面积 $d\omega$，$xM_P dx$ 为微分面积对 y 轴的静矩，则 $\int xM_P dx$ 即为整个 M_P 图的面积对 y 轴的静矩，根据材料力学的知识，它应该等于 M_P 图的面积 ω 乘以其形心 C 到 y 轴的距离 x_C，即

$$\int xM_P dx = \omega \cdot x_C$$

代入上式，得

$$\int \frac{\overline{M}_K M_P}{EI} ds = \frac{\tan\alpha}{EI}\int x \cdot M_P dx = \frac{\omega \cdot x_C \cdot \tan\alpha}{EI} = \frac{\omega \cdot y_C}{EI}$$

式中 y_C 是 M_P 图的形心 C 处所对应的 $\overline{M}_K$ 图的竖标。可见，上述积分等于一个弯矩图的面积 ω 乘以其形心所对应的另一条直线弯矩图的竖标 y_C，再除以 EI，这就是图乘法。

如果结构中各个杆段均可图乘，则位移计算公式可写为

$$\Delta_{KP} = \sum\int \frac{\overline{M}_K M_P}{EI} ds = \sum \frac{\omega y_C}{EI} \tag{6-10}$$

应用图乘法时应注意以下两点。

(1) 杆件为等截面直杆，两个弯矩图中至少有一个为直线图形，竖标 y_C 必须取自直线图形。如果两个图形都是直线图形，则竖标 y_C 可取自任一图形。

(2) 两个弯矩图若在杆件的同侧则乘积取正号，异侧则取负号。

下面将几种常见图形的面积和形心位置列于图 6-14 中。

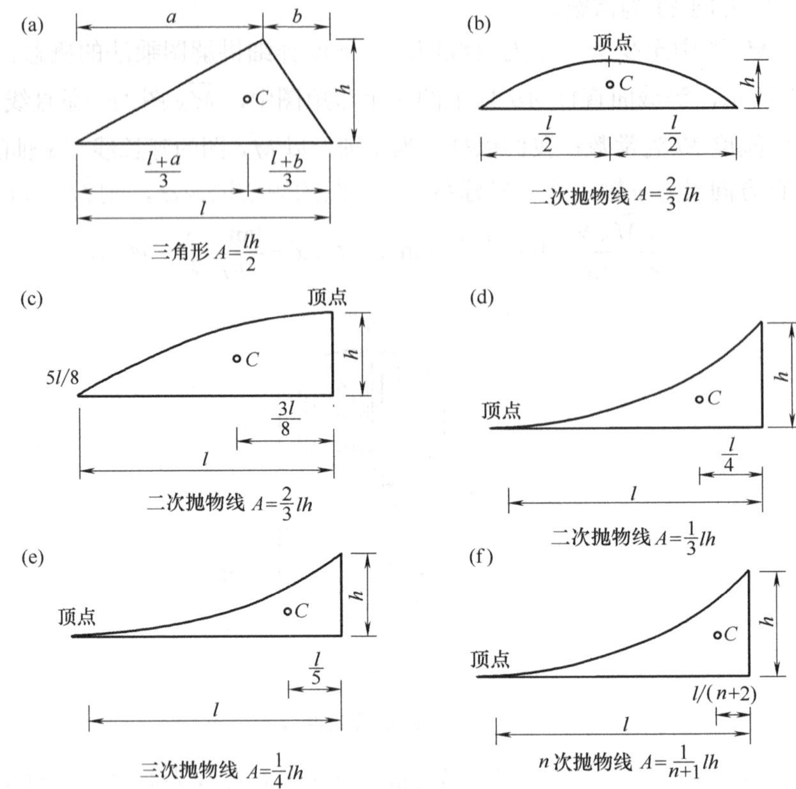

图 6-14 图形的面积及形心

用图乘法计算时，还应注意以下几个具体问题。

(1) 如果一个图形是曲线，另一个图形是由几段直线组成的折线，或者各个杆段的 EI 不相等时，都应该分段考虑。对于图 6-15 所示的情形，则有

$$\Delta=\frac{1}{EI}(\omega_1 y_1+\omega_2 y_2+\omega_3 y_3)$$

对于图 6-16 所示的情形，则有

$$\Delta=\frac{\omega_1 y_1}{EI_1}+\frac{\omega_2 y_2}{EI_2}+\frac{\omega_3 y_3}{EI_3}$$

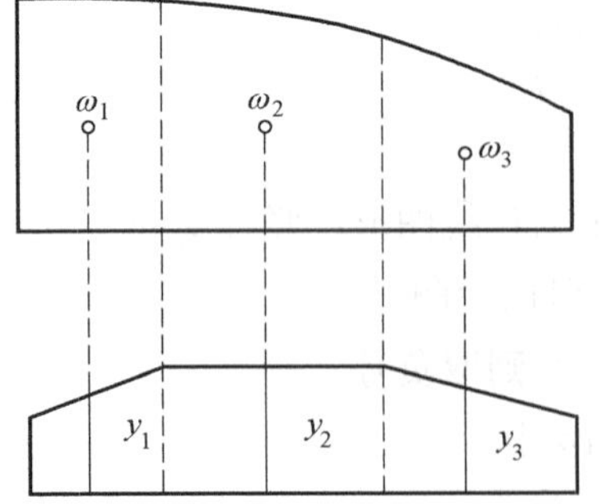

图 6-15 曲线图形与折线图形的图乘

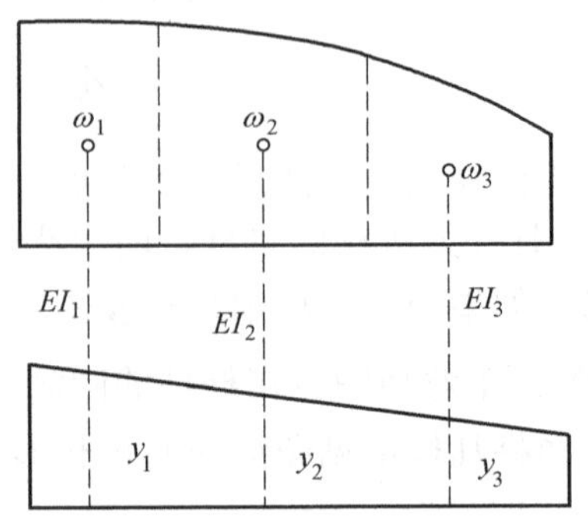

图 6-16 变截面杆件两弯矩图的图乘

(2) 如果图形比较复杂，图形的面积或形心不易确定时，我们可以将它分解为几个简单的图形，然后分别与另一图形相图乘。

如图 6-17 所示两个梯形相乘时，可以不必定出梯形面积的形心，而把其中一个图形分解为两个三角形(或者一个矩形一个三角形)，则有

$$\frac{1}{EI}\int M_P \overline{M}_K \mathrm{d}x = \frac{1}{EI}(\omega_1 \cdot y_1 + \omega_2 \cdot y_2)$$

上式中，面积和竖标可按如下公式计算：

$$\omega_1 = \frac{al}{2}，\quad \omega_2 = \frac{bl}{2}，\quad y_1 = \frac{2}{3}c + \frac{1}{3}d，\quad y_2 = \frac{2}{3}d + \frac{1}{3}c$$

当 a、b 或者 c、d 不在基线的同一侧时，处理方法同上，如图 6-18 所示。

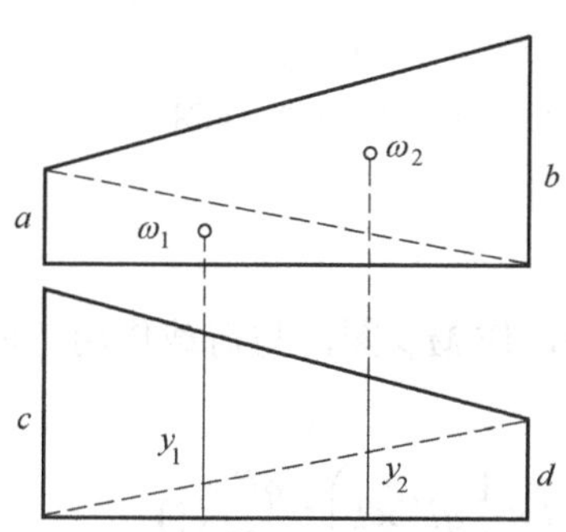

图 6-17　曲线图形与折线图形的图乘

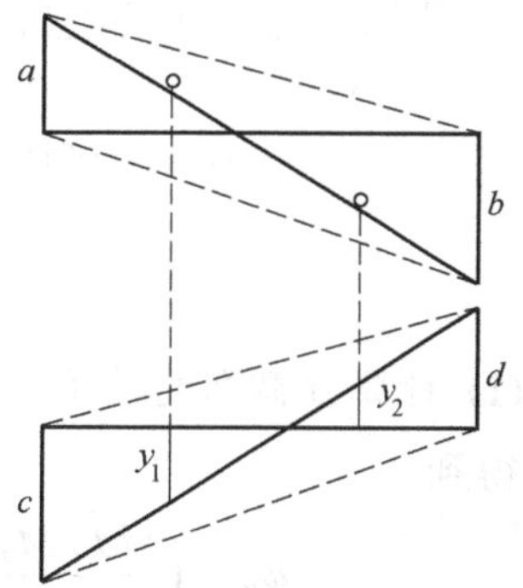

图 6-18　曲线图形与折线图形的图乘

(3) 抛物线非标准图形的分解原理。

图 6-19(a)表示结构中的一段直杆 AB 在均布荷载 q 作用下的 M_P 图，在一般情况下，这是一个非标准图形。可以看出，M_P 图是由两端弯矩 M_A、M_B 组成的直线图和简支梁在均布荷载作用下的弯矩图叠加而成的，如图 6-19(b)所示。因此，可以将 M_P 图分解为直线的 M' 图和标准抛物线的 M^0 图，然后再应用图乘法。

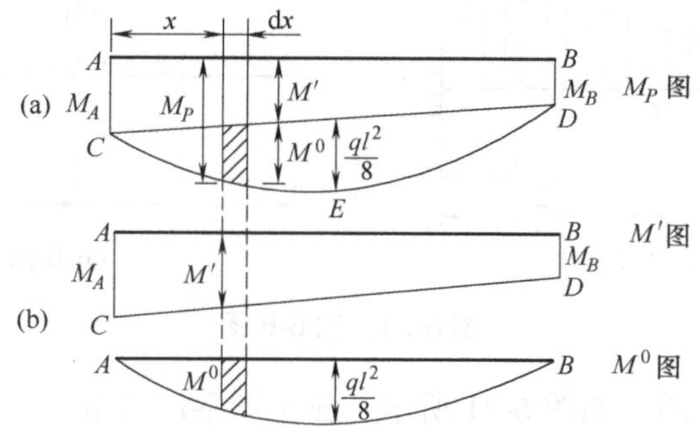

图 6-19　抛物线非标准图形的分解

需要注意，弯矩图的叠加是指竖标的叠加，，图 6-19(a)中的 M^0 图与图 6-19(b)中的 M^0 图形状不一样，但是在同一横坐标 x 处，二者的纵坐标是相同的，微段 $\mathrm{d}x$ 的微小面积(图中

阴影)是相同的，因此两图的面积和形心位置也相同。

例 6-5 试用图乘法计算如图 6-20(a)所示的悬臂梁在均布荷载作用下自由端截面 B 的转角 φ_B 和竖向位移 Δ_{By}，设 EI 为常数。

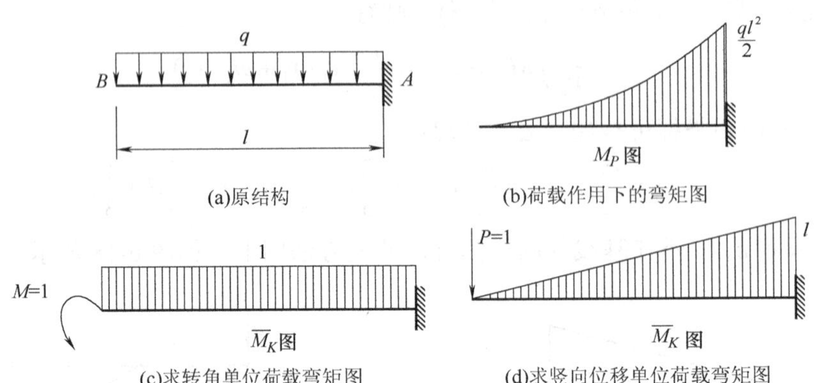

图 6-20 例 6-5 图

解：(1) 计算 B 截面的转角。在 B 端加一单位力偶，作 $\overline{M}_K$ 图，与荷载作用下的 M_P 图相图乘，得到

$$\varphi_B=\int_0^l\frac{\overline{M}_K M_P}{EI}\mathrm{d}x=\frac{1}{EI}\omega y_c=\frac{1}{EI}\left(\frac{1}{3}\times l\times\frac{1}{2}ql^2\times 1\right)=\frac{ql^3}{6EI}(\uparrow)$$

(2) 计算 B 点的竖向位移。在 B 点加一竖向单位力，作 $\overline{M}_K$ 图，与荷载作用下的 M_P 图相图乘，得到

$$\Delta_{By}=\frac{1}{EI}\left(\frac{1}{3}\times l\times\frac{1}{2}ql^2\times\frac{3}{4}l\right)=\frac{ql^4}{8EI}(\downarrow)$$

例 6-6 图 6-21(a)所示为一悬臂梁，A 点作用集中力为 F_P，试求中点 C 的挠度 Δ_C。

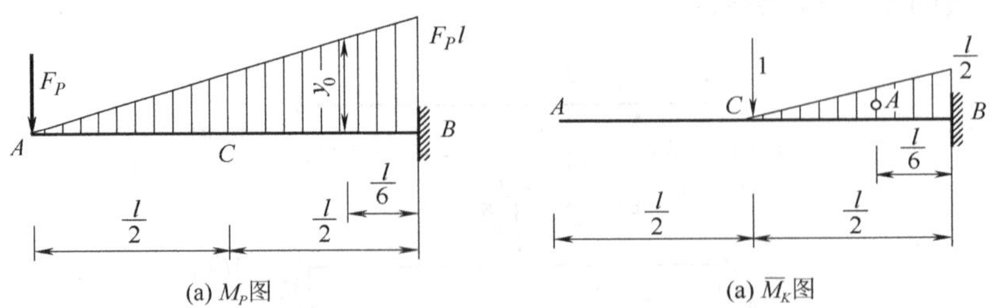

图 6-21 例 6-6 图

解：作 M_P 图与 $\overline{M}_K$ 图，如图 6-21 所示，应用图乘法求解。

$\overline{M}_K$ 图中三角形的面积为

$$A=\frac{1}{2}\times\frac{l}{2}\times\frac{l}{2}=\frac{l^2}{8}$$

M_P 图中对应的标距为

$$y_0 = \frac{5}{6}F_P l$$

则 C 点挠度为

$$\Delta_C = \frac{1}{EI}\left(\frac{l^2}{8} \times \frac{5}{6}F_P l\right) = \frac{5F_P l^3}{48EI}(\downarrow)$$

应用图乘法时，如果两个图形均为直线图形，则竖标可以取自任一图形，例 6-6 中竖标取自 M_P 图。下面按照另外一种思路求解。

M_P 图面积为 $A=\frac{1}{2}F_P l^2$，$\overline{M}_K$ 图竖标为 $y_0 = \frac{1}{6}l$，得到错误结果为 $\Delta_C = \frac{F_P l^3}{12EI}(\downarrow)$

请读者分析，错误在哪里？

例 6-7　试求图 6-22(a)所示刚架结点 B 点的水平位移 Δ_{BH}，刚架的 EI 为常数。

解： 作 M_P 图和 $\overline{M}_K$ 图，如图 6-22(b)、(c)所示。

M_P 图的面积可以分为 A_1、A_2、A_3 三块计算：

$$A_1 = \frac{1}{2} \times \frac{ql^2}{2} \times l = \frac{ql^3}{4},\quad A_2 = \frac{ql^3}{4},\quad A_3 = \frac{2}{3} \times \frac{ql^2}{8} \times l = \frac{ql^3}{12}$$

$\overline{M}_K$ 图上相应的标距为

$$y_1 = \frac{2}{3}l,\quad y_2 = \frac{2}{3}l,\quad y_3 = \frac{1}{2}l$$

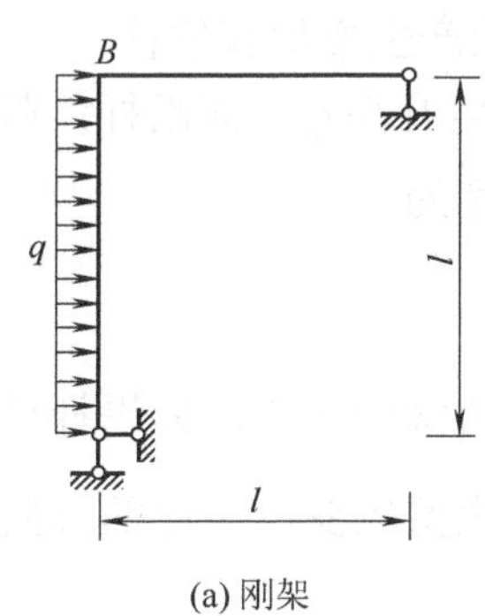

(a) 刚架

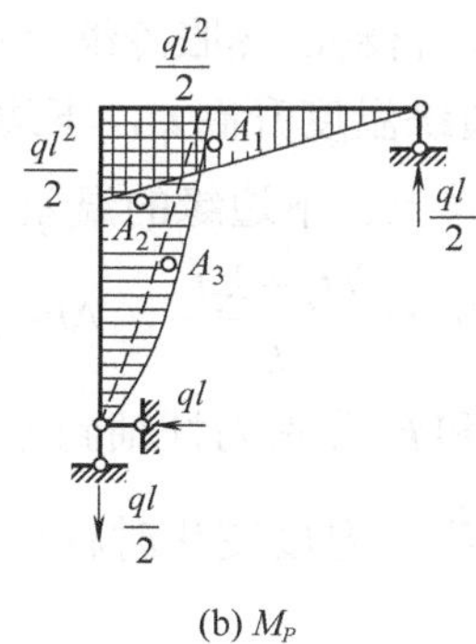

(b) M_P

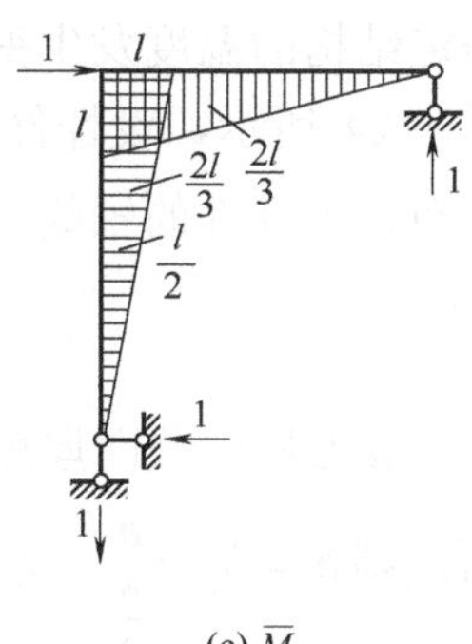

(c) $\overline{M}_K$

图 6-22　例 6-7 图

则 B 点的水平位移为

$$\Delta_{BH} = \frac{1}{EI}\left(\frac{ql^3}{4} \cdot \frac{2}{3}l + \frac{ql^3}{4} \cdot \frac{2}{3}l + \frac{ql^3}{12} \cdot \frac{l}{2}\right) = \frac{3ql^4}{8EI}(\rightarrow)$$

例 6-8 如图 6-23(a)所示为一渡槽截面，EI 为常数，设槽内注满水，试求 A、B 两点间的水平位移 Δ_{AB}。

解： 水压荷载取 1m 宽计算，槽底水压集度 $q = \gamma \cdot h \cdot 1 = 10h\text{kN/m}$，荷载分布见图 6-23(a)；绘出水压荷载作用下的 M_P 图，见图 6-23(b)；在 A、B 两点加一对单位力并绘出弯矩图 $\overline{M}_K$ 图，如图 6-23(c)所示。

$$\Delta_{AB}=\sum\frac{\omega y_C}{EI}=\frac{1}{EI}\left(2\times\frac{1}{4}h\times\frac{qh^2}{6}\times\frac{4}{5}h+\frac{qh^2}{6}\times h\times l-\frac{2}{3}\times\frac{ql^2}{8}\times l\times h\right)$$

$$=\frac{10h^2}{EI}\left(\frac{h^3}{15}+\frac{lh^2}{6}-\frac{l^3}{12}\right)(\leftarrow\rightarrow)$$

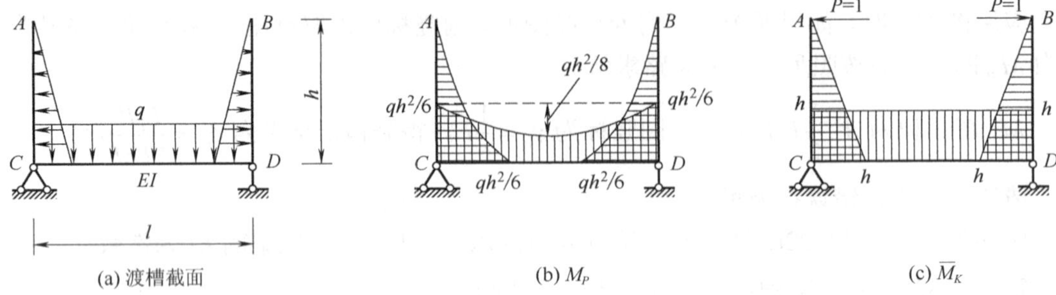

(a) 渡槽截面　　(b) M_P　　(c) $\overline{M}_K$

图 6-23　例 6-8 图

6.6　温度变化时静定结构的位移计算

对于静定结构，除了荷载以外，其他任何外因如温度变化、支座位移等均不引起内力。但是当静定结构的温度发生变化时，材料的热胀冷缩会使结构产生变形和位移。

如图 6-24 所示，设杆件的上边缘温度升高 t_1，下边缘温度升高 t_2，而沿杆件截面厚度为线性分布，则杆件的轴线温度 t_0 与上、下边缘的温差 Δt 分别为

$$t_0=\frac{h_1t_2+h_2t_1}{h},\quad \Delta t=t_2-t_1$$

式中，h 为杆件截面厚度，h_1 和 h_2 分别为杆轴到上、下边缘的距离。如果杆件截面是对称截面，则 $h_1=h_2=\dfrac{h}{2}$，$t_0=\dfrac{t_2+t_1}{2}$，温度变化时杆件不产生剪应变，引起的轴向伸长应变 ε 和截面曲率 κ 分别为

$$\varepsilon=\alpha t_0,\quad \kappa=\frac{\mathrm{d}\theta}{\mathrm{d}s}=\frac{\alpha(t_2-t_1)\mathrm{d}s}{h\mathrm{d}s}=\frac{\alpha\Delta t}{h}$$

式中，α 为材料的温度线膨胀系数，将上式代入公式(6-4)(不考虑支座位移)，得

$$\Delta_{Kt}=\sum\alpha t_0\int\overline{N}_K\mathrm{d}s+\sum\frac{\alpha\Delta t}{h}\int\overline{M}_K\mathrm{d}s=\sum\alpha t_0\omega_{\overline{N}_K}+\sum\frac{\alpha\Delta t}{h}\omega_{\overline{M}_K}\tag{6-11}$$

式中，$\omega_{\overline{N}_K}=\int\overline{N}_K\mathrm{d}s$，$\omega_{\overline{M}_K}=\int\overline{M}_K\mathrm{d}s$，分别表示杆件轴力图 $\overline{N}_K$ 和弯矩图 $\overline{M}_K$ 的面积。

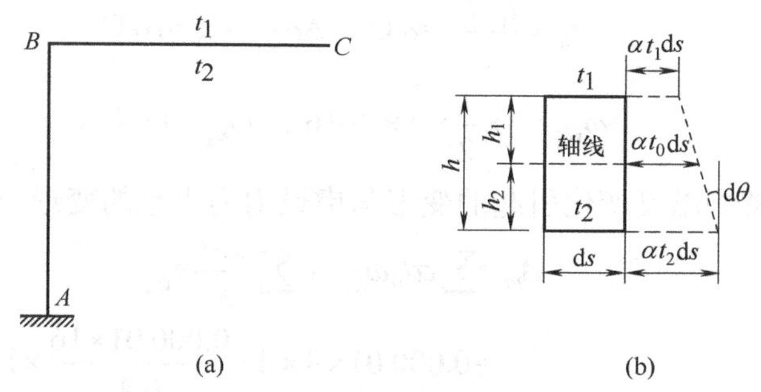

图 6-24　刚架的温度分布图

应用公式(6-11)时，应注意右边各项正负号的规定。由于它们都是内力所做的变形虚功，故当实际温度变形与虚拟内力方向一致时其乘积为正，相反时为负。因此，对于温度变化，若规定 t_0 以升温为正，降温为负，则轴力 $\overline{N}_K$ 以拉力为正，压力为负；弯矩 $\overline{M}_K$ 应该以 t_2 边受拉者为正，反之为负。

对于梁和刚架，在计算温度变化所引起的位移时，一般不能略去轴向变形的影响，按照公式(6-11)计算。

对于桁架结构，在温度变化时，其位移计算公式为

$$\Delta_{Kt} = \sum \overline{N}_K \alpha t_0 l \tag{6-12}$$

当桁架的杆件长度因制造误差而与设计长度不符时，由此引起的位移计算与温度变化相类似。设各杆长度的误差为 Δl，则位移计算公式为

$$\Delta_{Kt} = \sum \overline{N}_K \Delta l \tag{6-13}$$

例 6-9　如图 6-25(a)所示的刚架，内侧温度上升 16℃，外侧温度不变，截面高度 $h = 0.4\text{m}$，温度线膨胀系数 α=0.000 01，试求 B 点的水平位移。

解：在 B 点加一单位水平力，绘出 $\overline{M}_K$ 图和 $\overline{N}_K$ 图，如图 6-25(b)、(c)所示。

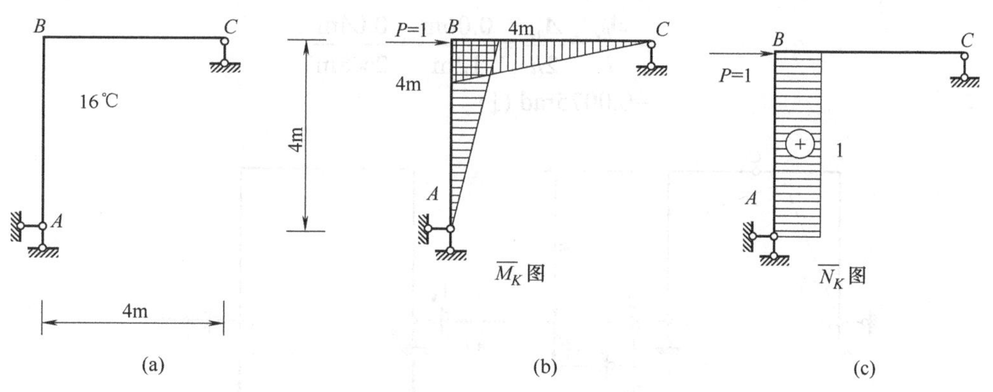

图 6-25　例 6-9 图

内侧温度变化 t_2 =16℃，外侧温度不变 t_1 =0℃，又因为 $h_1 = h_2 = \dfrac{h}{2}$，则有

$$t_0=\frac{t_1+t_2}{2}=8℃，\quad \Delta t=t_2-t_1=16℃$$

$$\omega_{\overline{M}_K}=2\times\frac{1}{2}\times4\times4=16，\quad \omega_{\overline{N}_K}=1\times4=4$$

代入公式(6-11)，注意到温度变化引起的变形与虚设内力引起的变形一致，得到

$$\begin{aligned}\Delta_{Bt}&=\sum\alpha t_0\omega_{\overline{N}_K}+\sum\frac{\alpha\Delta t}{h}\omega_{\overline{M}_K}\\&=0.000\,01\times8\times4+\frac{0.000\,01\times16}{0.4}\times16=6.72\times10^{-3}\text{m}(\rightarrow)\end{aligned}$$

6.7 支座移动时静定结构的位移计算

静定结构发生支座位移时，结构内不产生任何内力和变形，所以结构的位移属于纯刚体位移，通常不难由几何关系求得。这里我们仍用虚功原理来计算这种位移，在公式(6-4)中，$\varepsilon \text{d}s=0$，$\gamma \text{d}s=0$，$\kappa \text{d}s=0$，于是得到

$$\Delta_K=-\sum\overline{R}_iC_1 \tag{6-14}$$

这就是静定结构在支座移动时的位移计算公式。式中，C_i为支座的实际位移，$\overline{R}_i$为虚拟状态下由单位荷载引起的支座反力，当$\overline{R}_i$与C_i方向一致时乘积为正，反之为负。

例 6-10 图 6-26(a)所示三铰刚架，右边支座的水平位移为Δ_{Bx}=0.04m (向右)，竖向位移为$\Delta_{By}=0.06$m (向下)，已知$l=12$m，$h=8$m，试求由此引起的A端转角φ_A。

解： 在A端施加单位力偶，如图 6-26(b)所示，考虑刚架的整体平衡，由$\sum M_A=0$可得$\overline{F}_{BV}=\frac{1}{l}(\uparrow)$；再考虑右半刚架的平衡，由$\sum M_C=0$可得$\overline{F}_{BH}=\frac{1}{2h}(\leftarrow)$，代入公式(6-14)，则有

$$\begin{aligned}\varphi_A&=-\sum\overline{R}_iC_i=-\left(-\frac{1}{l}\Delta_{By}-\frac{1}{2h}\Delta_{Bx}\right)\\&=\frac{\Delta_{By}}{l}+\frac{\Delta_{Bx}}{2h}=\frac{0.06\text{m}}{12\text{m}}+\frac{0.04\text{m}}{2\times8\text{m}}\\&=0.0075\text{rad}\ (\downarrow)\end{aligned}$$

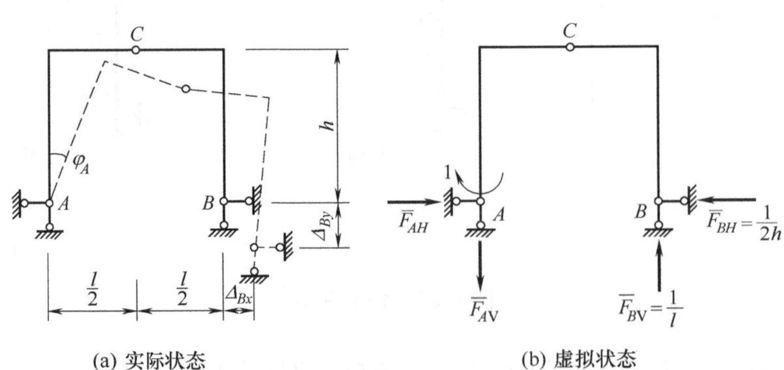

图 6-26 例 6-10 图

6.8　线弹性结构的互等定理

本节讨论线弹性结构的四个互等定理，其中最基本的是功的互等定理，其他三个定理都可由此推导出来。这些定理在以后的章节中会经常引用。

互等定理只适用于线性变形体系，其应用条件为如下。

(1) 材料处于弹性阶段，应力与应变成正比。

(2) 结构变形很小，不影响力的作用。

6.8.1　功的互等定理

如图 6-27 所示为同一线性变形体系的两种受力状态，我们分别记为第一状态和第二状态。在第一状态中，1 处作用有横向荷载F_1，在横向荷载作用下 2 处的位移记为Δ_{21}。在第二状态中，2 处作用有横向荷载F_2，引起的 1 处的位移记为Δ_{12}。注意这里位移Δ_{ij}两个下标的含义，第一个下标i表示位移的地点和方向，第二个下标j表示产生位移的原因。

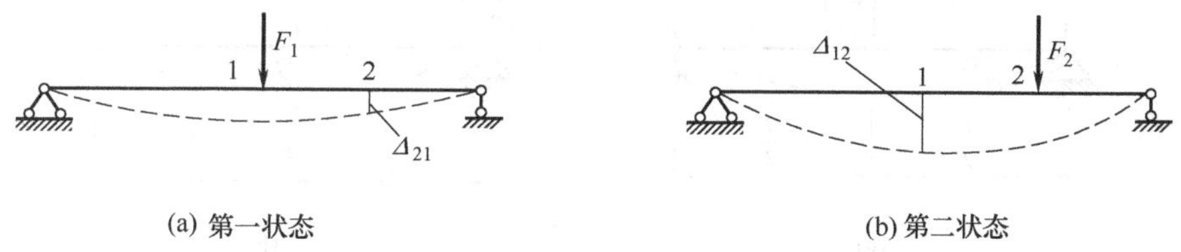

(a) 第一状态　　(b) 第二状态

图 6-27　线性变形体系的两种受力状态

如果第一状态的内力分别记为M_1、N_1、Q_1，第二状态的内力分别记为M_2、N_2、Q_2，则第一状态的力系在第二状态的位移上所做的虚功为

$$W_{12}=F_1\Delta_{12}=\sum\int\frac{M_1M_2}{EI}\mathrm{d}s+\sum\int\frac{N_1N_2}{EA}\mathrm{d}s+\sum\int k\frac{Q_1Q_2}{GA}\mathrm{d}s$$

第二状态的力系在第一状态的位移上所做的虚功为

$$W_{21}=F_2\Delta_{21}=\sum\int\frac{M_2M_1}{EI}\mathrm{d}s+\sum\int\frac{N_2N_1}{EA}\mathrm{d}s+\sum\int k\frac{Q_2Q_1}{GA}\mathrm{d}s$$

对比上述两式可知，等号右边是相等的，因此左边也相等，所以有

$$W_{12}=W_{21}$$

这就是功的互等定理：在任一线性变形体系中，第一状态的外力在第二状态的位移上所做的虚功等于第二状态的外力在第一状态的位移上所做的虚功。

6.8.2　位移互等定理

现在用功的互等定理研究一种特殊情况。如图 6-28 所示，如果两个状态中的荷载都是单位力，即$F_1=F_2=1$，单位力引起的位移用小写字母表示，分别记为δ_{12}和δ_{21}，则由功的互

等定理得

$$1 \cdot \delta_{12} = 1 \cdot \delta_{21}，即 \quad \delta_{12} = \delta_{21}$$

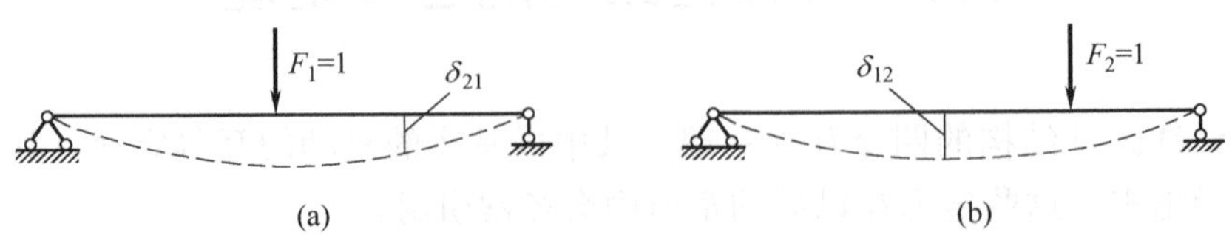

图 6-28 位移互等的两种状态

这就是位移互等定理：第二个单位力引起的第一个单位力作用点处沿作用方向的位移，等于第一个单位力引起的第二个单位力作用点处沿其方向的位移。

必须指出，这里的单位力也可以是单位力偶，即广义单位力。位移也可以包括角位移，即广义位移。

如图 6-29 所示为同一简支梁的两种状态，在图 6-29(a)中，C 点作用集中力引起的 A 截面的转角 $\varphi_A = Fl^2/16EI$，令 $F=1$，则

$$\varphi_A = \delta_{AC} = \frac{l^2}{16EI}$$

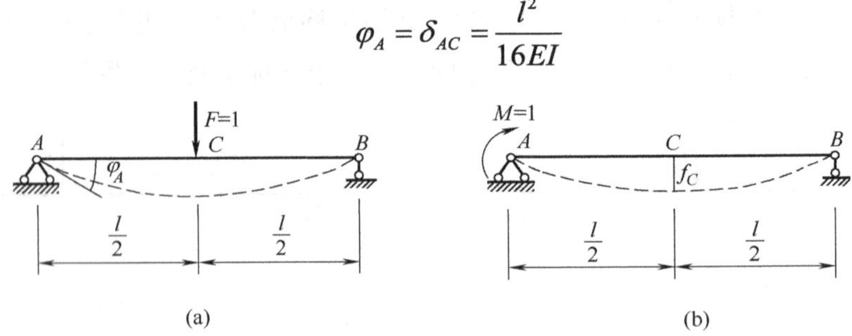

图 6-29 广义位移互等示例

在图 6-29(b)中，A 端作用集中力偶引起的 C 点的竖向位移 $f_C = Ml^2/16EI$，令 $M=1$，则

$$f_C = \delta_{CA} = \frac{l^2}{16EI}$$

对比上述两式可知，$\varphi_A = f_C$，即 $\delta_{AC} = \delta_{CA}$，这正是位移互等定理，二者大小相等，量纲也相同。

6.8.3 反力互等定理

反力互等定理也是功的互等定理的一个特殊情况，它用来说明在超静定结构中假设两个支座分别产生单位位移时，两个状态中反力的互等关系。图 6-30(a)表示支座 1 发生单位位移 $\Delta_1=1$，引起支座 2 的反力为 γ_{21}，图 6-30(b)表示支座 2 发生单位位移 $\Delta_2=1$，引起支座 1 的反力为 γ_{12}，根据功的互等定理得

$$\gamma_{21} \cdot \Delta_2 = \gamma_{12} \cdot \Delta_1$$

由于 $\Delta_1 = \Delta_2 = 1$，则有

$$\gamma_{21} = \gamma_{12}$$

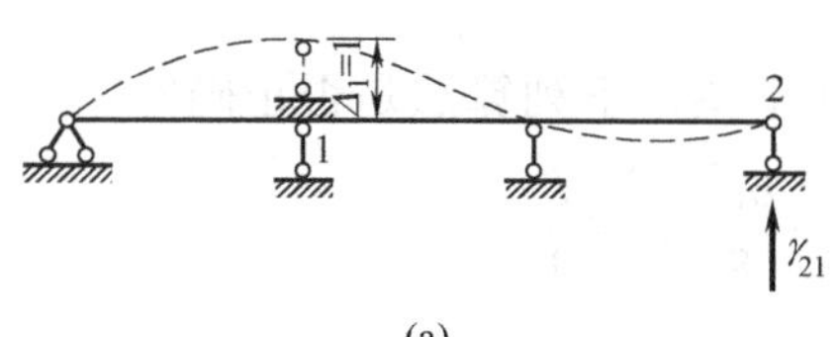

(a)

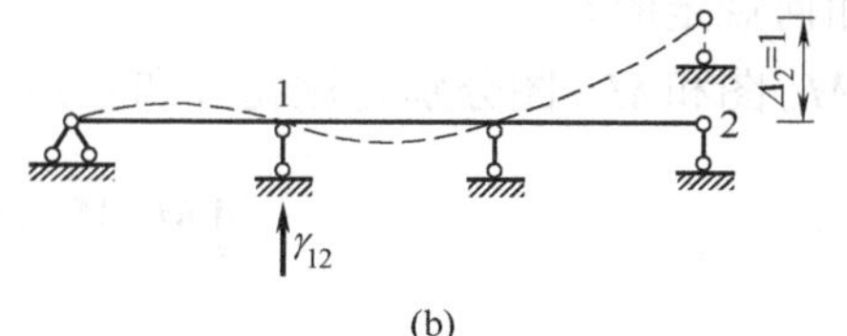

(b)

图 6-30　反力互等的两种状态

这就是反力互等定理：支座 1 发生单位位移所引起的支座 2 的反力，等于支座 2 发生单位位移所引起的支座 1 的反力，而且量纲也相同。这一定理适用于体系中任何两个支座上的反力。但应注意反力与位移在做功的关系上应相对应，即力对应于线位移，力偶对应于角位移。

6.8.4　反力位移互等定理

反力位移互等定理也可以由功的互等定理推导出来，它说明一个状态的反力与另一状态的位移具有互等关系。如图 6-31(a)所示，在单位荷载 $F_2=1$ 作用下，支座 1 的反力偶为 γ_{12}；图 6-31(b)所示为同一体系，当支座 1 发生单位转角 $\varphi_1=1$ 时，F_2 作用点处沿其方向的位移为 δ_{21}，对这两种状态应用互等定理，得到

$$\gamma_{12}\cdot\varphi_1+F_2\cdot\delta_{21}=0$$

由于 $\varphi_1=1$，$F_2=1$，则有

$$\gamma_{12}=-\delta_{21}$$

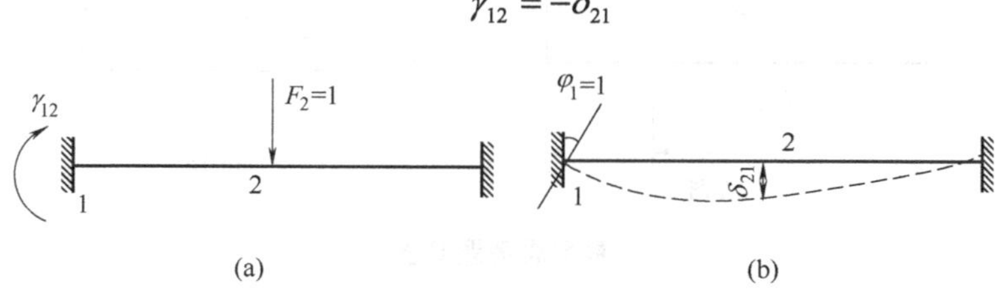

图 6-31　反力位移互等的两种状态

这就是反力位移互等定理，单位力所引起的结构某支座反力，等于该支座发生单位位移时所引起的单位力作用点沿其方向的位移，且符号相反，量纲相同。

复习思考题

1. 虚功原理的适用条件是什么？非弹性体是否适用？刚体是否适用？

2. 结构本身没有虚拟单位荷载作用，但在求位移时却施加了虚拟单位荷载，这样求出的位移会等于原来的实际位移吗？它是否包含虚拟单位荷载引起的位移？

3. 静定结构在温度变化、支座位移等因素作用下，是否会产生内力？是否会产生变形？

4. 图乘法的适用条件是什么？求变截面梁和拱的位移时是否可用图乘法？图乘法的正

负号是如何规定的？

5. M_P 图和 $\overline{M}_K$ 图分别为抛物线和三角形，如下图，下列算法是否正确？

$$\int M_P \overline{M}_K \mathrm{d}x = \left(\frac{2}{3}\cdot\frac{ql^2}{8}\cdot l\right)\times\frac{l}{4}$$

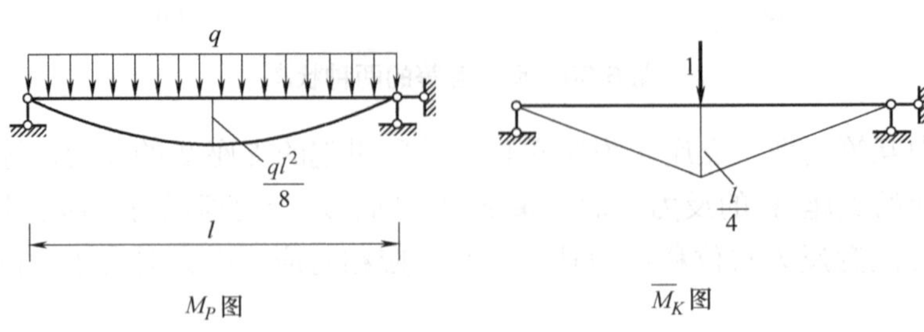

复习思考题 5 图

6. 下图所示的 M_P 图和 $\overline{M}_K$ 图，请问下列算法是否正确。

$$\int M_P \overline{M}_K \mathrm{d}x = \left(\frac{1}{3}\cdot ql^2\cdot l\right)\times\frac{3l}{4}$$

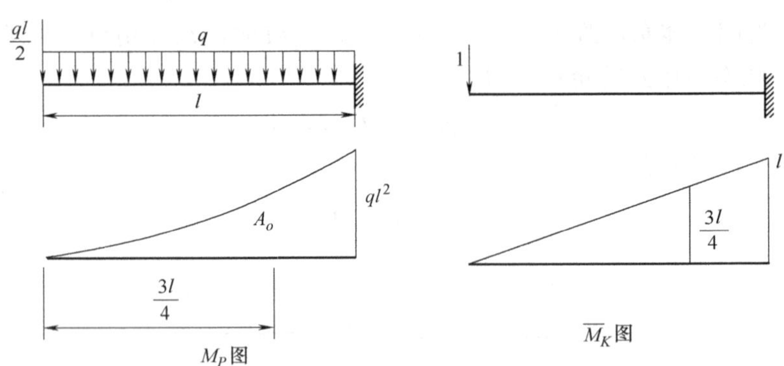

复习思考题 6 图

7. 互等定理为什么只适用于线弹性结构？

8. 反力互等定理能否用于静定结构，此时结论是什么？位移反力互等定理能否用于静定结构，能否用于非弹性的静定结构？

9. 下图所示的两个平衡状态中，其中一个为温度变化，这种情况下功的互等定理是否成立？

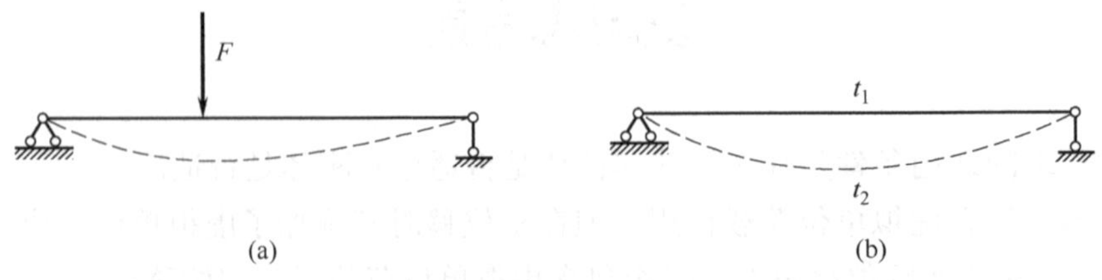

复习思考题 9 图

习　题

6-1　试用单位荷载法计算图示梁 C 点的竖向位移和 A 截面的转角。设梁的 EI 为常数。

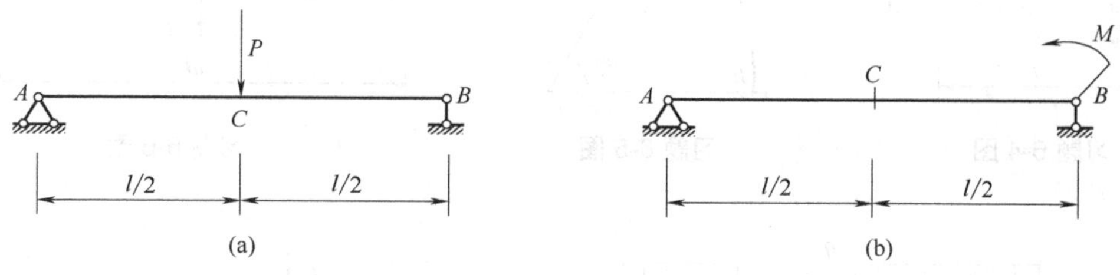

习题 6-1 图

6-2　设三铰拱支座 B 向右移动单位距离，试求 C 点的竖向位移、水平位移和两个半拱的相对转角。

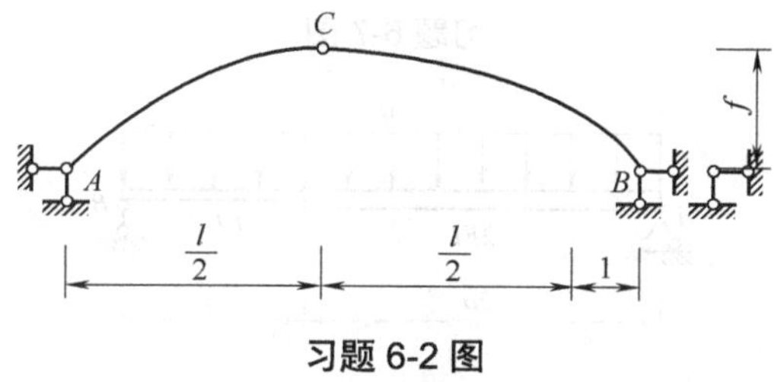

习题 6-2 图

6-3　求图示梁 C 点的竖向位移和 A 截面的转角。设梁的 EI 为常数。

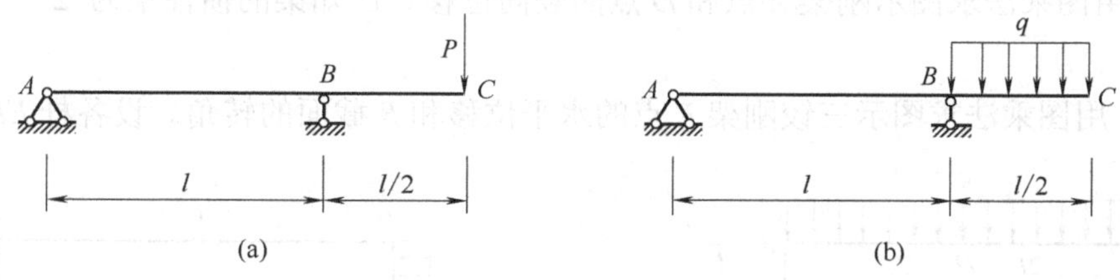

习题 6-3 图

6-4　如图所示的刚架，承受均布荷载作用，试求刚架 B 点的水平位移。设刚架的 EI 为常数。

6-5　试求等截面圆弧曲杆 A 点的竖向位移和水平位移。圆弧 AB 为四分之一圆周，半径为 R， EI 为常数。

6-6　如图所示桁架结构，杆件截面参数均为：$A=2\times10^{-3}\text{m}^2$，$E=210\text{GPa}$，$F=40\text{kN}$，$d=2\text{m}$。试求：(1) C 点的竖向位移；(2) $\angle ADC$ 的改变量。

6-7　用图乘法求如下悬臂梁 A 端的竖向位移和转角。

6-8　用图乘法求如下简支梁 B 端的转角。

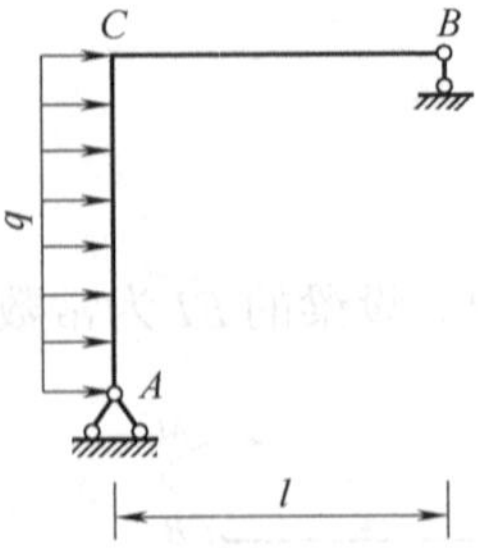

习题 6-4 图

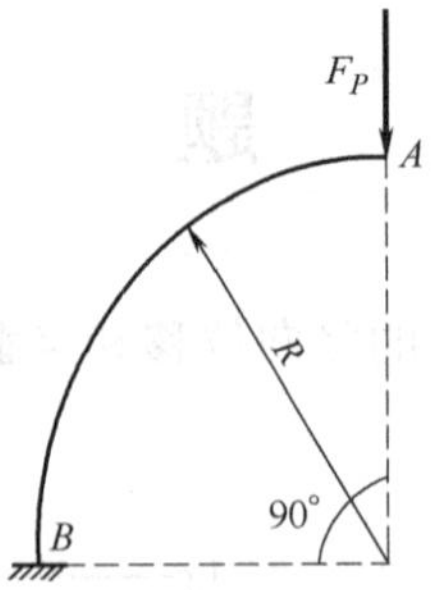

习题 6-5 图

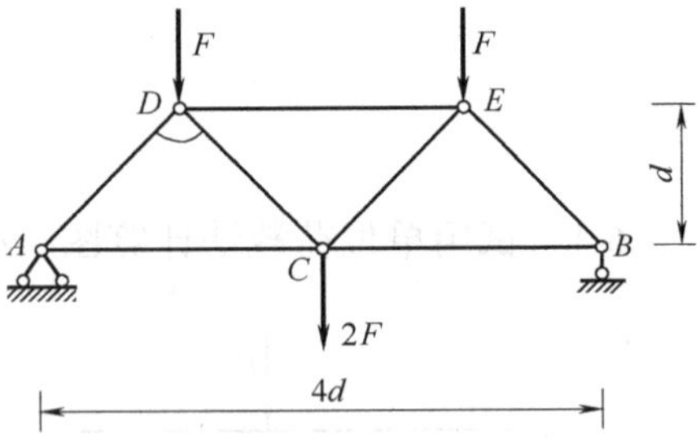

习题 6-6 图

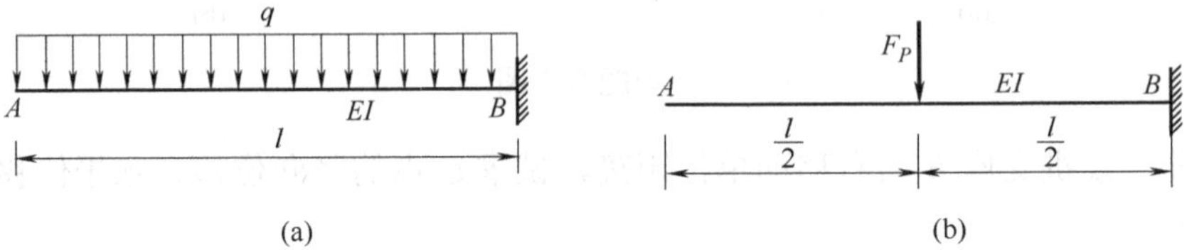

(a)

(b)

习题 6-7 图

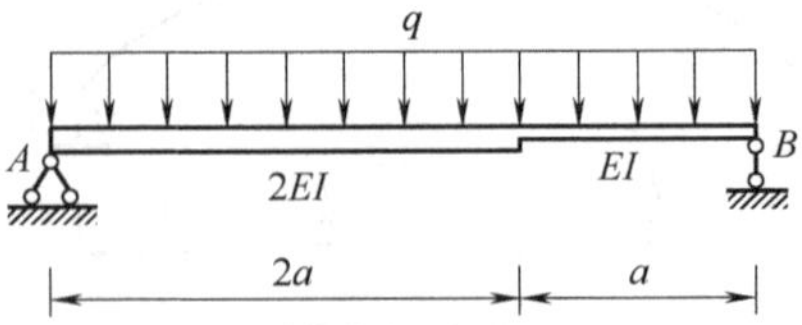

习题 6-8 图

6-9 用图乘法求图示刚架 A 点和 D 点的竖向位移。已知梁的惯性矩为 $2I$，柱的惯性矩为 I。

6-10 用图乘法求图示三铰刚架 E 点的水平位移和 B 截面的转角。设各杆 EI 为常数。

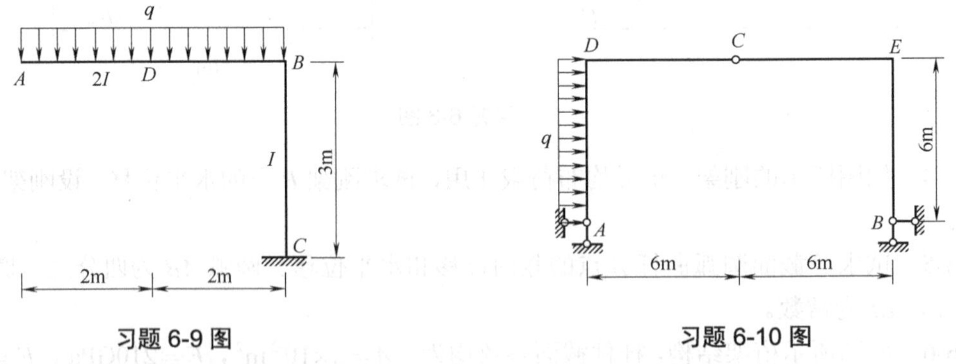

习题 6-9 图

习题 6-10 图

6-11 用图乘法求图示刚架 A 点的水平位移。各杆件 EI 为常数。

6-12 求图示三铰刚架 C 截面两端的相对转角以及 CD 两点之间距离的改变。

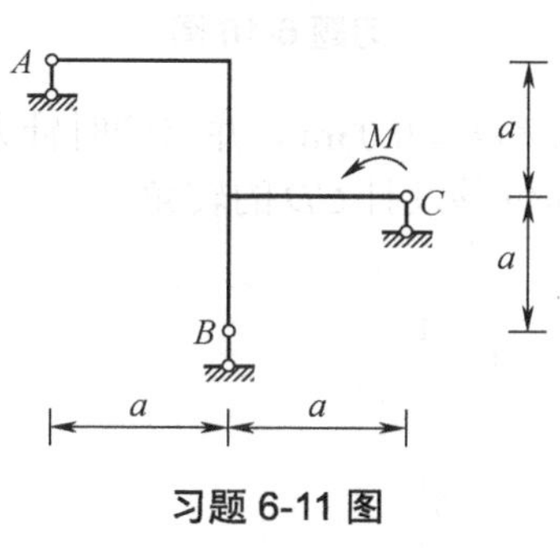

习题 6-11 图

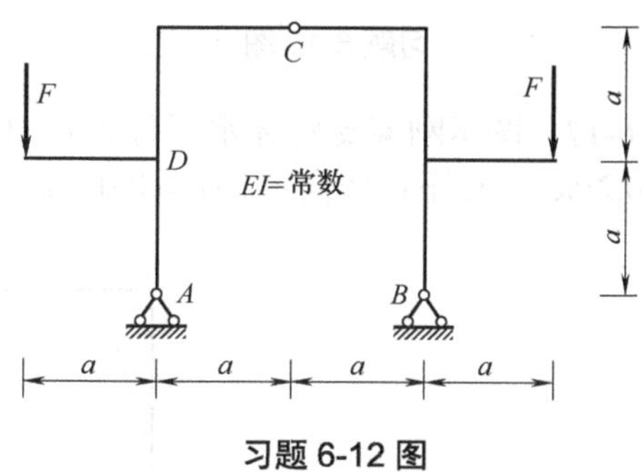

习题 6-12 图

6-13　求图示结构 A、B 两点距离的改变。各杆件等截面，EI 为常数。

6-14　图示框形刚架，在顶部横梁中点被切开，试求切口处两侧截面 A 与 B 的竖向相对位移 Δ_1、水平相对位移 Δ_2 和相对转角 φ_{AB}。各杆件 EI 为常数。

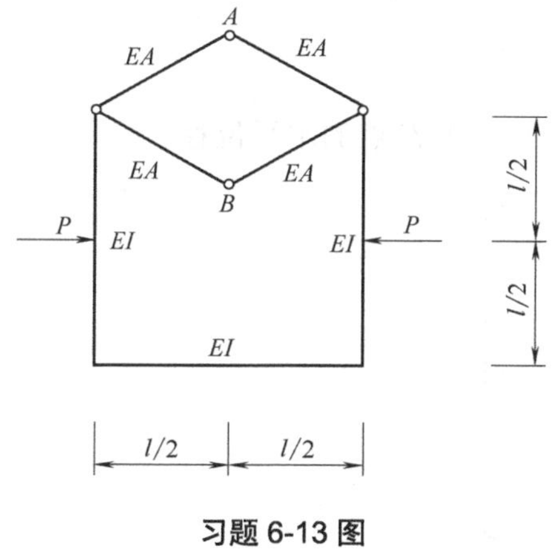

习题 6-13 图

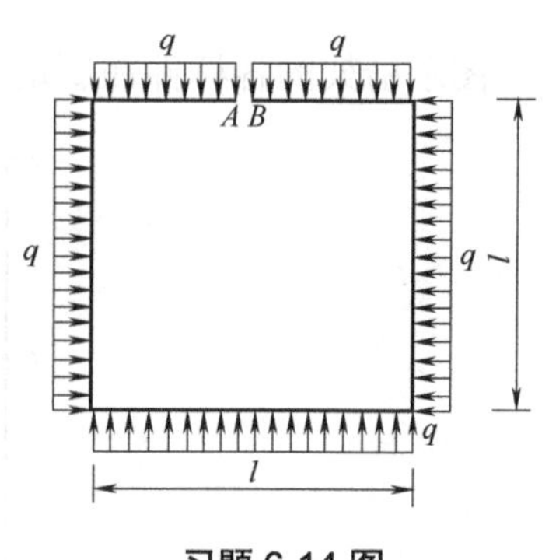

习题 6-14 图

6-15　如图所示一水平面内的刚架，$\angle ABC = 90^\circ$，承受竖向均布荷载 q，试求 C 点的竖向位移。已知 $q = 20\text{N/cm}$，$a = 0.6\text{m}$，$b = 0.4\text{m}$，各杆均为直径 $d = 3\text{cm}$ 的圆钢，$E = 2.1\times10^5\text{MPa}$，$G = 0.8\times10^5\text{MPa}$。

6-16　试求图示刚架 C 点的竖向位移。已知梁下侧和柱右侧温度升高 10℃，梁上侧和柱左侧温度无变化。各杆件截面为矩形，截面高度 $h = 60\text{cm}$，杆件长度 $a = 6\text{m}$，温度线膨胀系数 $\alpha = 0.000\,01$。

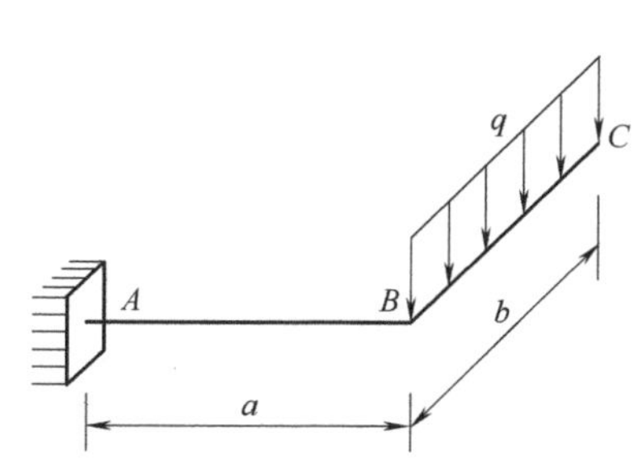

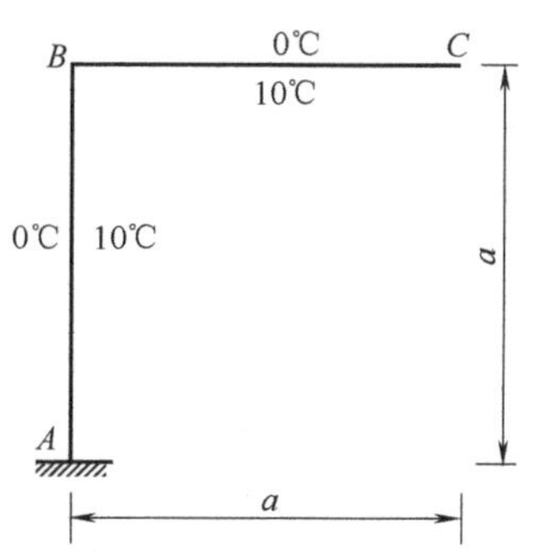

习题 6-15 图　　　　　　　　　　　　　　习题 6-16 图

6-17　图示刚架支座 A 水平位移 $a = 0.02\text{m}$，竖向位移 $b = 0.03\text{m}$，并有顺时针方向转角 $\varphi = 0.2\text{rad}$。支座 C 竖向位移 $c = 0.02\text{m}$，求 D 点的竖向位移及杆 CD 的转角。

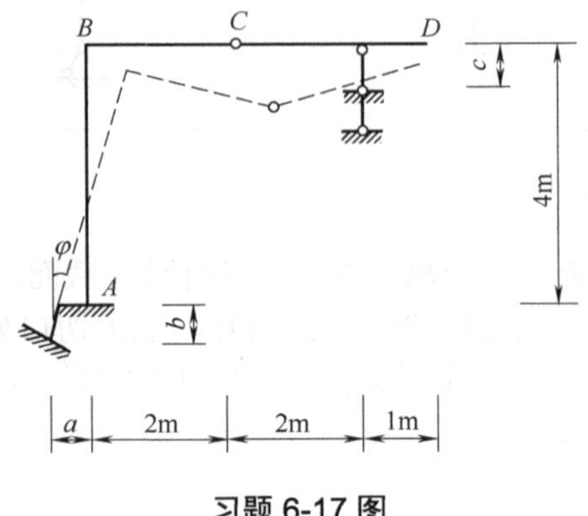

习题 6-17 图

6-18　图示桁架的各杆件在制造时均偏短了 0.6cm，求 F 点的水平位移。

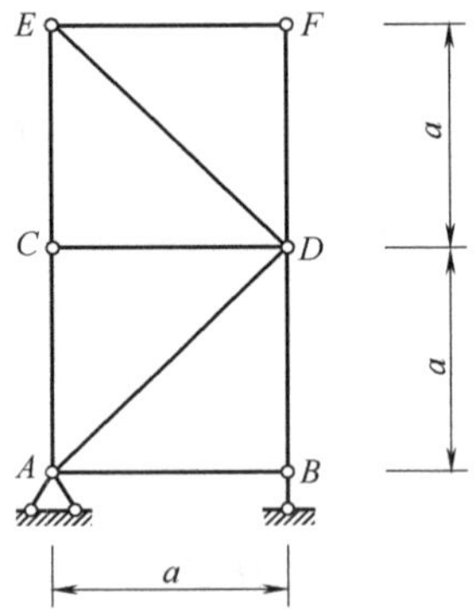

习题 6-18 图

第7章　力　　法

学习目标：

- 充分理解和掌握力法的基本原理，能够熟练用力法计算超静定结构(梁、刚架、桁架、排架、组合结构和两铰拱)在荷载作用、温度改变和支座移动影响下的内力；
- 会计算超静定结构的位移；
- 了解超静定结构内力图的校核方法和力学特征。

本章重点：

力法的典型方程；用力法计算超静定刚架；对称性的应用。

本章难点：

对称性的应用。

7.1　超静定结构的概念和超静定次数的确定

在以上各章中，讨论了静定结构的内力和位移计算问题。从本章起，我们讨论超静定结构的计算问题。

7.1.1　超静定结构的概念

前面已经指出，全部反力和内力完全可以由静力平衡条件确定的结构是静定结构。超静定结构全部反力和内力仅凭静力平衡条件是不能确定或不能完全确定的；从几何组成角度讲，超静定结构虽然也是几何不变体系，但存在多余约束。例如图 7-1(a)所示的连续梁，我们可以将支座 *A*、支座 *B* 或支座 *C* 处的竖向链杆视为多余约束，显然，其支座反力仅凭静力平衡条件无法确定，因而也就不能求出其内力。又如图 7-2(a)所示的超静定桁架，虽然它们的支座反力和部分内力可以由静力平衡条件确定，但不能确定全部内力。这种内部有多余约束的结构也是超静定结构。

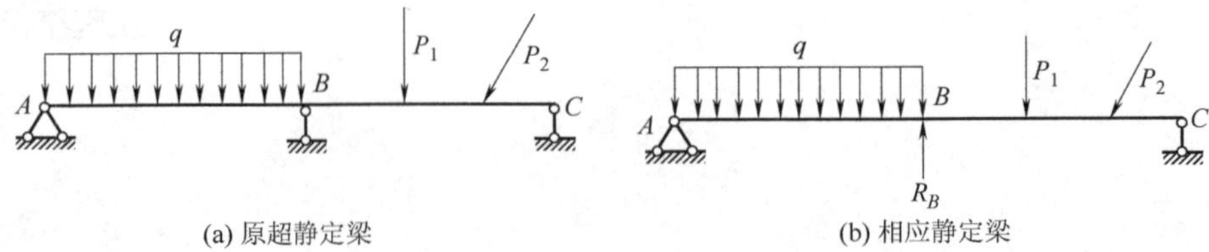

(a) 原超静定梁　　(b) 相应静定梁

图 7-1　连续梁及相应静定结构

由于静定结构是无多余约束的几何不变体系，所以若去掉其任何一个约束，都将变为几何可变体系。而对超静定结构而言，当去掉其多余约束后，还能保持为几何不变体系。例如图 7-1(a)所示的连续梁，若去掉 B 支座处的竖向链杆，就得到图 7-1(b)所示的静定梁，是几何不变体系。为了便于读者与原超静定结构进行比较，在解除多余约束所得到的静定结构中，还标明了相应的多余约束力。本节在以下的类似各图中也是这样处理的。对图 7-2(a)所示的桁架，若去掉跨中靠右支座处的两根下弦杆，可得到 7-2(b)所示的静定桁架，它也是几何不变体系。所以，从保持结构几何不变性的角度而言，超静定结构是具有多余约束的结构。由以上两例可以看到，多余约束可以是外部的，也可以是内部的。多余约束中产生的力称为多余约束力，简称多余力。在图 7-1(b)中，如果认为支座 B 是多余约束，则反力 R_B 就是多余力。在图 7-2(b)中，如果认为跨中靠右支座处的两根下弦杆是多余约束，则内力 N_1、N_2 就是多余力。综上所述，超静定结构的几何组成特征就在于有多余约束，而在静力方面的反映则为具有多余力。

(a) 原超静定桁架　　(b) 相应静定桁架

图 7-2　超静定桁架及相应静定结构

工程中常见的超静定结构的类型有超静定梁[图 7-1(a)]、超静定桁架图[7-2(a)]、超静定拱、超静定刚架及超静定组合结构[图 7-3(a)~(c)]等。

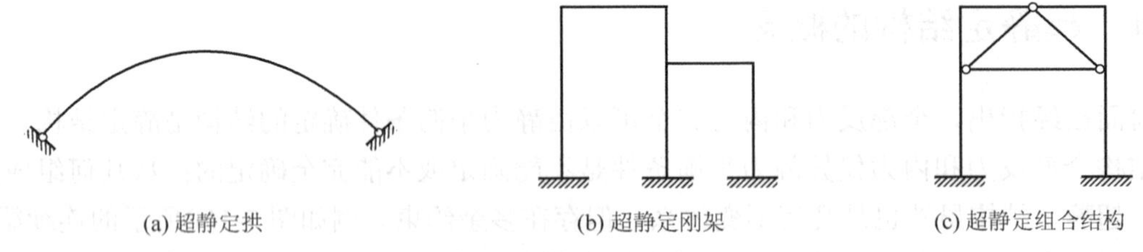

(a) 超静定拱　　(b) 超静定刚架　　(c) 超静定组合结构

图 7-3　超静定结构举例

7.1.2　超静定次数的确定

当采用力法解超静定结构时常将结构的多余约束或多余未知力的数目称为结构的超静

定次数。判断超静定次数可以用去掉多余约束，使原结构变为静定结构的方法，简单概括为：解除原超静定结构的多余约束，使其变为静定结构，则去掉多余约束的数目即为原结构的超静定次数。

解除超静定结构多余约束的方式通常有以下几种。

(1) 切断一根链杆或去掉一根链杆支承，相当于去掉一个约束(图 7-4)。

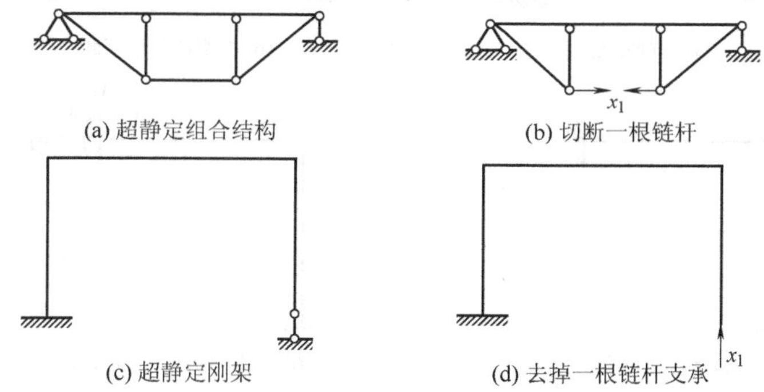

图 7-4 切断或去掉链杆

(2) 去掉一个简单铰或去掉一个铰支座，相当于去掉两个约束(图 7-5)。

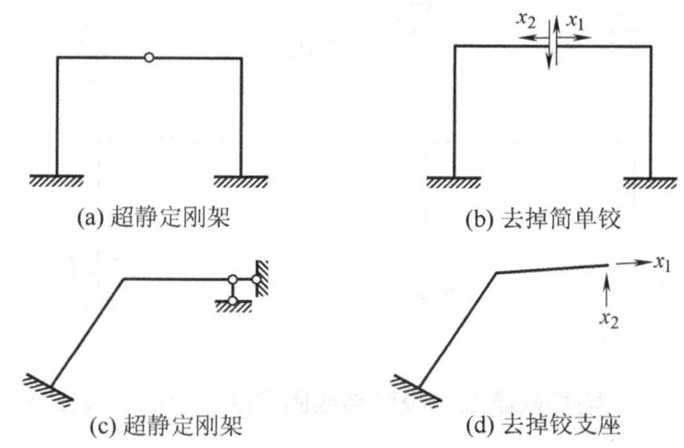

图 7-5 去掉简单铰或铰支座

(3) 将刚性联结切断或去掉一个固定端支座，相当于去掉三个约束(图 7-6)。

(4) 将刚性联结改为铰联结或将固定端支座改为铰支座，相当于去掉一个约束(图 7-7)。

应用以上方式可以方便地确定任何超静定结构的超静定次数。例如图 7-8(a)所示的结构，在切断一个刚性联结，并去掉一根支撑链杆后，可得到图 7-8(b)所示的静定结构，所以原结构为四次超静定结构或者说原结构的超静定次数为四。

对于一个超静定结构，可以采用不同的方式去掉多余约束，而得到不同的静定结构，但无论采取哪种方式，结构的超静定次数是唯一的。例如对于图 7-8(a)所示的超静定结构，还可以按图 7-8(c)或图 7-8(d)的方式去掉多余约束。

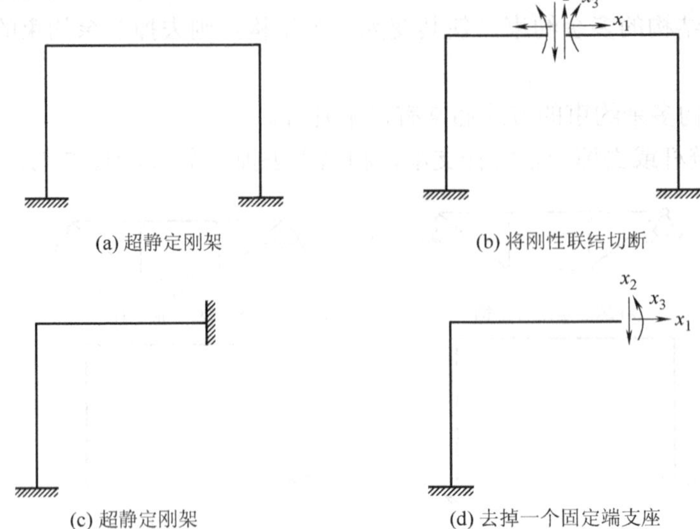

图 7-6　切断刚性联结去掉固定端支座

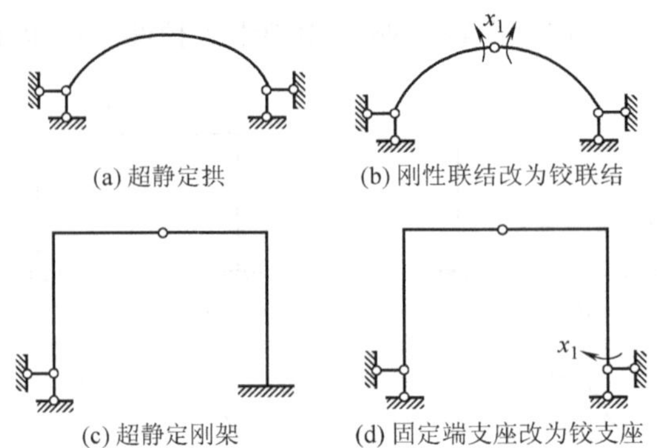

图 7-7　刚性联结改为铰联结或固定端支座改为铰支座

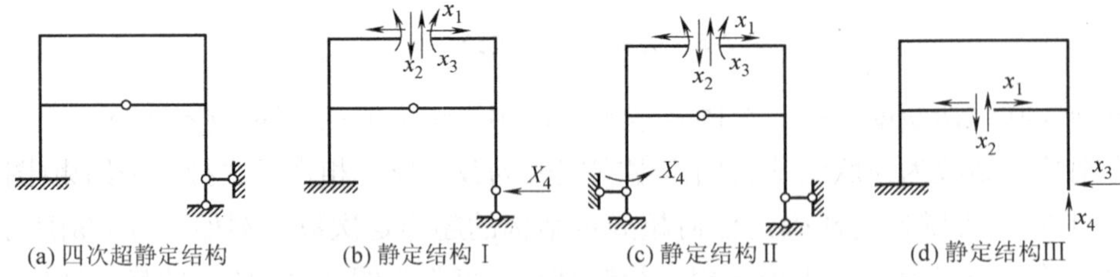

图 7-8　超静定刚架及相应的静定结构

7.2　力法的基本概念和力法方程

计算超静定结构时，根据计算途径的不同，可以有两种不同的基本方法。以超静定

结构中的多余未知力作为基本未知数求解的方法，称为力法；以超静定结构中的某些位移作为基本未知数求解的方法称为位移法。除力法和位移法两种基本方法之外，还有力矩分配法、混合法、结构矩阵分析方法等，但它们都是从力法和位移法这两种基本方法演变而来的。

7.2.1　力法原理

1. 基本概念

图 7-9(a)所示的梁为一次超静定结构，称其为原结构。当梁上作用有荷载时同原结构一起称为原体系[见图 7-9(b)]。如果把原结构的 B 支座作为多余约束去掉，则得到如图 7-9(c)所示的相对于原结构而言的基本结构。当基本结构上作用有原荷载和代替原体系中多余约束的多余未知力 x_1 时，可得到与原体系等价的基本体系[见图 7-9(d)]。

原结构、原体系、基本结构和基本体系这四者之间彼此联系，又互不相同，它们是建立力法方程过程中涉及的基本概念。

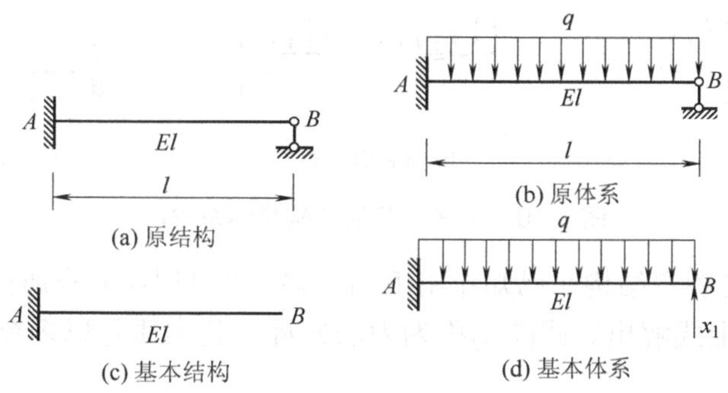

图 7-9　力法涉及的结构与体系(1)

2. 解题思路

求解原体系中的内力，可从分析基本体系入手。只要设法求出基本体系中的多余未知力 x_1，则可以将原超静定结构的计算问题转化为静定结构在已知荷载和已知多余未知力作用下的计算问题。基本体系是计算超静定结构的桥梁。

3. 建立力法方程的位移条件

略去轴向变形，分析基本体系。以包含 x_1 在内的任意隔离体为研究对象，由于隔离体上平衡方程的总数少于未知力总数，所以仅凭借静力平衡条件无法求出 x_1，即无法求出原体系的确定解答，因此必须考虑变形条件，以建立补充方程。

基本结构上作用两种外部因素：已知荷载和多余未知力。现将多余未知力 x_1 视为作用在基本结构上的荷载对基本体系进行分析。在已知荷载保持不变的情况下，如果 x_1 过大，则梁的 B 端上翘；过小，则 B 端下垂。只有当 x_1 与原体系中 B 支座的约束反力相等时，B 端的位移才能与原体系中的 B 点的竖向位移相等。换言之，为了使基本体系与原体系等价，

必须保证在 x_1 与原荷载的共同作用下，基本体系中 B 点的竖向位移与原体系中 B 点的竖向位移相同。原体系中 B 支座无竖向位移，故基本体系中 B 点的竖向位移(用 Δ_1 表示)应该等于零，即

$$\Delta_1=0 \tag{7-1}$$

这就是用来确定 x_1 的位移条件。

Δ_1 是基本结构在荷载与多余未知力 x_1 共同作用下沿 x_1 方向的总位移，即图 7-10(a)中 B 点的竖向位移。设以 Δ_{11} 和 Δ_{1p} 分别表示多余力 x_1 和荷载 q 单独作用在基本结构上时 B 点沿 x_1 方向上的位移[图 7-10(b)、(c)]，其符号都以沿假定的 x_1 方向为正，下标的意义与第 6 章所规定的相同，即第一个下标表示位移的地点和方向，第二个下标表示产生位移的原因。根据线变形条件下的叠加原理，式(7-1)可写为

$$\Delta_1=\Delta_{11}+\Delta_{1P}=0 \tag{7-2}$$

为了求出多余未知力 x_1，可先求出单位力 $\overline{x}=1$ 作用下 B 点沿 x_1 方向的位移 δ_{11}，进而 $\Delta_{11}=\delta_{11}\cdot x_1$，于是式(7-2)可写为

$$\delta_{11}x_1+\Delta_P=0 \tag{7-3}$$

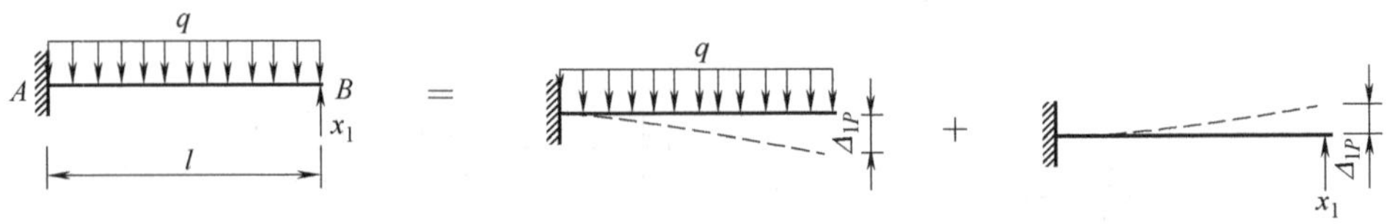

(a) 基本体系　　(b) 荷载引起的位移　　(c) 多余力引起的位移

图 7-10　力法涉及的结构与体系(2)

由于 δ_{11} 和 Δ_{1P} 都是静定结构在已知作用下的位移，可以用第 6 章所介绍的方法求得，因此多余力 x_1 便可以由上式解出。式(7-3)称为力法方程，其实质是以多余未知力表示的位移条件。

为计算 δ_{11} 和 Δ_{1P}，可分别绘出基本结构在 $\overline{x}_1=1$ 和外荷载作用下的弯矩图 $\overline{M}_1$ 图和 M_P 图[图 7-11(a)、(b)]，然后用图乘法计算这些位移。计算 δ_{11} 可用 $\overline{M}_1$ 图乘 $\overline{M}_1$ 图，或称 $\overline{M}_1$ 图自乘：

$$\delta_{11}=\sum\int\frac{\overline{M}_1^2}{EI}\mathrm{d}s=\frac{1}{EI}\times\frac{l\times l}{2}\times\frac{2l}{3}=\frac{l^3}{3EI}$$

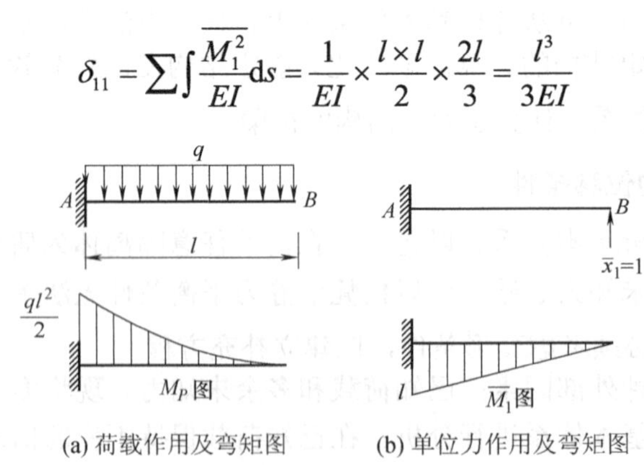

(a) 荷载作用及弯矩图　　(b) 单位力作用及弯矩图

图 7-11　荷载及单位力作用情况

计算Δ_{11}可用$\overline{M}_1$图与M_P图相乘：

$$\Delta_{1P}=\sum\int\frac{\overline{M}_1 M_P}{EI}\mathrm{d}s=-\frac{1}{EI}\left(\frac{1}{3}\times\frac{ql^2}{2}\times l\right)\times\frac{3l}{4}=-\frac{ql^4}{8EI}$$

将δ_{11}和Δ_{1P}代入式(7-3)，可求得

$$x_1=-\frac{\Delta_{1P}}{\delta_{11}}=\frac{ql^4}{8EI}\cdot\frac{3EI}{l^3}=\frac{3}{8}ql$$

求得多余未知力x_1为正号，说明x_1的实际方向与假设方向相同，即向上。求得多余未知力后，即可以利用基本体系的平衡条件，求得原结构的内力和支座反力。原结构的支座反力、弯矩图、剪力图如图 7-12 所示。也可以利用已绘出的$\overline{M}_1$图与M_P图按叠加法绘出M图，即将$\overline{M}_1$图的竖标乘以x_1，再与M_P图的竖标相加：

$$M=\overline{M}x_1+M_P \tag{7-4}$$

以上计算过程都是在基本结构和基本体系上进行的，实质上是把未知的超静定结构的计算问题转化为已熟悉的静定结构的计算问题。这种由已知领域逐步过渡到未知领域的方法，在以后各章的学习中还将不断运用。

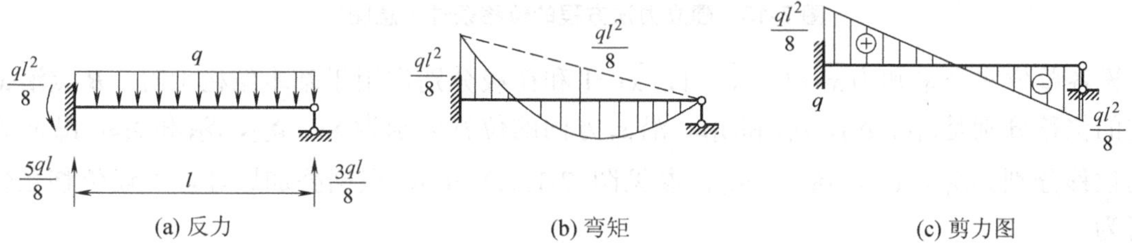

图 7-12　结构的反力与内力图

7.2.2　力法的典型方程

以上以一个简单的例子介绍了力法的基本概念。可以看出，用力法计算超静定结构的关键，在于根据去掉多余约束处的位移条件，建立求解多余未知力的补充方程。对于多次超静定结构，其计算原理也基本相同。

如图 7-13(a)所示为三次超静定刚架。用力法计算时，需去掉三个多于约束。设去掉 B 支座处的水平约束、竖直约束和扭转约束，并以相应的多余未知力x_1、x_2和x_3代替，则得到如图 7-13(b)所示的基本体系。由于原体系在固定支座B处不可能有任何位移，基本结构在荷载和多余力共同作用下，B点沿x_1、x_2和x_3方向相应的位移Δ_1、Δ_2和Δ_3也都应该等于零，建立力法方程的位移条件为

$$\begin{cases}\Delta_1=0\\ \Delta_2=0\\ \Delta_3=0\end{cases}$$

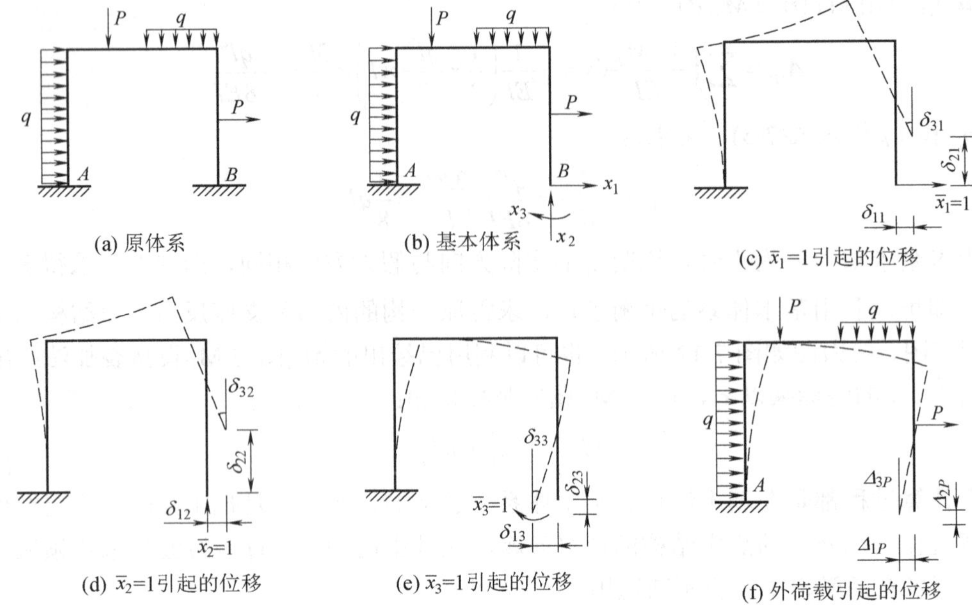

图 7-13　建立力法方程的位移条件示意图

设各单位多余未知力 $\bar{x}_1=1$，$\bar{x}_2=1$，$\bar{x}_3=1$ 和荷载分别作用于基本结构上时，*B* 点沿 x_1 方向的位移分别是δ_{11}、δ_{12}、δ_{13}和Δ_{1P}，沿 x_2 方向的位移分别为δ_{21}、δ_{22}、δ_{23}和Δ_{2P}，沿 x_3 方向的位移分别为δ_{31}、δ_{32}、δ_{33} 和Δ_{3P}，参见图 7-13(c)～(f)，根据叠加原理，上述位移条件可写为

$$\left.\begin{aligned}\Delta_1 = \delta_{11}x_1 + \delta_{12}x_2 + \delta_{13}x_3 + \Delta_{1P} = 0\\ \Delta_2 = \delta_{21}x_1 + \delta_{22}x_2 + \delta_{23}x_3 + \Delta_{2P} = 0\\ \Delta_3 = \delta_{31}x_1 + \delta_{32}x_2 + \delta_{33}x_3 + \Delta_{3P} = 0\end{aligned}\right\} \tag{7-5}$$

解方程组(7-5)，便可求出 x_1、x_2 和 x_3。

对于 *n* 次超静定结构，则有 *n* 个多余未知力，而每一个多余未知力都对应着一个多余约束，相应地也就有一个位移条件，故可建立 *n* 个方程，从而解出 *n* 个多余未知力。当原体系上各个多余未知力作用处的位移均为零时，可写出 *n* 元一次方程组：

$$\left.\begin{aligned}\delta_{11}x_1 + \delta_{12}x_2 + \cdots + \delta_{1i}x_i + \cdots + \delta_{1n}x_n + \Delta_{1P} = 0\\ \delta_{21}x_1 + \delta_{22}x_2 + \cdots + \delta_{2i}x_i + \cdots + \delta_{2n}x_n + \Delta_{2P} = 0\\ \delta_{i1}x_1 + \delta_{i2}x_2 + \cdots + \delta_{ii}x_i + \cdots + \delta_{in}x_n + \Delta_{iP} = 0\\ \delta_{n1}x_1 + \delta_{n2}x_2 + \cdots + \delta_{ni}x_i + \cdots + \delta_{nn}x_n + \Delta_{nP} = 0\end{aligned}\right\} \tag{7-6}$$

当原体系中沿某多余未知力方向的位移不为零时，则基本体系中沿该多余未知力方向的位移应与原体系中相应的位移相等。式(7-6)就是力法方程的一般形式，常称为力法的典型方程。

力法方程中，主对角线上的系数 δ_{ij} 称为主系数，它是单位力 $\bar{x}_j=1$ 单独作用时引起的沿其自身方向的位移，其值恒为正，且不会等于零。位于主对角线两侧的系数 δ_{ij} 称为副系数，

它是单位力 $\overline{x}_j=1$ 单独作用时引起的 x_i 方向的位移。δ_{ii} 和 δ_{ij} 统称为柔度系数。各式左侧最后一项 Δ_{iP} 称为自由项，它是外荷载单独作用时引起的 x_i 方向的位移。副系数和自由项的值可正、可负，或者为零，根据位移互等定理，有

$$\delta_{ij}=\delta_{ji}$$

它表明力法方程中位于主对角线两侧对称位置的两个副系数是相等的。

典型方程中的柔度系数和自由项，都是基本结构在已知力作用下的位移，可用第 6 章所介绍的力法求得，解方程求得多余力 x_i $(i=1, 2, \cdots, n)$后，可按叠加公式求出弯矩：

$$M=\overline{M}_1x_1+\overline{M}_2x_2+\cdots+\overline{M}_nx_n+M_P \tag{7-7}$$

进一步根据平衡条件求得剪力和轴力。

7.3　用力法计算超静定梁和刚架

7.3.1　超静定梁的计算

1．用力法计算超静定结构的步骤

根据上节分析，用力法计算超静定结构的步骤归纳如下：

(1) 去掉原体系的多余约束，选取力法基本体系。

(2) 根据基本体系去掉多余约束处的位移条件，建立力法方程。

(3) 求力法方程的柔度系数和自由项(计算超静定梁和刚架时，应绘出基本结构在单位力作用下的弯矩图和荷载作用下弯矩图，或写出弯矩表达式)。

(4) 解力法方程，求多余未知力。

(5) 求出多余力后，由基本体系按静定结构的分析方法绘出原体系的内力图。

2．超静定梁的计算

在第 3 章介绍了单跨及多跨静定梁的计算，现在讨论超静定梁的计算问题。对于刚性支承上的连续梁，用第 9 章所述的力矩分配法最为简便。单跨超静定梁的计算是位移法的基础，也是本章讨论的重点之一。

例 7-1　试作如图 7-14(a)所示的梁的弯矩图，设 *B* 端弹簧支座的弹簧刚度系数为 *k*，梁抗弯刚度 *EI* 为常数。

解：此梁是一次超静定结构。用力法计算时，可取不同的基本体系。由于基本体系不同，力法方程亦应做相应变化。对应于图 7-14(b)～(d)所示的三种基本体系，力法方程分别为

$$\delta_{11}x_1+\Delta_{P}+\Delta_{C}=0 \tag{7-8}$$

$$\delta_{11}x_1+\Delta_{1P}=-\frac{x_1}{k} \tag{7-9}$$

$$\delta_{11}x_1+\Delta_{1P}=0 \tag{7-10}$$

在式(7-8)中，Δ_{1C} 表示由于弹簧支座 B 移动而引起的沿 x_1 方向的位移，计算 δ_{11} 和 Δ_{1P} 时，仅考虑梁弯曲变形对 A 截面转角的影响。在式(7-10)中，计算 δ_{11} 时，应同时考虑弯曲变形和弹簧变形对弹簧断口处相对位移的影响。比较以上三种解法，显然取基本体系二计算起来较为方便。

作基本结构的单位弯矩图($\overline{M}_1$ 图)和荷载弯矩图($\overline{M}_P$ 图)，如图 7-14(e)、(f)所示，利用图乘法求得

$$\delta_{11} = \frac{l^3}{3EI}, \quad \Delta_{1P} = -\frac{Pa^2(3l-a)}{6EI}$$

将以上各值代入相应的力法方程，解得

$$x_1 = \frac{Pa^3\left(1+\dfrac{3b}{2a}\right)}{l^3\left(1+\dfrac{3EI}{kl^3}\right)}$$

分析上式，多余力 x_1 的值与抗弯刚度 EI 对弹簧刚度 k 的比值 $\dfrac{EI}{k}$ 有关。当 $k \to \infty$ 时，

$$x_1' = \frac{Pa^3\left(1+\dfrac{3b}{2a}\right)}{l^3} = \frac{Pa^2(2a+b)}{2l^3}$$

此时，B 端相当于刚性支撑的情形(第 8 章表 8-2，编号 8)。当 k=0 时，B 端多余力 $x_1''=0$，此时，B 端相当于自由端，即完全柔性支承情形。一般情况下，B 端多余力在 x_1' 和 $x_1''=0$ 之间变化。

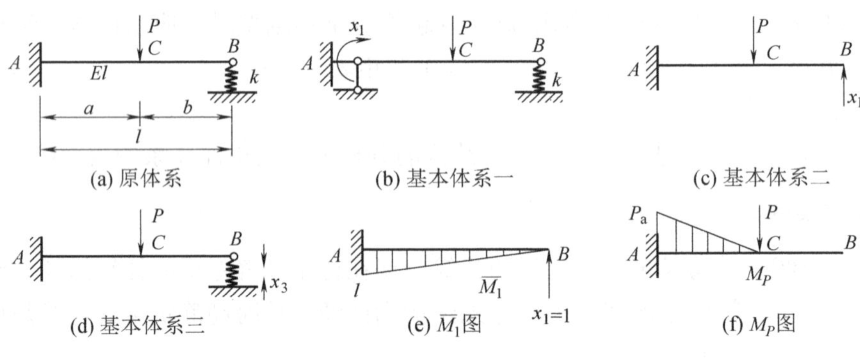

图 7-14 例 7-1 图

求得 x_1 后，根据 $M = x_1\overline{M}_1 + M_P$ 作出弯矩图，如图 7-15 所示，图中：

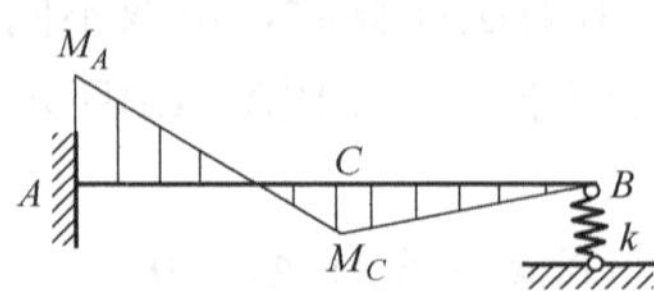

图 7-15 例 7-1 最后弯矩图

$$M_A=\frac{Pa}{l^2}\left[\frac{\frac{3EI}{kl}+\frac{ab}{2}+b^2}{1+\frac{3EI}{kl^3}}\right],\quad M_C=\frac{Pa^3b\left(1+\frac{3b}{2a}\right)}{l^3\left(l+\frac{3EI}{kl^3}\right)}$$

例 7-2　试分析如图 7-16(a)所示的超静定梁。设 EI 为常数。

解：此梁为三次超静定结构。取基本体系如图 7-16(b)所示，根据支座 B 处位移为零的条件，建立力法方程：

$$\left.\begin{aligned}\delta_{11}x_1+\delta_{12}x_2+\delta_{13}x_3+\varDelta_{1P}=0\\ \delta_{21}x_1+\delta_{22}x_2+\delta_{23}x_3+\varDelta_{2P}=0\\ \delta_{31}x_1+\delta_{32}x_2+\delta_{33}x_3+\varDelta_{3P}=0\end{aligned}\right\}$$

由于力法方程中的柔度系数和自由项都是基本结构的位移，即静定结构的位移，因此用力法计算超静定梁和刚架时，通常忽略剪力和轴力对位移的影响，而只考虑弯矩的影响。作基本结构的单位弯矩图和荷载弯矩图，如图 7-16(c)～(f)所示。

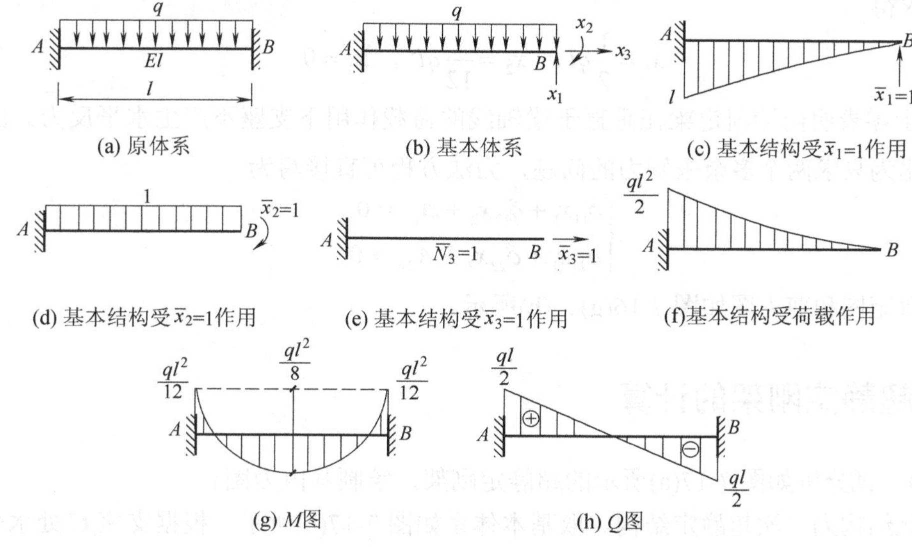

图 7-16　例 7-2

利用图乘法求得

$$\delta_{11}=\frac{1}{EI}\left(\frac{1}{2}l\times l\times\frac{2}{3}l\right)=\frac{l^3}{3EI}$$

$$\delta_{12}=\delta_{21}=-\frac{1}{EI}\left(\frac{l}{2}\times l\times 1\right)=-\frac{l^2}{2EI}$$

$$\delta_{22}=\frac{1}{EI}(l\times 1\times 1)=\frac{l}{EI}$$

$$\delta_{13}=\delta_{31}=\delta_{23}=\delta_{32}=0$$

$$\varDelta_{1P}=-\frac{1}{EI}\left(\frac{1}{3}l\times\frac{ql^2}{2}\times\frac{3l}{4}\right)=-\frac{ql^4}{8EI}$$

$$\Delta_{2P}=\frac{1}{EI}\left(\frac{1}{3}l\times\frac{ql^2}{2}\times 1\right)=\frac{ql^3}{6EI}$$

$$\Delta_{3P}=0$$

计算 δ_{33} 时，因为弯矩图 $\overline{M}_3$=0，这时要考虑轴力对位移的影响，即

$$\delta_{33}=\int\frac{\overline{M}_3^2}{EI}\mathrm{d}s+\int\frac{\overline{N}_3^2}{EA}\mathrm{d}x=0+\frac{l}{EA}=\frac{l}{EA}$$

将以上柔度系数和自由项代入力法方程，得

$$\begin{cases}\dfrac{l^3}{3EI}x_1-\dfrac{l^2}{2EI}x_2-\dfrac{ql^4}{8EI}x=0\\ -\dfrac{l^2}{2EI}x_1+\dfrac{l}{EI}x_2+\dfrac{ql^3}{6EI}=0\\ \dfrac{l}{EA}x_3+0=0\end{cases}$$

解方程，求得

$$x_1=\frac{1}{2}ql\text{，}\quad x_2=\frac{1}{12}ql^2\text{，}\quad x_3=0$$

x_3 等于零表明两端固定梁在垂直于梁轴线的荷载作用下支座不产生水平反力。因此，本题可简化为只求两个多余未知力的问题，力法方程可直接写为

$$\begin{cases}\delta_{11}x_1+\delta_{12}x_2+\Delta_{1P}=0\\ \delta_{21}x_1+\delta_{22}x_2+\Delta_{2P}=0\end{cases}$$

最后弯矩图和剪力图如图 7-16(g)、(h)所示。

7.3.2 超静定刚架的计算

例 7-3 试分析如图 7-17(a)所示的超静定刚架，绘制其内力图。

解：此结构为二次超静定结构。取基本体系如图 7-17(b)所示。根据支座 C 处水平及竖直方向位移均为零的条件，建立力法方程组：

$$\begin{cases}\delta_{11}x_1+\delta_{12}x_2+\Delta_{1P}=0\\ \delta_{21}x_1+\delta_{22}x_2+\Delta_{2P}=0\end{cases}$$

分别作出基本结构的单位弯矩图和荷载弯矩图，如图 7-17(c)~(e)所示。利用图乘法求得柔度系数和自由项为

$$\delta_{11}=\frac{1}{EI}\left(\frac{1}{2}\times 4\times 4\right)\times\left(\frac{2}{3}\times 4\right)=\frac{64}{3EI}$$

$$\delta_{22}=\frac{1}{2EI}\left[\left(\frac{1}{2}\times 3\times 3\right)\times\left(\frac{2}{3}\times 3\right)\right]+\frac{1}{EI}[(3\times 4)\times 3]=\frac{81}{2EI}$$

$$\delta_{12}=\delta_{21}=\frac{1}{EI}\left(\frac{1}{2}\times 4\times 4\right)\times 3=\frac{24}{EI}$$

$$\Delta_{1P}=-\frac{1}{EI}\left(\frac{1}{3}\times4\times160\right)\times\left(\frac{3}{4}\times4\right)=-\frac{640}{EI}$$

$$\Delta_{2P}=-\frac{1}{EI}\left(\frac{1}{3}\times4\times160\right)\times3=-\frac{640}{EI}$$

将以上柔度系数和自由项代入力法方程组，得

$$\begin{cases}\dfrac{64}{3EI}x_1+\dfrac{24}{EI}x_2-\dfrac{640}{EI}=0\\[2mm]\dfrac{24}{EI}x_1+\dfrac{81}{2EI}x_2-\dfrac{640}{EI}=0\end{cases}$$

解力法方程组，得

$$x_1=36.37\text{kN}(\leftarrow)，\quad x_2=-5.93\text{kN}(\downarrow)$$

括号内的箭头表示多余未知力的真实方向。根据所求结果，绘出原体系的内力图，如图 7-17(f)~(h)所示。

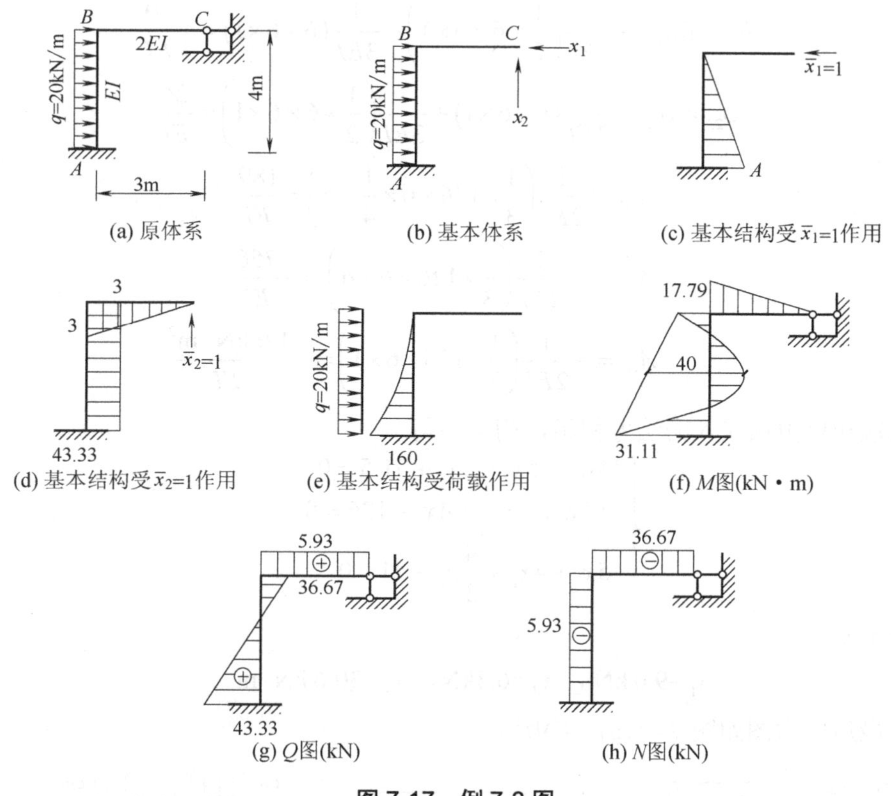

图 7-17　例 7-3 图

例 7-4　试分析如图 7-18(a)所示的超静定刚架，绘制其内力图。

解：此结构为三次超静定结构，取基本体系如图 7-18(b)所示，根据支座 B 处不能产生位移的条件，建立力法方程组：

$$\begin{cases}\delta_{11}x_1+\delta_{12}x_2+\delta_{13}x_3+\Delta_{1P}=0\\ \delta_{21}x_1+\delta_{22}x_2+\delta_{23}x_3+\Delta_{2P}=0\\ \delta_{31}x_1+\delta_{32}x_2+\delta_{33}x_3+\Delta_{3P}=0\end{cases}$$

分别作出基本结构的单位弯矩图和荷载弯矩图，如图 7-18(c)~(f)所示，用图乘法求得柔度系数和自由项为

$$\delta_{11}=\frac{2}{2EI}\left(\frac{1}{2}\times6\times6\times\frac{2}{3}\times6\right)+\frac{1}{3EI}(6\times6\times6)=\frac{144}{EI}$$

$$\delta_{22}=\frac{1}{2EI}(6\times6\times6)+\frac{1}{3EI}\left(\frac{1}{2}\times6\times6\times\frac{2}{3}\times6\right)=\frac{132}{EI}$$

$$\delta_{33}=\frac{2}{2EI}(1\times6\times1)+\frac{1}{3EI}(1\times6\times1)=\frac{8}{EI}$$

$$\delta_{12}=\delta_{21}=-\frac{1}{2EI}\left(\frac{1}{2}\times6\times6\times6\right)-\frac{1}{3EI}\left(\frac{1}{2}\times6\times6\times6\right)=-\frac{90}{EI}$$

$$\delta_{13}=\delta_{31}=-\frac{2}{2EI}\left(\frac{1}{2}\times6\times6\times1\right)-\frac{1}{3EI}(6\times6\times1)=-\frac{30}{EI}$$

$$\delta_{23}=\delta_{32}=\frac{1}{2EI}(6\times6\times1)+\frac{1}{3EI}\left(\frac{1}{2}\times6\times6\times1\right)=\frac{24}{EI}$$

$$\Delta_{1P}=\frac{1}{2EI}\left(\frac{1}{3}\times126\times6\times\frac{1}{4}\times6\right)=\frac{189}{EI}$$

$$\Delta_{2P}=-\frac{1}{2EI}\left(\frac{1}{3}\times126\times6\times6\right)=-\frac{756}{EI}$$

$$\Delta_{3P}=-\frac{1}{2EI}\left(\frac{1}{3}\times126\times6\times1\right)=-\frac{126\text{kN}\cdot\text{m}^2}{EI}$$

将以上各系数和自由项代入力法方程组，简化后得

$$\begin{cases}24x_1-15x_2-5x_3+31.5=0\\ -15x_1+22x_2+4x_3-126=0\\ -5x_1+4x_2+\dfrac{4}{3}x_3-21=0\end{cases}$$

解力法方程组得

$$x_1=9.0\,\text{kN},\quad x_2=6.3\text{kN},\quad x_3=30.6\,\text{kN}\cdot\text{m}$$

刚架的最后内力图如图 7-18(g)～(i)所示。

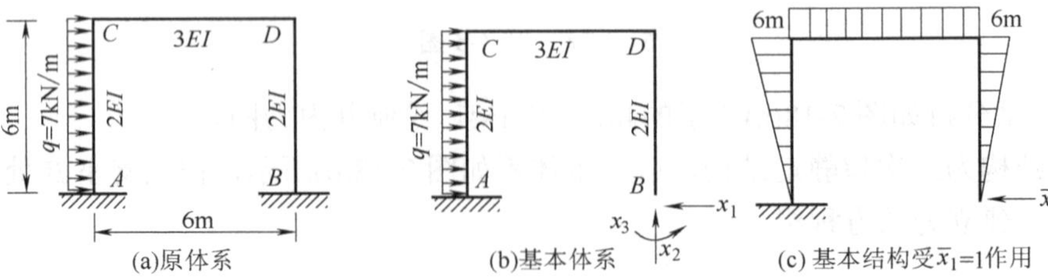

图 7-18　例 7-4 图

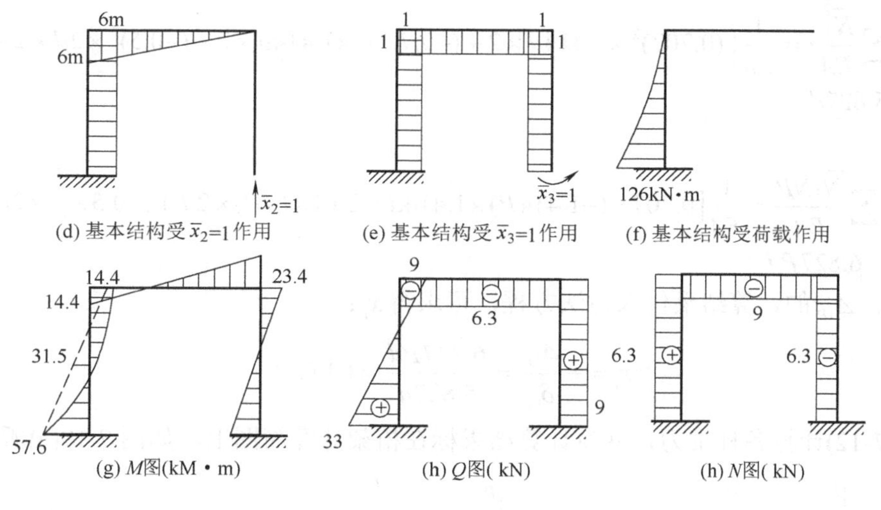

图 7-18 例 7-4 图(续)

7.4 用力法计算超静定桁架和组合结构

7.4.1 超静定桁架的计算

用力法计算超静定桁架的原理和步骤与计算超静定梁和超静定刚架基本相同。由于桁架一般只承受节点荷载，所以桁架中的各杆只产生轴力。力法方程中的柔度系数和自由项按下式计算：

$$\left.\begin{aligned}\delta_{ii}&=\sum\frac{\overline{N}_i^2}{EA}l\\\delta_{ij}&=\sum\frac{\overline{N}_i\overline{N}_j}{EA}l\\\delta_{iP}&=\sum\frac{\overline{N}_iN_P}{EA}l\end{aligned}\right\}\tag{7-11}$$

当求出多余未知力 x_i (i=1，2，…，n)后，桁架各杆的轴力按下式计算：

$$N=\overline{N}_1x_1+\overline{N}_2x_2+\cdots+\overline{N}_nx_n+N_P\tag{7-12}$$

例 7-5 试分析如图 7-19(a)所示的超静定桁架，绘制其轴力图。

解：此结构为一次超静定桁架，取基本体系如图 7-19(b)所示。根据支座 B 处竖直方向位移等于零的条件，建立力法方程：

$$\delta_{11}x_1+\varDelta_{1P}=0$$

分别求出单位荷载作用在基本结构上的各杆轴力和外荷载作用在基本结构上的轴力，如图 7-19(c)、(d)所示，依式(7-11)计算：

$$\delta_{11}=\sum\frac{\overline{N}_1^2}{EA}l=\frac{1}{EA}\left[(0.707)^2\times1.414d\times2+(-0.7.7)^2\times1.414d\times2+(-0.5)^2\times2d\times2+1^2\times2d\right]$$
$$=5.827d$$

$$\varDelta_{1P}=\sum\frac{\overline{N}_1NP}{EA}=\frac{1}{EA}[0.707\times(-1.414P)\times1.414d\times2+1\times(-P)\times2d+(-0.5\times p\times2d\times2)]$$
$$=-6.827Pd$$

将 δ_{11}、$\varDelta_{1P}$ 的计算结果代入力法方程，可求得 x_1：

$$x_1=-\frac{\varDelta_{1P}}{\delta_{11}}=\frac{6.827Pd}{5.827d}=1.172P$$

按式(7-12)计算各杆轴力，并将计算结果标在桁架计算简图上，如图 7-19(e)所示。

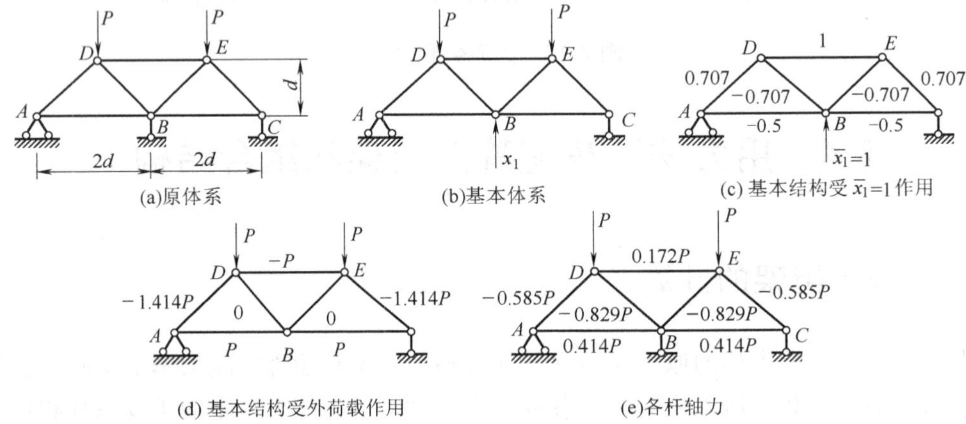

图 7-19　例 7-5 图

7.4.2　超静定组合结构的计算

组合结构是由梁式杆和链杆组成的结构。梁式杆既承受弯矩，也承受剪力和轴力；链杆只承受轴力。在计算位移时，对梁式杆通常可以略去剪力和轴力的影响，对链杆只考虑轴力的影响。

例 7-6　试分析图 7-20(a)所示的组合结构。

解： 此结构为一次超静定，切断 *CD* 杆，取基本体系如图 7-20(b)所示。根据切口两侧沿杆轴方向相对位移等于零的条件，建立力法方程：

$$\delta_{11}x_1+\varDelta_{1P}=0$$

分别绘出单位荷载和外荷载作用在基本结构上的弯矩图，并求出各链杆中的轴力，如图 7-20(c)、(d)所示。计算柔度系数和自由项：

$$\delta_{11}=\int\frac{\overline{M}_1^2}{E_1I_1}\mathrm{d}s+\sum\frac{\overline{N}_1^2l}{EA}$$

$$=\frac{2}{E_1I_1}\left(\frac{1}{2}\times\frac{l}{4}\times\frac{l}{2}\times\frac{2}{3}\times\frac{l}{4}\right)+\frac{(-1)^2h}{E_2A_2}+\frac{2\left(\frac{s}{2h}\right)^2s}{E_3A_3}$$

$$=\frac{l^3}{48E_1I_1}+\frac{h}{E_2A_2}+\frac{s^3}{2h^2E_3A_3}$$

$$\Delta_{1P}=\int\frac{\overline{M}_1M_P}{E_1I_1}ds+\sum\frac{\overline{N}_1N_Pl}{EA}$$

$$=-\frac{2}{E_1I_1}\left(\frac{2}{3}\times\frac{ql^2}{8}\times\frac{l}{2}\times\frac{5}{8}\times\frac{l}{4}\right)+0=-\frac{5ql^4}{384E_1I_1}$$

代入力法方程，解得

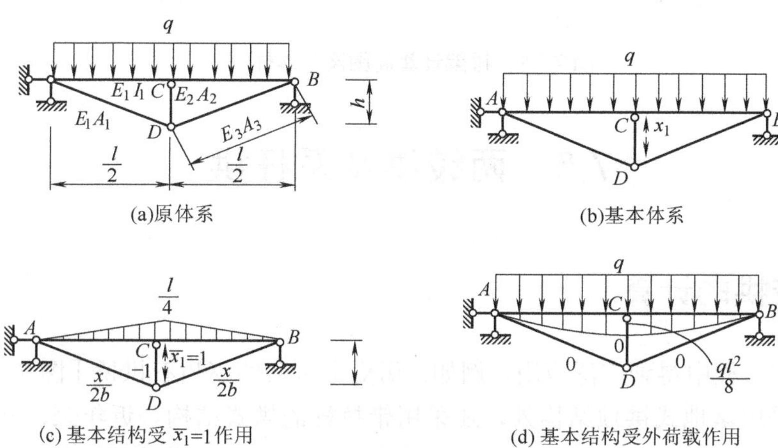

图 7-20 例 7-6

$$x_1=-\frac{\Delta_{1P}}{\delta_{11}}=\frac{\frac{5ql^4}{384E_1I_1}}{\frac{l^3}{48E_1I_1}+\frac{h}{E_2A_2}+\frac{s^3}{2h^2E_3A_3}}$$

原结构 AB 梁的最后弯矩图和各链杆的轴力分别按下式计算：

$$M=x_1\overline{M_1}+M_P$$

$$N=x_1\overline{N_1}+N_P$$

分析以上结果：因为 $x_1\overline{M}_1+M_P$ 与 M_P 的符号相反，故叠加后 M 的数值将比 M_P 要小。这表明横梁由于下部链杆的支承，弯矩大为减小。如果链杆的截面很大，如 E_2A_2 和 E_3A_3 都趋于无穷大时，则 x_1 趋于 $5ql/8$，即横梁的 M 图接近于两跨连续梁的 M 图。如果链杆的截面很小，如 E_2A_2 和 E_3A_3 都趋于零时，则 x_1 趋于零，即横梁的 M 图接近于简支梁的 M 图。

单层厂房往往采用排架结构。排架也属于组合结构，它由屋架(或屋面大梁)、柱和基础组成。柱与基础为刚性联结，屋架与柱顶为铰联结。工程中常采用如下的近似计算方法：

(1) 在屋面荷载作用下，屋架按桁架计算。有关桁架计算简图的选取及计算在前面的章节已做介绍。

(2) 当柱承受水平荷载时，屋架对柱顶只起联系作用，由于屋架在其平面内的刚度很大，所以在计算排架柱的内力时，可以不考虑桁架变形的影响，而用一根 $EA\to\infty$的链杆代替。例如某不等高排架的计算简图如图 7-21(a)所示，用力法分析时，一般以链杆为多余约束，选用如图 7-21(b)所示的基本体系。

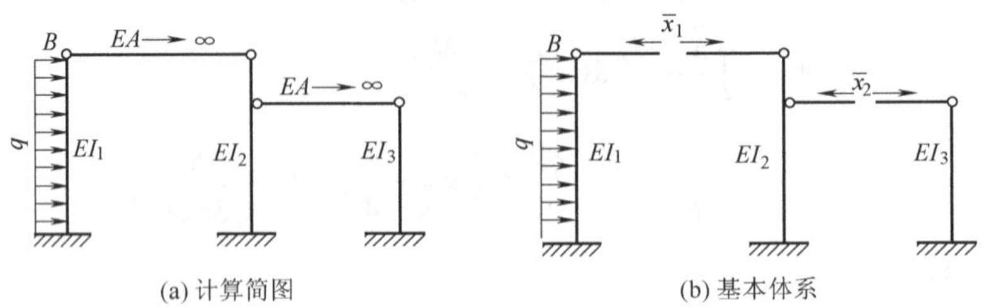

(a) 计算简图　　(b) 基本体系

图 7-21　排架计算简图及基本体系

7.5　两铰拱及系杆拱

7.5.1　两铰拱的计算

超静定拱在工程中得到广泛应用。例如，历史上著名的赵州石拱桥［图 7-22(a)］。在建筑工程中，除采用落地式拱顶结构外，还采用带拉杆的拱式结构。近年来，双曲拱桥也被广泛采用，如图 7-22(b)所示的两铰拱是一次超静定结构。在竖向荷载作用下，当其支座发生竖向位移时并不引起内力，因此在地基可能发生较大不均匀沉降的地区宜采用。两铰拱的弯矩在支座处等于零，向拱顶逐渐增大，因此在设计拱顶时，拱截面宜由支座向拱顶逐渐增加。当跨度不大时，两铰拱也常设计成等截面的。

(a) 赵州石拱桥

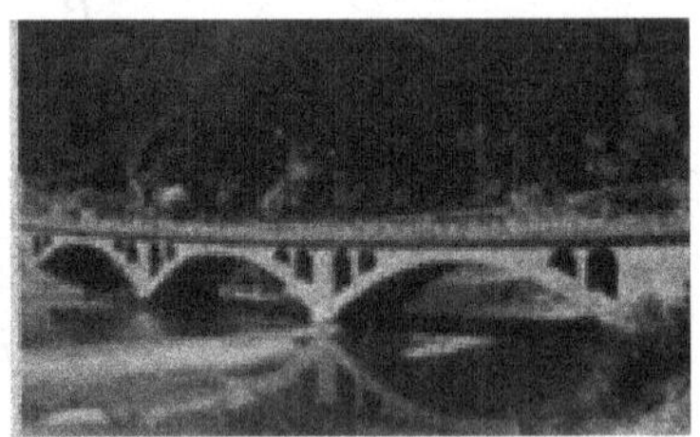
(b) 丹集线下河口双曲拱桥

图 7-22　拱桥结构示例

用力法计算超静定拱的原理和步骤仍如前所述。若拱轴曲率较大，则应考虑它对变形的影响。但通常拱的曲率都较小，计算结果表明，曲率的影响可以忽略不计，仍可采用直杆的位移计算公式。下面讨论两铰拱的计算方法。

计算两铰拱时，通常去掉一个支座的水平约束，并以多余力 x_1 代替。图 7-23(a)、(b)所示为一两铰拱和相应的基本体系，由原体系在支座 B 处的水平位移等于零的条件可以建立

力法方程：

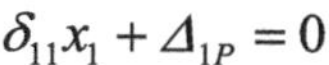

$$\delta_{11}x_1+\Delta_{1P}=0$$

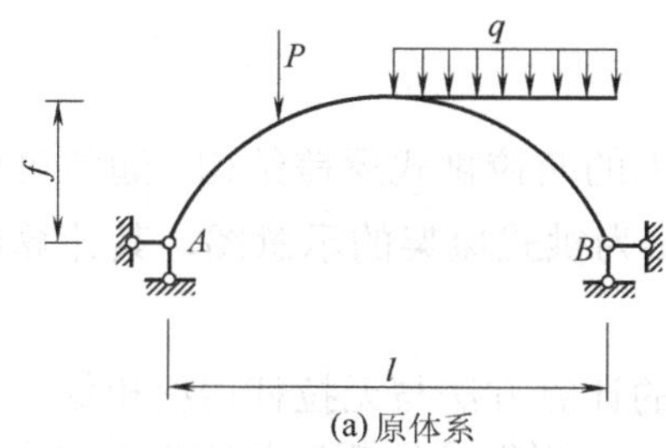

(a) 原体系

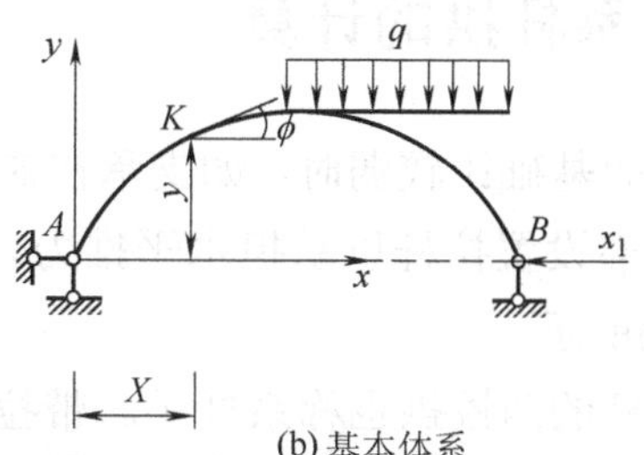

(b) 基本体系

图 7-23　两铰拱及其基本体系

计算柔度系数和自由项时，一般可以略去剪力的影响，而轴力影响通常仅当拱高 f 小于跨度 l 的 1/3，拱的截面厚度 t 与跨度 l 之比小于 1/10 时，才在 δ_{11} 中予以考虑，因此有

$$\left.\begin{aligned}\delta_{11}&=\int\frac{\overline{M}_1^2}{EI}\mathrm{d}s+\int\frac{\overline{N}_1^2}{EA}\mathrm{d}s\\ \Delta_{\mathrm{p}}&=\int\frac{\overline{M}_1M_P}{EI}\mathrm{d}s\end{aligned}\right\}\tag{7-13}$$

规定弯矩使拱的内侧纤维受拉时为正，轴力使截面受压时为正，取图 7-23(b)所示坐标系，则基本结构在多余力 $\overline{x}_1=1$ 作用下，任意截面的内力为

$$\overline{M}_1=-y\,,\quad \overline{N}_1=\cos\phi\tag{7-14}$$

式中，y 为拱任意截面 K 处的纵坐标；ϕ 为 K 点处拱轴线的切线与 x 轴所成的夹角。

将式(7-14)代入式(7-13)，得

$$\delta_{11}=\int\frac{y^2}{EI}\mathrm{d}s+\int\frac{\cos^2\phi}{EA}\mathrm{d}s$$

$$\Delta_{\mathrm{p}}=-\int\frac{yM_P}{EI}\mathrm{d}s$$

进而由力法方程可解得

$$x_1=-\frac{\Delta_{1P}}{\delta_{11}}=\frac{\int\frac{yM_P}{EI}\mathrm{d}s}{\int\frac{y^2}{EI}\mathrm{d}s+\int\frac{\cos^2\phi}{EA}\mathrm{d}s}\tag{7-15}$$

按上式计算 x_1 时，因拱轴为曲线，因而必须采用积分法计算。当拱轴线形状、截面变化规律较复杂时，直接积分会遇到困难，此时可应用近似的数值积分法，如可应用高等数学的梯形公式或抛物线公式作数值求和。

对于只承受竖向荷载且两拱趾同高的两铰拱，当求得水平推力 x_1 后，拱上任意截面处的弯矩、剪力和轴力均可以用叠加法求得，即

$$\left.\begin{aligned}M&=M^0-Hy\\ Q&=Q^0\cos\phi-H\sin\phi\\ N&=Q^0\sin\phi+H\cos\phi\end{aligned}\right\}\tag{7-16}$$

式中，M^0、Q^0分别表示相应简支梁的弯矩和剪力。

7.5.2 系杆拱的计算

当拱的基础比较弱时，如支承在砖墙或独立柱上的两铰拱式屋盖结构，通常可以在两铰拱的底部设置拉杆以承担水平推力。如图 7-24(a)为拱式屋架的示意图，其计算简图如图 7-24(b)所示。

带拉杆的两铰拱也称系杆拱。带拉杆的两铰拱的计算方法与无拉杆情况相似。以拉杆的拉力 x_1 为多余未知力，其计算简图如图 7-24(c)所示。根据拉杆断口两侧相对水平线位移等于零的条件建立力法方程

$$\delta_{11}x_1 + \Delta_{1P} = 0$$

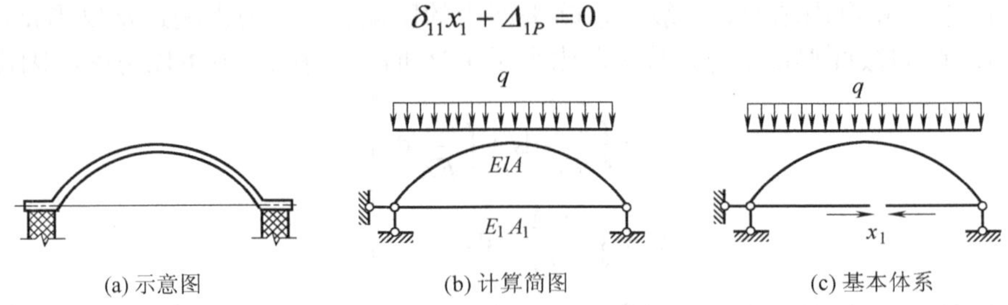

图 7-24 带拉杆的两铰拱

式中自由项 Δ_{1p} 的计算与无拉杆两铰拱的情况完全相同。系数 δ_{11} 的计算则除拱本身的变形外，还须考虑拉杆轴向变形的影响。在单位力 $\overline{x}_1=1$ 作用下，拉杆由于轴向变形引起的相对位移为 $\dfrac{l}{E_1A_1}$，其中 E_1、A_1 分别为拉杆的弹性模量和横截面面积。于是，多余力 x_1 的计算公式为

$$x_1 = -\frac{\Delta_{1P}}{\delta_{11}} = \frac{\int \frac{yM_P}{EI}\mathrm{d}s}{\int \frac{y^2}{EI}\mathrm{d}s + \int \frac{\cos^2\phi}{EA}\mathrm{d}s + \frac{l}{E_1A_1}} \tag{7-17}$$

求出 x_1 后，可按式(7-16)计算拱的内力。

分析式(7-17)：当拉杆的刚度 $E_1A_1\to\infty$ 时，式(7-17)与无拉杆的计算公式(7-15)完全一样；当拉杆的刚度 $E_1A_1\to 0$ 时，则拱的推力将趋于零，此时该结构将变为曲梁，不再具备拱的特征。因此，在设计带拉杆的拱时，为了减小拱本身的弯矩，改善拱的受力状态，应适当加大拉杆的刚度。

此外，工程中有些系杆拱，其系杆颇为粗大，它不仅能承受轴力，而且能承受弯矩和剪力，因此在确定这一类系杆拱的计算简图时，应该按照拱圈与系杆二者抗弯刚度的相对大小来考虑。考察图 7-25(a)所示系杆拱，设拱圈与系杆材料相同，且拱圈的截面惯性矩为 I_a，系杆的截面惯性矩为 I_b，则可以有以下三种情况。

1．柔性系杆刚性拱

此时系杆刚度甚小，例如$\frac{I_b}{I_a}=\frac{1}{100}\sim\frac{1}{80}$，故可以认为系杆只承受轴力。其计算简图如图7-25(b)所示，为一带拉杆的两铰拱，是一次超静定梁。

2．刚性系杆柔性拱

此时拱圈刚度甚小，例如$\frac{I_b}{I_a}=80\sim100$，故可以认为拱仅承受轴力，系杆则可以承受弯矩和剪力。其计算简图如图7-25(c)所示，为一带链杆拱杆的加劲梁，也是一次超静定结构。

3．刚性系杆刚性拱

此时拱圈与系杆二者刚度相差不大，均能承受弯矩和剪力。吊杆通常刚度较小，可视为链杆。其计算简图如图7-25(d)所示，为多次超静定结构。

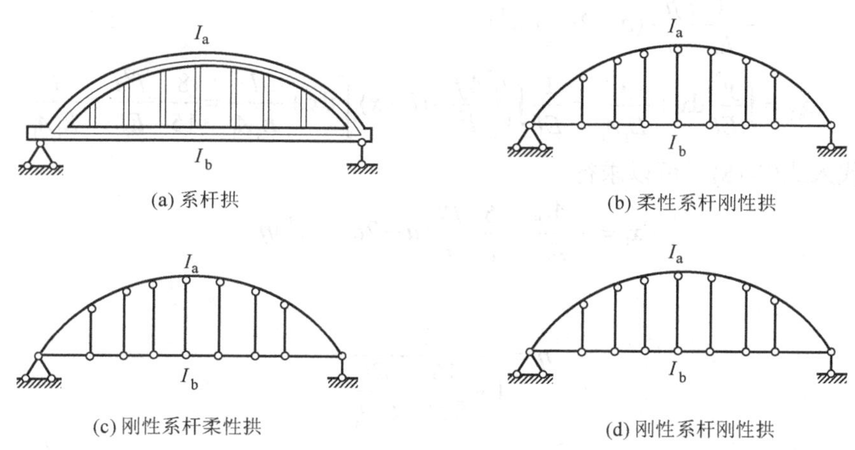

图7-25　系杆拱及其计算简图

例7-7　试分析如图7-26(b)所示带拉杆的等截面两铰拱，拱轴线为抛物线，轴线方程为$y=\frac{4f}{l^2}x(1-x)$。试求集中荷载P作用下拉杆的内力。

解：取基本体系如图7-26(b)所示。为了便于计算，采用如下简化假设：忽略拱身内轴力对变形的影响，即只考虑弯曲变形；由于拱身较平，可近似地取$ds=dx$。因此，式(7-17)简化为

$$x_1=-\frac{\Delta_{1P}}{\delta_{11}}=\frac{\int\frac{yM_P}{EI}dx}{\int\frac{y^2}{EI}dx+\frac{l}{E_1A_1}} \tag{7-18}$$

在集中力P作用点K的两侧M_P的表达方式不同，即

当$0\leqslant x\leqslant al$时，$M_P=P(l-a)x$；

当$al\leqslant x\leqslant l$时，$M_P=Pa(l-x)$。

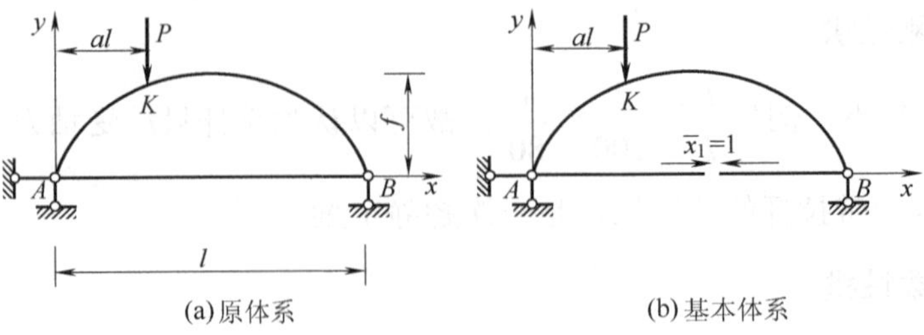

图 7-26　例 7-7 图

故式(7-18)中的有关积分需要分段计算

$$\varDelta_{1P}=-\int\frac{yM_P}{EI}\mathrm{d}x$$
$$=-\frac{1}{EI}\left[\int_0^{al}p(1-a)\ x\cdot\frac{4f}{l^2}x(1-x)\mathrm{d}x+\int_{al}^{l}Pa(1-x)\frac{4f}{l^2}x(l-x)\mathrm{d}x\right]$$
$$=-\frac{1}{EI}\frac{Pfl^2}{3}(a-2a^3+a^4)$$

$$\delta_{11}=\int\frac{y^2}{EI}\mathrm{d}x+\frac{l}{E_1A_1}=\frac{1}{EI}\int_0^{l}\left[\frac{4f}{l^2}x(l-x)\right]^2\mathrm{d}x+\frac{l}{E_1A_1}=\frac{8}{15}\cdot\frac{f^2l}{EI}+\frac{l}{E_1A_1}$$

将它们代入式(7-18)，可以求得

$$x_1=-\frac{\varDelta_{1P}}{\delta_{11}}=\frac{5}{8}\cdot\frac{Pl}{f}(a-2a^3+a^4)\eta$$

式中

$$\eta=\frac{1}{1+\dfrac{15}{8f^2}\cdot\dfrac{EI}{E_1A_1}}$$

从计算结果可以看出，拉杆中的拉力与荷载 P 成正比，而与拱的高跨比 $\frac{f}{l}$ 成反比，即拱越扁平，拉杆承受的拉力也越大。

7.6　最后内力图的校核

内力图是结构设计的依据，因此绘出内力图后必须进行校核。校核工作可从两方面进行：首先，可根据弯矩、剪力与荷载集度之间的微分关系，对内力图的形状、走势进行定性的分析，具体方法已在静定结构内力图校核部分作过介绍；其次，依据“正确的内力图必须同时满足平衡条件和位移条件”的要求，对内力图竖标数值进行定量校核。现以图 7-27(a)所示刚架及其最后内力图[图 7-27(b)~(d)]为例，说明平衡条件和位移条件的校核方法。

1. 平衡条件的校核

平衡条件的校核，主要是校核节点处的弯矩、杆件的剪力和轴力，验算它们是否满足相应的平衡条件。因此，可以截取结构的任一部分，以它们为研究对象，并根据待检验的内力图绘出该隔离体的受力图，进而检验它们是否满足平衡条件。例如，为了校核 M 图，可截取结点 C[图 7-27(e)]为研究对象，有

$$\begin{cases}\sum X = 4.85 - 4.85 = 0\\ \sum Y = 31.90 - 31.90 = 0\\ \sum M_C = 10 + 2.93 - 12.93 = 0\end{cases}$$

可见满足平衡条件。如截取结点 D[图 7-27(f)]为研究对象，有

$$\begin{cases}\sum X = 4.85 - 4.05 - 0.80 = 0\\ \sum Y = 76.40 - 48.10 - 28.30 = 0\\ \sum M_D = 33.20 + 2.13 - 35.34 \approx 0\end{cases}$$

可见也满足平衡条件。再如截取杆件 CDE[图 7-27(g)]，有

$$\begin{cases}\sum X = 4.85 - 0.80 - 4.05 = 0\\ \sum Y = 31.90 + 76.40 + 11.70 - 20\times 4 - 40 = 0\\ \sum M_C = 10 + 2.13 - 12.93 + 20\times 4\times 2 + 40\times 6 - 11.70\times 8 - 76.40\times 4 = 0\end{cases}$$

仍然满足平衡条件。

2. 位移条件的校核

只有平衡条件的校核，还不能保证超静定结构的内力图一定是正确的，这是因为最后内力图是求出多余力后，将多余力连同原结构上的各种外部因素同时加在基本结构上，而后依据基本结构的平衡条件绘出的。在这种情况下，即使多余力计算有误，也不会由平衡条件反映出来，因此还必须进行位移条件的校核。

由于多余力是根据结构的位移条件求出的(力法方程就是以多余未知力表示的位移条件)，所以如果多余力是正确的，则依据正确的多余力作出的内力图必定能使结构满足已知的位移条件。基于以上分析，超静定结构的最后内力图才是唯一正确的。

按位移条件进行校核时，对梁和刚架只承受外荷载的情况，通常是根据结构的最后弯矩图(M 图)，验算沿任一多余力 $x_i(i=1,2,3,\cdots,n)$ 方向的位移，看它是否与原结构的实际位移($\varDelta_c$)相符。具体校核方法为：去掉已知位移相应的约束，并以单位力 $\bar{x}_1=1$ 代替，进而写出 $\overline{M}_i$ 弯矩表达式或作出 $\overline{M}_i$ 图，代入下式进行验算：

$$\varDelta_i = \sum\int\frac{\overline{M}_i M}{EI}\mathrm{d}s = \varDelta_{iC}\left(i=1,2,\cdots,n\right)$$

例如，为了校核如图 7-27(b)所示的 M 图，可选取如图 7-27(h)所示的基本结构，并校核切口 F 处两侧截面的相对转角是否等于零。为此，切口 F 处加一对单位力偶 $P_{K1}=1$，相应的单位弯矩图 $\overline{M}_{K1}$ 图与 M 图相乘：

$$\phi F=\frac{1}{EI}\left[(1\times 4)\left(\frac{6.47-12.93}{2}\right)\right]+\frac{1}{2EI}\left[-(1\times 4)\times\left(\frac{2.93+34.34}{2}\right)+\left(\frac{2}{3}\times 4\times 40\right)\times 1\right]$$
$$+\frac{1}{EI}\left[(1\times 4)\times\left(\frac{1.07-2.13}{2}\right)\right]\approx 0$$

可见满足切口 F 处两侧截面的相对转角等于零的位移条件，说明 $ACDB$ 部分弯矩图是正确的。

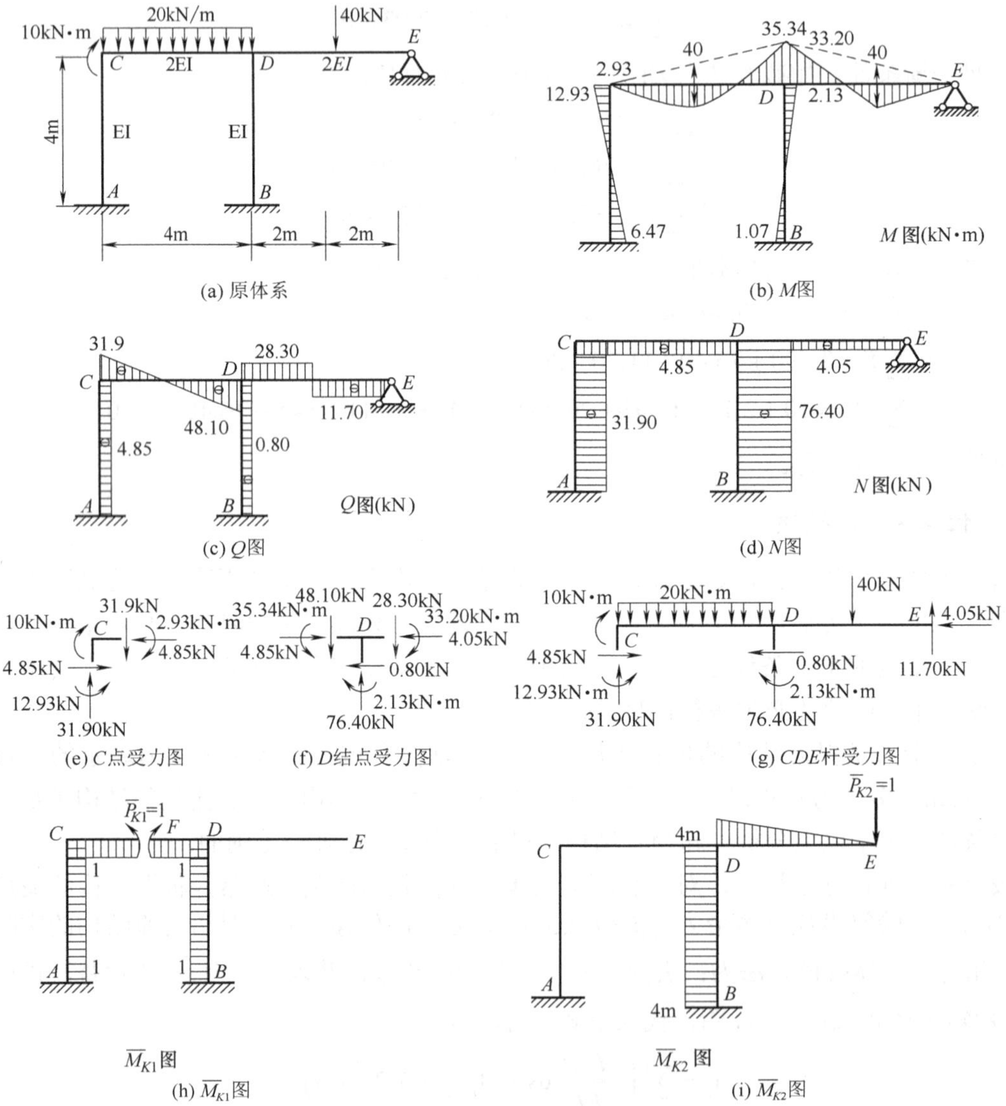

(a) 原体系　(b) M图

(c) Q图　(d) N图

(e) C点受力图　(f) D结点受力图　(g) CDE杆受力图

(h) $\overline{M}_{K1}$图　(i) $\overline{M}_{K2}$图

图 7-27　超静定结构最后内力图的校核

为验算 DE 部分的弯矩图是否正确，可选取如图 7-27(i)所示的基本结构，并校核 E 支座的竖向位移，为此在 E 处加一竖向单位力 $\overline{P}_{K2}=1$，相应的单位弯矩图 $\overline{M}_{K2}$ 如图 7-27(i)

所示。用$\overline{M}_{K2}$图与M图相乘，则

$$\Delta_{EV}=\frac{1}{EI}\left[(4\times4)\times\left(\frac{1.07-2.13}{2}\right)\right]+\frac{1}{2EI}\left[\left(\frac{1}{2}\times4\times4\right)\times\left(\frac{2}{3}\times33.20\right)-\left(\frac{1}{2}\times4\times40\right)\times\left(\frac{1}{2}\times4\right)\right]\approx0$$

可见满足E支座的竖向位移等于零的位移条件。由以上分析可以看出，如果单位弯矩图$\overline{M}_i$中各杆都有弯矩，则位移条件的校核工作可一次完成；如果单位弯矩图$\overline{M}_i$中只部分杆件有弯矩，则必须另外选取单位弯矩图进行校核。总之，必须使所有杆件的弯矩图都参与运算，这时变形条件的校核才是正确和全面的。

7.7 温度变化时和支座移动时超静定结构的计算

由于超静定结构具有多余约束，除荷载之外，温度变化、支座移动、制造误差等凡能使结构产生变形的因素，都会使结构产生内力，这是超静定结构的特征之一。

如前所述，用力法计算超静定结构时，要根据位移条件建立求解多余未知力的力法方程，即根据基本结构在外部因素和多余力共同作用下，在去掉多余约束处的位移应与原体系的实际位移相符的条件下建立力法方程。这里外部因素不仅仅指荷载，还应包括温度变化、支座移动、制造误差等广义荷载，仅此而已。

7.7.1 温度变化时超静定结构的计算

考察如图 7-28 所示的超静定刚架，设刚架外侧的表面温度上升t_1℃，内侧的表面温度上升了t_2℃，现在用力法计算其内力。

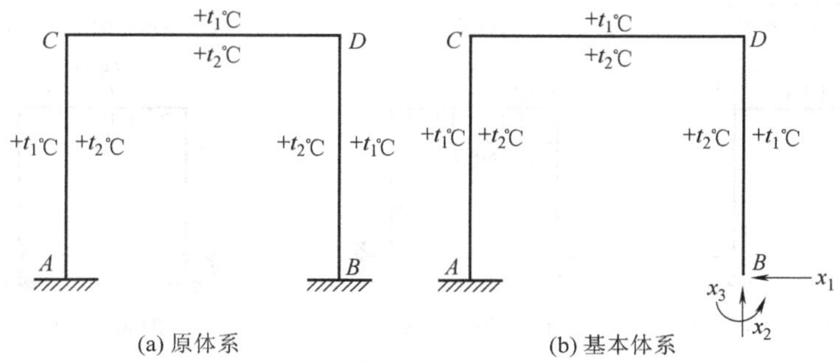

图 7-28 温度变化时超静定刚架的计算

去掉支座B处的三个多余约束，以相应的多余未知力x_1、x_2、x_3代替，得到如图 7-28(b)所示的基本体系。设基本结构的B点由于温度改变，沿x_1、x_2、x_3方向产生位移分别为Δ_{1t}、Δ_{2t}和Δ_{3t}，它们可按第 6 章介绍的方法计算。

$$\Delta_{it}=\sum(\pm)\int\overline{N}_i\alpha t_0\mathrm{d}s+\sum(\pm)\int\frac{\overline{M}_i\alpha\Delta t}{h}\mathrm{d}s\quad(i=1,\ 2,\ 3)\tag{7-19}$$

若每一杆件沿其全长温度改变相同，且截面尺寸不变，则上式可改写为

$$\Delta_{it}=\sum(\pm)\alpha t_0\omega_{\overline{N}_i}+\sum(\pm)\alpha\frac{\Delta t}{h}\omega_{\overline{M}_i}\quad(i=1，2，3)\tag{7-20}$$

根据基本结构在多余力 x_1、x_2、x_3 以及温度改变的共同作用下 B 点位移应与原体系相同的条件，可以列出如下的力法方程，即

$$\left.\begin{array}{l}\delta_{11}x_1+\delta_{12}x_2+\delta_{13}x_3+\Delta_{1t}=0\\ \delta_{21}x_1+\delta_{22}x_2+\delta_{23}x_3+\Delta_{2t}=0\\ \delta_{31}x_1+\delta_{32}x_2+\delta_{33}x_3+\Delta_{3t}=0\end{array}\right\}\tag{7-21}$$

上式中柔度系数的计算仍与以前所述相同，自由项则按式(7-19)或式(7-20)计算。由于基本结构是静定的，温度改变并不使其产生内力，由式(7-21)解出多余力 x_1、x_2 和 x_3 后，原体系的弯矩按下式计算：

$$M=\overline{M}_1x_1+\overline{M}_2x_2+\overline{M}_3x_3\tag{7-22}$$

求出弯矩图后，剪力和轴力通过取相应隔离体，利用平衡条件解出，且最后内力只与多余力有关。

计算 n 次超静定结构由于温度引起的内力，方法与此相同。

例 7-8 如图 7-29(a)所示刚架，外侧温度升高了 25℃，内侧温度升高 15℃，试绘制其弯矩图并计算横梁中点的竖向位移。刚架 EI 等于常数，截面为矩形，其高度 h=0.6m，材料线膨胀系数为 α 。

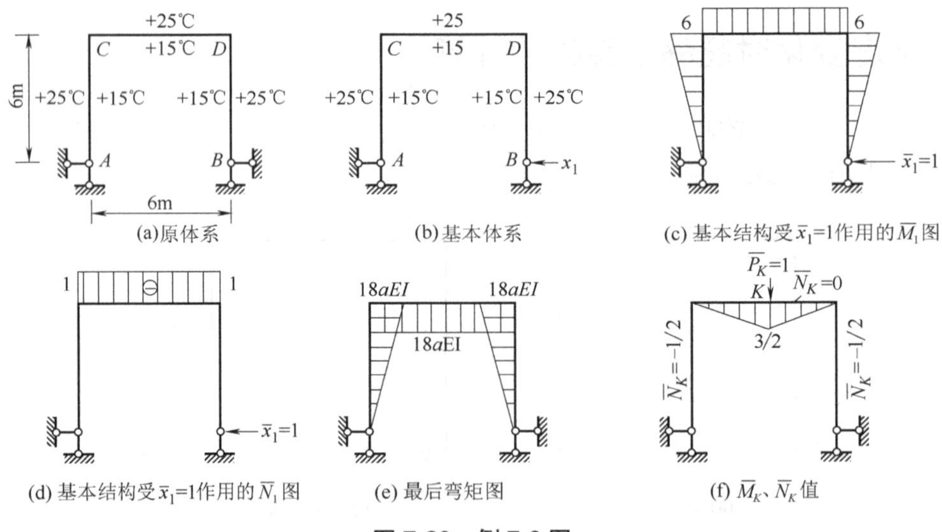

图 7-29 例 7-8 图

解：这是一次超静定刚架，取如图 7-29(b)所示的基本体系，相应的力法方程为

$$\delta_{11}x_1+\Delta_{1t}=0$$

绘出单位力作用下的 $\overline{M}_1$ 图和 $\overline{N}_1$ 图[图 7-29(c)、(d)]，求得柔度系数和自由项为

$$\delta_{11}=\sum\int\frac{\overline{M}_1^2\mathrm{d}s}{EI}=\frac{1}{EI}\left(2\times\frac{6\times6}{2}\times\frac{2\times6}{3}+6\times6\times6\right)=\frac{360}{EI}$$

$$\begin{aligned}\varDelta_{1t}&=\sum(\pm)\alpha t_0\omega_{\overline{N}_1}+\sum(\pm)\frac{\alpha\Delta t}{h}\omega_{\overline{M}_1}\\&=-\alpha\times\frac{25\times15}{2}\times(1\times6)+\frac{\alpha}{0.6}\times(25-15)\times\left(2\times\frac{6\times6}{2}+6\times6\right)\\&=-120\alpha+1200\alpha=1080\alpha\end{aligned}$$

将柔度系数和自由项代入力法方程：

$$x_1=-\frac{\varDelta_{1t}}{\delta_{11}}=\frac{1080\alpha}{\dfrac{360}{EI}}=-3.00\alpha EI$$

最后弯矩图如图 7-29(e)所示。由计算结果可知，在温度变化影响下，超静定结构的内力与各杆刚度的绝对值有关，这与荷载作用下的情况是不同的。

为求横梁中点 K 的竖向位移，应在基本结构 K 点竖直方向加一虚拟单位力，作出 $\overline{M}_K$ 图，并计算各杆轴力 $\overline{N}_K$ 图[7-29(f)]，然后由位移计算公式求得

$$\begin{aligned}\varDelta_{KV}&=\sum\int\frac{\overline{M}_K M_P}{EI}\mathrm{d}s+\sum(\pm)\alpha t_0\omega\overline{N}_K+\sum(\pm)\frac{\alpha\Delta t}{h}\omega_{\overline{M}_K}\\&=\frac{1}{EI}\left(\frac{1}{2}\times6\times\frac{3}{2}\times18\alpha EI\right)-\alpha\times\frac{25+15}{2}\times2\times\frac{1}{2}\times6-\frac{\alpha(25-15)}{0.6}\times\left(\frac{1}{2}\times\frac{3}{2}\times6\right)\\&=81\alpha-120\alpha-75\alpha=-114\alpha(\uparrow)\end{aligned}$$

7.7.2 支座移动时超静定结构的计算

超静定结构在支座移动情况下的内力计算原则上与前面所述类似，只是力法方程中自由项的计算有所不同。

如图[7-30(a)]所示的连续梁，设其支座 B 下沉 c_1，支座 C 下沉 c_2。先考察三种选取基本结构的方案：方案 I 是把产生移动的支座视为多余约束[图 7-30(b)]；方案 II 是保留移动的支座，而把其他约束视为多余约束[图 7-30(c)]；方案III是同时选取部分产生移动的支座和部分无法移动的支座作为多余约束[7-30(d)]。针对不同方案，所列力法方程自然不同。上述三种方案所对应的力法方程如式(7-23)~(7-25)所示。

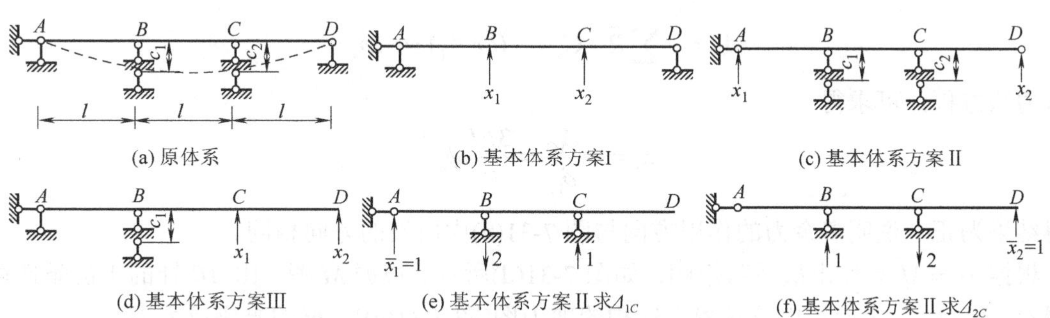

图 7-30 支座移动时连续梁的计算

$$\left.\begin{aligned}\delta_{11}x_1+\delta_{12}x_2&=-c_1\\ \delta_{21}x_1+\delta_{22}x_2&=-c_2\end{aligned}\right\}\tag{7-23}$$

$$\left.\begin{aligned}\delta_{11}x_1+\delta_{12}x_2+\varDelta_{1C}&=0\\ \delta_{21}x_1+\delta_{22}x_2+\varDelta_{2C}&=0\end{aligned}\right\}\tag{7-24}$$

$$\left.\begin{aligned}\delta_{11}x_1+\delta_{12}x_2+\varDelta_{1C}&=-c_2\\ \delta_{21}x_1+\delta_{22}x_2+\varDelta_{2C}&=0\end{aligned}\right\}\tag{7-25}$$

以上所述力法方程中的自由项$\varDelta_{iC}$ (i=1，2)表示基本结构由于支座移动所引起的、沿多余力x_i方向相应的位移。该位移可按下式计算：

$$\varDelta_{iC}=-\sum\overline{R}_iC_a$$

以基本体系方案Ⅱ为例[图 7-30(c)]，其相应力法方程[式(7-24)]中的自由项可参照图 7-30(e)、(f)计算如下：

$$\varDelta_{1C}=-(2\times c_1-1\times c_2)=c_2-2c_1$$
$$\varDelta_{2C}=-(-1\times c_1+2\times c_2)=c_1-2c_2$$

柔度系数的计算和最后弯矩图的绘制与前面所述相同。因静定基本结构在支座移动下并不产生内力，故原体系的弯矩计算式为

$$M=\overline{M}_1x_1+\overline{M}_2x_2$$

例 7-9 如图 7-31(a)所示为一单跨超静定梁，设固定支座A处发生转角，试求梁的内力和支座反力。

解：选取基本体系如图 7-31(b)所示。根据原体系支座B处竖向位移等于零的位移条件，建立力法方程：

$$\delta_{11}x_1+\varDelta_{1C}=0$$

绘出$\overline{M}_1$图，如图 7-31(c)所示，相应的支座反力$\overline{x_1}$也标在图中，由此求得

$$\delta_{11}=\frac{1}{EI}\left(\frac{1}{2}\times l\times l\times\frac{2}{3}\times l\right)=\frac{l^3}{3EI}$$

$$\varDelta_{1C}=-\sum\overline{R}_1\cdot C_a=-(l\times\phi_A)=-l\phi_A$$

代入力法方程，可求得

$$x_1=-\frac{\varDelta_{1C}}{\delta_{11}}=\frac{3EI}{l^2}\phi_A$$

所得结果为正，说明多余力的作用方向与图 7-31(b)中所设的方向相同。

根据$M=\overline{M}_1x_1$作出最后弯矩图，如图 7-31(d)所示。根据M图，由AB杆的平衡条件可求得Q_{AB}和Q_{BA}，进而绘出该超静定结构的剪力图[图 7-31(e)]。梁的支座反力为

$$R_B=x_1=\frac{3EI}{l^2}\phi_A(\uparrow)$$

$$R_A = -R_B = -\frac{3EI}{l^2}\phi_A(\downarrow)$$

$$M_A = \frac{3EI}{l}\phi_A(\circlearrowright)$$

如果选取基本结构Ⅱ，如图 7-31(f)所示，则相应的力法方程为

$$\delta_{11}x_1 = \phi_A$$

绘出$\overline{M'}_1$图并求出柔度系数

$$\delta_{11} = \frac{1}{EI}\left(\frac{1}{2}\times l\times 1\times\frac{2}{3}\right) = \frac{l}{3EI}$$

代入力法方程组，解得

$$x_1 = \frac{3EI}{l}\phi_A$$

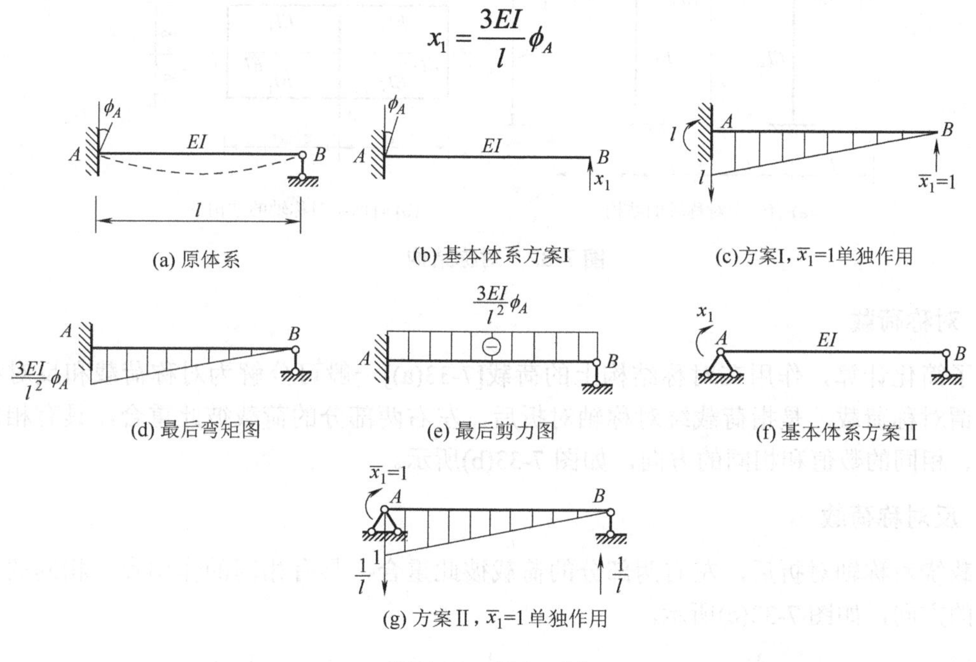

图 7-31　例 7-9 图

根据计算结果绘出的最后弯矩图和剪力图仍如 7-31(d)、(e)所示。比较以上两种计算方法可以看出，虽然选取的基本体系不同，相应的力法方程形式也不同，但最后内力图是完全相同的。这表明超静定结构的计算结果与基本体系的选取形式无关，计算结果是唯一的。

7.8　对称性的利用

在工程中，很多结构是对称的，利用对称性可以使对称结构的计算得到简化。

7.8.1 结构和荷载的对称性

1. 结构的对称性

所谓对称结构，是指结构的几何形状、支承情况、杆件的截面尺寸和弹性模量均对称于某一几何轴线的结构。也就是说若将结构绕该轴线对折后，结构在轴线两边的部分将完全重合。该轴线称为结构的对称轴。如图 7-32(a)所示的刚架即为对称结构，它有一根竖向对称轴 y-y。如图 7-32(b)所示的封闭框格有两根对称轴 x-x、y-y。

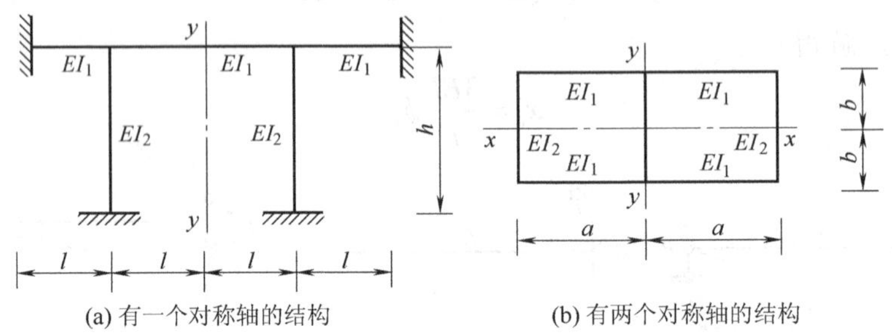

(a) 有一个对称轴的结构　　(b) 有两个对称轴的结构

图 7-32　对称结构

2. 对称荷载

为了简化计算，作用在对称结构上的荷载[7-33(a)]一般可分解为对称荷载和反对称荷载。所谓对称荷载，是指荷载绕对称轴对折后，左右两部分的荷载彼此重合，具有相同的作用点、相同的数值和相同的方向，如图 7-33(b)所示。

3. 反对称荷载

荷载绕对称轴对折后，左右两部分的荷载彼此重合，具有相同的作用点、相同的数值和相反的方向，如图 7-33(c)所示。

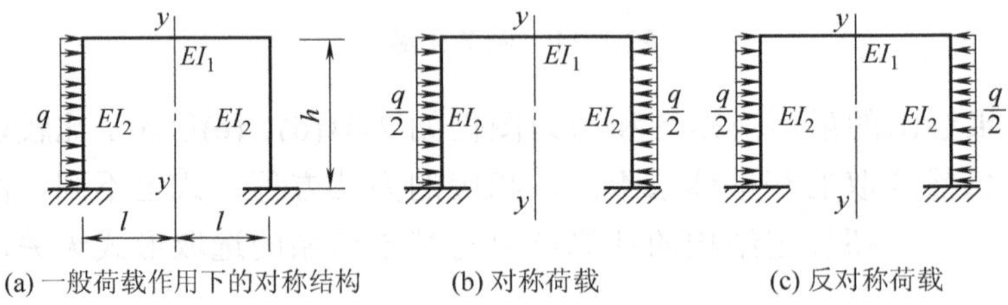

(a) 一般荷载作用下的对称结构　　(b) 对称荷载　　(c) 反对称荷载

图 7-33　对称荷载与反对称荷载

7.8.2 对称结构承受对称荷载

考察如图 7-33(b)所示对称结构承受对称荷载的情况。选择对称的基本体系，并取对称力 x_1 和 x_2、反对称力 x_3 作为多余未知力[图 7-34(a)]。相应的力法方程为

$$\left.\begin{aligned}\delta_{11}x_1+\delta_{12}x_2+\delta_{13}x_3+\Delta_{1P}=0\\\delta_{21}x_1+\delta_{22}x_2+\delta_{23}x_3+\Delta_{2P}=0\\\delta_{31}x_1+\delta_{31}x_2+\delta_{33}x_3+\Delta_{3P}=0\end{aligned}\right\}\tag{7-26}$$

作出单位弯矩图和荷载弯矩图，如图 7-34(b)～(e)所示。由于对称多余力 x_1 和 x_2 的单位弯矩图及对称荷载作用下的弯矩图是对称的，相应的变形(图中虚线所示)也是对称的；而反对称多余力 x_3 的单位弯矩图是反对称的，相应的变形也是反对称的。因此，在计算力法方程的柔度系数和自由项时，对称的 $\overline{M}_1$ 图、$\overline{M}_2$ 图和 $\overline{M}_P$ 图与反对称的 $\overline{M}_3$ 图相乘时，其结果为零，即

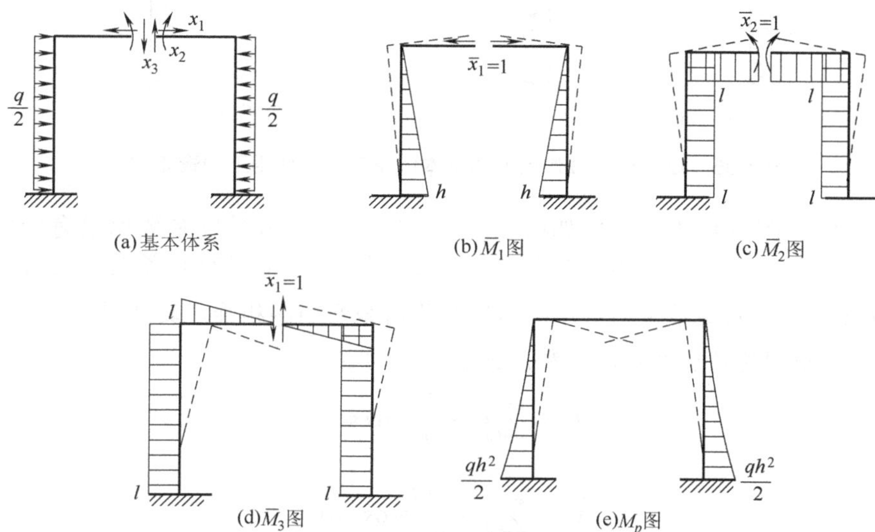

图 7-34　对称荷载作用下的基本体系及相应内力、变形图

$$\delta_{13}=\delta_{31}=\sum\int\frac{\overline{M}_1\overline{M}_3}{EI}\mathrm{d}s=0$$

$$\delta_{23}=\delta_{32}=\sum\int\frac{\overline{M}_2\overline{M}_3}{EI}\mathrm{d}s=0$$

$$\Delta_{3P}=\sum\int\frac{\overline{M}_3M_P}{EI}\mathrm{d}s=0$$

这样力法方程[式(7-26)]简化为

$$\left.\begin{aligned}\delta_{11}x_1+\delta_{12}x_2+\Delta_{1P}=0\\\delta_{21}x_1+\delta_{22}x_2+\Delta_{1P}=0\\\delta_{33}x_3=0\end{aligned}\right\}\tag{7-27}$$

由式(7-27)的第三式可知，反对称多余力 $x_3=0$，只需要式(7-27)的前两式计算对称多余力 x_1 和 x_2 即可。

结论：对称结构在对称荷载作用下，只存在对称多余力，反对称多余力等于零；其变形是对称的。

7.8.3 对称结构承受反对荷载

考察如图 7-33(c)所示对称结构承受反对称荷载的情况。选择对称基本体系，并取对称力 x_1 和 x_2、反对称力 x_3 作为多余未知力[图 7-35(a)]，相应的力法方程仍为式(7-26)。

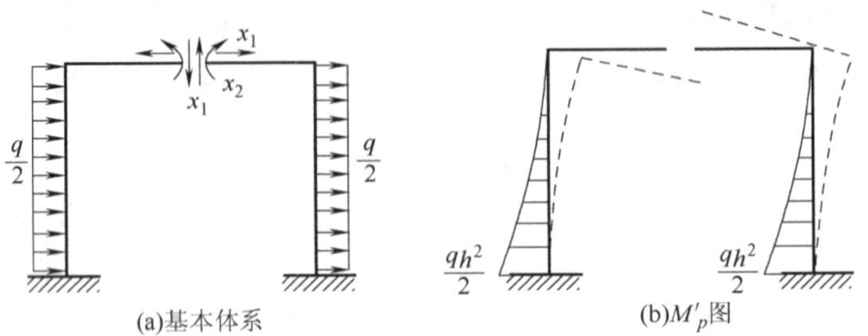

图 7-35 反对称荷载作用下的基本体系及荷载作用下的弯矩图

由于单位弯矩图没有变化，仍如图 7-34(b)~(d)所示，故柔度系数也没有变化；但由于此时的荷载是反对荷载，故其弯矩图 M'_P 为反对称的，相应的变形也是反对称的，如图 7-35(b)所示。此时对称单位力弯矩图与反对称荷载弯矩图相乘，其结果为零；而反对称单位力弯矩图与反对称荷载弯矩图相乘，其结果不为零：

$$\Delta_{1P}=\sum\int\frac{\overline{M}_1M_P}{EI}\mathrm{d}s=0$$

$$\Delta_{2P}=\sum\int\frac{\overline{M}_2M_P}{EI}\mathrm{d}s=0$$

$$\Delta_{3P}=\sum\int\frac{\overline{M}_3M_P}{EI}\mathrm{d}s\neq0$$

这样力法方程[式(7-26)]简化为

$$\left.\begin{aligned}\delta_{11}x_1+\delta_{12}x_2&=0\\\delta_{21}x_1+\delta_{22}x_2&=0\\\delta_{33}+\Delta_{3P}&=0\end{aligned}\right\}\tag{7-28}$$

由式(7-28)的前两式，并根据二元一次齐次方程组的性质，可知对称多余力 $x_1=x_2=0$。由第三式可求出反对称多余力 x_3。

结论：对称结构在反对称荷载作用下，只存在反对称多余力，对称多余力等于零；其变形是反对称的。

以上介绍了利用对称的基本体系计算对称结构的方法。当对称结构承受一般荷载时，如图 7-33(a)所示的情况，可以将荷载分解成对称和反对称两组，如图 7-33(b)、(c)所示，分别计算上述两组荷载下的内力，而后将它们叠加，即可求得原结构的内力，这样做会使计算工作简化。

现在讨论对称结构的中柱恰好位于对称轴上的情况[图 7-36(a)]。计算这类结构时，同样可以将荷载分为对称和反对称两组[图 7-36(b)、(c)]，并根据支座反力的对称性，分别计算上述两组荷载下的内力，而后将它们叠加，即可求得原结构的内力。相应于上述对称和反对称两组情况的基本体系分别如图 7-36(d)、(e)所示，图中 x_1、x_2 为广义多余未知力，相应的力法方程为

$$\delta_{11}x_1 + \Delta_{P} = 0$$
$$\delta_{22}x_2 + \Delta_{2P} = 0$$

式中，系数 $\delta_{ii}(i=1,2)$ 应理解为基本结构由于广义力 $\overline{x_i}=1$ 作用所引起的广义力 $\overline{x_i}=1$ 相应的位移。

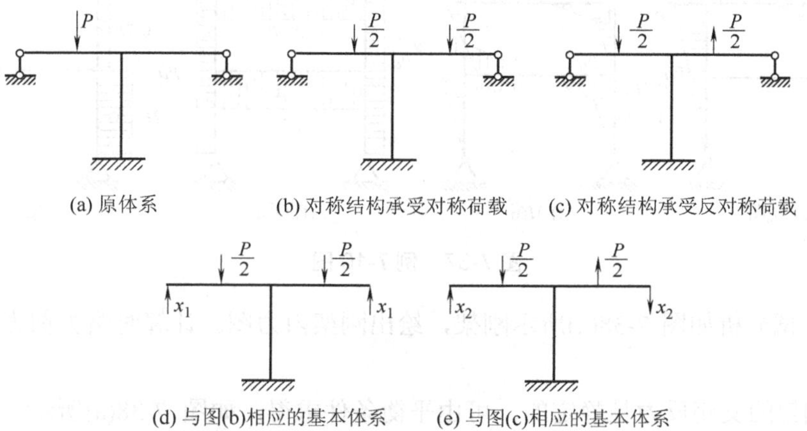

图 7-36 对称轴上有竖柱时对称性利用的例子

例 7-10 试分析如图 7-37(a)所示的刚架，绘出刚架内力图。已知各杆 EI 为常数。

解：此刚架为四次超静定对称架，承受反对称荷载作用。取对称形式的基本体系，如图 7-37(b)所示。因为对称结构在反对称荷载作用下，正对称多余未知力等于零，所以图中只绘出反对称多余力 x_1，力法方程为

$$\delta_{11}x_1 + \Delta_{P} = 0$$

分别绘出 $\overline{M}_1$ 图和 M_P 图，如图 7-37(c)、(d)所示。柔度系数和自由项计算如下：

$$\delta_{11} = \frac{1}{EI}\left[\left(\frac{1}{2}\times a\times a\right)\times\left(\frac{2}{3}\times a\right)\times 4 + (a\times a)\times a\times 2\right] = \frac{10a^3}{3EI}$$

$$\Delta_{1P} = \frac{1}{EI}\left[\left(\frac{1}{2}\times a\times a\right)\times\left(\frac{2}{3}\times 2aP\right) + (a\times a)\times\left(\frac{2Pa+Pa}{2}\right)\right]\times 2 = \frac{13Pa^3}{3EI}$$

将 δ_{11}、Δ_{P} 代入力法方程，解得

$$x_1 = -\frac{\Delta_{1P}}{\delta_{11}} = -\frac{13Pa^3}{3EI}\cdot\frac{3EI}{10a^3} = -1.3P$$

依 $M=\overline{M}_1x_1+M_P$ 绘出刚架的弯矩图，进而根据杆件和结点的平衡条件，绘出刚架的剪力图和轴力图，如图 7-37(e)～(g)所示。

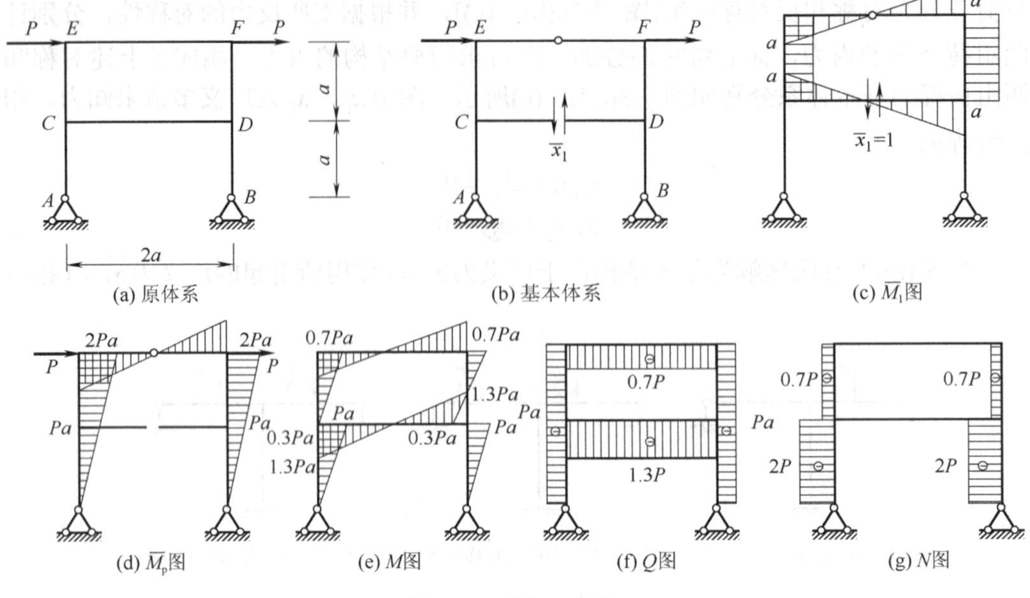

图 7-37 例 7-10 图

例 7-11 试分析如图 7-38(a)所示刚架，绘出刚架内力图。计算时略去剪力和轴力对变形的影响。

解： 此刚架的支座反力是静定的，可由平衡条件求得，如图 7-38(a)所示。将荷载以及支座反力分为对称和反对称两组，如图 7-38(b)、(c)所示。图 7-38(b)属于对称结构承受对称荷载情况，由于三根竖柱只承受沿杆轴方向局部自相平衡的作用力，且计算时略去剪力和轴力对变形的影响，所以除三根竖柱只存在轴力外，其他杆件不存在内力。在图 7-38(c)中，以通过各竖柱中点的轴为对称轴，根据对称结构承受反对称荷载的特性，可取如图 7-38(d)所示的基本体系计算，此时只有一个反对称多余力 x_1。力法方程为

$$\delta_{11}x_1 + \varDelta_{1P} = 0$$

分别绘出 $\overline{M}_1$ 图和 M_P 图，如图 7-38(e)、(f)所示，柔度系数和自由项计算如下：

$$\delta_{11} = \frac{4}{EI}\left[\left(\frac{1}{2}\times1.5\times1.5\right)\times\left(\frac{2}{3}\times1.5\right)+(1.5\times1.5)\right]=\frac{63}{2EI}$$

$$\varDelta_{1P} = \frac{4}{EI}\times\left(\frac{1}{2}\times3\times45\times1.5\right)=\frac{405}{EI}$$

将 δ_{11}、$\varDelta_{1P}$ 代入力法方程，解得

$$x_1 = -\frac{\varDelta_{1P}}{\delta_{11}} = -\frac{405}{EI}\cdot\frac{2EI}{63} = -12.86\text{kN}$$

依 $M=\overline{M}_1x_1+M_P$ 绘出刚架的弯矩图，进而根据杆件和结点的平衡条件绘出刚架的剪力图和轴力图。原体系的弯矩图、剪力图和轴力图分别如图 7-38(g)~(i)所示。注意在绘制轴力图时，应同时叠加图 7-38(b)、(c)两种情况。

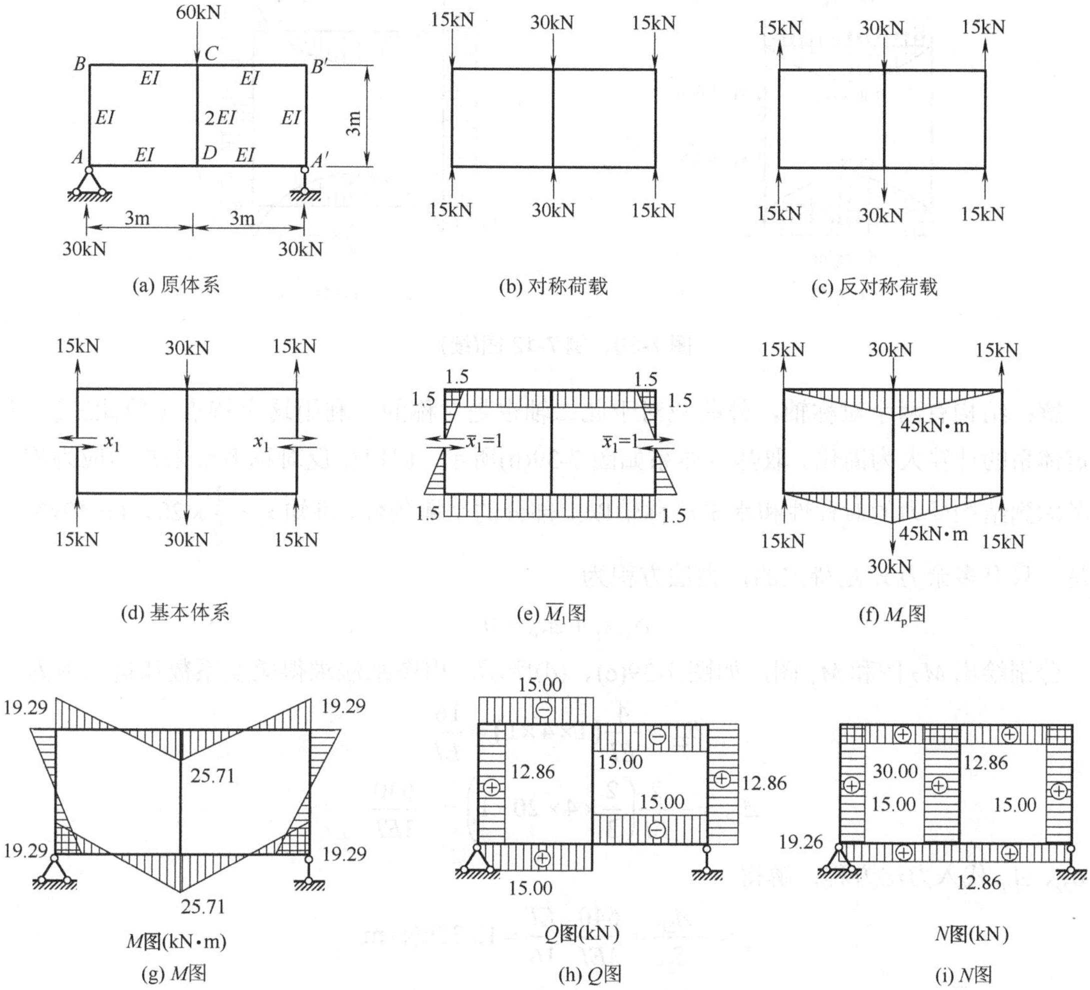

(a) 原体系　(b) 对称荷载　(c) 反对称荷载

(d) 基本体系　(e) $\overline{M}_1$图　(f) M_p图

M图(kN·m)　Q图(kN)　N图(kN)

(g) M图　(h) Q图　(i) N图

图 7-38　例 7-11 图

例 7-12　试分析如图 7-39(a)所示刚架，绘出刚架弯矩图。已知各杆 EI 为常数。

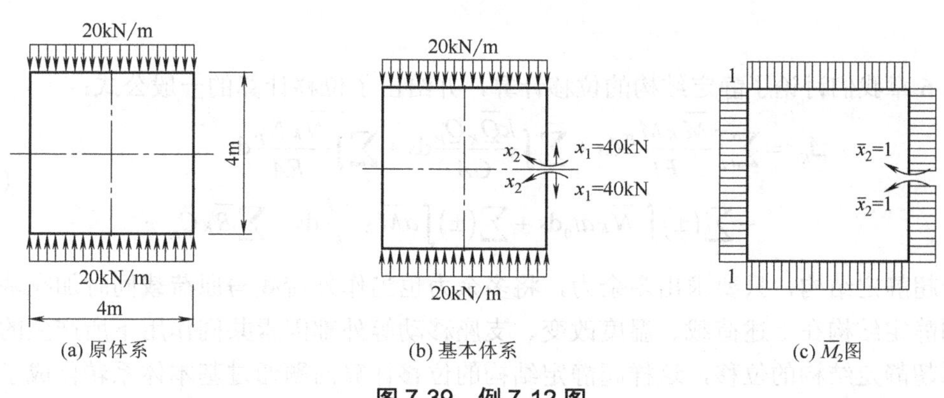

(a) 原体系　(b) 基本体系　(c) $\overline{M}_2$图

图 7-39　例 7-12 图

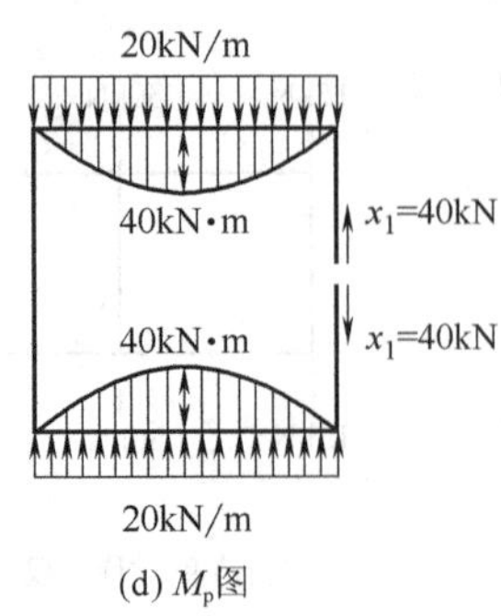

(d) M_p图

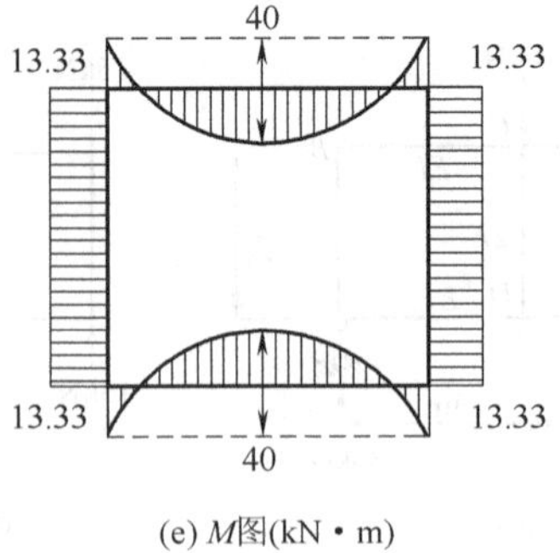

(e) M图(kN·m)

图 7-39　例 7-12 图(续)

解：结构有两个对称轴，外荷载对于此二轴也是对称的，利用这个特点可使此三次超静定体系的计算大为简化。取基本体系如图 7-39(b)所示，切口处反对称多余未知力应为零。又考虑到结构受力的对称性和水平对称轴以上部分的平衡条件，可知 $x_1 = \dfrac{1}{2} \times 20 \times 4 = 40\text{kN}$。于是，只有多余力 x_2 是待定的，力法方程为

$$\delta_{22} x_2 + \Delta_{2P} = 0$$

分别绘出 $\overline{M}_2$ 图和 M_P 图，如图 7-39(c)、(d)所示。用图乘法求得柔度系数和自由项为

$$\delta_{22} = \frac{4}{EI}(1 \times 4 \times 1) = \frac{16}{EI}$$

$$\Delta_{2P} = -\frac{2}{EI}\left(\frac{2}{3} \times 4 \times 20 \times 1\right) = -\frac{640}{3EI}$$

将 δ_{22}、Δ_{2P} 代入力法方程，解得

$$x_2 = -\frac{\Delta_{2P}}{\delta_{22}} = \frac{640}{3EI} \cdot \frac{EI}{16} = 13.33\text{kN} \cdot \text{m}$$

依 $M = \overline{M}_2 x_2 + M_P$ 绘出刚架的弯矩图，如图 7-39(e)所示。

7.9　超静定结构的位移计算

在第 6 章我们讨论了静定结构的位移计算，并给出了位移计算的一般公式：

$$\Delta_{Ka} = \sum \int \frac{\overline{M}_K M_P}{EI} \text{d}s + \sum \int \frac{k \overline{Q}_K Q_P}{GA} \text{d}s + \sum \int \frac{\overline{N}_K N_P}{EA} \text{d}s + \sum (\pm) \int \overline{N}_K a t_0 \text{d}s + \sum (\pm) \int a \overline{M}_K \frac{\Delta t}{h} \text{d}s - \sum \overline{R}_K C_a \tag{7-29}$$

对于超静定结构，只要求出多余力，将多余力也当作外荷载与原荷载同时加在基本结构上，则静定结构在上述荷载、温度改变、支座移动等外部因素共同作用下所产生的位移也就是原超静定结构的位移，这样超静定结构的位移计算问题通过基本体系转化成了静定结构的位移计算问题，因而式(7-29)仍可适用。但应注意：式中 M_P、Q_P、N_P 应为基本结构

由于外荷载和所有多余力 x_i 共同作用下的内力，即原超静定结构的实际内力；而 $\overline{M}_K$、$\overline{Q}_K$、$\overline{N}_K$ 和 $\overline{R}_K$ 为基本结构由于虚拟单位力 $\overline{P}_K=1$ 的作用所引起的内力和支座反力；t_0、Δt、C_a 分别为基本结构所承受的温度改变和支座移动，它们即原结构的温度改变和支座移动。

根据以上分析，当计算超静定梁和超静定刚架由于外荷载引起的位移时，可首先求出原体系的最后弯矩图，并将该图作为求位移的 M_P 图，而后求哪个方向的位移就在要求位移的方向上加上相应的单位力，绘出 $\overline{M}_K$ 图，最后按下式计算原体系的位移：

$$\Delta=\sum\int\frac{\overline{M}_K M_P}{EI}\mathrm{d}s$$

计算超静定结构的位移时，还应注意以下问题：

(1) 由于超静定结构的内力并不因所选取的基本结构不同而有所改变，可取任一基本结构作为求位移的虚拟状态。为了简化计算，尽量取单位弯矩图比较简单的基本结构。

(2) 基本结构是由原超静定结构简化而来，所以虚拟状态的约束不能大于原超静定结构的约束。

(3) 计算超静定结构由于温度改变、支座移动引起的位移时，其位移除包括 $\overline{M}_K$ 和 M_P 图相乘部分外，还应包括上述因素在基本结构上引起的位移。

下面举例说明超静定结构的位移计算。

例 7-13　试计算如图 7-40(a)所示超静定梁中点 C 的竖向线位移 Δ_{CV}。

解： 计算原体系(计算过程略)，绘出原体系的最后弯矩图，如图 7-40(b)所示。为求梁中点 C 的竖向位移，应在 C 点竖直方向上加相应单位力。单位力可以加在由原超静定结构简化而来的任一基本结构上[图 7-40(c)、(d)]，也可以加在原结构上[图 7-40(e)]，用以上三种情况下的单位弯矩图 $\overline{M}_{K1}$ 或 $\overline{M}_{K2}$ 或 $\overline{M}_{K3}$ 中的任一个与 M 图相乘，都可以得到原结构 C 点的竖向位移，显然 $\overline{M}_{K1}$ 图与 M 图相乘比较简单

$$\Delta_{\mathrm{CV}}=\int_l\frac{\overline{M}_{K1}M}{EI}\mathrm{d}s=\frac{1}{EI}\left[\left(\frac{1}{2}\times\frac{1}{2}\times\frac{1}{2}\right)\times\left(\frac{2}{3}\times\frac{3Pl}{16}-\frac{1}{3}\times\frac{5Pl}{32}\right)\right]=\frac{7Pl}{768EI}(\downarrow)$$

如果用 $\overline{M}_{K4}$ 图[图 7-40(f)]与 M 图相乘，所得结果则是错误的，因为单位弯矩图中 B 点的约束大于原结构的约束，它不是由原超静定结构简化而来的约束。

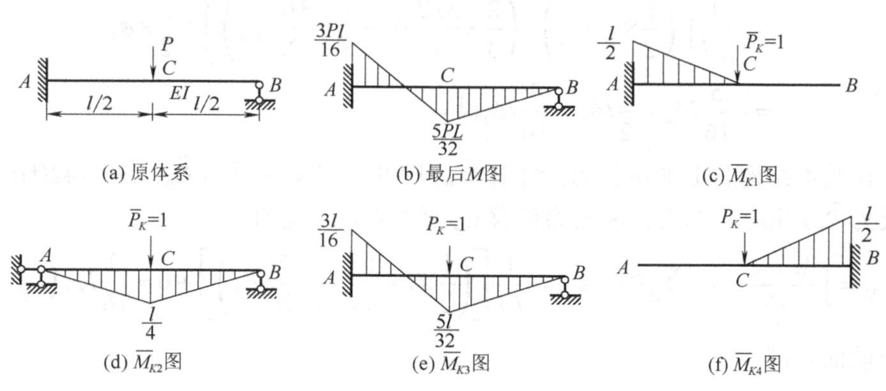

图 7-40　例 7-13 图

例 7-14 试计算如图 7-41(a)所示超静定刚架在荷载作用下横梁 CD 的水平位移 $\varDelta_H$。已知横梁的抗弯刚度为 $3EI$，竖柱的抗弯刚度为 $2EI$。

解： 此刚架为三次超静定，求解刚架(计算过程略)。绘出荷载作用下刚架的最后弯矩图[图 7-41(b)]。为求 CD 杆的水平位移，在基本结构的 D 点加以水平单位力，并绘出单位弯矩图，如图 7-41(c)所示。将单位力弯矩图与刚架的最后弯矩图相乘，即可求得 CD 杆的水平位移为

$$\varDelta_{H_{CD}}=\frac{1}{2EI}\left[\left(\frac{1}{2}\times6\times6\right)\times\left(\frac{2}{3}\times138.24-\frac{1}{3}\times34.56\right)-\left(\frac{2}{3}\times6\times75.6\times\frac{1}{2}\times6\right)\right]$$

$$=\frac{1}{2EI}\times(145.52-907.2)=\frac{272.16}{EI}(\rightarrow)$$

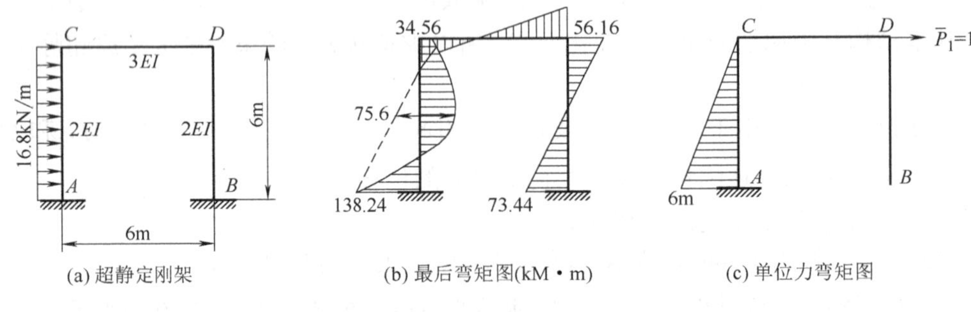

(a) 超静定刚架　(b) 最后弯矩图(kM・m)　(c) 单位力弯矩图

图 7-41　例 7-14 图

例 7-15 图 7-42(a)所示为一单跨超静定梁。设固定支座 A 发生转角 ϕ，试求梁中点 C 的竖向位移 $\varDelta_{CV}$。

解： 取基本体系 I[图 7-42(b)]或基本体系 II[图 7-42(c)]，经计算后求得最后弯矩图[图 7-42(d)]。为求 C 点的竖向位移 $\varDelta_{CV}$，可在基本结构 I 上加单位力，绘出 $\overline{M}_{K1}$ 图并求出支座反力 $\overline{R}_{K1}$，于是有

$$\varDelta_{CV}=\int_l\frac{\overline{M}_{K1}M}{EI}\mathrm{d}s-\sum\overline{R}_{K1}\cdot C_a$$

$$=-\frac{1}{EI}\left[\left(\frac{1}{2}\times\frac{l}{2}\times\frac{l}{2}\right)\times\left(\frac{2}{3}\times\frac{3EI}{l}\phi_A+\frac{1}{3}\times\frac{3EI}{2l}\phi_A\right)\right]+\frac{l}{2}\times\phi_A$$

$$=-\frac{5}{16}l\phi_A+\frac{1}{2}l\phi_A=\frac{3}{16}l\phi_A(\downarrow)$$

也可以在基本结构 II 上加单位力，绘出 $\overline{M}_{K2}$ 图并求出支座反力 $\overline{R}_{K2}$ [图 7-42(f)]，由于与虚拟支座反力 $\overline{R}_{K2}$ 相应的真实支座反力位移 C_a 等于零，于是有

$$\varDelta_{CV}=\int_l\frac{\overline{M}_{K2}M}{EI}\mathrm{d}s-\sum\overline{R}_{K2}\cdot C_a=\frac{1}{EI}\left[\left(\frac{1}{2}\times l\times\frac{1}{4}\right)\times\left(\frac{3EI}{2l}\phi_A\right)\right]+0=\frac{3}{16}l\phi_A(\downarrow)$$

所得结果与前面相同。

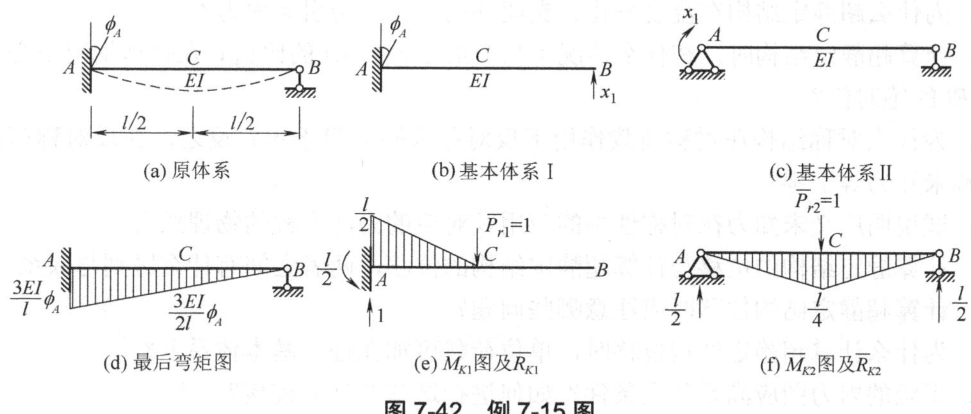

图 7-42　例 7-15 图

复习思考题

1．如何确定超静定次数？在确定超静定次数时应注意什么问题？

2．超静定结构的内力(弯矩、剪力、轴力)是静定的，能否保证它们的任一截面上的应力(正应力和剪应力)也是静定的？

3．原结构、原体系、基本结构和基本体系各是怎样定义的？它们之间有什么区别和联系？

4．用力法计算超静定结构的思路是什么？试说明力法方程的物理意义。

5．在力法计算中可否利用超静定结构作为基本结构？

6．力法原理与叠加原理有什么联系？当叠加原理不适用时，是否还能用力法原理分析超静定结构？

7．用力法计算超静定梁和超静定刚架时，一般忽略剪力和轴力对位移的影响，具体分析时是如何体现的？

8．工程实际中，很多梁两端都是铰支座，是一次超静定结构，为什么在横向荷载作用下可以按简支梁计算？

9．为什么静定结构的内力状态与 *EI* 无关，而超静定结构的内力状态与 *EI* 有关？

10．为什么对于刚性支座上的刚架，在荷载作用下，多余力和内力的大小都只与各杆弯曲刚度 *EI* 的相对值有关，而与其绝对值无关？

11．计算超静定桁架时，取切断多余链杆的基本体系与取去掉多余链杆的基本体系，两者的力法方程有何异同？

12．用力法分析超静定桁架和组合结构时，力法方程中的柔度系数和自由项的计算需要考虑哪些变形因素？

13．如何考虑拱轴曲率对位移计算的影响？

14．为什么两铰拱在支座发生竖向不均匀沉降时并不产生内力？什么样的支座位移才会引起两铰拱的内力？

15．系杆拱有几类?它们各有什么特点？两铰拱与系杆拱的计算有何异同？

16．为什么超静定结构在温度变化、支座移动情况下会引起内力？

17．计算超静定结构时，在什么情况下只需给定各杆 *EI* 的比值？在什么情况下必须给定各杆 *EI* 的绝对值？

18．为什么对称结构在对称荷载作用下反对称未知力等于零？反之，在反对称荷载作用下对称未知力等于零？

19．试说明广义未知力在对称性中的应用及对应的力法方程的物理意义。

20．计算静定结构的位移与计算超静定结构的位移，两者之间有什么区别与联系？

21．计算超静定结构位移时应注意哪些问题？

22．为什么计算超静定结构位移时，单位荷载可加在任一基本体系上？

23．正确的内力图应满足什么条件？如何进行这些条件的校核？

习　　题

7-1　试确定下列结构的超静定次数，并用撤除多余约束的方法将超静定结构变为静定结构。

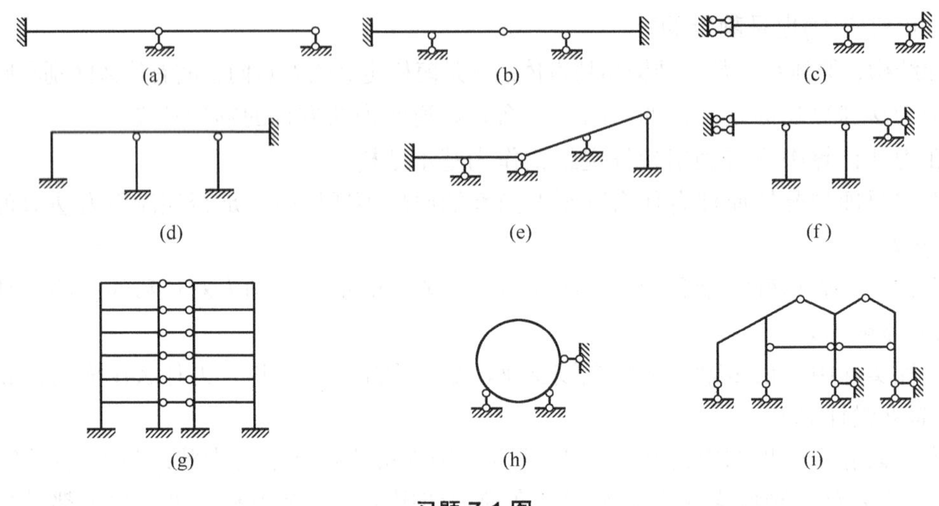

习题 7-1 图

7-2～7-6　试用力法计算图示超静定梁，并绘其 *M* 图、*Q* 图。

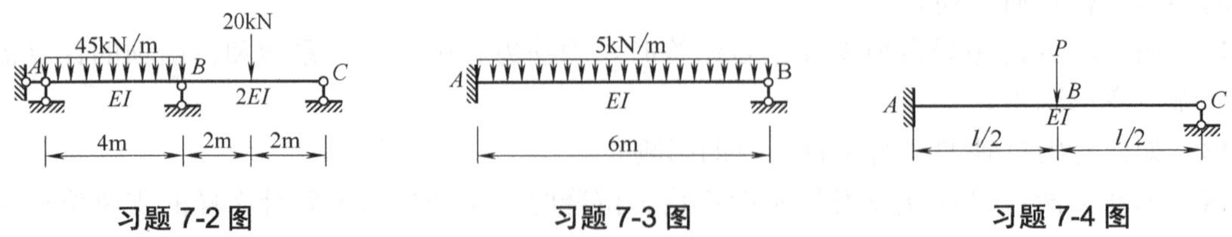

习题 7-2 图　　习题 7-3 图　　习题 7-4 图

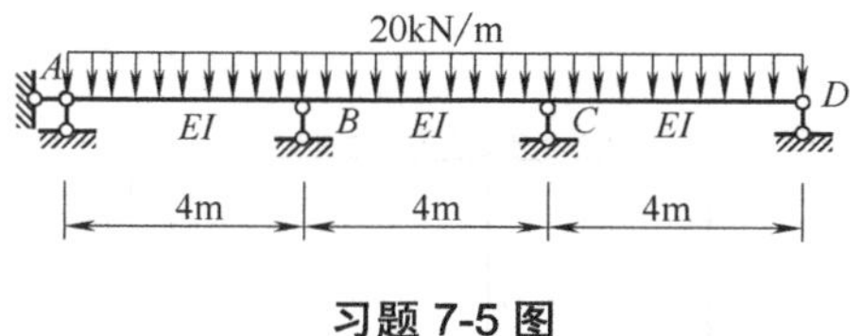

习题 7-5 图

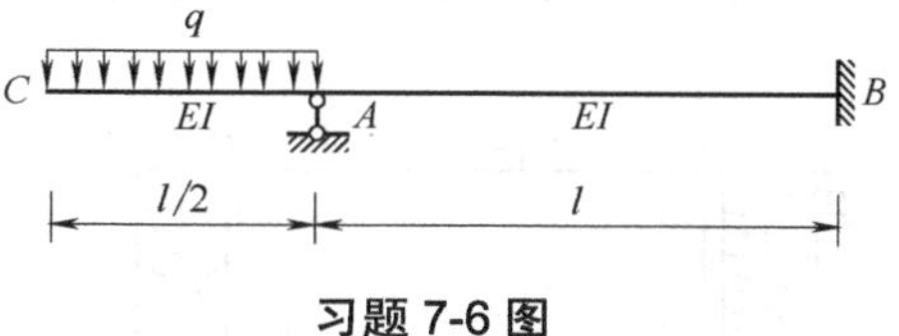

习题 7-6 图

7-7～7-10　试用力法计算图示超静定刚架，并绘其内力图。

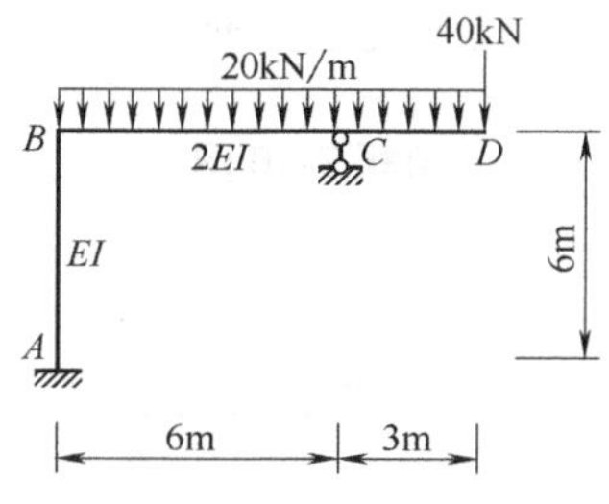

习题 7-7 图

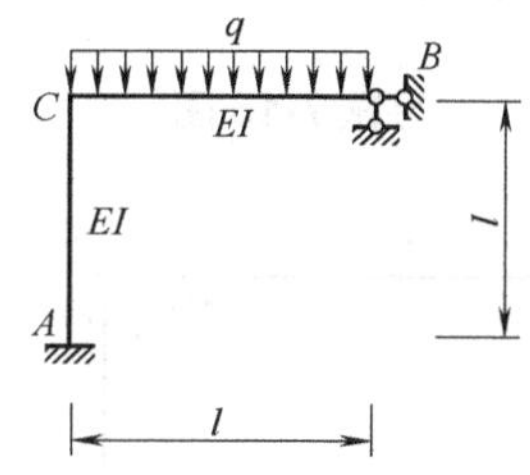

习题 7-8 图

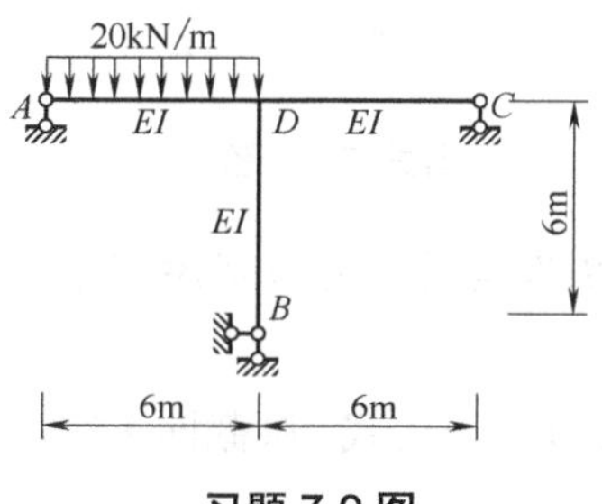

习题 7-9 图

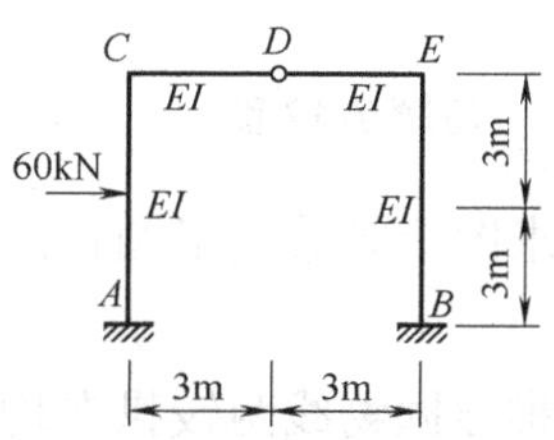

习题 7-10 图

7-11～7-14　试用力法计算图示超静定桁架的轴力。设各杆 *EI* 均相同。

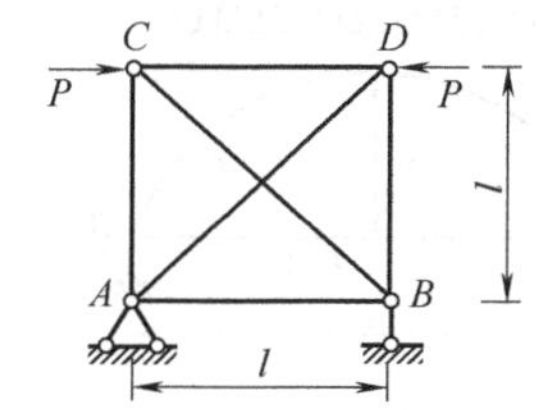

习题 7-11 图

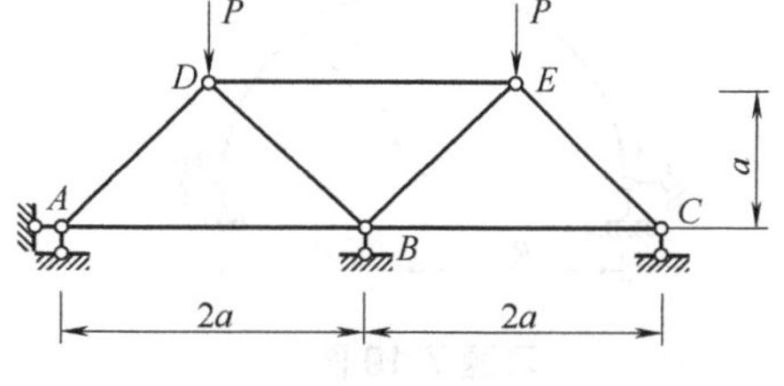

习题 7-12 图

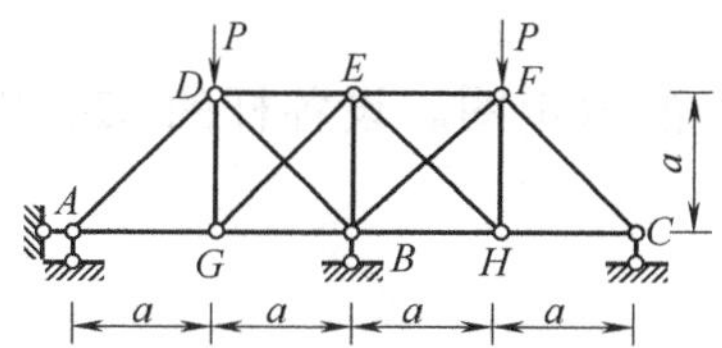

习题 7-13 图

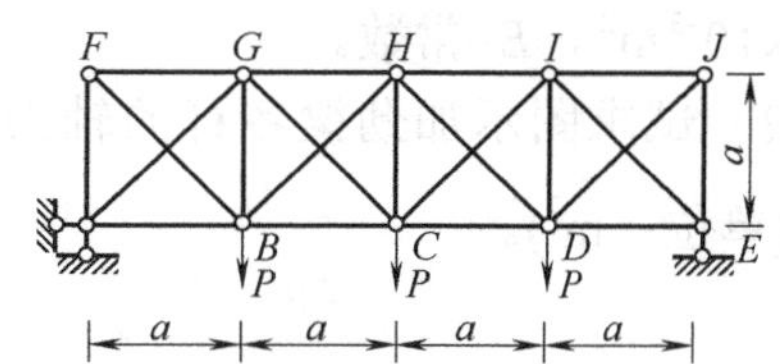

习题 7-14 图

7-15～7-18 试用力法计算图示排架，绘 M 图。

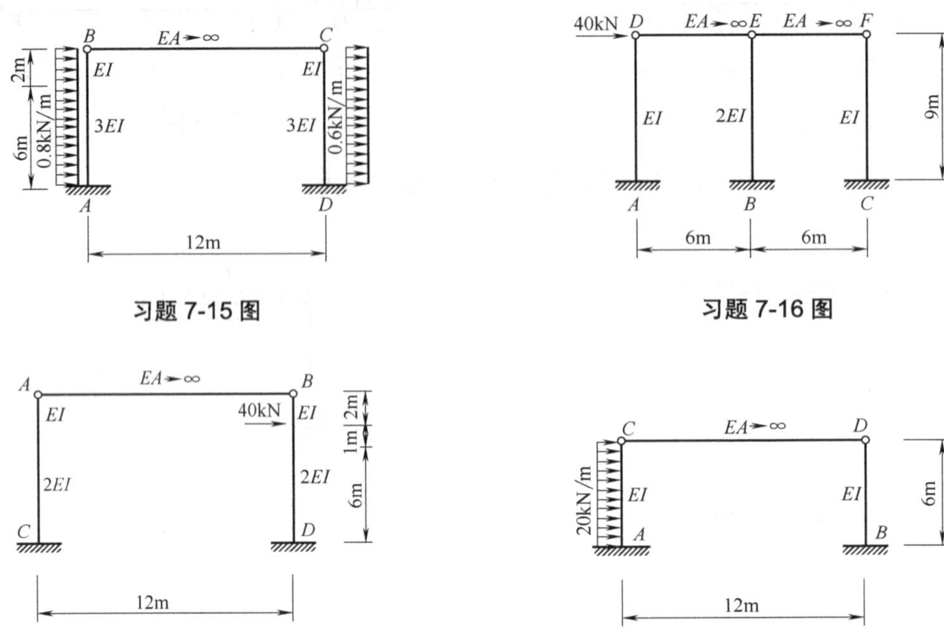

习题 7-15 图　　习题 7-16 图

习题 7-17 图　　习题 7-18 图

7-19 试求图示等截面半圆拱的支座水平推力。设 EI 为常数，并只考虑弯矩对位移的影响。

7-20 试推导抛物线两铰拱在均布荷载作用下拉杆内力的表达式。拱截面 EI 等于常数，拱轴线方程为 $y=\frac{4f}{l^2}x(l-x)$。计算位移时拱肋只考虑弯矩的影响，并设 $ds=dx$。

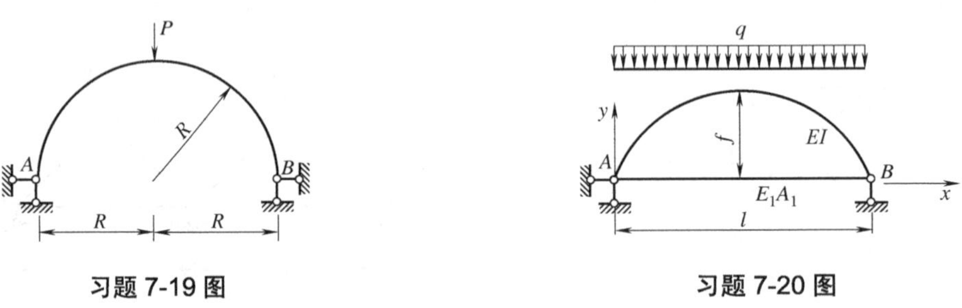

习题 7-19 图　　习题 7-20 图

7-21 试计算图示超静定组合结构的内力。已知横梁惯性矩 $I=1\times10^{-4}\text{m}^4$，链杆截面面积 $S=1\times10^{-3}\text{m}^2$，$E$=常数。

7-22 试求图示加劲梁各杆的轴力，并绘横梁 AB 的弯矩图。设各杆的 EA 相同，$\frac{A}{I}=20$ (单位：m^2)。

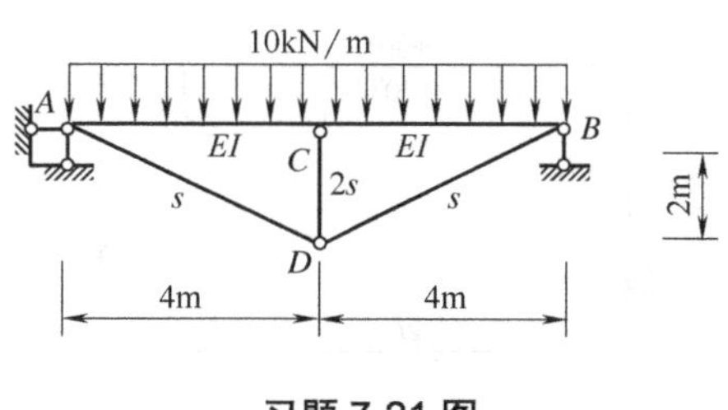

习题 7-21 图

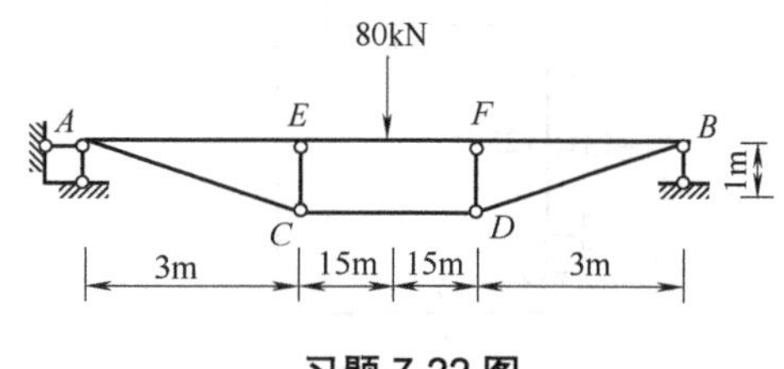

习题 7-22 图

7-23～7-26　利用结构的对称性，计算图示结构，并作出 M 图、Q 图、N 图。

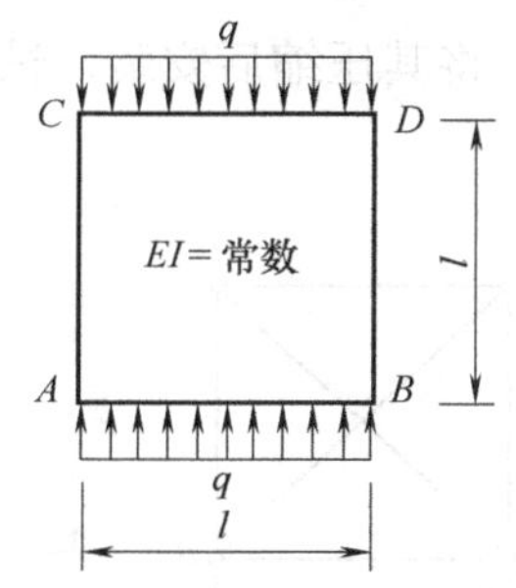

习题 7-23 图

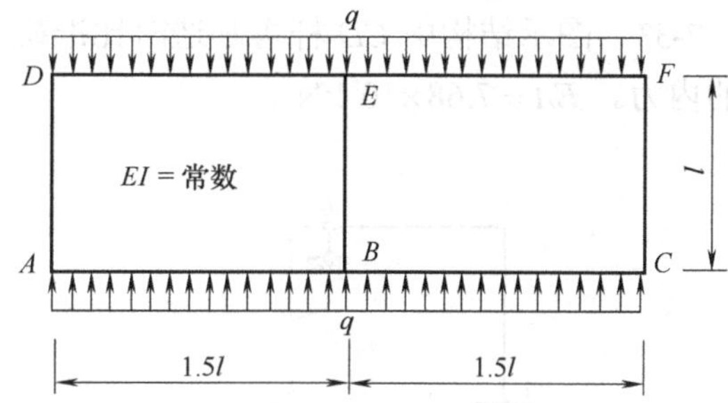

习题 7-24 图

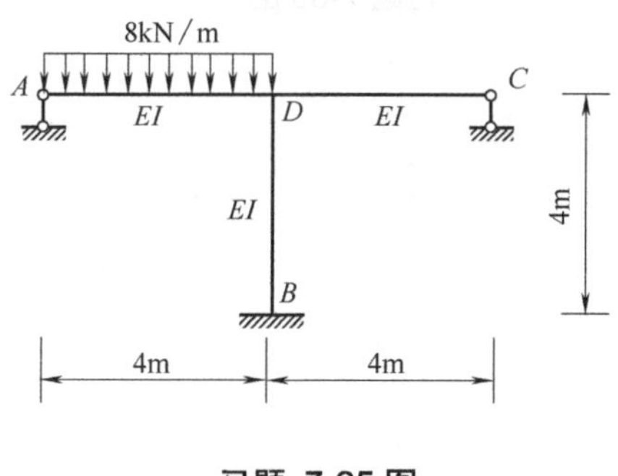

习题 7-25 图

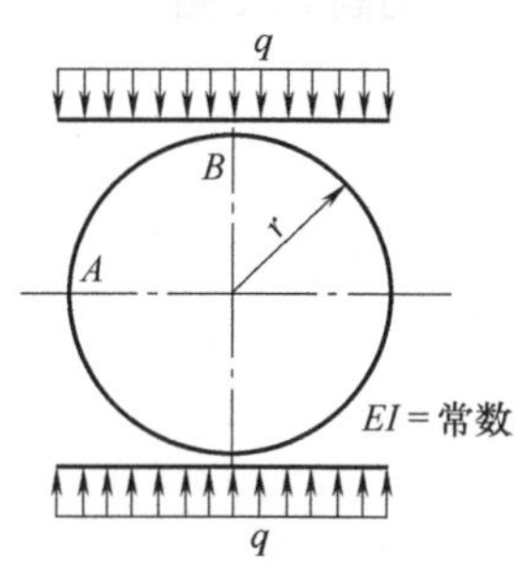

习题 7-26 图

7-27～7-29　单跨超静定梁发生支座移动如图所示，试绘制其 M 图、Q 图。

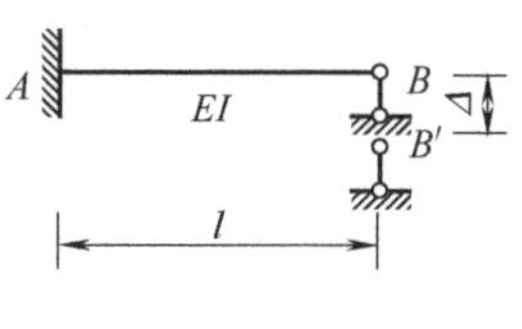

习题 7-27 图

习题 7-28 图

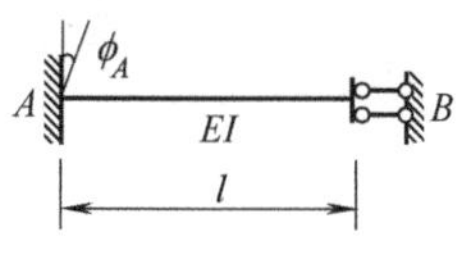

习题 7-29

7-30　结构温度改变如图所示，试绘制结构内力图。设各杆截面为矩形，截面高度为 $h = l/10$，线膨胀系数为 α，EI 为常数。

7-31　结构温度改变如图所示，试绘制结构弯矩图。设各杆截面为矩形，截面高度为 $h = \dfrac{l}{10}$，线膨胀系数为 α，EI 为常数。

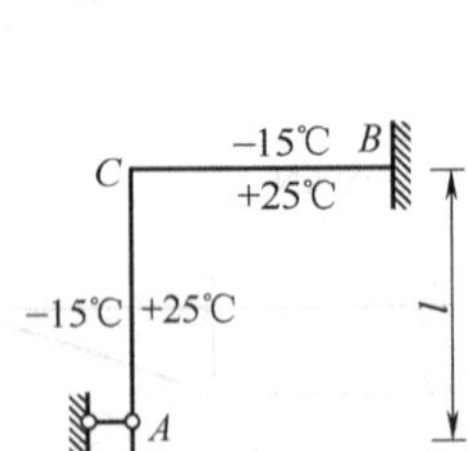

习题 7-30 图

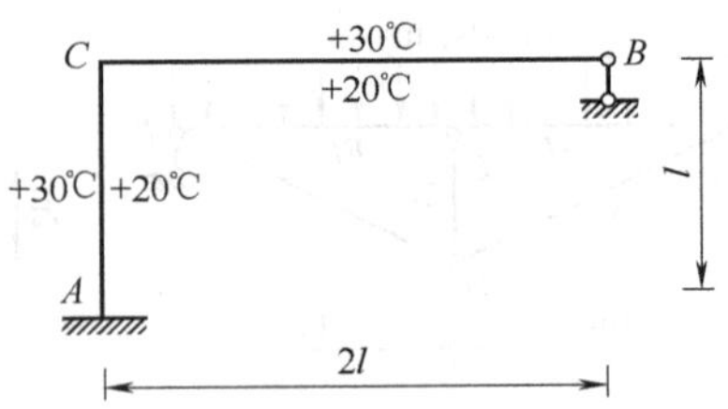

习题 7-31 图

7-32　图示结构支座 A 转动 ϕ_A，$EI=$常数，用力法计算并绘制弯矩图。

7-33　图示结构中 CD 杆再制造时比准确长度长 0.02m，将其压缩后安装，试求由此引起的内力。$EA=7.68\times10^5\text{kN}$。

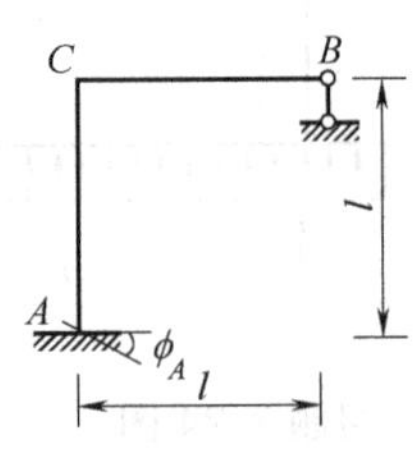

习题 7-32 图

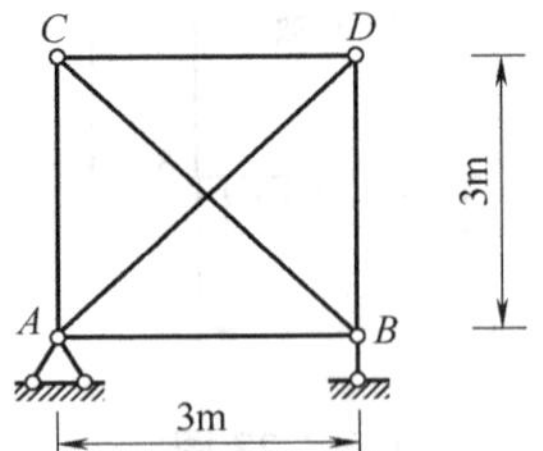

习题 7-33 图

第8章　位　移　法

学习目标：

本章主要内容有位移法的基本概念，等截面直杆的转角位移方程，位移法基本未知量和基本结构的确定，位移法典型方程的建立，用位移法计算刚架和排架结构，直接利用结点，截面平衡方程建立位移法方程，对称性的利用等。要求能够熟练运用位移法的典型方程进行求解，了解平衡方程的原理，能正确判断位移法的基本未知量，熟悉超静定梁的形常数、载常数，并能利用对称性的原理进行简化计算。

本章重点：

位移法的基本未知量和基本结构；用位移法典型方程求解超静定梁；对称性的作用。

本章难点：

等截面直杆转角位移法方程的推导；位移法基本结构和基本体系的概念；对称性的利用。

8.1　位移法的基本概念

位移法是计算超静定结构的另一种基本方法。同力法一样，位移法的出现也是伴随着生产的发展而产生的。19 世纪末，工程中出现了各种连续梁等超静定结构，于是在静定结构的基础上出现了力法。20 世纪初，出现了大量的多层和高层超静定刚架，如果仍用力法计算，未知量太多，计算十分烦琐，人们开始探求新的计算方法，于是位移法应运而生，并随着生产的发展逐步完善。

力法和位移法：内力和位移是两个基本要素，如果先设法求出内力，然后计算位移，这就是力法。相反，如果先确定某些位移，再根据此推求内力，这就是位移法。力法的基本未知量是多余约束力，去掉多余约束，列位移协调方程求解。位移法的基本未知量是独立的结点位移，加约束，然后列力系平衡方程。

力法的应用已经比较熟悉，接下来我们通过一个例子说明位移法的基本概念。如图 8-1(a)所示的刚架，在荷载 F 的作用下发生虚线所示的变形，刚结点 1 处相连的两个杆件的杆端发生相同的转角 Z_1，如果不考虑杆件的轴向变形，则可以认为两杆件长度没有变化，所以结点 1 只有角位移，无线位移。那么如何来确定各杆件的内力呢？对于 12 杆，可以看成是一两端固定的梁，如图 8-1(b)所示，该梁受到集中力 F 的作用，固定端 1 处还发生转角 Z_1，这种情况下的内力可以由力法求得。同理，对于 13 杆，可以看成是一端固定一端铰支的梁，如图 8-1(c)所示，该梁在固定端 1 处发生转角 Z_1，这种情况下的内力也可以由力法求得。可见，在分析该刚架时，可以把转角位移 Z_1 作为基本未知量，设法求出该位移，则各杆件的内力便可以确定。此即位移法的基本解题思路。

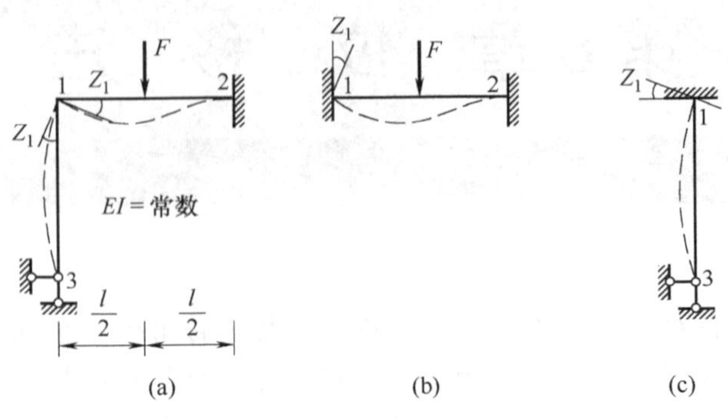

图 8-1　刚架示例

8.2　等截面直杆的转角位移方程

用位移法分析超静定刚架时，每个杆件都可以看作是单跨超静定梁。在计算过程中，要用到这种梁在杆端发生转动或移动以及外荷载温度等外因作用下的杆端弯矩和剪力。

为了应用方便，本节先导出其杆端力的表达式。

在推导表达式之前，首先对杆端力的表示方法和正负号的规定予以说明。如图 8-2 所示的单跨超静定梁，A 端的弯矩用 M_{AB} 表示，B 端的弯矩用 M_{BA} 表示。对杆端而言，弯矩以顺时针方向为正，逆时针方向为负(对结点或支座则刚好相反)。在图 8-2 中，M_{AB} 为负弯矩，M_{BA} 为正弯矩。必须注意，这里对杆端弯矩正负号的规定与前面规定不同，前述规定中，弯矩使梁下部纤维受拉者为正。剪力和轴力分别用 Q、N 来表示，例如 Q_{AB} 表示 A 端的剪力，N_{BA} 表示 B 端的轴力等，以此类推。剪力和轴力的正负号规定与前面的规定相同。

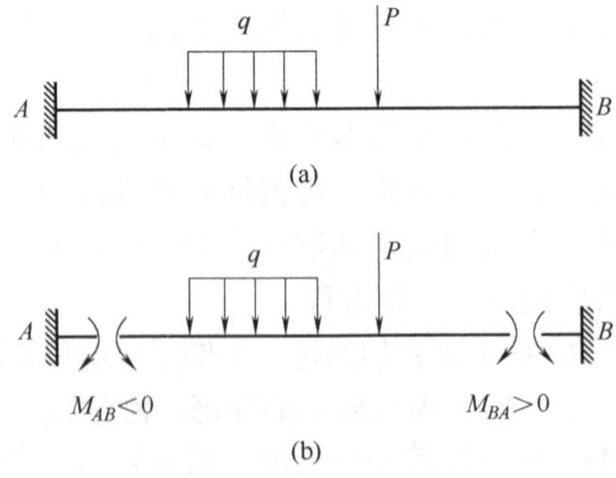

图 8-2　杆端弯矩及其正负号规定

如图 8-3 所示为一两端固定的等截面梁，两端支座发生了位移。A 端转角为 ϕ_A，B 端转角为 ϕ_B，ϕ_A、ϕ_B 以顺时针方向为正。A、B 两端在垂直于杆轴方向的相对线位移为 $\Delta_{AB}=v_B-v_A$，Δ_{AB} 则以使整个杆件顺时针方向转动为正。注意 AB 沿杆轴方向的线位移以及在垂直杆轴方向的平移都不会引起弯矩，故不予考虑。另外，记 $\beta_{AB}=\Delta_{AB}/l$，称为弦转角，亦以顺时针转动为正。

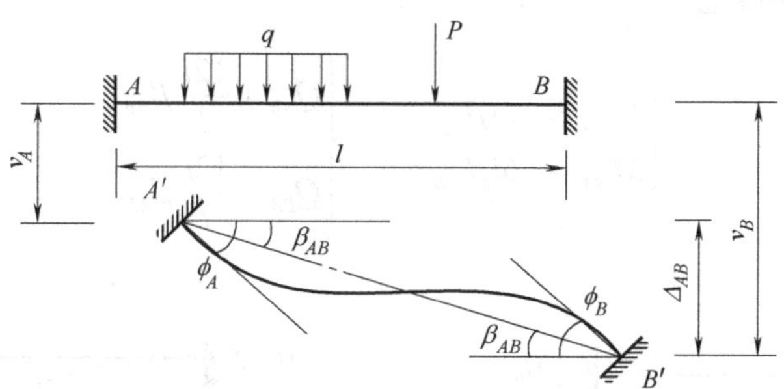

图 8-3　杆端位移及其正负号规定

根据两端支撑的不同，下面分三种情况讨论转角位移方程。

8.2.1　两端为固定端的单跨超静定梁

1．梁的一端发生角位移

如图 8-4(a)所示两端固定的梁，A 端发生顺时针方向转角 ϕ_A，而 B 端固定不动，这时用力法可求得其杆端弯矩和杆端剪力如下，弯矩剪力图见图 8-4(b)、(c)。

$$\begin{cases} M_{AB}=\dfrac{4EI}{l}\phi_A \\ M_{BA}=\dfrac{2EI}{l}\phi_A \end{cases} \qquad \begin{cases} Q_{AB}=-\dfrac{6EI}{l^2}\phi_A \\ Q_{BA}=-\dfrac{6EI}{l^2}\phi_A \end{cases}$$

令 $i=\dfrac{EI}{l}$，i 称为杆件的线刚度，则

$$\begin{cases} M_{AB}=4i\phi_A \\ M_{BA}=2i\phi_A \end{cases} \qquad \begin{cases} Q_{AB}=-\dfrac{6i}{l}\phi_A \\ Q_{BA}=-\dfrac{6i}{l}\phi_A \end{cases}$$

同理，当 A 端固定不动，而 B 端发生顺时针方向的转角 ϕ_B 时，杆端弯矩和杆端剪力为

$$\begin{cases} M_{AB}=2i\phi_B \\ M_{BA}=4i\phi_B \end{cases} \qquad \begin{cases} Q_{AB}=-\dfrac{6i}{l}\phi_B \\ Q_{BA}=-\dfrac{6i}{l}\phi_B \end{cases}$$

2．梁的两端发生垂直于杆轴线方向的相对线位移

如图 8-5(a)所示为两端固定的梁，其两端在垂直于杆轴线方向发生相对线位移 Δ_{AB}，用

力法求得其杆端弯矩和杆端剪力如下，弯矩剪力图见图 8-5(b)、(c)。

$$\begin{cases} M_{AB} = -\dfrac{6EI}{l^2}\Delta_{AB} \\ M_{BA} = -\dfrac{6EI}{l^2}\Delta_{AB} \end{cases} \qquad \begin{cases} Q_{AB} = \dfrac{12EI}{l^3}\Delta_{AB} \\ Q_{BA} = \dfrac{12EI}{l^3}\Delta_{AB} \end{cases}$$

线刚度 $i = \dfrac{EI}{l}$，弦转角 $\beta_{AB} = \dfrac{\Delta_{AB}}{l}$，则

$$\begin{cases} M_{AB} = -6i\beta_{AB} \\ M_{BA} = -6i\beta_{AB} \end{cases} \qquad \begin{cases} Q_{AB} = \dfrac{12i}{l}\beta_{AB} \\ Q_{BA} = \dfrac{12i}{l}\beta_{AB} \end{cases}$$

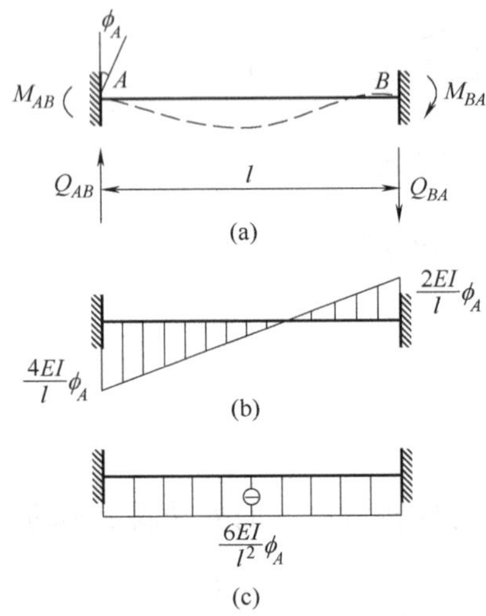

图 8-4　两端固定梁一端发生角位移情况

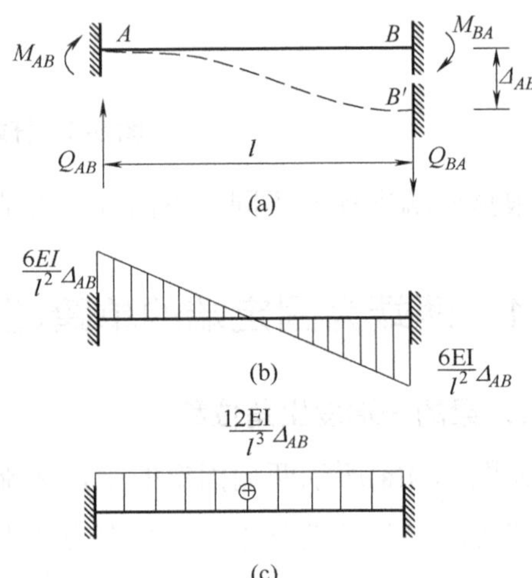

图 8-5　两端固定梁两端发生相对线位移情况

3．支座位移、荷载和温度共同作用下的转角位移方程

荷载和温度作用下的杆端弯矩和杆端剪力分别称为固端弯矩和固端剪力，其表示方法是在杆端弯矩和杆端剪力的基础上加一上角标“F”，例如 M_{AB}^{F}、M_{BA}^{F} 分别表示 A 截面和 B 截面的固端弯矩，Q_{AB}^{F}、Q_{BA}^{F} 分别表示 A 截面和 B 截面的固端剪力。将支座移动以及荷载、温度作用引起的固端弯矩和固端剪力进行叠加(图 8-6)，得到两端固定等截面梁的转角位移方程：

$$\begin{cases} M_{AB} = 4i\phi_A + 2i\phi_B - 6i\beta_{AB} + M_{AB}^{F} \\ M_{BA} = 2i\phi_A + 4i\phi_B - 6i\beta_{AB} + M_{BA}^{F} \\ Q_{AB} = -\dfrac{6i}{l}\phi_A - \dfrac{6i}{l}\phi_B + \dfrac{12i}{l}\beta_{AB} + Q_{AB}^{F} \\ Q_{BA} = -\dfrac{6i}{l}\phi_A - \dfrac{6i}{l}\phi_B + \dfrac{12i}{l}\beta_{AB} + Q_{BA}^{F} \end{cases} \tag{8-1}$$

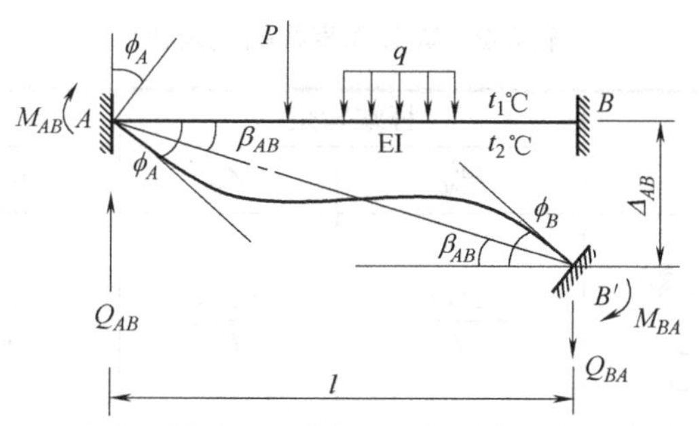

图 8-6　两端固定等截面梁的转角位移方程图示

单跨超静定梁由于支座移动引起的杆端弯矩和杆端剪力称为刚度系数，由于刚度系数只与杆件材料性质、尺寸及截面形状有关，也称为形常数。等截面直杆的形常数列于表 8-1 中。而单跨超静定梁由于荷载作用及温度变化引起的固端弯矩和固端剪力只与荷载形式有关，也称为载常数。载常数列于表 8-2 中。

表 8-1　等截面直杆的形常数

编号	简　图	杆端弯矩		杆端剪力	
		M_{AB}	M_{BA}	Q_{AB}	Q_{BA}
1	A, B, EI, $\phi=1$, l	$4i$	$2i$	$-\dfrac{6i}{l}$	$-\dfrac{6i}{l}$
2	A, B, EI, l	$-\dfrac{6i}{l}$	$-\dfrac{6i}{l}$	$\dfrac{12i}{l^2}$	$\dfrac{12i}{l^2}$
3	A, B, EI, $\phi=1$, l	$3i$	0	$-\dfrac{3i}{l}$	$-\dfrac{3i}{l}$
4	A, B, EI, l	$-\dfrac{3i}{l}$	0	$\dfrac{3i}{l^2}$	$\dfrac{3i}{l^2}$
5	A, B, EI, $\phi=1$, l	i	$-i$	0	0

注：表中，$i=\dfrac{EI}{l}$；转角和位移均为单位转角和单位位移。

表 8-2　等截面直杆的载常数

编号	简　图	杆端弯矩		杆端剪力	
		M_{AB}^{F}	M_{BA}^{F}	Q_{AB}^{F}	Q_{BA}^{F}
1	A, B, P, a, b, l	$-\frac{Pab^2}{l^2}$	$\frac{Pa^2b}{l^2}$	$\frac{Pb^2(l+2a)}{l^3}$	$-\frac{Pa^2(l+2b)}{l^3}$
2	A, B, P, $l/2$, $l/2$, l	$-\frac{pl}{8}$	$\frac{pl}{8}$	$\frac{p}{2}$	$-\frac{p}{2}$
3	A, B, M, a, b, l	$M\frac{b(3a-l)}{l^2}$	$M\frac{a(3b-l)}{l^2}$	$-M\frac{6ab}{l^3}$	$-M\frac{6ab}{l^3}$
4	A, B, q, l	$-\frac{ql^2}{12}$	$\frac{ql^2}{12}$	$\frac{ql}{2}$	$-\frac{ql}{2}$
5	A, B, q, a, l	$-\frac{qa^2}{12l^2}\times(6l^2-8la+3a^2)$	$\frac{qa^3}{12l^2}\times(4l-3a)$	$\frac{qa}{2l^3}\times(2l^3-2la^2+a^3)$	$-\frac{qa^3}{2l^3}\times(2l-a)$
6	A, B, q, l	$-\frac{ql^2}{20}$	$\frac{ql^2}{30}$	$\frac{7ql}{20}$	$-\frac{3ql}{20}$
7	$\Delta t=t_2-t_1$, A, B, t_1, t_2, l	$-\frac{EI\alpha\Delta t}{h}$	$\frac{EI\alpha\Delta t}{h}$	0	0
8	A, B, P, a, b, l	$-\frac{Pab(l+b)}{2l^2}$	0	$\frac{Pb(3l^2-b^2)}{2l^3}$	$-\frac{Pa^2(2l+b)}{2l^3}$
9	A, B, P, $l/2$, $l/2$, l	$-\frac{3Pl}{16}$	0	$\frac{11P}{16}$	$-\frac{5P}{16}$

续表

编号	简　图	杆端弯矩		杆端剪力	
		M_{AB}^{F}	M_{BA}^{F}	Q_{AB}^{F}	Q_{BA}^{F}
10	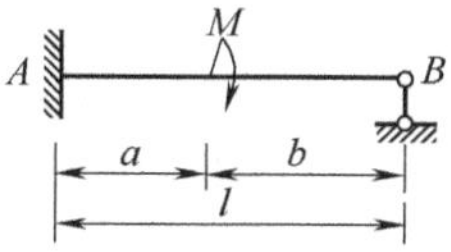	$M\dfrac{l^2-3b^2}{2l^2}$	0	$-M\dfrac{3(l^2-b^2)}{2l^3}$	$-M\dfrac{3(l^2-b^2)}{2l^3}$
11	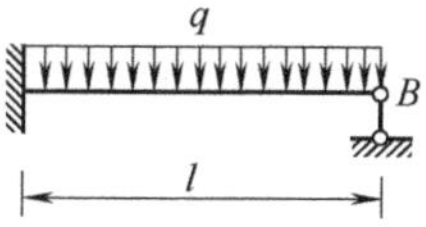	$-\dfrac{ql^2}{8}$	0	$\dfrac{5ql}{8}$	$-\dfrac{3ql}{8}$
12	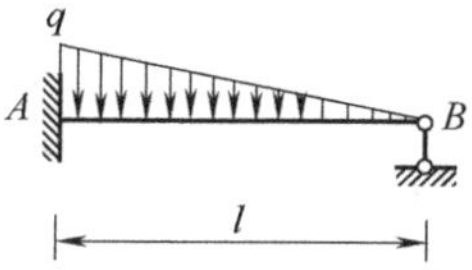	$-\dfrac{ql^2}{15}$	0	$\dfrac{2ql}{5}$	$-\dfrac{ql}{10}$
13	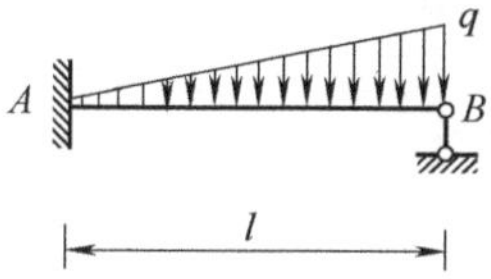	$-\dfrac{7ql^2}{120}$	0	$\dfrac{9ql}{40}$	$-\dfrac{11ql}{40}$
14	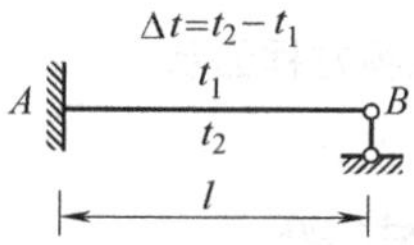	$-\dfrac{3EI\alpha\Delta t}{2h}$	0	$\dfrac{3EI\alpha\Delta t}{2hl}$	$\dfrac{3EI\alpha\Delta t}{2hl}$
15	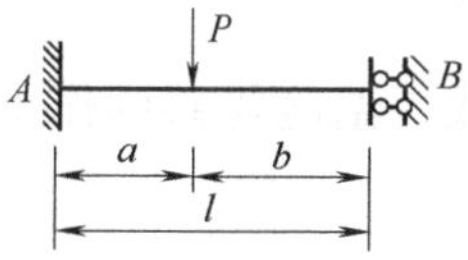	$-\dfrac{Pa(l+b)}{2l}$	$-\dfrac{Pa^2}{2l}$	P	0
16	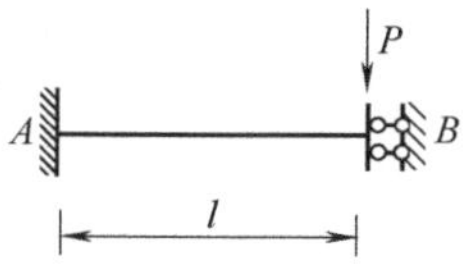	$-\dfrac{Pl}{2}$	$-\dfrac{Pl}{2}$	P	$Q_{B左}=P$ $Q_{B右}=0$
17	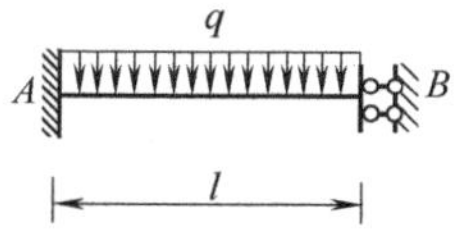	$-\dfrac{ql^2}{3}$	$-\dfrac{ql^2}{6}$	ql	0
18	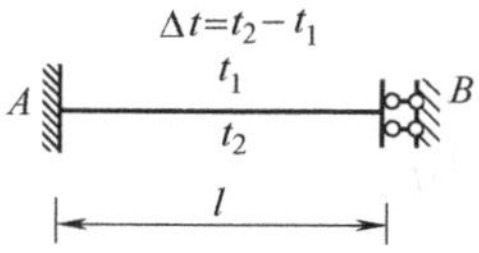	$-\dfrac{EI\alpha\Delta t}{h}$	$\dfrac{EI\alpha\Delta t}{h}$	0	0

8.2.2 一端固定、一端铰支的单跨超静定梁

一端固定一端铰支的单跨超静定梁，在支座移动以及荷载、温度等共同作用下(图 8-7)的转角位移方程如下：

$$\left.\begin{aligned}M_{AB}&=3i\phi_A-3i\beta_{AB}+M_{AB}^{\mathrm{F}}\\M_{BA}&=0\\Q_{AB}&=-\frac{3i}{l}\phi_A+\frac{3i}{l}\beta_{AB}+Q_{AB}^{\mathrm{F}}\\Q_{BA}&=-\frac{3i}{l}\phi_A+\frac{3i}{l}\beta_{AB}+Q_{BA}^{\mathrm{F}}\end{aligned}\right\}\tag{8-2}$$

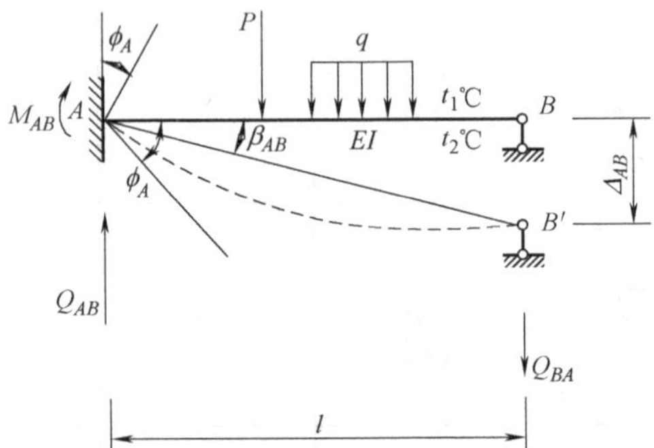

图 8-7 一端固定、一端滑动支座等截面梁的转角位移方程图示

8.2.3 一端固定、一端为滑动支座的单跨超静定梁

一端固定一端铰支的单跨超静定梁，在支座移动以及荷载、温度等共同作用下(图 8-8)的转角位移方程如下：

$$\left.\begin{aligned}M_{AB}&=i\phi_A+M_{AB}^{\mathrm{F}}\\M_{BA}&=-i\phi_A+M_{AB}^{\mathrm{F}}\\Q_{AB}&=Q_{AB}^{\mathrm{F}}\\Q_{BA}&=0\end{aligned}\right\}\tag{8-3}$$

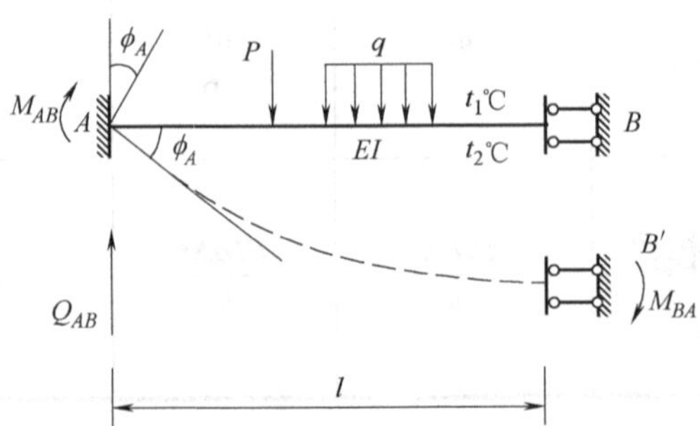

图 8-8 一端固定，一端铰支等截面梁的转角位移方程图示

8.3　基本未知量数目的确定

由上节内容可知，如果杆件两端的角位移和线位移均已知，则杆件的内力可由转角位移方程求得。确定位移法的基本未知量是运用位移法计算的第一步，所以在计算时，首先应该确定独立的结点角位移和独立的结点线位移数目。

确定结点的角位移数目比较简单。连接于同一刚结点处的各个杆件，其转角都是相等的，故每一个刚结点处只有一个独立的角位移未知量。固定支座处，其转角等于零或者等于已知的支座位移。对于铰接点或者铰支座处，各杆端的转角不是独立的，而确定杆件内力时可以不需要它们的数值，故可不作为基本未知量。所以，结构角位移的数目即刚结点的数目。如图 8-9(a)所示刚架，其独立结点角位移数目为 2。

确定结点的线位移时我们有如下基本假定：受弯直杆两端之间的距离在变形后保持不变，即受弯杆件忽略其轴向变形，并且认为弯曲变形也是微小的。如图 8-9(a)所示的刚架，4、5、6 处都是固定端，三根柱子的长度又保持不变，所以结点 1、2、3 均无竖向位移。而两根横梁的长度也是不变的，所以三个结点有相同的水平位移。因此，只有一个独立的结点线位移。上述确定结点角位移和结点线位移时，考虑了支座和结点以及链杆的联结情况，满足了结构的支撑约束条件和变形连续条件。

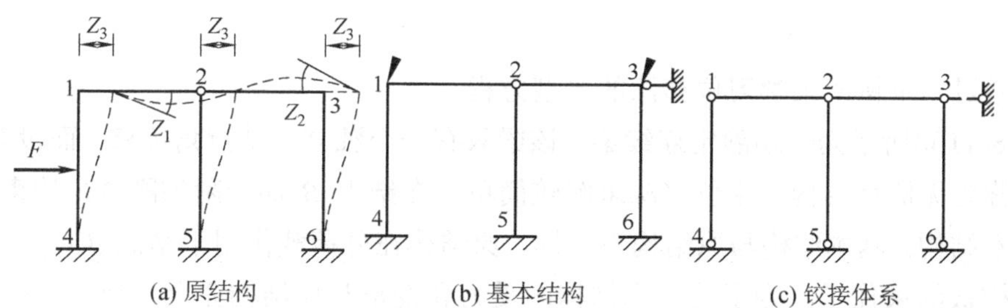

(a) 原结构　　(b) 基本结构　　(c) 铰接体系

图 8-9　刚架在荷载作用下的变形与基本结构

应用位移法求解时，可以在每个刚结点处假想地加上一附加刚臂，阻止刚结点的转动，同时加上一附加链杆，阻止结点的线位移，这样每一杆件都变成单跨超静定梁，可以应用转角位移方程求解。然后设法求得角位移和线位移，叠加便可得到最终内力值。如图 8-9(b)所示刚架，不含外荷载的原结构，在结点 1、3 处分别加上附加刚臂，在结点 3 处加上一水平链杆，这样得到的结构称为基本结构。

在确定独立结点线位移数目时，对于比较复杂的结构，还可以采用“铰化结点，增设链杆”的方法，把每一个结点(包括固定端支座)都换成铰接点，然后进行几何组成分析。如果该铰接体系为几何不变体系，则原结构所有结点均无线位移。如果该铰接体系是几何可变的，则用增加附加链杆的方法使其不动，使整个铰结体系成为无多余约束的几何不变体系，则所需链杆的数目即为原结构的独立结点线位移数目。如图 8-9(c)所示刚架，把结点都

改为铰接之后，只需要一根链杆就能得到无多余约束的几何不变体系，则原刚架只有一个独立的结点线位移。

现在再通过一个例子加深对位移法基本未知量的认识。如图 8-10(a)所示，该刚架有四个刚结点，故有四个独立的结点角位移未知量。A、B 处都是固定端，两根柱子的长度又保持不变，所以结点 C、D、E、F 均无竖向位移。而两根横梁的长度也是不变的，所以 C、D 两结点有相同的水平线位移，E、F 两结点也有相同的水平线位移，因此该刚架有两个独立的结点线位移。

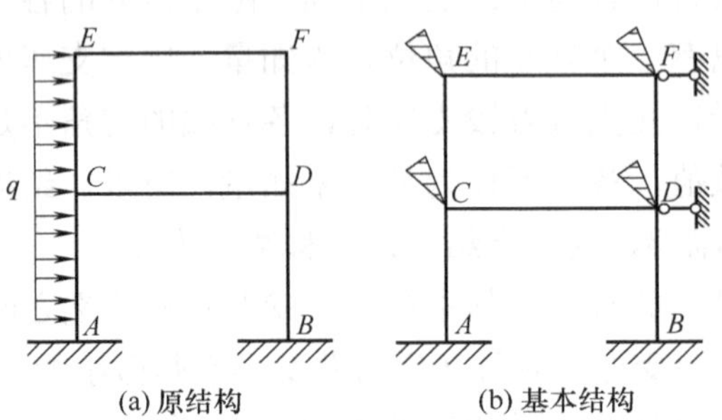

图 8-10 刚架示例

8.4 位移法的典型方程及计算步骤

下面通过一个例子来学习位移法的典型方程。

如图 8-11(a)所示为一超静定连续梁，该梁只有一个独立的结点角位移，而没有线位移，这种结构称为无侧移结构，用位移法求解较简单。在结点 B 加一附加刚臂，约束其转动，就得到基本结构。基本结构与原结构不一样，原结构在外荷载作用下结点 B 可以自由转动，而基本结构被约束住了。为了使基本结构的受力和变形与原结构完全一致，须令附加刚臂发生与原结构相同的角位移 Z_1[如图 8-11(b)]。基本结构在外荷载和独立结点位移共同作用下的体系称为基本体系。

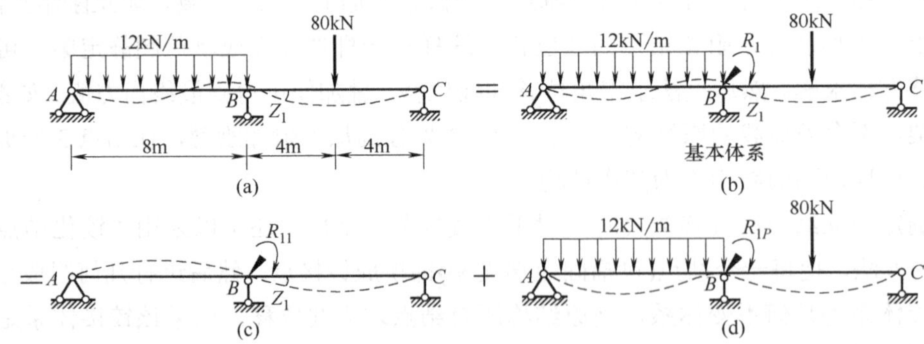

图 8-11 位移法典型方程推导示例

基本结构中有附加刚臂，附加刚臂会产生反力矩，但是原结构中没有附加刚臂，自然也就不存在该反力矩。现在基本体系的受力与原结构完全相同，故基本体系在结点位移和外荷载共同作用下，其刚臂的反力矩 R_1 必定为零。由结点位移 Z_1 和外荷载引起的反力矩分别为 R_{11} 和 R_{1P}，则有

$$R_1 = R_{11} + R_{1P} = 0$$

上式中 R_{ij} 两个下标的含义：第一个下标表示该反力所属的附加约束，第二个下标表示引起该反力的原因。单位位移 $\overline{Z}_1 = 1$ 所引起的附加刚臂上的反力矩记为 γ_{11}，则上式可以表示为

$$\gamma_{11} Z_1 + R_{1P} = 0 \tag{8-4}$$

这就是仅有一个未知量的位移法基本方程。

如图 8-12 所示，分别绘出基本结构在 $\overline{Z}_1 = 1$ 作用下的弯矩图 $\overline{M}_1$ 图和荷载作用下的弯矩图 M_P 图。

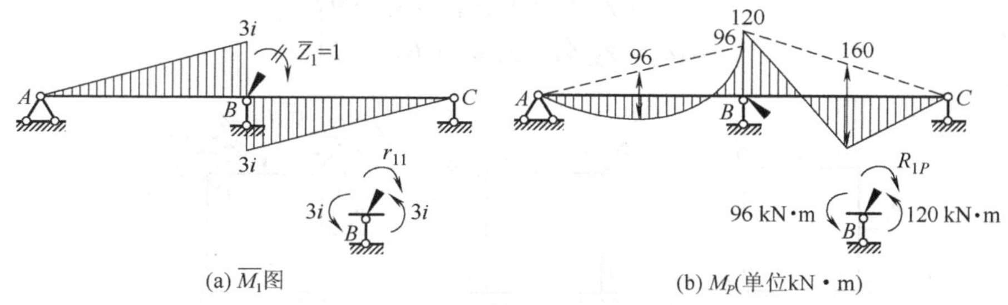

图 8-12　结点单位位移和荷载作用下的弯矩图

取结点 B 为隔离体，根据力矩平衡条件 $\sum M_B = 0$，得到

$$\gamma_{11} = 3i + 3i = 6i$$

$$R_{1P} = 96 - 120 = -24\text{kN} \cdot \text{m}$$

代入式(8-4)得

$$Z_1 = -\frac{R_{1P}}{\gamma_{11}} = \frac{4}{i}\text{kN} \cdot \text{m}$$

结果为正，表示 Z_1 的实际方向与假设方向相同。

求得基本未知量 Z_1，最后的弯矩图叠加即可得到 $M = Z_1\overline{M}_1 + M_P$，最终弯矩图见图 8-13。

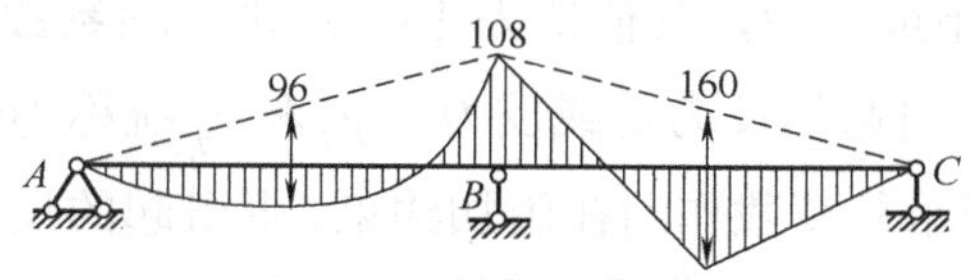

图 8-13　最终弯矩图(单位：kN·m)

上述连续梁仅有一个未知量，现在讨论具有多个未知量的结构，加深对位移法计算方法的理解。如图 8-14(a)所示刚架，杆件 AC 和 BD 有侧移产生，这种结构称为有侧移结构。此刚架有两个结点角位移 Z_1、Z_2 和一个独立的结点线位移 Z_3，其基本结构见图 8-14(b)。为了使基本结构和原结构有完全相同的受力和变形，基本结构除了受外荷载以外，还必须使附加约束发生与实际情况相同的位移，即建立位移法的基本体系，如图 8-14(c)所示。基本体系与原结构等效，则各附加约束中的总约束力应为零，即

$$R_1 = 0, R_2 = 0, R_3 = 0$$

设以 γ_{ij} 表示在附加约束 i 上仅由于附加约束 j 发生单位位移 $\overline{Z}_j = 1$ 所引起的反力矩或反力，则当附加约束 j 所发生的位移为 Z_j 时，则相应的反力矩或反力等于 $\gamma_{ij}Z_j$。又设 R_{iP} 表示在附加约束 i 上，由于荷载引起的反力矩或反力。根据叠加原理，第 i 个附加约束上的总约束力 $R_i = \gamma_{i1}Z_1 + \gamma_{i2}Z_2 + \gamma_{i3}Z_3 + R_{iP} = 0$，于是各附加约束中的总约束力为零的条件可以展开为

$$\left.\begin{aligned}\gamma_{11}Z_1 + \gamma_{12}Z_2 + \gamma_{13}Z_3 + R_{1P} = 0\\ \gamma_{21}Z_1 + \gamma_{22}Z_2 + \gamma_{23}Z_3 + R_{2P} = 0\\ \gamma_{31}Z_1 + \gamma_{32}Z_2 + \gamma_{33}Z_3 + R_{3P} = 0\end{aligned}\right\} \tag{8-5}$$

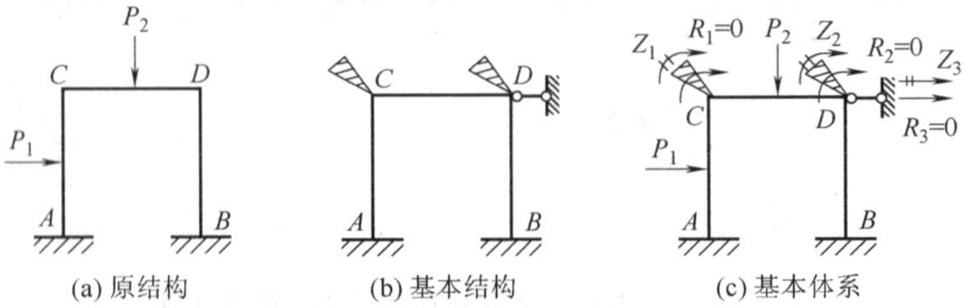

图 8-14　位移法典型方程推导示例

以此类推，对于具有 n 个未知量的结构也可作同样的分析，根据每一附加约束上的总反力或反力矩应为零的静力平衡条件，建立如下方程：

$$\left.\begin{aligned}\gamma_{11}Z_1 + \cdots + \gamma_{1i}Z_i + \cdots + \gamma_{1n}Z_n + R_{1P} = 0\\ \cdots\cdots\cdots\cdots\cdots\\ \gamma_{i1}Z_1 + \cdots + \gamma_{ii}Z_i + \cdots + \gamma_{in}Z_n + R_{iP} = 0\\ \cdots\cdots\cdots\cdots\cdots\\ \gamma_{n1}Z_1 + \cdots + \gamma_{ni}Z_i + \cdots + \gamma_{nn}Z_n + R_{nP} = 0\end{aligned}\right\} \tag{8-6}$$

式(8-6)就是位移法方程的一般形式，常称为位移法的典型方程。

在位移法典型方程中，对角线上的系数 γ_{ii} 称为主系数，它是附加约束 i 发生单位位移时在自身约束中引起的反力矩或反力，其值恒为正；γ_{ij} 称为副系数，它是附加约束 j 发生单位位移时，在附加约束 i 中引起的反力矩或反力；γ_{ii} 和 γ_{ij} 统称为刚度系数；各式中的最后一项 R_{iP} 称为自由项，它表示外荷载作用在附加约束 i 中引起的反力矩或反力。副系数和自由项的值可正可负可为零。另外，根据反力互等定理有 $\gamma_{ij} = \gamma_{ji}$，此互等关系可以减轻工作量，或者对计算结果进行校核。

用位移法计算超静定结构的步骤如下：

(1) 确定原结构的基本未知量即独立的结点角位移和线位移数目，加上附加约束，得到基本结构。

(2) 令附加约束发生与原结构相同的结点位移，根据基本结构在荷载等外因和各结点位移共同作用下各附加约束上的反力矩或反力应等于零的条件建立位移法的典型方程。

(3) 绘出基本结构在各单位结点位移作用下的弯矩图$\overline{M}_i$图和荷载等外因作用下的弯矩图M_P图，由平衡条件求出各系数和自由项。

(4) 解位移法典型方程，求出各基本未知量$Z_i(i=1，2，\cdots，n)$；

(5) 按照$M=\overline{M}_1Z_1+\overline{M}_2Z_2+\cdots+\overline{M}_nZ_n+M_P$叠加绘出最终弯矩图。

(6) 在最终弯矩图的控制截面处，将结构切开成独立杆件和结点，根据杆件的平衡条件求杆端剪力，绘制剪力图；根据结点的平衡条件求杆端轴力，绘制轴力图。

8.5　位移法应用举例

上节讲述了位移法的典型方程，本节通过三道例题来熟悉位移法典型方程的应用。例 8-1 是无侧移的连续梁，例 8-2 是有侧移的刚架，例 8-3 涉及支座移动的问题。

例 8-1　试用位移法计算如图 8-15(a)所示的连续梁，并绘制出结构的弯矩图。各杆件EI为常数。

解：该连续梁有两个刚结点B和C，无结点线位移，取基本体系如图 8-15(b)所示。根据基本体系附加刚臂上的总反力矩为零的条件，可建立位移法的典型方程：

$$\begin{cases}\gamma_{11}Z_1+\gamma_{12}Z_2+R_{1P}=0\\\gamma_{21}Z_1+\gamma_{22}Z_2+R_{2P}=0\end{cases}$$

分别绘制出$\overline{M}_1$图、$\overline{M}_2$图和M_P图，如图 8-16(a)～(c)所示，根据图示分别求刚度系数和自由项。

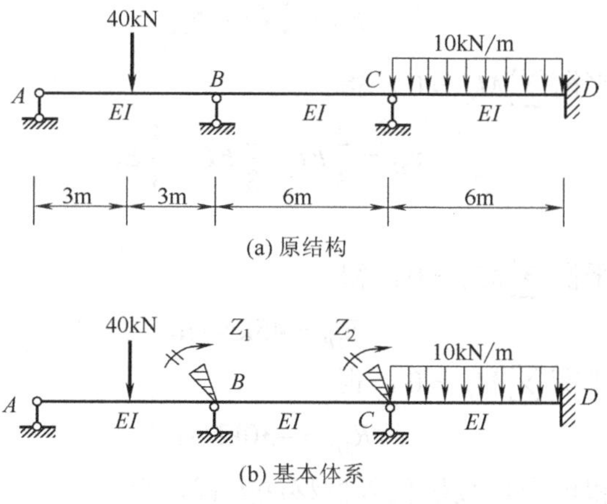

图 8-15　例 8-1 图

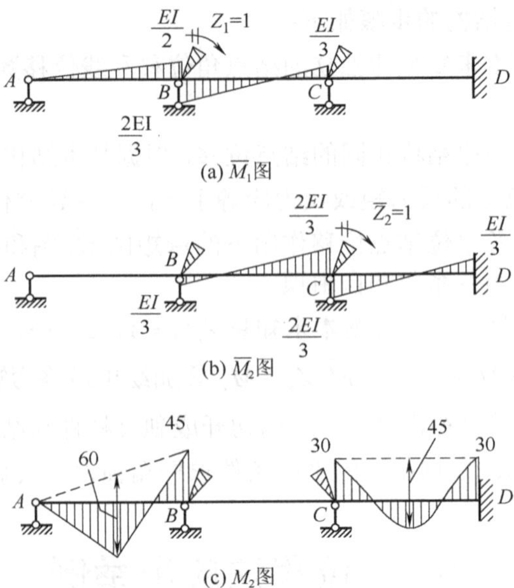

图 8-16　$\overline{M}_1$图、$\overline{M}_2$图、M_P图

在图 8-16(a)中，

根据结点 B 的力矩平衡 $\sum M_B = 0$，得

$$\gamma_{11} = \frac{1}{2}EI + \frac{2}{3}EI = \frac{7}{6}EI$$

根据结点 C 的力矩平衡 $\sum M_C = 0$，得

$$\gamma_{21} = \frac{1}{3}EI$$

在图 8-16(b)中，

根据结点 B 的力矩平衡 $\sum M_B = 0$，得

$$\gamma_{12} = \frac{1}{3}EI = \gamma_{21}$$

根据结点 C 的力矩平衡 $\sum M_C = 0$，得

$$\gamma_{22} = \frac{2}{3}EI + \frac{2}{3}EI = \frac{4}{3}EI$$

在图 8-16(c)中，

根据结点 B 的力矩平衡 $\sum M_B = 0$，得

$$R_{1P} = 45\text{kN}\cdot\text{m}$$

根据结点 C 的力矩平衡 $\sum M_C = 0$，得

$$R_{2P} = -30\text{kN}\cdot\text{m}$$

将求得的刚度系数和自由项数值代入位移法方程，得

$$\begin{cases} \dfrac{7EI}{6}Z_1 + \dfrac{EI}{3}Z_2 + 45 = 0 \\ \dfrac{EI}{3}Z_1 + \dfrac{4EI}{3}Z_2 - 30 = 0 \end{cases}$$

解方程得

$$\begin{cases} Z_1 = -\dfrac{630}{13EI} \\ Z_2 = \dfrac{450}{13EI} \end{cases}$$

其中，Z_1 为负值，说明结点 B 实际转角方向与假设相反，即为逆时针转动。

最后，根据叠加原理，按 $M = \overline{M}_1 Z_1 + \overline{M}_2 Z_2 + M_P$ 绘出该连续梁的弯矩图，如图 8-17 所示。

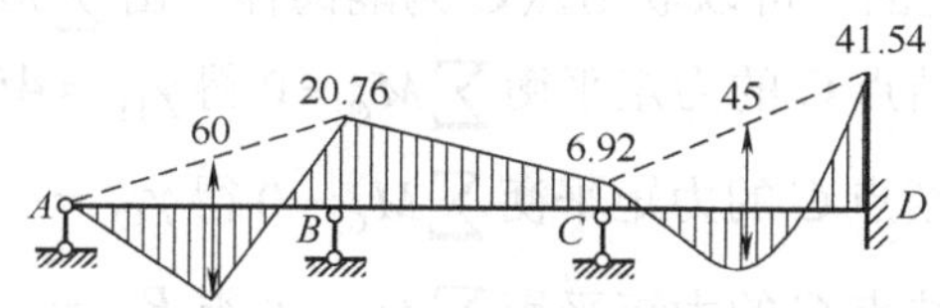

图 8-17　连续梁弯矩图

例 8-2　试用位移法计算如图 8-18(a)所示的刚架，并绘出结构的弯矩图。各杆件 EI 为常数。

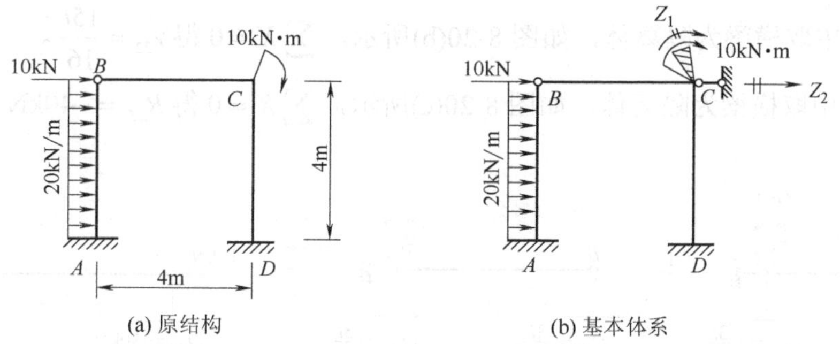

图 8-18　例 8-2 图

解：该刚架有一个角位移未知量 Z_1 和一个线位移未知量 Z_2，取基本体系如图 8-18(b)所示。本题中，$i_{AB} = i_{BC} = i_{CD} = i$。根据基本体系附加刚臂和附加链杆上的反力矩和反力为零的条件，可建立位移法的典型方程：

$$\begin{cases} \gamma_{11}Z_1 + \gamma_{12}Z_2 + R_{1P} = 0 \\ \gamma_{21}Z_1 + \gamma_{22}Z_2 + R_{2P} = 0 \end{cases}$$

分别绘制出 $\overline{M}_1$ 图、$\overline{M}_2$ 图和 M_P 图，如图 8-19(a)～(c)所示，根据图示分别求刚度系数和自由项。

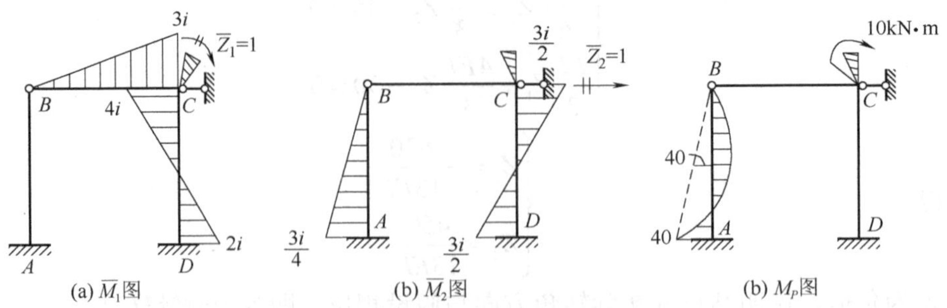

图 8-19　$\overline{M}_1$ 图、$\overline{M}_2$ 图及 M_P 图

γ_{11}、γ_{12}、R_{1P} 都是附加刚臂中产生的反力矩，分别是附加刚臂、附加链杆发生单位位移以及外荷载作用下所产生的，可以取结点 C 为隔离体，由 $\sum M_C = 0$ 求得。

在图 8-19(a)中，根据结点 C 的力矩平衡 $\sum M_C = 0$ 得 $\gamma_{11} = 4i + 3i = 7i$。

在图 8-19(b)中，根据结点 C 的力矩平衡 $\sum M_C = 0$ 得 $\gamma_{12} = -{}^{3i}\!/_{2}$。

在图 8-19(c)中，根据结点 C 的力矩平衡 $\sum M_C = 0$ 得 $R_{1P} = -10\text{kN}\cdot\text{m}$。

γ_{21}、γ_{22}、R_{2P} 都是附加链杆中产生的反力，分别是附加刚臂、附加链杆发生单位位移以及外荷载作用下所产生的，可以截取刚架的某一部分为隔离体，利用力的投影方程求得。

从 $\overline{M}_1$ 图中取横梁为隔离体，如图 8-20(a)所示，$\sum X = 0$ 得 $\gamma_{21} = -\dfrac{3i}{2} = \gamma_{12}$。

从 $\overline{M}_2$ 图中取横梁为隔离体，如图 8-20(b)所示，$\sum X = 0$ 得 $\gamma_{22} = \dfrac{15i}{16}$。

从 $\overline{M}_P$ 图中取横梁为隔离体，如图 8-20(c)所示，$\sum X = 0$ 得 $R_{2P} = -40\text{kN}$。

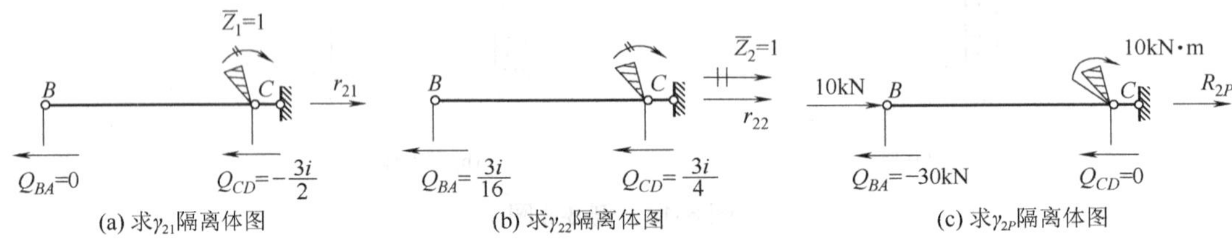

图 8-20　隔离体图

将求得的刚度系数和自由项数值代入位移法方程，得

$$\begin{cases} 7iZ_1 - \dfrac{3i}{2}Z_2 - 10 = 0 \\ -\dfrac{3i}{2}Z_1 + \dfrac{15i}{16}Z_2 - 40 = 0 \end{cases}$$

解方程得

$$\begin{cases} Z_1 = \dfrac{370}{23i} \\ Z_2 = \dfrac{4720}{69i} \end{cases}$$

最后，根据叠加原理，按 $M=\overline{M}_1Z_1+\overline{M}_2Z_2+M_P$ 绘出该刚架的弯矩图，如图 8-21 所示。

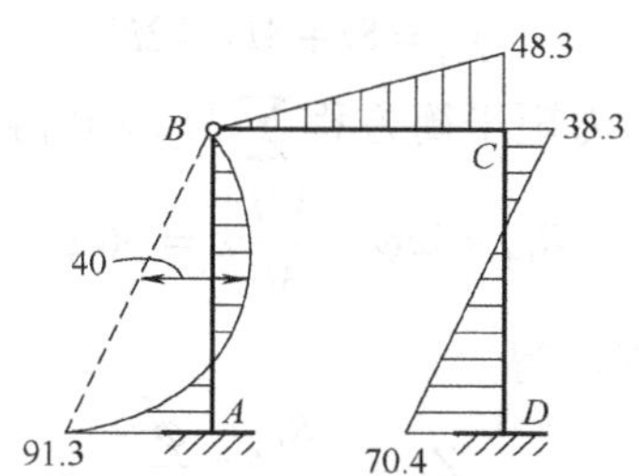

图 8-21　刚架弯矩图

例 8-3　如图 8-22(a)所示刚架，支座 A 产生转角 φ，支座 B 产生竖向位移 $\Delta=\frac{3}{4}l\varphi$，试用位移法求解，绘制其弯矩图，各杆 EI 为常数。

解： 该刚架只有一个基本未知量，即结点 C 的角位移 Z_1，在结点 C 加一附加刚臂得到基本体系，如图 8-22(b)所示。根据基本体系附加刚臂上的反力矩为零的条件，可建立位移法的典型方程：

$$\gamma_{11}Z_1+R_{1\Delta}=0$$

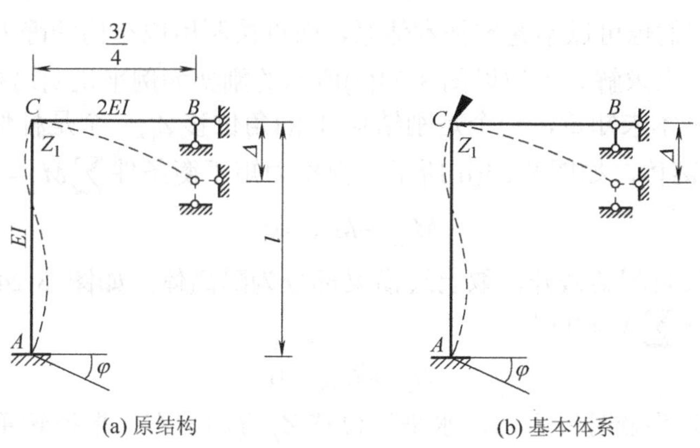

(a) 原结构　　(b) 基本体系

图 8-22　例 8-3 图

分别绘制出 $\overline{M}_1$ 图和 M_Δ 图，如图 8-23(a)、(b)所示，根据图示分别求刚度系数和自由项。

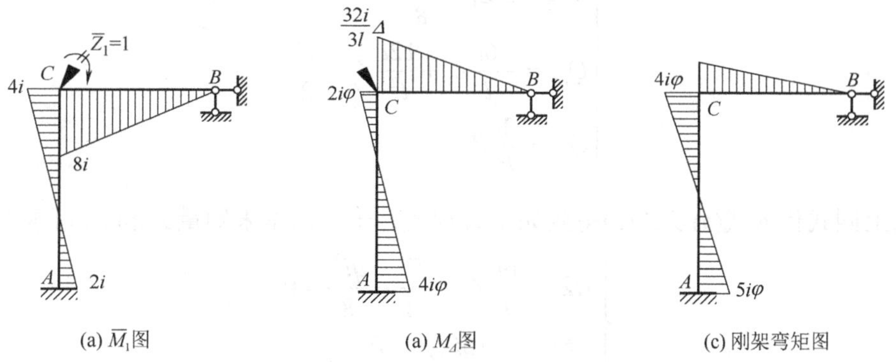

(a) $\overline{M}_1$图　　(a) M_Δ图　　(c) 刚架弯矩图

图 8-23　$\overline{M}_1$ 图、M_Δ 图及刚架弯矩图

在$\overline{M}_1$图中，根据结点C的力矩平衡方程$\sum M_C = 0$得

$$\gamma_{11} = 8i + 4i = 12i$$

在$\overline{M}_\Delta$图中，根据结点C的力矩平衡方程$\sum M_C = 0$得

$$R_{1\Delta} = 2i\varphi - \frac{32i}{3l}\Delta = -6i\varphi$$

将上述结果代入位移法方程，得

$$Z_1 = -\frac{R_{1\Delta}}{\gamma_{11}} = \frac{\varphi}{2}$$

最后，根据叠加原理，按$M = \overline{M}_1 Z_1 + M_\Delta$绘出该刚架的弯矩图，如图 8-23(c)所示。

8.6 直接利用平衡条件建立位移法方程

用位移法计算时，首先加入附加刚臂或附加链杆得到基本体系，然后根据附加约束上总反力矩或反力为零的条件建立位移法的典型方程求解。位移法典型方程的实质即原结构的静力平衡条件，因此我们也可以不通过基本体系，而直接利用原结构的静力平衡条件，并根据前边的转角位移方程来求解。下边以图 8-24(a)所示的刚架为例来说明这种方法的应用。

该刚架有两个基本未知量，一个是刚结点 1 的角位移Z_1,一个是杆件 12 的水平线位移Z_2。取结点 1 为隔离体，如图 8-24(b)所示，根据力矩平衡条件$\sum M_1 = 0$得

$$M_{1A} + M_{12} = 0 \tag{a}$$

用一截面沿柱头将刚架截开，取上边横梁部分为隔离体，如图 8-24(c)所示，根据水平方向的静力平衡条件$\sum X = 0$得

$$Q_{1A} + Q_{2B} = 0 \tag{b}$$

假定转角位移Z_1为顺时针方向，水平线位移Z_2方向向右，根据转角位移方程得

$$\begin{cases} M_{1A} = 4iZ_1 - \dfrac{6i}{l}Z_2 + \dfrac{Fl}{8} \\ M_{12} = 3iZ_1 - \dfrac{ql^2}{8} \\ Q_{1A} = -\dfrac{6i}{l}Z_1 + \dfrac{12i}{l^2}Z_2 - \dfrac{F}{2} \\ Q_{2B} = \dfrac{3i}{l^2}Z_2 \end{cases}$$

将以上四式代入式(a)及式(b)得到如下方程式，于是基本未知量Z_1和Z_2可求得。

$$\begin{cases} 7iZ_1 - \dfrac{6i}{l}Z_2 + \dfrac{Fl}{8} - \dfrac{ql^2}{8} = 0 \\ -\dfrac{6i}{l}Z_1 + \dfrac{15i}{l^2}Z_2 - \dfrac{F}{2} = 0 \end{cases}$$

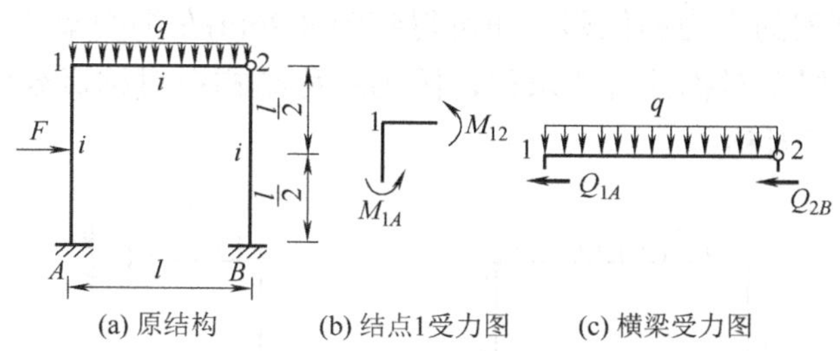

(a) 原结构　(b) 结点1受力图　(c) 横梁受力图

图 8-24　刚架及隔离体图

一般情况下，如果结构有 n 个基本未知量，则能建立 n 个方程式。每个结点角位移都对应一个结点力矩平衡方程，每个结点线位移都对应一个截面平衡方程，然后根据 n 个方程式可求得 n 个基本未知量，最后根据转角位移方程便可得最后的弯矩图。这就是利用平衡条件求解的基本思路。

平衡方程的优点是不必画出单位弯矩图和荷载弯矩图，可以节约解题篇幅；缺点是物理形象不够明确，需要记住和反复代入许多公式。位移法典型方程比较形象，解题步骤比较整齐，易于掌握。

8.7　对称性的利用

作用于对称结构上的任意荷载，可以分解为对称荷载和反对称荷载两部分分别计算，如图 8-25 所示。对称结构在对称荷载作用下，变形是对称的，弯矩图和轴力图是对称的，而剪力图是反对称的。对称结构在反对称荷载作用下，变形是反对称的，弯矩图和轴力图是反对称的，而剪力图是对称的。利用上述规律，在分析对称结构时，只需计算这些结构的半边结构，从而大大简化工作量。

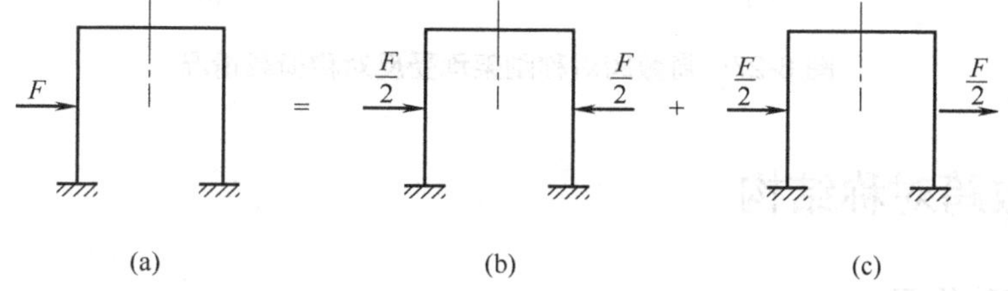

(a)　(b)　(c)

图 8-25　对称结构上任意荷载的分解

8.7.1　奇数跨对称结构

1. 对称荷载作用

如图 8-26(a)所示刚架，在对称荷载作用下，只产生对称的变形和位移，故对称轴上的 C 截面没有转角位移和水平位移，只有竖向位移。计算时可以取图 8-26(b)所示的半边结构，在 C 处加一个定向支座，这样得到的半结构与原结构受力、变形情况完全一样。这样，只需计算 8-26(b)所示刚架的内力和位移，即可得到图 8-26(a)左半刚架的内力和位移，而右半刚架的内力和位移可根据对称性规律求得，因为对称结构在对称荷载作用下，弯矩图和轴力图正对称，剪力图反对称。

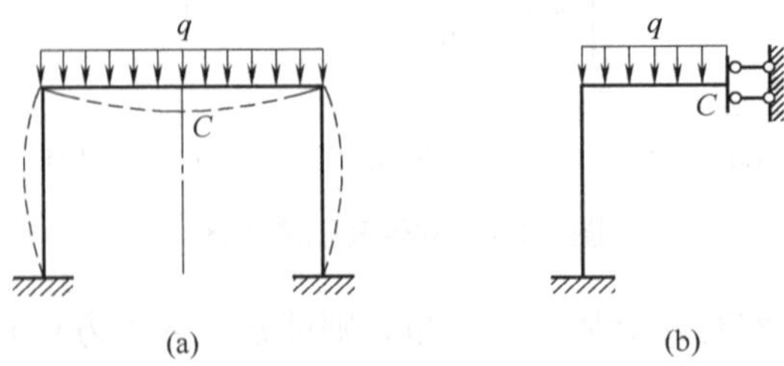

图 8-26　奇数跨对称刚架承受对称荷载情况

2．反对称荷载作用

如图 8-27(a)所示刚架，在反对称荷载作用下，会产生反对称的变形和位移，因此对称轴上的 C 截面没有竖向位移，但有转角位移和水平位移。计算时可以取图 8-27(b)所示的半边结构，在 C 处加一个可动铰支座，这样得到的半结构与原结构受力、变形情况完全一样。这样，只需计算图 8-27(b)所示刚架的内力和位移，即可得到图 8-27(a)左半刚架的内力和位移，而右半刚架的内力和位移，可根据对称性规律求得，因为对称结构在反对称荷载作用下，弯矩图和轴力图反对称，剪力图正对称。

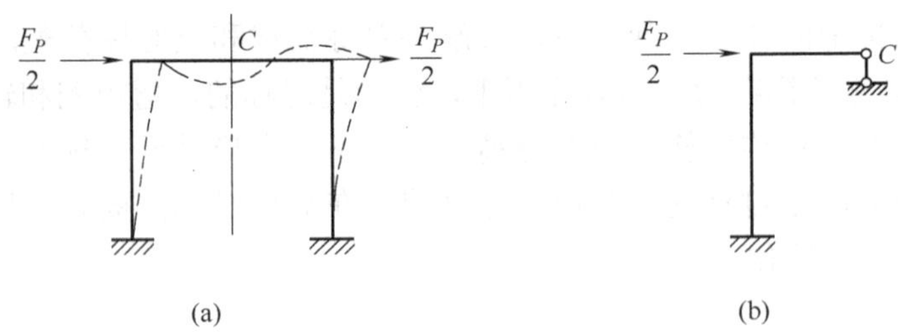

图 8-27　奇数跨对称刚架承受反对称荷载情况

8.7.2　偶数跨对称结构

1．对称荷载作用

如图 8-28(a)所示的刚架，在对称荷载作用下，变形是正对称的，对称轴上的 C 截面没有转角位移和水平位移，由于忽略杆件 CD 的轴向变形，所以也没有竖向位移。杆件 CD 没有弯矩和剪力，我们可以取图 8-28(b)所示的半结构。

2．反对称荷载作用

如图 8-29(a)所示刚架，在对称轴上，柱 CD 没有轴力和轴向位移，但有弯矩和弯曲变形，可以将中间柱分成两根柱子，分柱的抗弯刚度为原柱的一半，这样问题就变为奇数跨的问题。如图 8-29(b)所示，在两根分柱之间增加了一跨，但其跨度为零。半结构如图 8-29(c)所示，由于忽略轴向变形的影响，C 处的支杆可以取消，半结构一般取图 8-29(d)所示的刚架。中间柱 CD 的总内力为两根分柱的内力之和。由于两根分柱的弯矩、剪力相同，总弯矩和总剪力为分柱弯矩和剪力的两倍；又由于两根分柱的轴力数值相同而正负号相反，故总轴力为零。

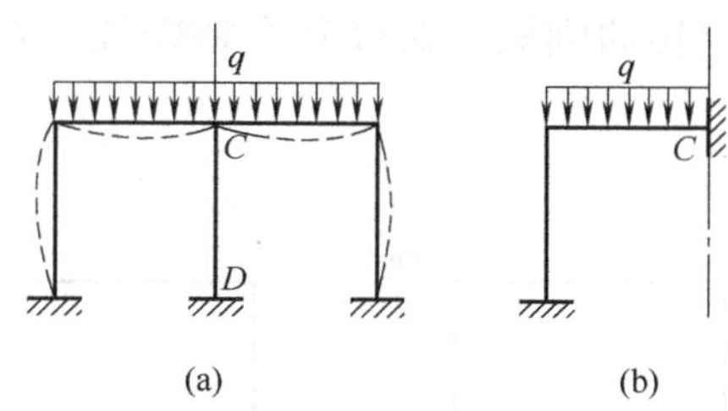

图 8-28　偶数跨对称刚架承受对称荷载情况

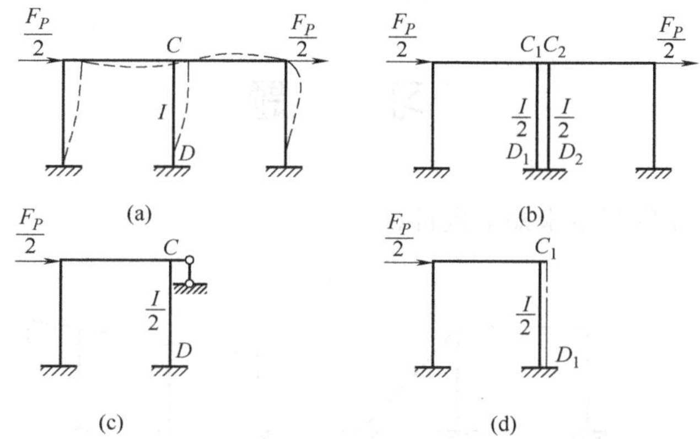

图 8-29　偶数跨对称刚架承受反对称荷载情况

复习思考题

1．将力法和位移法加以比较：二者的基本未知量、基本体系和基本方程有什么不同？在力法和位移法中，分别以什么方式满足平衡条件和变形连续条件？

2．力法只能用于求解超静定结构，位移法则通用于分析静定结构和超静定结构，试解释其中的原因。

3．位移法中杆端弯矩、杆端剪力的正负号是如何规定的？它们与材料力学中弯矩、剪力正负号的规定有何异同？

4．满足什么条件时，独立结点线位移的数目等于使其相应铰结体系成为几何不变所需添加的最少链杆数目？

5．位移法方程的实质是什么？为什么位移法方程中主系数 γ_{ii} 恒为正值？而副系数 γ_{ij} 和自由项 R_{iP} 可正可负？

6．比较位移法典型方程和直接利用平衡条件求解的异同。

7．对称结构在对称荷载和反对称荷载作用下可以取半边结构计算，荷载不对称的时候还能不能取半边结构计算？

8．对称结构如果不取半边结构，而直接利用原结构用位移法进行求解，能否利用对称性进行简化？

9．如图所示有结点线位移的刚架，荷载具有特殊性，在什么情况下各杆的弯矩均为零？

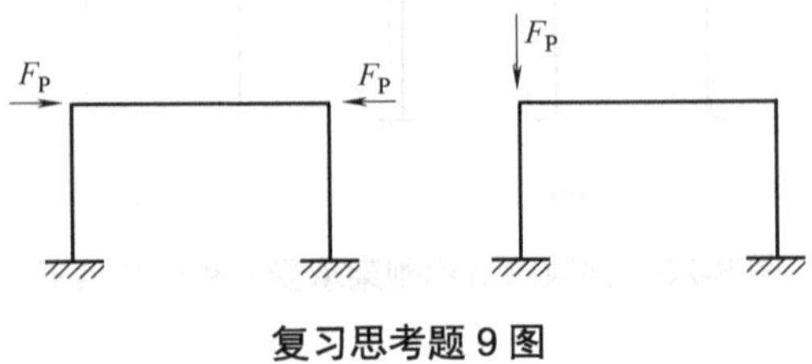

复习思考题 9 图

习　　题

8-1　确定位移法的基本未知量数目。

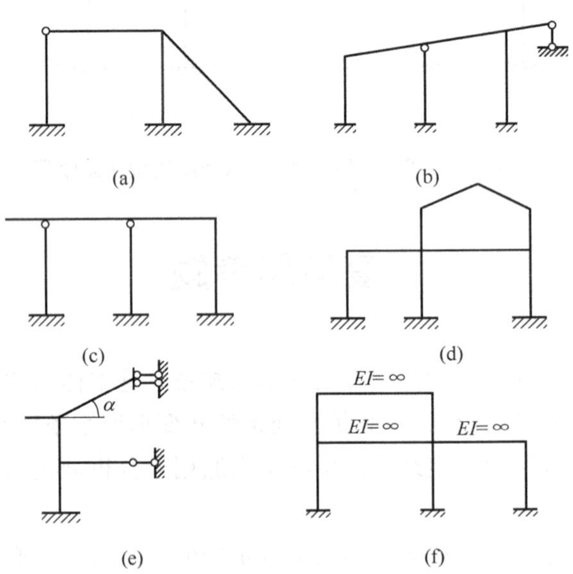

习题 8-1 图

8-2　写出杆端弯矩表达式及位移法基本方程。

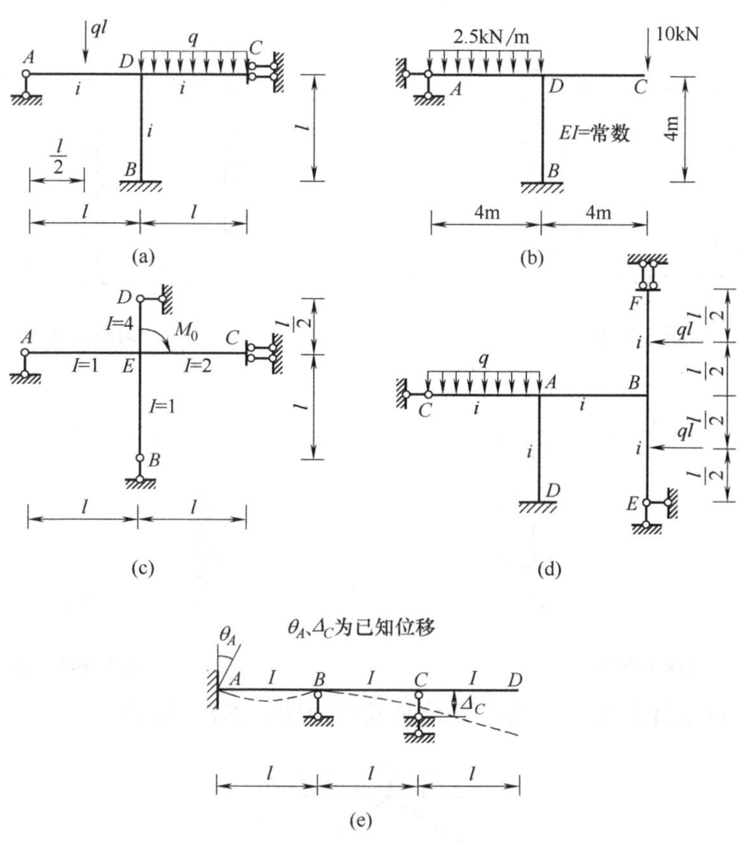

习题 8-2 图

8-3～8-4 用位移法计算图示连续梁，并绘制其弯矩图。

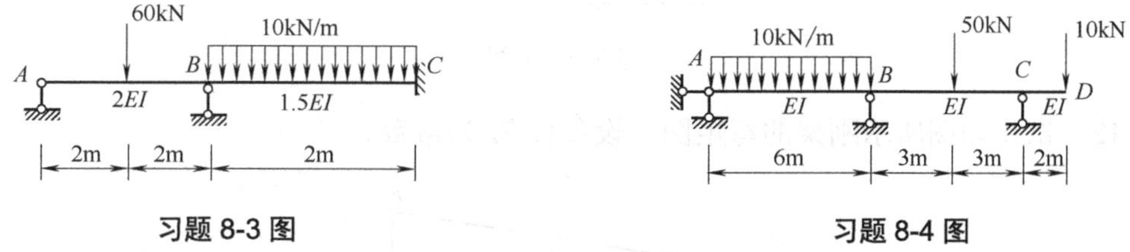

习题 8-3 图

习题 8-4 图

8-5～8-10 用位移法计算图示刚架，并绘制其弯矩图。

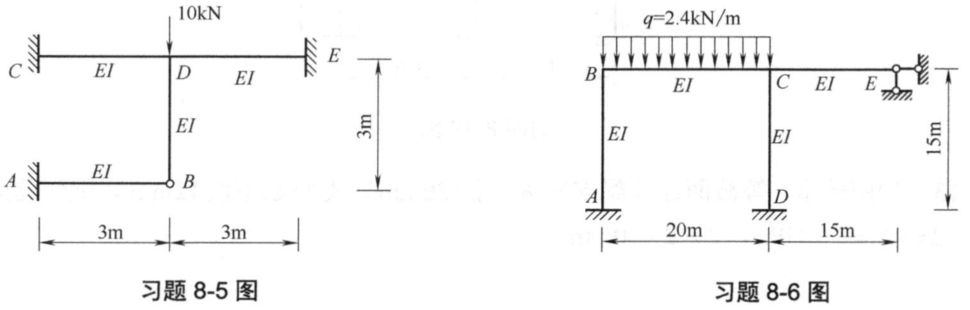

习题 8-5 图

习题 8-6 图

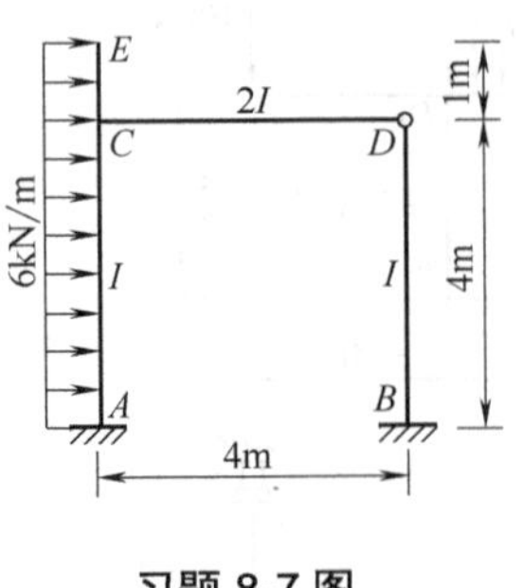

习题 8-7 图

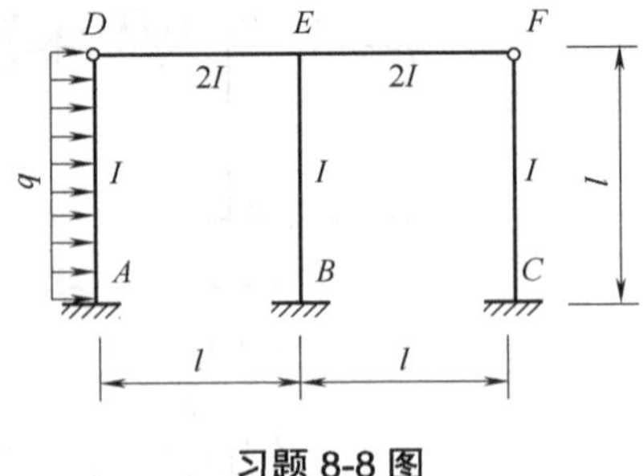

习题 8-8 图

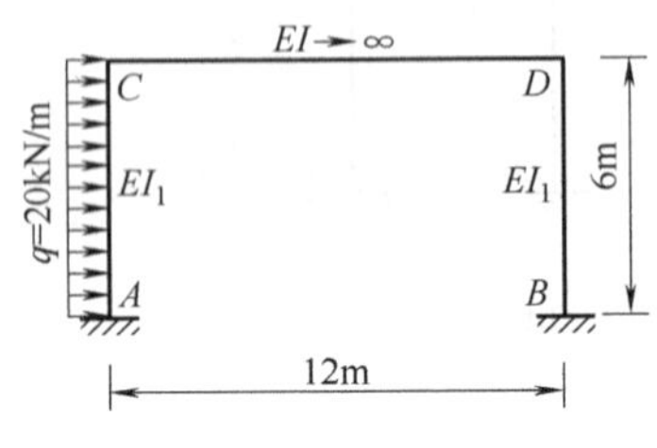

习题 8-9 图

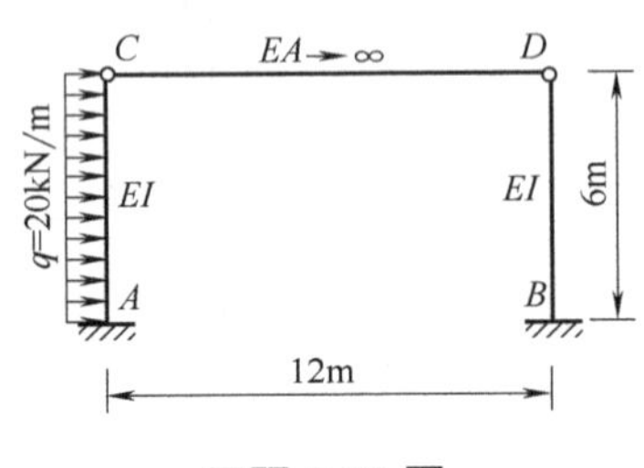

习题 8-10 图

8-11 用位移法计算图示刚架，并绘制其弯矩图。EI为常数。

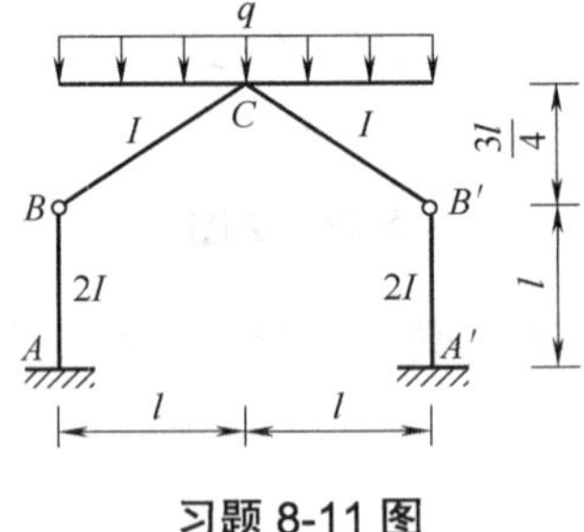

习题 8-11 图

8-12 试作如图所示刚架的弯矩图。设各杆 EI 为常数。

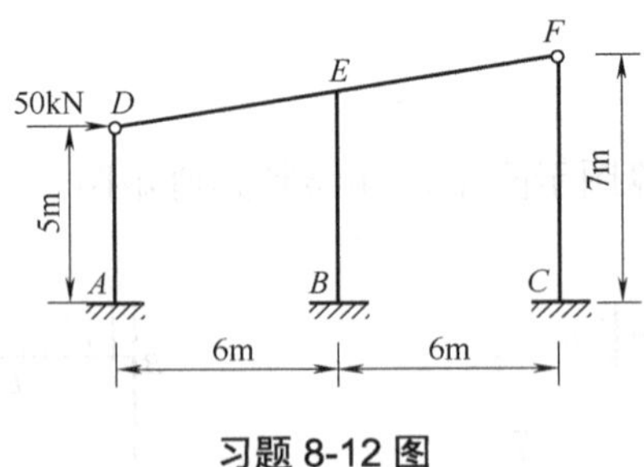

习题 8-12 图

8-13 如图所示，等截面连续梁支座 B 下沉 20mm，支座 C 下沉12mm，试作此梁的弯矩图。已知 $E=210\text{GPa}$，$I=2\times10^{-4}\text{m}^4$。

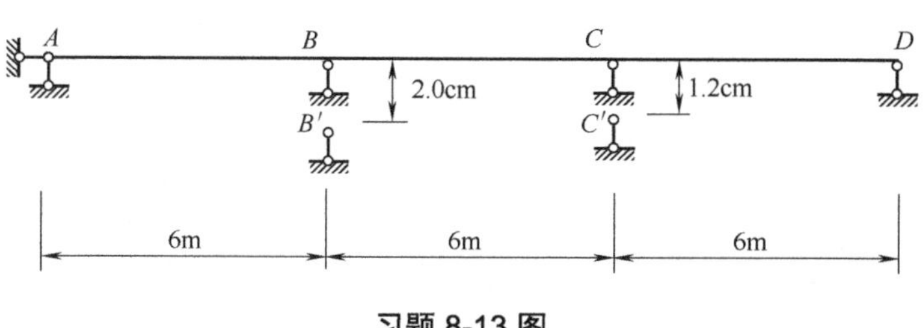

习题 8-13 图

8-14　刚架温度变化如图所示，横梁内侧外侧均升高温度 t，柱子温度没有变化，试绘制其弯矩图。刚架 EI 为常数。

8-15　直接利用平衡条件建立位移法方程求解习题 8-6。

8-16　图示刚架有着弹性支座，试绘制其弯矩图。其中 i 为杆件的线刚度，弹性支座刚度 $k = 4i/l^2$ 。

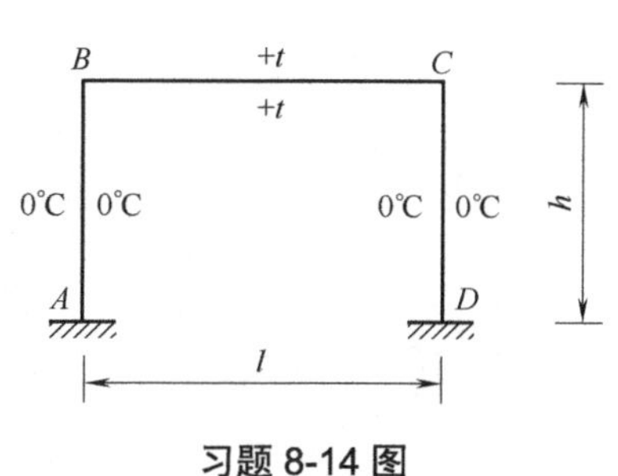

习题 8-14 图

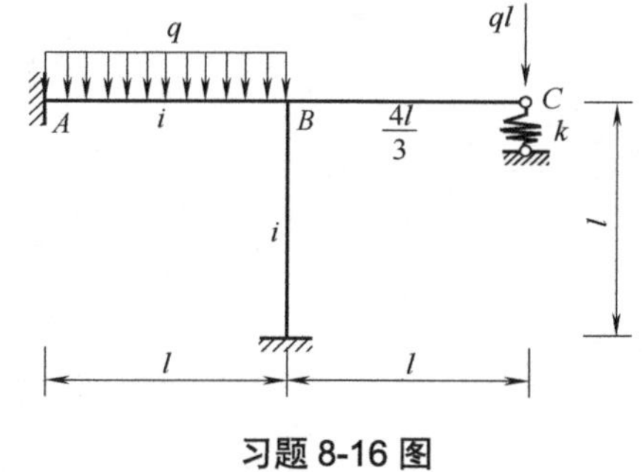

习题 8-16 图

8-17～ 8～18　利用对称性作图示刚架的弯矩图。

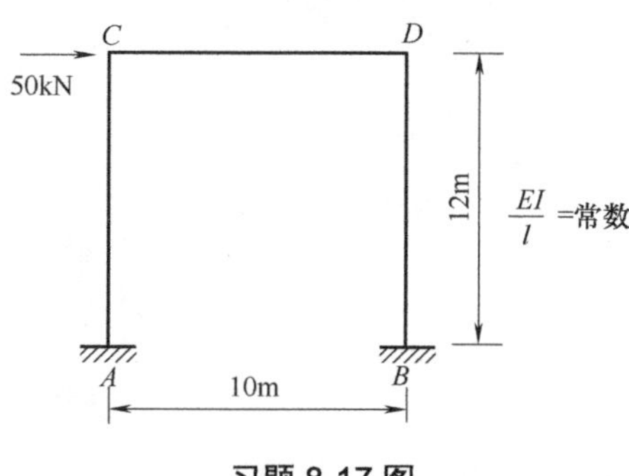

习题 8-17 图

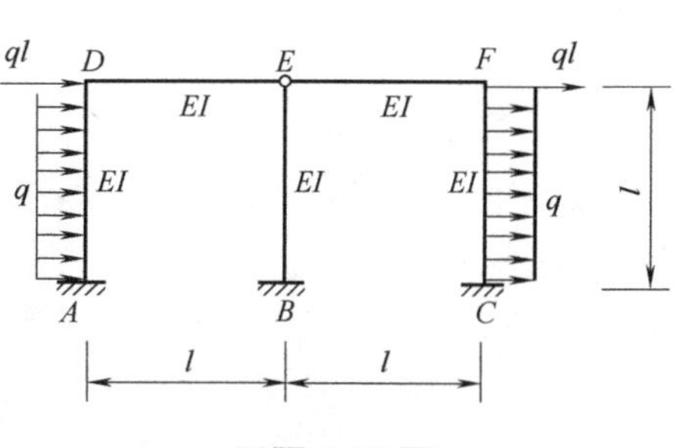

习题 8-18 图

第9章　渐　近　法

学习目标：

- 正确理解力矩分配法和位移法的关系及力矩分配法的适用条件，理解力矩分配法的基本概念，熟悉多结点的力矩分配，能够正确计算分配系数。
- 能够熟练运用力矩分配法计算多结点连续梁和无侧移刚架在荷载作用下及支座移动下的内力。

本章重点：

力矩分配法的基本概念(分配系数、传递系数)；用力矩分配法计算连续梁和无结点线位移刚架。

本章难点：

用力矩分配法计算连续梁和无结点线位移刚架。

9.1　概　　述

前面介绍的力法和位移法，是求解超静定结构的两种基本方法，这两种方法都要求建立和求解典型方程。当未知数目较多时，解联立方程的工作是非常繁重的。为了避免组成和求解联立方程，人们又寻求便于实际应用的计算方法，于是陆续出现了各种渐近法。本章主要介绍其中应用较广范的力矩分配法、无剪力分配法和剪力分配法。

力矩分配法和无剪力分配法都是以位移法为基础，采用逐次渐近的方法，其结果的精确度随着计算轮次的增加而提高，最后收敛于精确解，而每一轮的计算都是按同一步骤进行的，每一步都有明确的物理意义，因而便于理解掌握，在结构设计中被广泛采用。力矩分配法适用于连续梁和无结点线位移的刚架；无剪力分配法适用于某些特殊刚架，例如单跨多层的对称刚架在反对称荷载作用下的内力计算；剪力分配法适用于无结点角位移的结构。此外，各种方法还可以联合应用。

9.2 力矩分配法的基本原理

9.2.1 力矩分配法中的几个概念

第 8 章在推导变截面杆件的转角位移方程时介绍了刚度系数、传递系数、侧移刚度等基本概念。由于力矩分配法是由只有一个结点角位移的超静定结构的几何计算问题导出的，主要用于连续梁和无结点线位移的刚架计算，因此刚度系数、传递系数仍然适用，此外还要用到分配系数的概念，现系统介绍如下。

1. 转动刚度(S_{ij})

使等截面直杆的杆端发生单位转角时在该杆端需要施加的力矩即为转动刚度，用 S_{ij} 表示。转动刚度表示杆端对转动的抵抗能力，它的大小与杆件的线刚度 $i=EI/l$ 有关，也与杆件另一端的支承情况有关。当 B 端(也称远端)为不同支承情况时，S_{AB} 的大小也不同。如图 9-1 所示，杆件 AB 当 A 端(也称近端)发生单位转角时，在 A 端需施加的力矩即为 S_{AB}。

远端固定[图 9-1(a)]： $S_{AB}=4i$ (9-1)

远端铰支[图 9-1(b)]： $S_{AB}=3i$ (9-2)

远端滑动[图 9-1(c)]： $S_{AB}=i$ (9-3)

远端自由[图 9-1(d)]： $S_{AB}=0$ (9-4)

2. 传递系数(C_{ij})

如图 9-1 所示，当杆件 A 端(近端)发生了单位转角时，A 端产生了弯矩 M_{AB}，称为近端弯矩，同时在 B 端(远端)也产生了弯矩 M_{BA}，称远端弯矩，将远端弯矩与近端弯矩之比称为传递系数，用 C_{ij} 表示。

对图 9-1(a)，远端 B 为固定端时，杆 AB 从 A 端向 B 端的传递系数为

$$C_{AB}=\frac{M_{BA}}{M_{AB}}=\frac{1}{2} \tag{9-5}$$

对图 9-1(b)，远端 B 为铰支时，杆 AB 从 A 端向 B 端的传递系数为

$$C_{AB}=\frac{M_{BA}}{M_{AB}}=0 \tag{9-6}$$

对图 9-1(c)，远端 B 为定向支承时，杆 AB 从 A 端向 B 端的传递系数为

$$C_{AB}=\frac{M_{BA}}{M_{AB}}=-1 \tag{9-7}$$

利用传递系数，远端弯矩可由近端弯矩求出，即

$$M_{BA}=C_{AB}M_{AB} \tag{9-8}$$

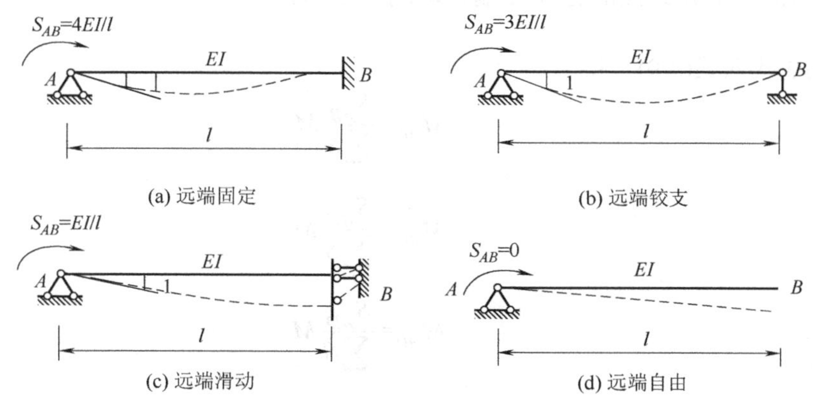

(a) 远端固定　　(b) 远端铰支

(c) 远端滑动　　(d) 远端自由

图 9-1　转动刚度

3. 分配系数(μ_{ij})

如图 9-2(a)所示的刚架，此刚架由三根等截面直杆组成并刚接于结点 A。设外力偶 M 作用于结点 A 上，并使 A 结点发生转角 θ_A，即各杆端均产生了转角 θ_A，各杆端在 A 端

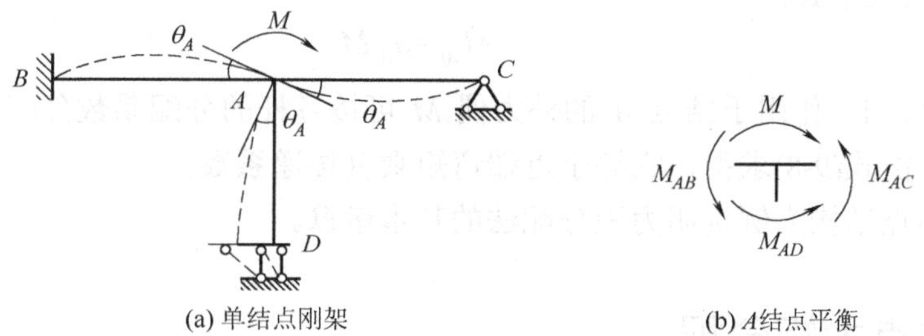

(a) 单结点刚架　　(b) A结点平衡

图 9-2　力矩分配法的一个计算单元

产生的弯矩分别为

$$\left.\begin{aligned} M_{AB}&=4i_{AB}\theta_A=S_{AB}\theta_A \\ M_{AC}&=3i_{AC}\theta_A=S_{AC}\theta_A \\ M_{AD}&=i_{AD}\theta_A=S_{AD}\theta_A \end{aligned}\right\} \tag{9-9}$$

取 A 结点作隔离体(图 9-2(b))，由 $\sum M_A=0$，得

即 $$M_{AB}+M_{AC}+M_{AD}=M$$

所以 $$(S_{AB}+S_{AC}+S_{AD})=M \tag{9-10}$$

$$\theta_A=\frac{M}{S_{AB}+S_{AC}+S_{AD}}=\frac{M}{\sum_A S}$$

式中，$\sum_A S$ 为汇交于 A 结点的各杆 A 端转动刚度之和。

将式(9-10)代入式(9-9)，得

$$\begin{aligned} M_{AB} &= \frac{S_{AB}}{\sum_A S} M \\ M_{AC} &= \frac{S_{AC}}{\sum_A S} M \\ M_{AD} &= \frac{S_{AD}}{\sum_A S} M \end{aligned} \tag{9-11}$$

由式(9-11)知，各杆 A 端的弯矩与各杆转动刚度成正比。令

$$\mu_{Aj} = \frac{S_{Aj}}{\sum_A S} \tag{9-12}$$

μ_{Aj} 称为分配系数。式中 j 可分为 B、C、D，如 μ_{AB} 为 AB 在 A 端的分配系数，它等于杆 AB 的转动刚度与交于 A 点的各杆转动刚度之和的比值。

式(9-11)可统一写成下式：

$$M_{Aj} = \mu_{Aj} M \tag{9-13}$$

由式(9-13)可知，作用于结点 A 的外力偶 M 可按各杆的分配系数分配给各杆的近端，而远端的弯矩可由式(9-8)求得，它等于近端弯矩乘以传递系数。

下面以单结点结构为例说明力矩分配法的基本运算。

9.2.2 单结点力矩分配

图 9-3(a)所示为一两跨连续梁，在荷载作用下各杆端产生了弯矩 M_{AB}、M_{BA}、M_{BC}、M_{CB}，下面用力矩分配法计算，步骤如下。

(1) 在 B 点处加一附加刚臂，阻止其转动。这时 AB 和 BC 在荷载作用下单独发生变形。AB 杆件可看作两端固定的单跨梁，BC 杆件看作一端固定、一端铰支的单跨梁，它们在荷载作用下分别产生固端弯矩 M_{AB}^{F}、M_{BA}^{F}、M_{BC}^{F}、M_{CB}^{F} [图 9-3(b)]。这时 B 结点的附加刚臂上的力矩 M_B 可由 B 结点平衡求得：

$$M_B = M_{BA}^{\mathrm{F}} + M_{BC}^{\mathrm{F}}$$

M_B 称为约束弯矩或不平衡力矩，它等于 B 结点各固端弯矩之和，以顺时针为正。

(2) 由于原结构在 B 点没有约束，也不存在 M_B，为了与原结构等效，在 B 点处附加一反向的 M_B [图 9-3(c)]，以抵消附加刚臂的作用。外力偶 $-M_B$ 作用于结点 B 处，使 AB 与 BC 杆在 B 端产生弯矩 M'_{BA}、M'_{BC}，称为分配弯矩，可由式(9-13)求得；同时远端 A、C 截面也产生弯矩 M'_{AB}、M'_{CB}，称为传递弯矩，可由式(9-8)求得。

(3) 将以上两种情况的弯矩进行叠加，即为图 9-3(a)情况下的弯矩，即

$$M_{AB}=M_{AB}^{\mathrm{F}}+M'_{AB}$$
$$M_{BA}=M_{BA}^{\mathrm{F}}+M'_{BA}$$
$$M_{BC}=M_{BC}^{\mathrm{F}}+M'_{BC}$$
$$M_{CB}=M_{CB}^{\mathrm{F}}+M'_{CB}$$

将以上两种情况所得的各杆固端弯矩、分配弯矩、传递弯矩叠加，即得到各杆的最后弯矩。

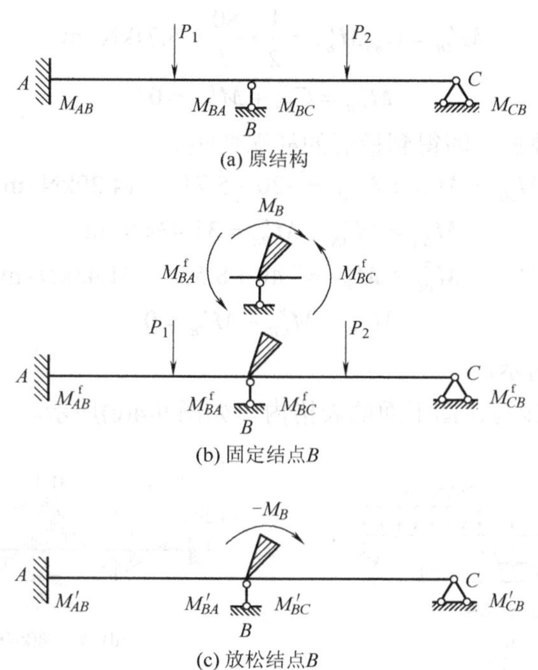

(a) 原结构

(b) 固定结点B

(c) 放松结点B

图 9-3 力矩分配法计算连续梁

例 9-1 试作如图 9-4(a)所示连续梁的弯矩图。

解：(1) 固定结点。在 B 结点上附加一刚臂[图 9-4(b)]，计算各杆分配系数、固端弯矩。令 $i=\dfrac{EI}{l}$，则

$$\mu_{BA}=\frac{S_{BA}}{S_{BA}+S_{BC}}=\frac{4i}{4i+3i}=\frac{4}{7}$$

$$\mu_{BC}=\frac{S_{BC}}{S_{BA}+S_{BC}}=\frac{3i}{4i+3i}=\frac{3}{7}$$

$$M_{AB}^{\mathrm{F}}=-\frac{Pl}{8}=-\frac{40\times 4}{8}=-20\mathrm{kN\cdot m}$$

$$M_{BA}^{\mathrm{F}}=\frac{Pl}{8}=\frac{40\times 4}{8}=20\mathrm{kN\cdot m}$$

$$M_{BC}^{\mathrm{F}}=-\frac{ql^2}{8}=-\frac{20\times 4^2}{8}=-40\mathrm{kN\cdot m}$$

$$M_{CB}^{\mathrm{F}}=0$$

(2) 放松结点 B，B 结点上的不平衡力矩 $M_B=-40+20=-20\mathrm{kN\cdot m}$，将其反号后加在 B 结点上[图 9-4(c)]，计算分配弯矩、传递弯矩。

$$M'_{BA}=\mu_{BA}(-M_B)=\frac{4}{7}\times 20=11.43\mathrm{kN\cdot m}$$

$$M'_{BC}=\mu_{BC}(-M_B)=\frac{3}{7}\times 20=8.57\mathrm{kN\cdot m}$$

$$M'_{AB}=C_{BA}M'_{BA}=\frac{1}{2}\times\frac{80}{7}=5.71\mathrm{kN\cdot m}$$

$$M'_{CB}=C_{BA}+M'_{BC}=0$$

(3) 将以上两结果叠加，即得到最后的杆端弯矩。

$$M_{AB}=M_{AB}^{\mathrm{F}}+M'_{AB}=-20+5.71=-14.29\mathrm{kN\cdot m}$$

$$M_{BA}=M_{\mathrm{BA}}^{\mathrm{F}}+M'_{BA}=31.43\mathrm{kN\cdot m}$$

$$M_{BC}=M_{BC}^{\mathrm{F}}+M'_{BC}=-40+8.57=-31.43\mathrm{kN\cdot m}$$

$$M_{CB}=M_{CB}^{\mathrm{F}}+M'_{CB}=0$$

弯矩图如图 9-4(d)所示。

上述计算过程可直接写在图下面的表格内，如图 9-4(e)所示。

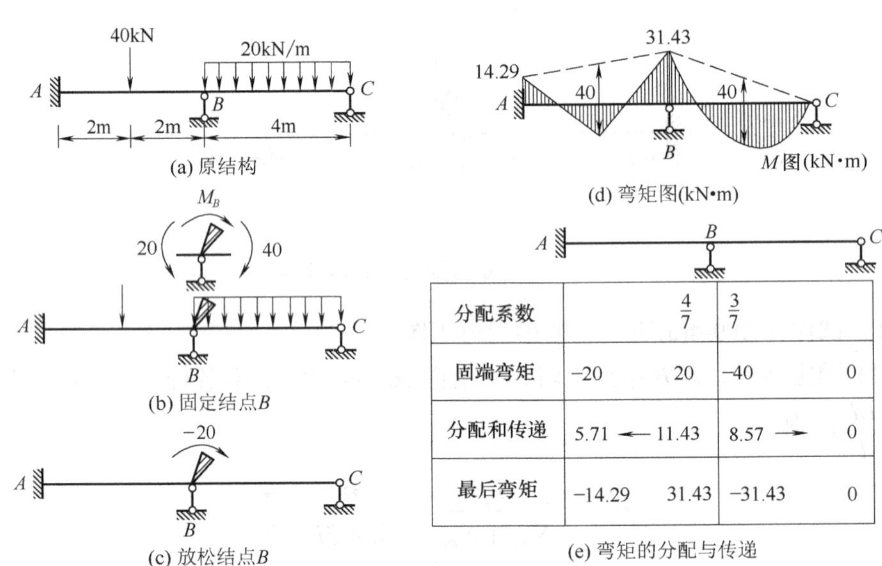

分配系数		4/7	3/7	
固端弯矩	−20	20	−40	0
分配和传递	5.71 ←	11.43	8.57 →	0
最后弯矩	−14.29	31.43	−31.43	0

图 9-4　例 9-1 图

例 9-2　试作如图 9-5(a)所示刚架的弯矩图。

解：(1) 固定节结点。在 A 结点上附加一刚臂[图 9-5(b)]，计算各杆分配系数、固端弯矩。

$$\mu_{AB}=\frac{S_{AB}}{S_{AB}+S_{AC}+S_{AD}}=\frac{4\times\dfrac{EI}{4}}{4\times\dfrac{EI}{4}+\dfrac{2EI}{4}+3\times\dfrac{2EI}{4}}=0.33$$

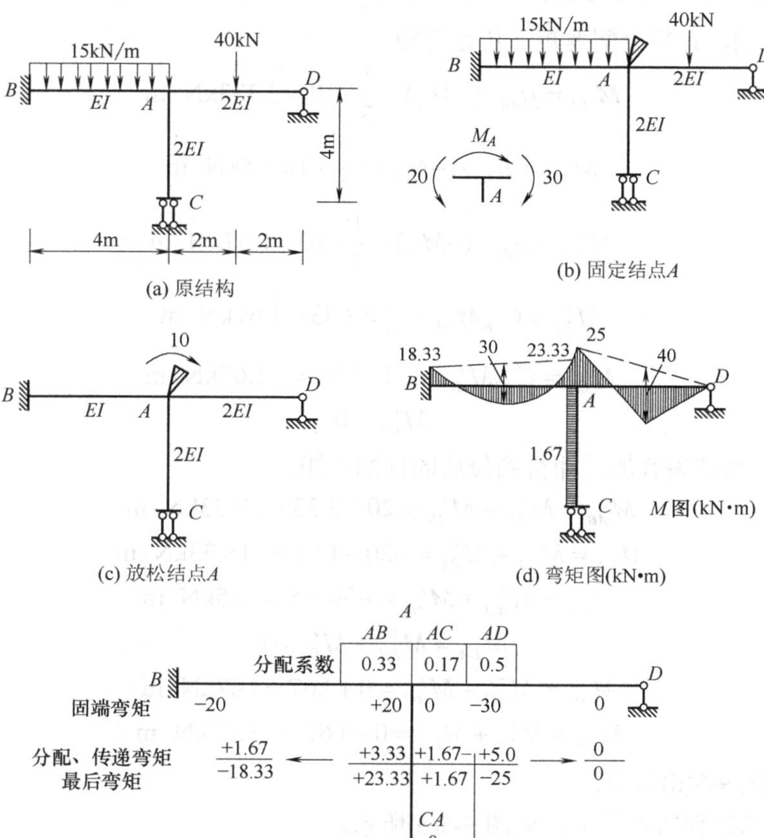

(e) 分配传递过程

图 9-5　例 9-2 图

$$\mu_{AC}=\frac{S_{AC}}{S_{AB}+S_{AC}+S_{AD}}=\frac{\frac{2EI}{4}}{4\times\frac{EI}{4}+\frac{2EI}{4}+3\times\frac{2EI}{4}}=0.17$$

$$\mu_{AD}=\frac{S_{AD}}{S_{AB}+S_{AC}+S_{AD}}=\frac{3\times\frac{2EI}{4}}{4\times\frac{EI}{4}+\frac{2EI}{4}+3\times\frac{2EI}{4}}=0.5$$

$$M_{BA}^{\mathrm{F}}=-\frac{ql^2}{12}=-\frac{15\times4^2}{12}=-20\mathrm{kN\cdot m}$$

$$M_{AB}^{\mathrm{F}}=\frac{ql^2}{12}=\frac{15\times4^2}{12}=20\mathrm{kN\cdot m}$$

$$M_{AD}^{\mathrm{F}}=-\frac{3pl}{16}=-\frac{3\times40\times4}{16}=-30\mathrm{kN\cdot m}$$

$$M_{DA}^{\mathrm{F}}=0,M_{AC}^{\mathrm{F}}=0,M_{CA}^{\mathrm{F}}=0$$

(2) 放松结点 A，A 结点上的不平衡力矩 $M_A = -30 + 20 = -10\text{kN}\cdot\text{m}$，将其反号后加在 A 结点上[图 9-5(c)]，计算分配弯矩、传递弯矩。

$$M'_{AB} = \mu_{AB}\cdot(-M_A) = \frac{1}{3}\times 10 = 3.333\text{kN}\cdot\text{m}$$

$$M'_{AD} = \mu_{AD}\cdot(-M_A) = \frac{1}{2}\times 10 = 5\text{kN}\cdot\text{m}$$

$$M'_{AC} = \mu_{AC}\cdot(-M_A) = \frac{1}{6}\times 10 = 1.67\text{kN}\cdot\text{m}$$

$$M'_{BA} = C_{AB}M'_{AB} = \frac{1}{2}\times 3.33 = 1.67\text{kN}\cdot\text{m}$$

$$M'_{CA} = C_{AC}M'_{AC} = -1\times 1.67 = -1.67\text{kN}\cdot\text{m}$$

$$M'_{DA} = 0$$

(3) 将以上两结果叠加，即得到最后的杆端弯矩。

$$M_{AB} = M^{\text{F}}_{AB} + M'_{AB} = 20 + 3.33 = 23.33\text{kN}\cdot\text{m}$$

$$M_{BA} = M^{\text{F}}_{BA} + M'_{BA} = -20 + 1.67 = -18.33\text{kN}\cdot\text{m}$$

$$M_{AD} = M^{\text{F}}_{AD} + M'_{AD} = -30 + 5 = -25\text{kN}\cdot\text{m}$$

$$M_{DA} = M^{\text{F}}_{DA} + M'_{DA} = 0$$

$$M_{AC} = M^{\text{F}}_{AC} + M'_{AC} = 0 + 1.67 = 1.67\text{kN}\cdot\text{m}$$

$$M_{CA} = M^{\text{F}}_{CA} + M'_{CA} = 0 - 1.67 = -1.67\text{kN}\cdot\text{m}$$

弯矩图如图 9-5(d)所示。

将上述计算过程写在图上，如图 9-5(e)所示。

9.3 用力矩分配法计算连续梁和无侧移刚架

9.2 节通过只有一个结点的结构，介绍了力矩分配法的基本概念。对于具有多个结点转角和无结点线位移的刚架，只要依次对每个结点应用上节所述的基本运算，经过几次循环后便可求得杆端弯矩的渐近解。下面结合一等截面连续梁[图 9-6(a)]说明力矩分配法的计算过程。

该连续梁有两个结点角位移，用力矩分配法可按下述步骤进行。

第一步：在结点 B、结点 C 处加上附加刚臂[图 9-6(b)]，阻止结点的转动，这时连续梁变成了三根单跨超静定梁的组合体，计算各杆的固端弯矩。

$$M^{\text{F}}_{AB} = -\frac{ql^2}{12} = -\frac{10\times 6^2}{12} = -30\text{kN}\cdot\text{m}$$

$$M^{\text{F}}_{BA} = \frac{ql^2}{12} = \frac{10\times 6^2}{12} = 30\text{kN}\cdot\text{m}$$

$$M^{\text{F}}_{BC} = 0, M^{\text{F}}_{CB} = 0$$

$$M^{\text{F}}_{CD} = -\frac{Pl}{8} = -\frac{20\times 6}{8} = -15\text{kN}\cdot\text{m}$$

$$M^{\text{F}}_{DC} = \frac{Pl}{8} = \frac{20\times 6}{8} = 15\text{kN}\cdot\text{m}$$

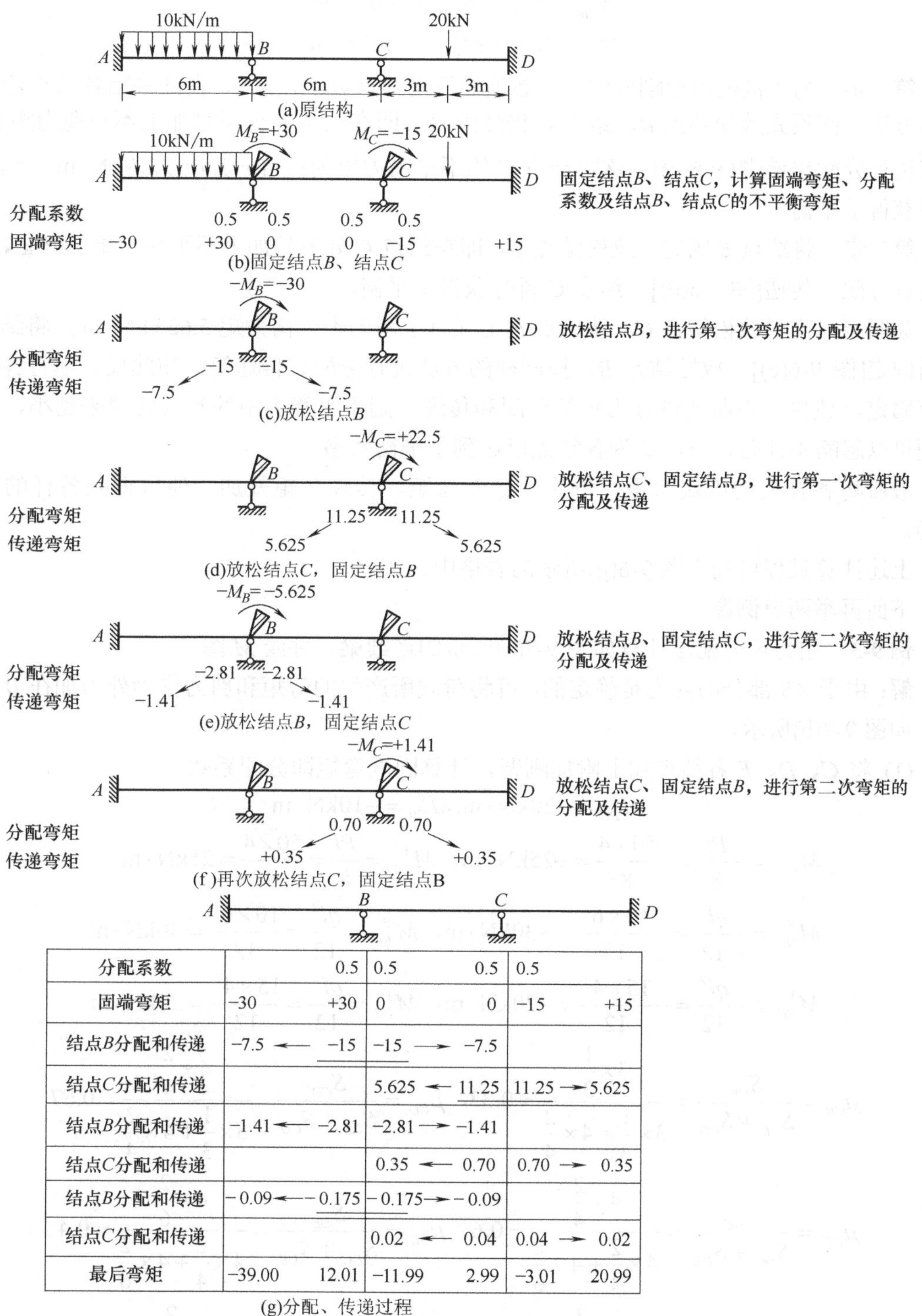

分配系数		0.5	0.5	0.5	0.5	
固端弯矩	−30	+30	0	0	−15	+15
结点B分配和传递	−7.5 ←	−15	−15 →	−7.5		
结点C分配和传递			5.625 ←	11.25	11.25 →	5.625
结点B分配和传递	−1.41 ←	−2.81	−2.81 →	−1.41		
结点C分配和传递			0.35 ←	0.70	0.70 →	0.35
结点B分配和传递	−0.09 ←	−0.175	−0.175 →	−0.09		
结点C分配和传递			0.02 ←	0.04	0.04 →	0.02
最后弯矩	−39.00	12.01	−11.99	2.99	−3.01	20.99

(g)分配、传递过程

图 9-6　力矩分配法计算连续梁的过程

然后计算结点 B、结点 C 上的不平衡力矩：

$$M_B = M_{BA}^{F} + M_{BC}^{F} = 30\text{kN}\cdot\text{m}$$
$$M_C = M_{CB}^{f} + M_{CD}^{f} = -15\text{kN}\cdot\text{m}$$

第二步：为了抵消附加刚臂作用，必须要放松结点 B、结点 C，在此采用各结点轮流放松的方法。假设先放松结点 B，结点 C 仍然固定，即在结点 B 处反号加上不平衡力矩 M_B，将其进行分配传递[图 9-6(c)]，这时结点 C 的不平衡力矩为：$-15-7.5=-22.5\,\text{kN}\cdot\text{m}$，结点 B 暂时获得了平衡。

第三步：将结点 B 固定，放松结点 C，即在结点 C 处反号加上不平衡力矩 $22.5\,\text{kN}\cdot\text{m}$，并进行分配、传递[图 9-6(d)]，结点 C 暂时获得了平衡。

第四步：由于放松结点 C，使结点 B 上又有了新的不平衡力矩 $5.625\,\text{kN}\cdot\text{m}$，将结点 C 重新固定[图 9-6(e)]，放松结点 B，按同样的方法进行分配、传递等。如此反复地将各结点轮流固定、放松，不断地进行力矩的分配和传递，则不平衡力矩的数值将越来越小，直到小到可以忽略不计时，可以认为各结点已达到了平衡状态。

最后将各杆端的固端弯矩、每次的分配弯矩、传递弯矩叠加，便可得到各杆的杆端弯矩。

上述计算过程可列于图 9-6(g)所示的表格中。

下面再举两道例题。

例 9-3　用力矩分配法计算如图 9-7(a)所示的连续梁，并绘 M 图。

解：由于 AB 部分的内力是静定的，可将荷载所产生的弯矩和剪力作为外力加在 B 结点上，如图 9-7(b)所示。

(1) 将 C、D、E 各结点加上附加刚臂，计算固端弯矩即分配系数。

$$M_{BC}^{F} = -20\text{kN}\cdot\text{m}, M_{CB}^{F} = -10\text{kN}\cdot\text{m}$$

$$M_{CD}^{F} = -\frac{Pl}{8} = -\frac{50\times4}{8} = -25\text{kN}\cdot\text{m},\quad M_{DC}^{F} = \frac{Pl}{8} = \frac{50\times4}{8} = 25\text{kN}\cdot\text{m}$$

$$M_{DE}^{F} = -\frac{ql^2}{12} = -\frac{10\times6^2}{12} = -30\text{kN}\cdot\text{m},\quad M_{ED}^{F} = \frac{ql^2}{12} = \frac{10\times6^2}{12} = 30\text{kN}\cdot\text{m}$$

$$M_{EF}^{F} = -\frac{ql^2}{12} = -\frac{15\times4^2}{12} = -20\text{kN}\cdot\text{m},\quad M_{FE}^{F} = \frac{ql^2}{12} = \frac{15\times4^2}{12} = 20\text{kN}\cdot\text{m}$$

$$\mu_{CB} = \frac{S_{CB}}{S_{CB}+S_{CD}} = \frac{3\times\frac{1}{3}}{3\times\frac{1}{3}+4\times\frac{2}{4}} = 0.33,\quad \mu_{CD} = \frac{S_{CD}}{S_{CB}+S_{CD}} = \frac{4\times\frac{2}{4}}{3\times\frac{1}{3}+4\times\frac{2}{4}} = 0.67$$

$$\mu_{DC} = \frac{S_{DC}}{S_{DC}+S_{DE}} = \frac{4\times\frac{2}{4}}{4\times\frac{2}{4}+4\times\frac{2}{6}} = 0.6,\quad \mu_{DE} = \frac{S_{DE}}{S_{DC}+S_{DE}} = \frac{4\times\frac{2}{6}}{4\times\frac{2}{4}+4\times\frac{2}{6}} = 0.4$$

$$\mu_{ED} = \frac{S_{ED}}{S_{ED}+S_{EF}} = \frac{4\times\frac{2}{6}}{4\times\frac{2}{6}+4\times\frac{2}{4}} = 0.4,\quad \mu_{EF} = \frac{S_{EF}}{S_{ED}+S_{EF}} = \frac{4\times\frac{2}{4}}{4\times\frac{2}{6}+4\times\frac{2}{4}} = 0.6$$

(2) 将结点轮流放松，进行力矩的分配和传递。为了使计算时收敛较快，分配宜从不平衡力矩数值较大的结点开始，可先放松结点 C。由于放松结点 C 时，结点 D 是固定的，所以可以同时放松结点 E。因此，凡不相邻的各结点每次均可同时放松，这样便可加快收敛的速度。整个计算过程见图 9-7(c)。

(3) 计算杆端最后弯矩，并绘弯矩图[图 9-7(d)]。

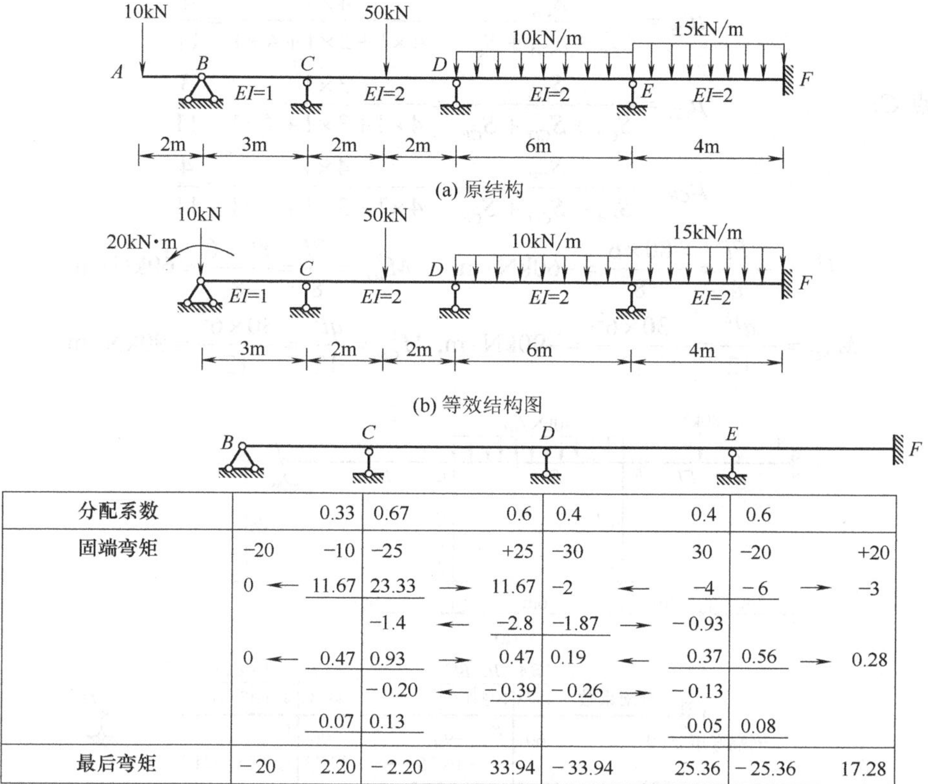

	B	C		D		E		F
分配系数		0.33	0.67	0.6	0.4	0.4	0.6	
固端弯矩	−20	−10	−25	+25	−30	30	−20	+20
	0 ←	11.67	23.33 →	11.67	−2 ←	−4	−6 →	−3
			−1.4 ←	−2.8	−1.87 →	−0.93		
	0 ←	0.47	0.93 →	0.47	0.19 ←	0.37	0.56 →	0.28
			−0.20 ←	−0.39	−0.26 →	−0.13		
		0.07	0.13			0.05	0.08	
最后弯矩	−20	2.20	−2.20	33.94	−33.94	25.36	−25.36	17.28

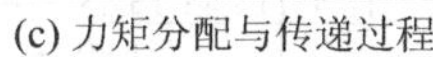
(c) 力矩分配与传递过程

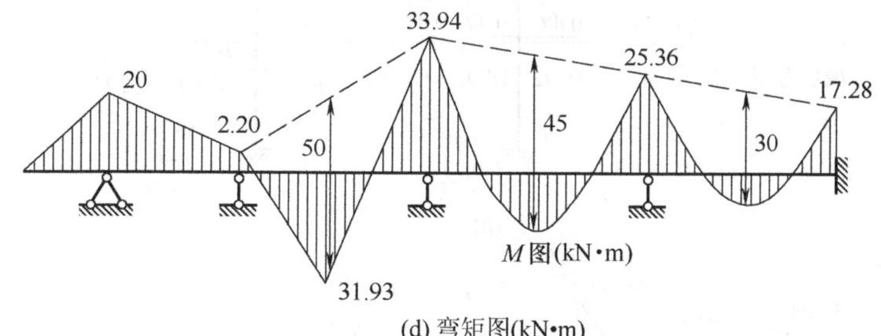

(d) 弯矩图(kN•m)

图 9-7　例 9-3 图

例 9-4　用力矩分配法计算如图 9-8(a)所示的刚架，并绘 M 图。

解：(1)将结点 B、结点 C 固定，计算分配系数及固端弯矩。令

$$\frac{EI}{6}=1$$

结点 B：
$$\mu_{BA}=\frac{S_{BA}}{S_{BA}+S_{BC}+S_{BE}}=\frac{4\times1}{4\times1+4\times1+4\times1}=\frac{1}{3}$$

$$\mu_{BC}=\frac{S_{BC}}{S_{BA}+S_{BC}+S_{BE}}=\frac{4\times1}{4\times1+4\times1+4\times1}=\frac{1}{3}$$

$$\mu_{BE}=\frac{S_{BE}}{S_{BA}+S_{BC}+S_{BE}}=\frac{4\times1}{4\times1+4\times1+4\times1}=\frac{1}{3}$$

结点 C：

$$\mu_{CB}=\frac{S_{CB}}{S_{CB}+S_{CD}+S_{CF}}=\frac{4\times1}{4\times1+3\times1+4\times1}=\frac{4}{11}$$

$$\mu_{CD}=\frac{S_{CD}}{S_{CB}+S_{CD}+S_{CF}}=\frac{3\times1}{4\times1+3\times1+4\times1}=\frac{3}{11}$$

$$\mu_{CF}=\frac{S_{CF}}{S_{CB}+S_{CD}+S_{CF}}=\frac{4\times1}{4\times1+3\times1+4\times1}=\frac{4}{11}$$

$$M_{AB}^{\mathrm{F}}=-\frac{Pl}{8}=-\frac{80\times6}{8}=-60\mathrm{kN\cdot m},\quad M_{BA}^{\mathrm{F}}=\frac{Pl}{8}=\frac{80\times6}{8}=60\mathrm{kN\cdot m}$$

$$M_{BC}^{\mathrm{F}}=-\frac{ql^2}{12}=-\frac{30\times6^2}{12}=-90\mathrm{kN\cdot m},\ M_{CB}^{\mathrm{F}}=\frac{ql^2}{12}=\frac{30\times6^2}{12}=90\mathrm{kN\cdot m}$$

(a)

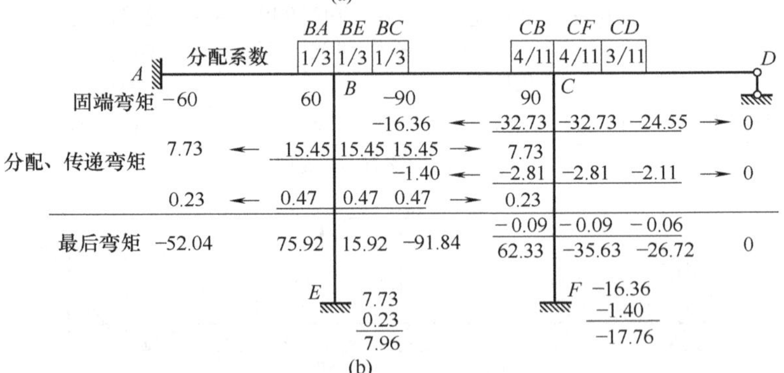

(b)

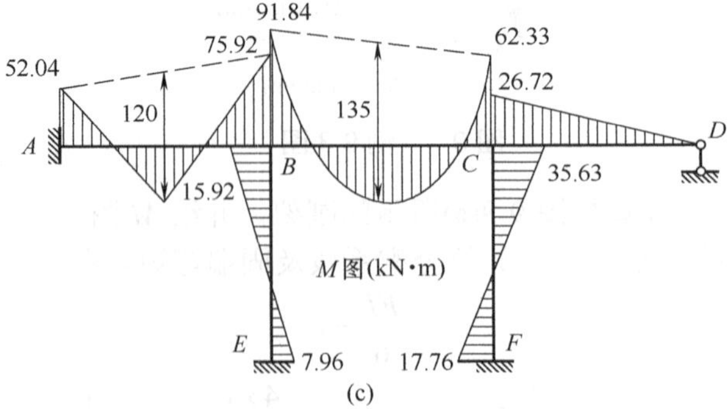

(c)

图 9-8　例 9-4 图

(2) 将结点 B、C 两结点轮流放松，进行力矩的分配和传递，计算过程见图 9-8(b)。

(3) 计算杆端最终弯矩，并绘 M 图[图 9-8(c)]。

9.4　无剪力分配法

9.3 节所讲的力矩分配法可用于计算无侧移的刚架。对于有侧移的刚架，且符合某些特定条件时，可采用无剪力分配法。

9.4.1　无剪力分配法的应用条件

下面以单跨对称刚架在反对称荷载作用下的半刚架为例来说明这种方法。如图 9-9(a)所示，刚架上作用着水平结点荷载，计算时常将荷载分解为对称[图 9-9(b)]和反对称荷载[图 9-9(c)]分别求解。在对称荷载作用下，刚架中不会产生弯矩，故只对刚架进行反对称荷载作用下的计算。在反对称荷载作用下，各结点不仅有角位移，还有线位移，这时可取半个刚架[图 9-9(d)]，用下面的无剪力分配法计算。

在图 9-9(d)中，各横梁 BC、DE、FG 虽有水平位移但两端并无相对线位移，这类杆件称为两端无相对线位移的杆件。各柱 AB、BD、DF 两端虽有相对侧移，但由于链杆支座 C、E、G 处并无水平反力，所以各柱的剪力是静定的，各柱的剪力如图 9-9(e)所示。这类杆件称为剪力静定杆件。

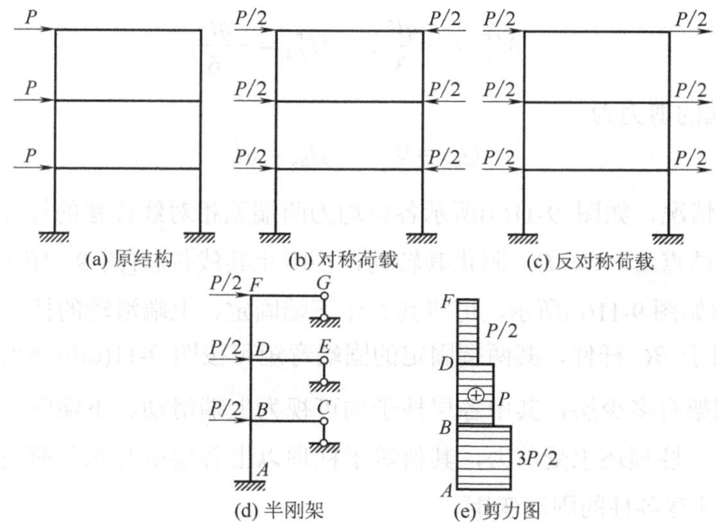

图 9-9　单跨对称刚架

所以，无剪力分配法的应用条件是：刚架中除两端无相对线位移的杆件外，其余杆件都是剪力静定杆件。

9.4.2 剪力静定杆的固端弯矩

计算如图 9-10(a)所示的半刚架时，与力矩分配法一样，可分为以下两步：第一步是固定结点，加附加刚臂，以阻止结点的转动，但不阻止线位移[图 9-10(b)]，求各杆端在荷载作用下的固端弯矩：第二步是放松结点[图 9-10(c)]，使结点产生角位移和线位移，求各杆的分配弯矩和传递弯矩。将以上两步所得的杆端弯矩叠加，即得原刚架的杆端弯矩。

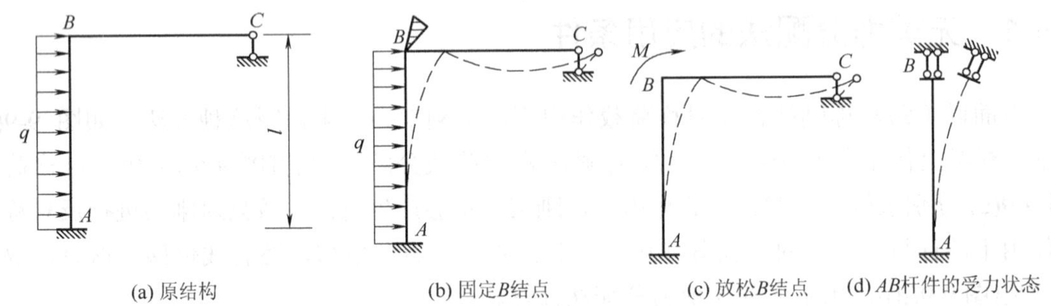

图 9-10 剪力静定杆的固端弯矩

在计算 AB 杆件的固端弯矩时，因 AB 杆的剪力是静定的，在顶点 B 处的剪力为零，所以 AB 杆件的受力状态与图 9-10(d)所示下端固定、上端滑动的杆件相同，则 AB 杆件的固端弯矩可根据表 8-1 查得，即

$$M_{AB}^{\mathrm{F}}=-\frac{ql^2}{3},\quad M_{BA}^{\mathrm{F}}=-\frac{ql^2}{6}$$

AB 杆件两端的剪力为

$$Q_{BA}=0,\quad Q_{BA}=ql$$

对于多层的情况，如图 9-11(a)所示各梁均为两端无相对线位移的杆件，各竖杆为剪力静定杆件，固定结点 B、C、D，阻止其转动，不阻止其线位移[图 9-11(b)]。任取其中一柱 BC，其受力状态如图 9-11(c)所示，可将其看作下端固定、上端滑动的杆件，柱顶 C 处的剪力为ql，因此对于 BC 杆件，其两端固定的固端弯矩可按图 9-11(c)所示的情况求出。因此可推知，无论刚架有多少层，其中各层柱子均可视为上端滑动、下端固定的杆件，除本身可承受的荷载外，柱顶还承受剪力，其值等于柱顶以上各层所有水平荷载的代数和，这样便可根据表 8-2 计算各柱的固端弯矩。

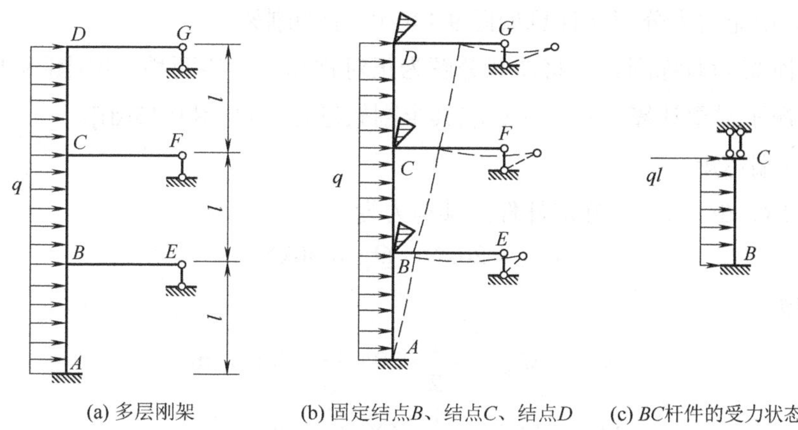

(a) 多层刚架　(b) 固定结点B、结点C、结点D　(c) BC杆件的受力状态

图 9-11　多导层刚架剪力静定杆的固端弯矩

9.4.3　零剪力杆件的转动刚度和传递系数

在图 9-10(c)所示的半刚架中，放松结点 B，即在结点 B 处反号加上一不平衡力矩[图 9-12(a)]。由于横梁 BC 中无轴力，所以 AB 杆各截面的剪力也为零，称为零剪力杆件。AB 杆件的受力情况视为一悬臂杆件[图 9-12(b)]，结点 B 既有转角，又有侧移，在结点 B 发生转角时，杆端力偶为

$$M_{BA}=i_{AB}\theta_B,\qquad M_{AB}=-M_{BA}$$

所以零剪力杆件的转动刚度为

$$S_{AB}=i_{AB}$$

传递系数为

$$C_{AB}=-1$$

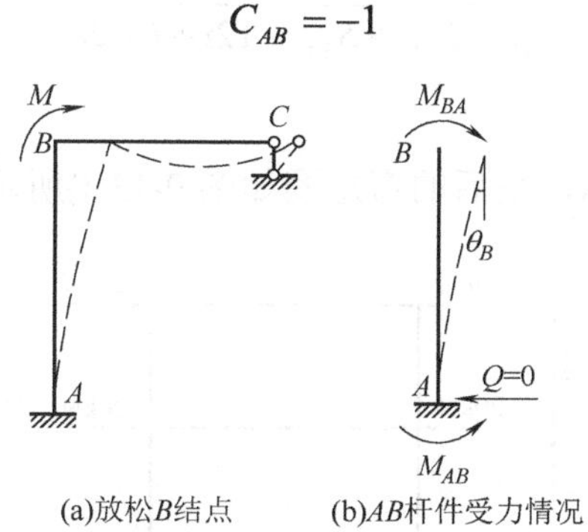

(a)放松B结点　(b)AB杆件受力情况

图 9-12　零剪力杆的转动刚度与传递系数

由上可见，在固定结点时，AB 柱的剪力为静定的，在放松结点时，将 B 端的分配弯矩乘以−1 的传递系数传到 A 端，因此弯矩沿 AB 杆的全长为常数，而剪力为零。这样，在力矩的分配和传递过程中，柱中原有的剪力将保持不变而不增加新的剪力，所以这种方法称为无剪力分配法，它们的转动刚度和传递系数按式(9-14)、式(9-15)计算。

例 9-5 试用无剪力分配法计算如图 9-13(a)所示的刚架。

解： 由于刚架为对称刚架，将荷载分解为正对称和反对称两种情况[图 9-13(b)、(c)]，其中正对称情况不需要计算，对反对称取其半刚架进行计算[图 9-13(d)]。

(1) 计算固端弯矩。

(2) 立柱 AB、BC 为剪力静定杆件，其剪力为

$$Q_{BC} = 20\text{kN},\quad Q_{AB} = 40\text{kN}$$

固端弯矩为

$$M_{CB} = M_{BC} = -\frac{1}{2}\times 20\times 4 = -40\text{kN}\cdot\text{m}$$

$$M_{BA} = M_{AB} = -\frac{1}{2}\times 40\times 4 = -80\text{kN}\cdot\text{m}$$

(3) 计算分配系数。

C 结点：

$$S_{CD} = 3\times 4i = 12i,\qquad S_{CB} = i$$

$$\mu_{CD} = \frac{S_{CD}}{S_{CD}+S_{CB}} = \frac{12i}{12i+i} = 0.923$$

$$\mu_{CB} = \frac{S_{CB}}{S_{CD}+S_{CB}} = \frac{i}{12i+i} = 0.077$$

B 结点：

$$S_{BE} = 3\times 4i = 12i,\qquad S_{BC} = i,\qquad S_{BA} = 2i$$

$$\mu_{BE} = \frac{S_{BE}}{S_{BE}+S_{BC}+S_{BA}} = \frac{12i}{12i+i+2i} = 0.8$$

$$\mu_{BC} = \frac{S_{BC}}{S_{BE}+S_{BC}+S_{BA}} = \frac{i}{12i+i+2i} = 0.067$$

$$\mu_{BA} = \frac{S_{BA}}{S_{BE}+S_{BC}+S_{BA}} = \frac{2i}{12i+i+2i} = 0.133$$

(4) 力矩的分配与传递。

计算过程如图 9-13(e)所示，最后的弯矩图如图 9-13(f)所示。

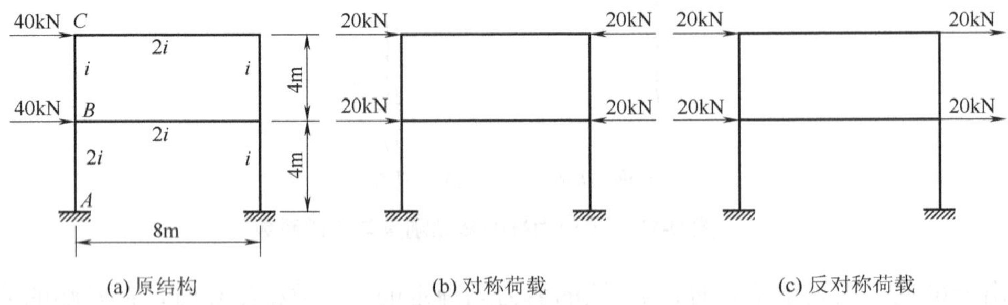

(a) 原结构　　(b) 对称荷载　　(c) 反对称荷载

图 9-13　例 9-5 图

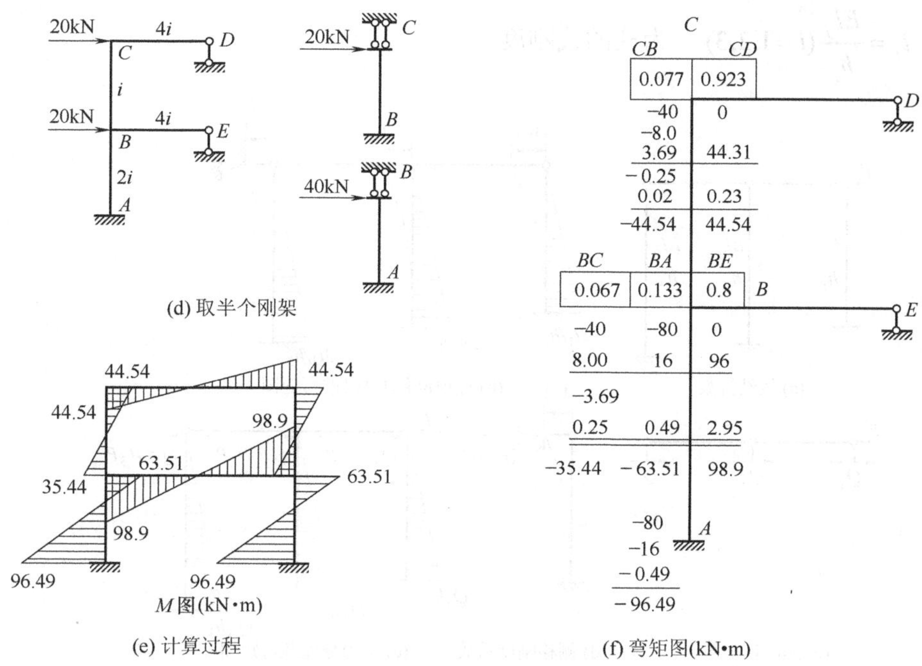

(d) 取半个刚架

(e) 计算过程

(f) 弯矩图(kN•m)

图 9-13　例 9-5 图(续)

9.5　剪力分配法

对于无结点角位移的结构，工业厂房中的铰结排架、横梁刚度无限大的刚架，可用剪力分配法进行计算。

9.5.1　柱顶有水平荷载作用的铰结排架

如图 9-14(a)所示的排架，柱与横梁铰结，柱下端为固定端，各柱的高度分别为 h_1、h_2、h_3，弯曲刚度分别为 EI_1、EI_2、EI_3，柱顶有水平荷载作用，忽略梁的轴向变形，下面用剪力分配法绘制该排架的弯矩图和剪力图。

由于忽略横梁的轴向变形，在水平荷载作用下，三根柱的柱顶有水平线位移且相等，现在在柱顶加一水平链杆阻止该水平线位移[图 9-14(b)]。当各柱顶发生单位水平位移时，各柱顶的剪力分别为

$$\left.\begin{aligned}\bar{Q}_1&=\frac{3EI_1}{h_1^3}=\frac{3i_1}{h_1^2}\\\bar{Q}_2&=\frac{3EI_2}{h_2^3}=\frac{3i_2}{h_2^2}\\\bar{Q}_3&=\frac{3EI_3}{h_3^3}=\frac{3i_3}{h_3^2}\end{aligned}\right\}\tag{9-14}$$

式中，$i_j=\dfrac{EI_j}{h_j}(i=1,2,3)$，为柱的线刚度。

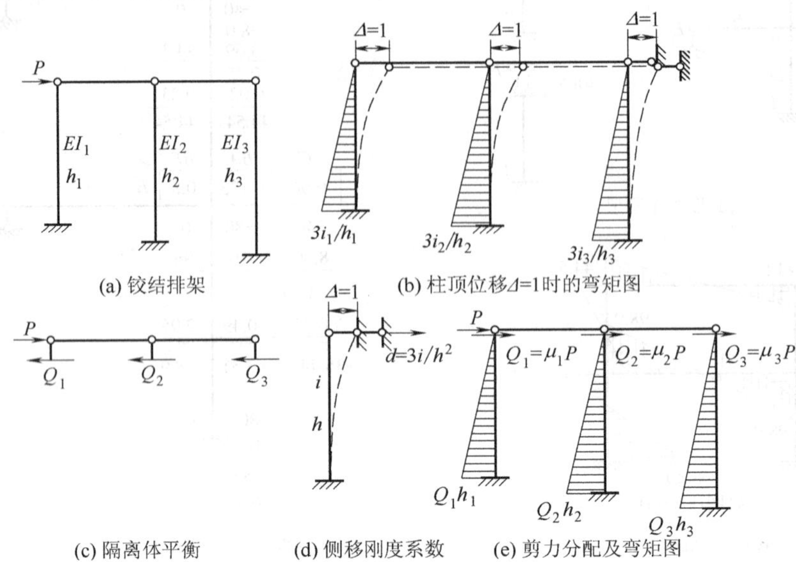

图 9-14　铰结排架的剪力分配

当各柱顶发生相同的水平位移 Δ 时，各柱的剪力为

$$\left.\begin{aligned}Q_1&=\frac{3i_1}{h_1^2}\Delta\\Q_2&=\frac{3i_2}{h_2^2}\Delta\\Q_3&=\frac{3i_3}{h_3^2}\Delta\end{aligned}\right\}\tag{9-15}$$

由平衡条件，各柱顶剪力之和应等于 P[图 9-14(c)]，即

$$Q_1+Q_2+Q_3=P\tag{9-16}$$

由式(9-15)、式(9-16)，得

令

$$Q_j=\frac{\dfrac{3i_j}{h_j^2}}{\dfrac{3i_j}{h_1^2}+\dfrac{3i_j}{h_2^2}+\dfrac{3i_j}{h_3^2}}\cdot P\qquad(j=1,2,3)\tag{9-17}$$

$$d_j=\frac{3i_j}{h_j^2}\tag{9-18}$$

则式(9-17)可写为

$$Q_j=\frac{d_j}{\sum\limits_{j=1}^{3}d_j}\cdot P=\mu_j\cdot p\qquad(j=1,2,3)\tag{9-19}$$

式中
$$\mu_j = \frac{d_j}{\sum d_j} \tag{9-20}$$

由式(9-19)可知，各柱顶剪力 Q_j 与剪力 d_j 成正比，且水平荷载 P 按各柱 d_j 的比例分配给各柱。这里，d_j 称为侧移刚度系数[图 9-14(d)]，μ_j 为剪力分配系数，即在柱顶水平荷载 P 作用下，各柱顶的剪力可按各柱的剪力分配系数将 P 进行分配求得，由于弯矩零点在柱顶，从而可由剪力求得弯矩，这种方法称为剪力分配法。绘出其弯矩图[图 9-14(e)]。

9.5.2　横梁刚度无限大时刚架的剪力分配

如图 9-15(a)所示的刚架，横梁刚度无限大，柱顶作用水平力 P，用位移法计算时，该结构无结点角位移，只有水平线位移 $\varDelta$。对两端无转角的柱，当柱顶发生单位水平线位移时，柱顶的剪力为

$$\overline{Q} = \frac{12i}{h^2}$$

令 $d = \frac{12i}{h^2}$，d 称为两端无转角柱的侧移刚度系数[图 9-15(b)]。

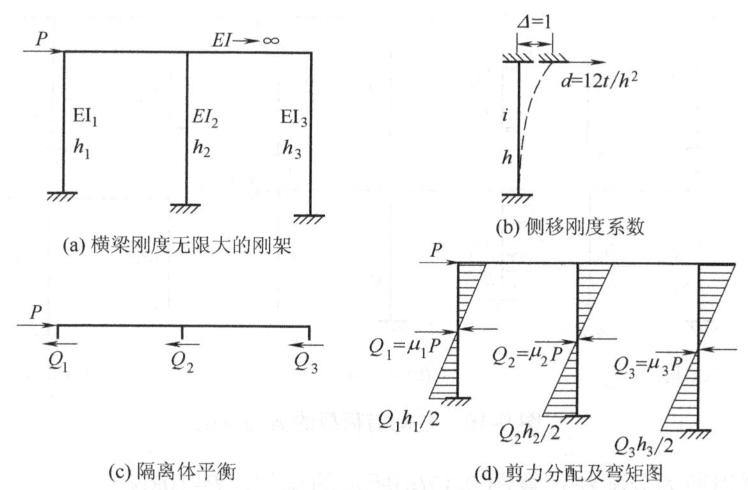

图 9-15　横梁刚度无限大时的计算

当各柱顶侧移均为 $\varDelta$ 时，各柱的剪力为

$$Q_j = \overline{Q} \cdot \varDelta = d_j \varDelta \tag{9-21}$$

由平衡条件，各柱顶的剪力之和应等于 P[图 9-15(c)]，即

$$Q_1 + Q_2 + Q_3 = P \tag{9-22}$$

由式(9-21)、式(9-22)得

$$Q_j = \frac{d_j}{\sum_{j=1}^{3} d_j} \cdot P = \mu_j \cdot P \qquad (j=1,2,3) \tag{9-23}$$

由式(9-23)可知，对横梁刚度无限大的刚架，柱顶有水平荷载时，各柱顶的剪力也可按各柱的侧移刚度系数之比，即剪力分配系数，将水平荷载 P 进行分配求得。由剪力求弯矩时，应注意由于柱上端无转角，弯矩图的特点是柱中点的弯矩为零，柱上下端的弯矩是等值反向的。利用这个特点，可由剪力求得各柱两端弯矩为 $M = Qh/2$，从而可绘出柱的弯矩图[图 9-15(d)]。由结点的平衡，可求出梁端弯矩。

9.5.3 柱间有水平荷载作用时的计算

对铰结排架以及横梁刚度无限大的刚架[图 9-16(a)]，如果荷载作用在柱间，仍可用剪力分配法进行下列计算，步骤如下：

(1) 现在柱顶加一水平链杆[图 9-16(b)]，阻止水平线位移，由表 8-1 可查出此时承受荷载的柱的柱顶端剪力 Q_1^F，进而求出附加链杆的约束反力 F_{1P}。

(2) 将 F_{1P} 反向加在原结构上[图 9-16(c)]，此时可用剪力分配法进行计算。

(3) 将图 9-16(b)、(c)两种情况下的内力叠加，即得原结构的解。

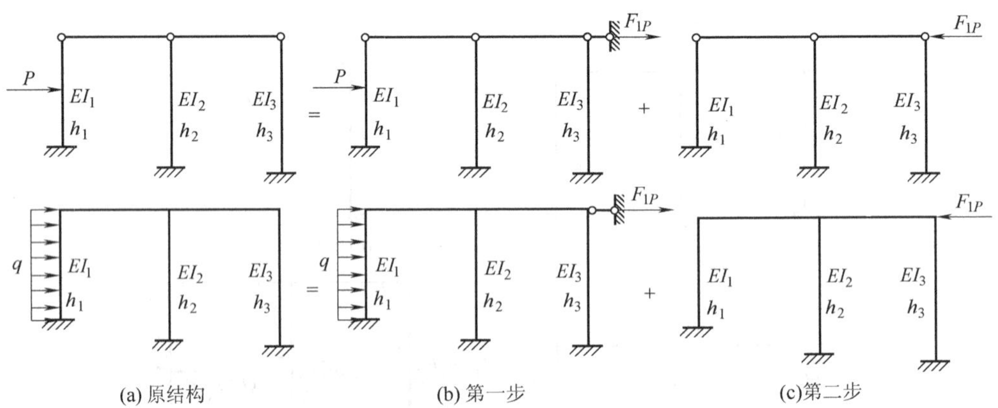

图 9-16　柱间有荷载的剪力分配

例 9-6　试用剪力分配法计算图 9-17(a)所示的排架，P=10kN。

解：(1)求各柱的剪力分配系数。

$$d_1 = \frac{3i_1}{h_1^2} = \frac{3}{16},\ d_2 = \frac{3i_2}{h_2^2} = \frac{1}{6},\ d_3 = \frac{3i_3}{h_3^2} = \frac{3}{64},$$

$$\mu_1 = \frac{d_1}{\sum_{j=1}^{3} d_1} = \frac{\frac{3}{16}}{\frac{3}{16} + \frac{1}{6} + \frac{3}{64}} = 0.4675$$

$$\mu_2 = \frac{\frac{1}{6}}{\frac{3}{16}+\frac{1}{6}+\frac{3}{64}} = 0.4156$$

$$\mu_3 = \frac{\frac{3}{64}}{\frac{3}{16}+\frac{1}{6}+\frac{3}{64}} = 0.1169$$

(2) 计算各柱剪力[图 9-17(b)]。

$$Q_1 = \mu_1 \cdot P = 0.4675\times 10 = 4.675\text{kN}$$
$$Q_2 = \mu_2 \cdot P = 0.4156\times 10 = 4.156\text{kN}$$
$$Q_3 = \mu_3 \cdot P = 0.1169\times 10 = 1.169\text{kN}$$

(3) 计算杆端弯矩。

$$M_1 = Q_1 \cdot h_1 = 4.675\times 4 = 18.70\text{kN}\cdot\text{m}$$
$$M_2 = Q_2 \cdot h_2 = 4.156\times 6 = 24.94\text{kN}\cdot\text{m}$$
$$M_3 = Q_3 \cdot h_3 = 1.169\times 8 = 9.35\text{kN}\cdot\text{m}$$

(4) 绘制弯矩图[图 9-17(c)]。

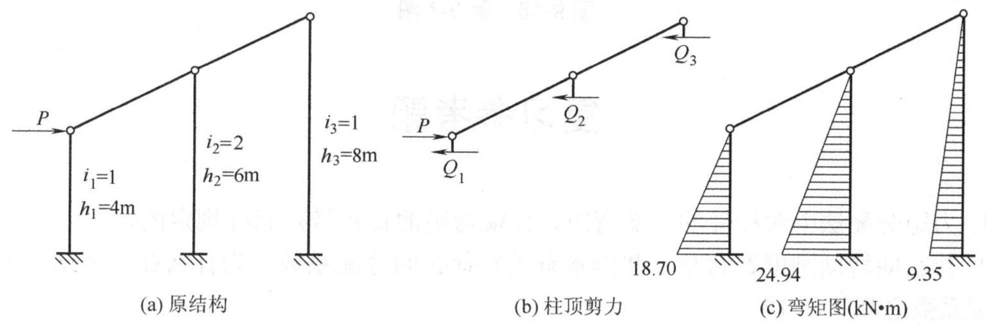

图 9-17 例 9-6 图

例 9-7 试用剪力分配法计算图 9-18(a)所示的刚架。

解：(1)在柱顶加水平链杆[图 9-18(b)]，求链杆的约束反力 F_1。

画出 AB 柱的弯矩图，固端剪力 $Q_{AB}^{F} = -P/2 = -10\text{kN}$。由 $\sum X = 0$，得链杆的约束反力 F_1=-10kN。

(2) 将链杆的约束反力 F_1 反向加在原结构上，用剪力分配法计算。

$$\mu_1 = \frac{d_1}{\sum_{j=1}^{3} d_j} = \frac{1}{1+2+1} = 0.25\text{，}\ \mu_2 = \frac{2}{1+2+1} = 0.5\text{，}\ \mu_3 = 0.25$$

柱顶剪力：
$$Q_1 = Q_3 = \mu_1 \cdot F_1 = 0.25\times 10 = 2.5\text{kN}$$
$$Q_2 = \mu_2 \cdot F_1 = 0.5\times 10 = 5.0\text{kN}$$

柱端弯矩：
$$M_1 = M_3 = -Q_1 \cdot \frac{h}{2} = -2.5\times\frac{4}{2} = -5\text{kN}\cdot\text{m}$$

$$M_2 = -Q_2 \cdot \frac{h}{2} = -5 \times \frac{4}{2} = -10\text{kN} \cdot \text{m}$$

绘出弯矩图，如图 9-18(c)所示。

(3) 叠加图 9-18(b)、(c)即得最终弯矩图[图 9-18(d)]。

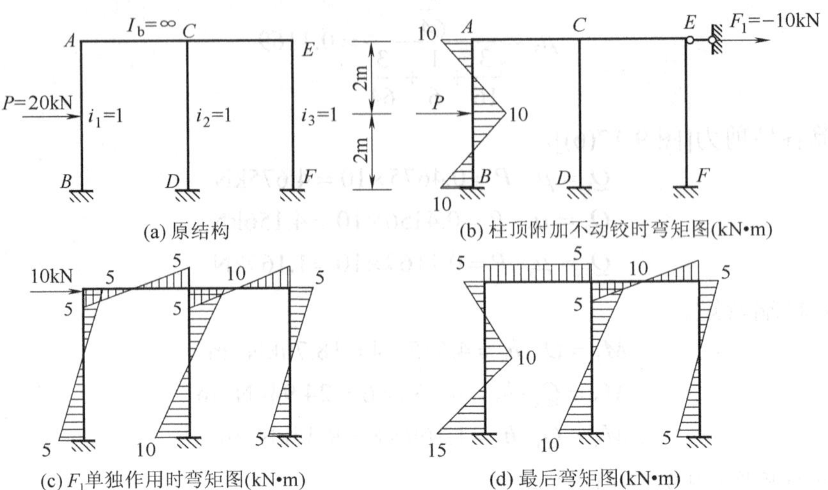

图 9-18　例 9-7 图

复习参考题

1. 力矩分配法中对杆件的固端弯矩、杆端弯矩的正负号是怎样规定的？

2. 什么叫转动刚度？它与哪些因素有关？什么叫分配系数？为什么在一个结点上各杆的分配系数之和等于 1？

3. 结点上的不平衡力矩(约束力矩)与该结点的固端弯矩有何关系？为什么要将约束力矩变号后才能进行分配？

4. 什么叫传递弯矩和传递系数？传递系数如何确定？

5. 力矩分配法的计算过程为什么是收敛的？

6. 在多结点力矩分配中，“松开”结点的顺序不同，对杆端弯矩值有无影响？欲使分配收敛快，应从什么结点开始？

7. 当支座移动和温度发生改变时，可以用力矩分配法计算吗？

8. 什么是无剪力分配法？它的适用条件是什么？

9. 什么是剪力分配法？它的适用条件是什么？当柱间有荷载作用时，如何用剪力分配法计算？

习　题

9-1　利用分配系数和传递系数和传递系数，求图示梁的杆端弯矩。各杆 EI 相同，M 作用在 B 结点处。

9-2　用力矩分配法求图示梁的杆端弯矩，并作 M 图。

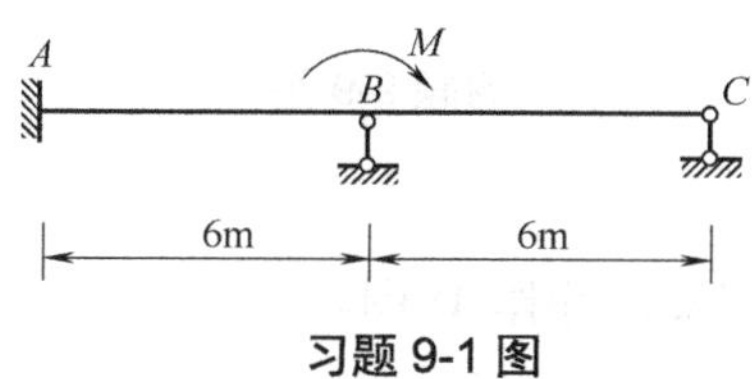

习题 9-1 图

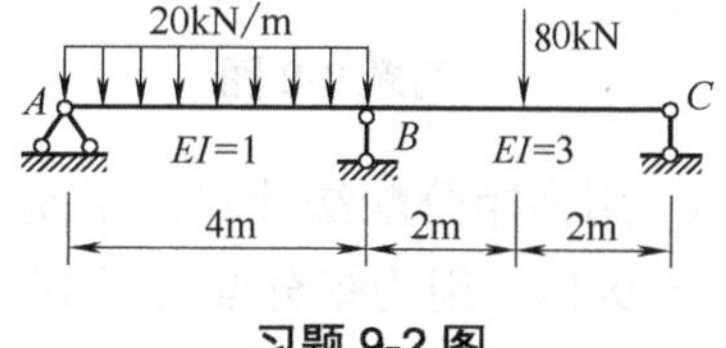

习题 9-2 图

9-3　用力矩分配法求图示梁的杆端弯矩，并作 M 图。

9-4　用力矩分配法作图示刚架的 M 图、Q 图和 N 图。

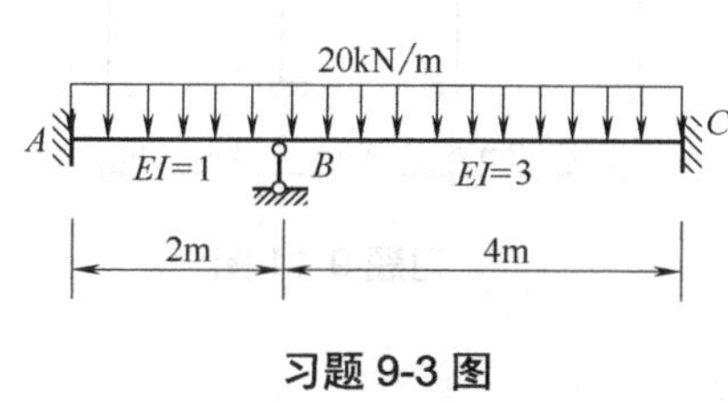

习题 9-3 图

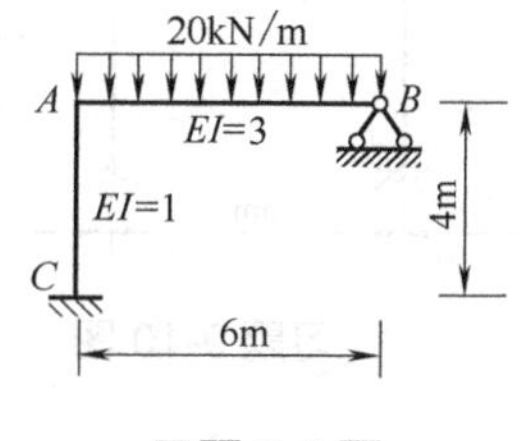

习题 9-4 图

9-5　用力矩分配法作图示刚架的 M 图。

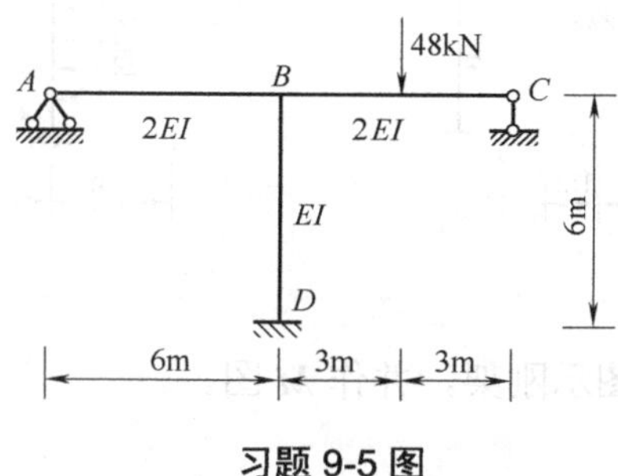

习题 9-5 图

9-6　用力矩分配法计算图示连续梁，并作 M 图、Q 图。

9-7　用力矩分配法计算图示连续梁，并作 M 图。

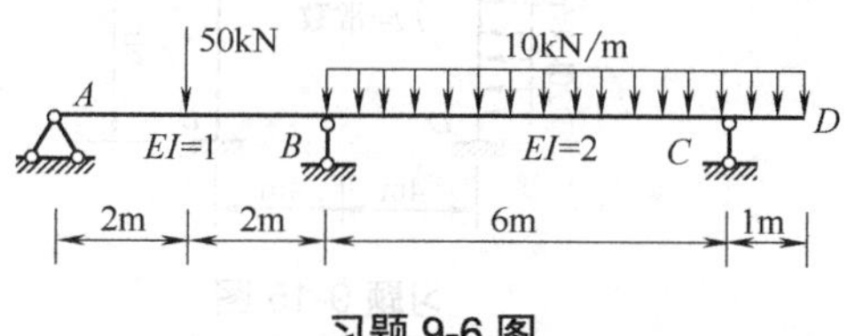

习题 9-6 图

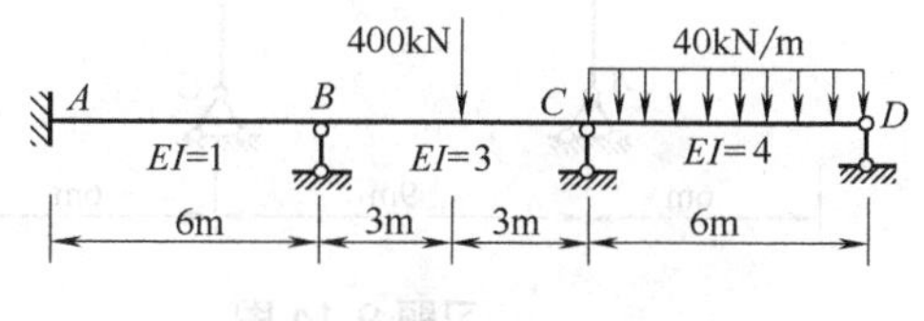

习题 9-7 图

9-8　用力矩分配法计算图示连续梁，并作 M 图。

9-9　用力矩分配法计算图示刚架，并作 M 图。

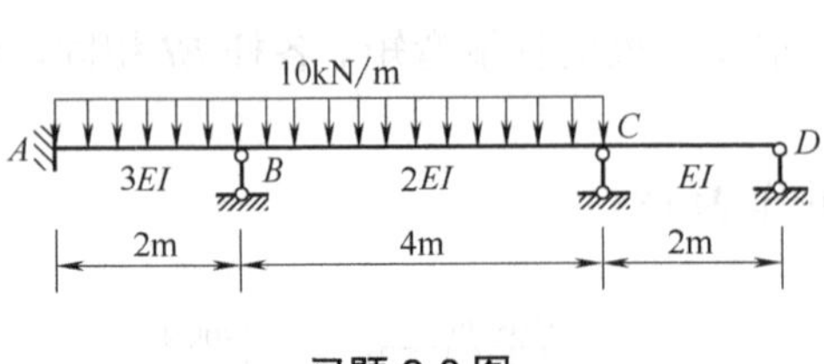

习题 9-8 图

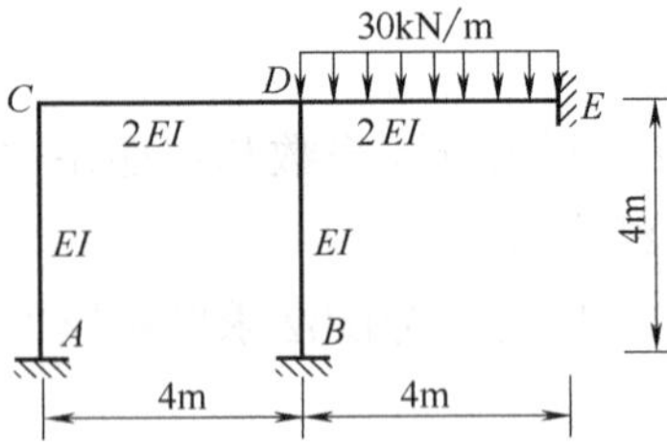

习题 9-9 图

9-10　用力矩分配法计算图示刚架，并作 M 图。

9-11～9-14　用力矩分配法并利用对称性计算图示刚架，并作 M 图。

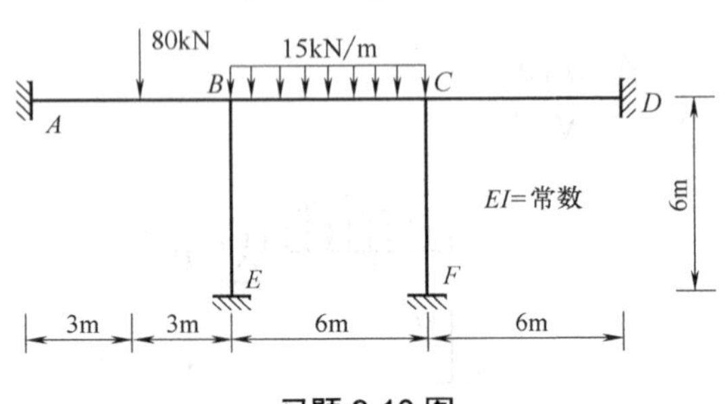

习题 9-10 图

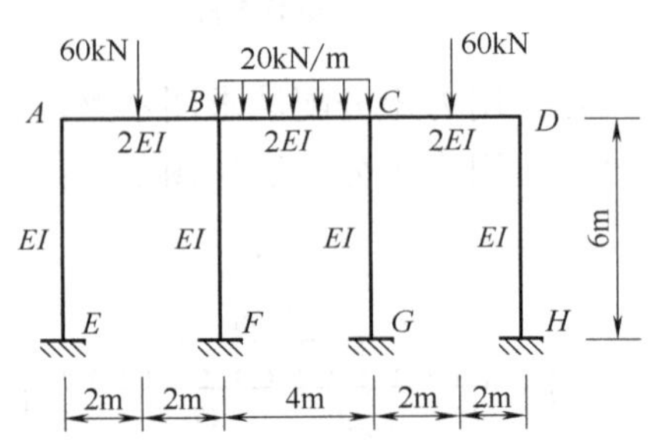

习题 9-11 图

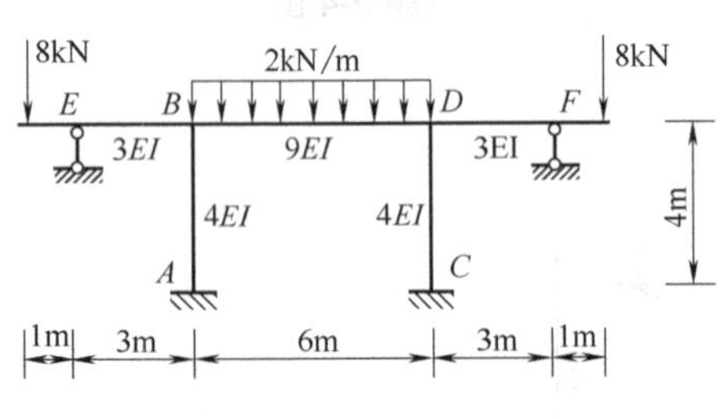

习题 9-12 图

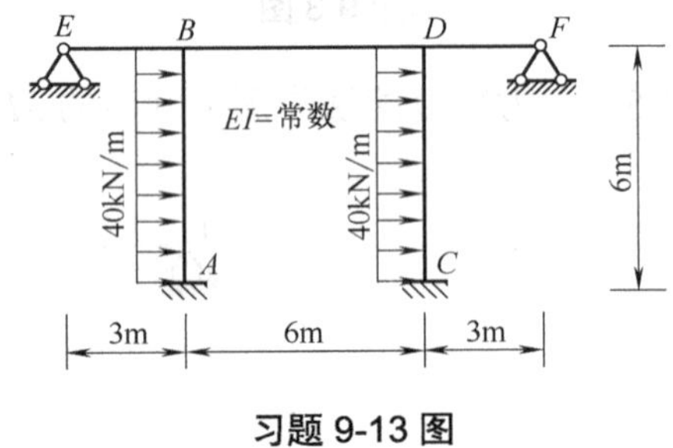

习题 9-13 图

9-15　用力矩分配法计算图示刚架，并作 M 图。

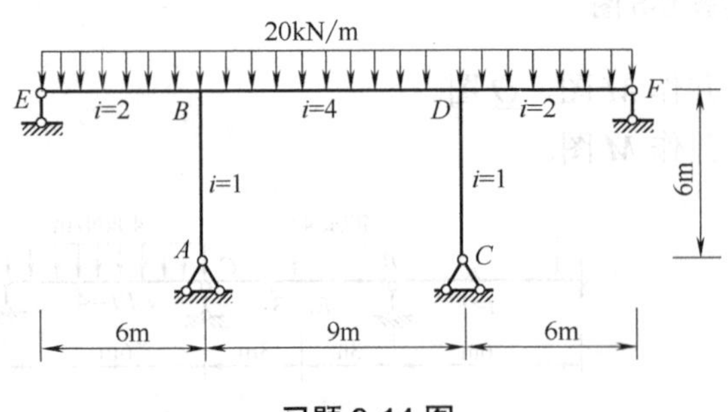

习题 9-14 图

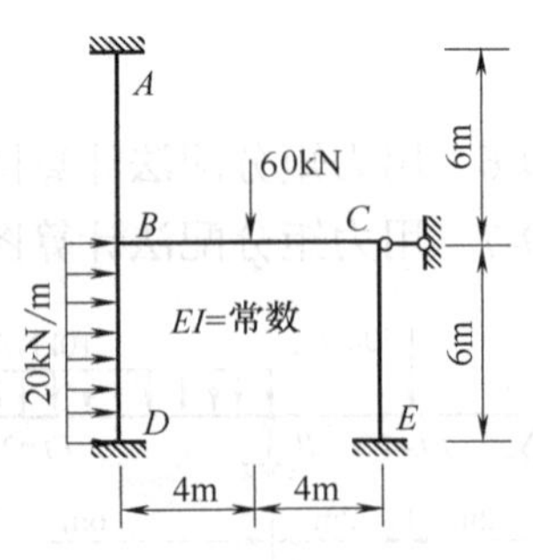

习题 9-15 图

9-16～9-17　用无剪力分配法计算图示刚架，并作 M 图。

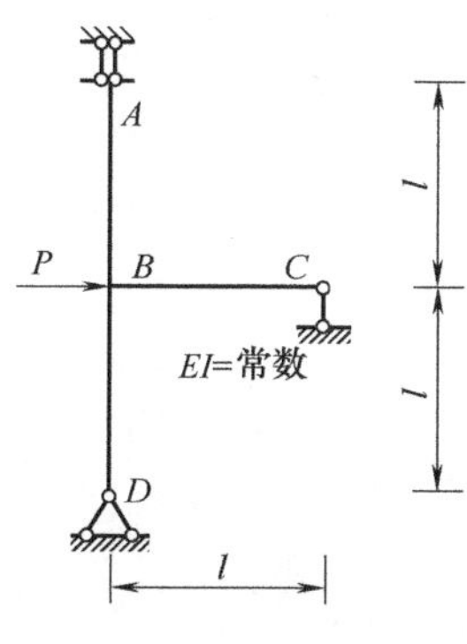

习题 9-16 图

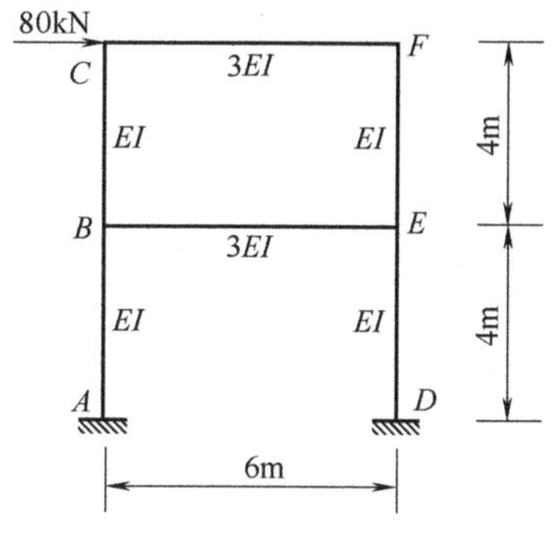

习题 9-17 图

9-18　用力矩分配法计算图示钢架，并作 M 图。

9-19　用力矩分配法计算图示排架，并作 M 图。

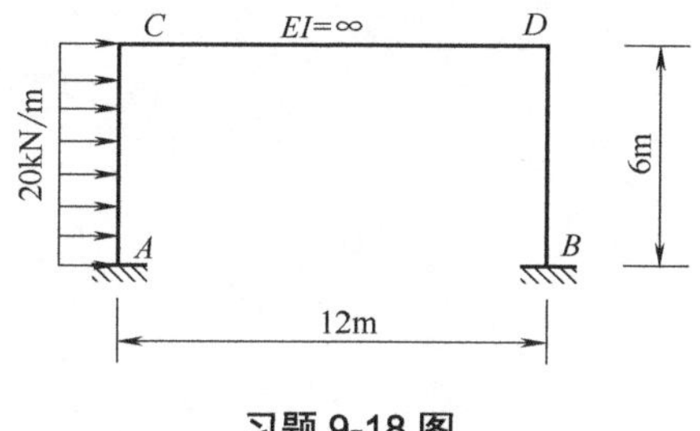

习题 9-18 图

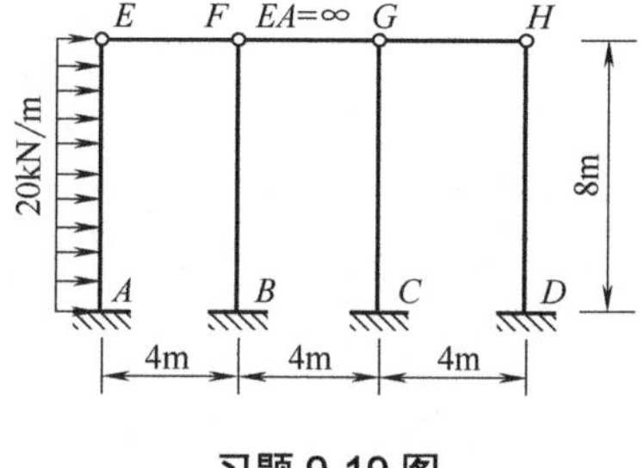

习题 9-19 图

第 10 章　影响线及其应用

10.1　概　　述

之前学习的内容中，作用在结构上的荷载都是固定荷载，即荷载作用位置是固定不动的。但在实际工程中，结构除了承受固定荷载作用，往往还要承受移动荷载的作用，比如桥梁承受火车、汽车的荷载，厂房中的吊车梁承受吊车荷载等。固定荷载和移动荷载对结构所产生的影响是不同的。在移动荷载作用下，结构中的内力和支座反力将随着荷载位置的变化而变化。因此，在结构设计中，必须要求出移动荷载作用下结构的支座反力及内力的最大值，作为结构设计的依据。所以，我们需要研究结构在移动荷载作用下其支座反力和内力的变化规律。对于不同的支座反力和不同截面的内力，其变化规律是不相同的，即使是同一个截面，不同的内力(如弯矩、剪力和轴力)变化规律也不相同。所以，一次只能研究一个支座反力或某一个截面的某一项内力的变化规律。同时，要确定某一支座反力或某一内力的最大值，首先必须确定产生这一最大值的移动荷载的位置，这一移动荷载的位置称为该支座反力或内力的最不利荷载位置。

实际工程中移动荷载的类型很多，这些移动荷载通常是由很多间距不变的竖向荷载组成，我们不可能逐一加以研究，如果用固定荷载的方法去解决这类问题，难度较大。我们可先只研究一种最简单的荷载，即一个竖向单位集中荷载 P=1 沿结构移动时，对某一指定量值，例如某一支座反力或某一截面的某一内力或某一位移等)所产生的影响，然后根据叠加原理就可进一步研究各种移动荷载对该量值的影响。

为研究移动荷载的作用，我们引入影响线的概念。影响线是研究移动荷载作用的基本工具。影响线是指当一个指向不变的单位集中荷载(通常为竖直向下)沿着结构移动时，表示某一指定截面某一量值(内力或反力)变化规律的图形，称为该量值的影响线。

10.2　用静力法绘制静定结构的影响线

绘制静定结构的支座反力或内力影响线，有两种基本方法，即静力法和机动法，本节先介绍静力法。

用静力法绘制影响线，方法是以 x 表示移动荷载的作用位置,根据静力平衡条件确定所求量值 (支座反力或内力)与移动荷载位置 x 之间的函数关系，这种关系式称为影响线方程，然后根据影响线方程作出影响线。下面将分别介绍简支梁和外伸梁的影响线，它们是绘制影响线的基础。

10.2.1　简支梁的影响线

1. 支座反力的影响线

图 10-1(a)所示简支梁受到一个集中移动荷载 P=1 作用，我们先研究支座 A 的支座反力 R_A 随 P=1 移动的变化规律。取 A 点为坐标原点，用 x 表示移动荷载 P=1 到 A 点的距离，由静力平衡方程可求出支座反力 R_A。

由 $\sum M_B=0$，得 $R_A\times x-P(l-x)=0$，则

$$R_A=\frac{l-x}{l}\quad(0\leqslant x\leqslant l) \tag{10-1}$$

式(10-1)表示支座反力 R_A 与移动荷载位置 x 之间的函数关系。我们用横坐标表示移动荷载的位置，纵坐标表示支座反力 R_A 的数值。当 x=0 时，R_A=1；当 $x=l/2$ 时，R_A= 1/2；当 $x=l$ 时，R_A=0。将这些数值在水平的基线上用竖标绘出。由于式(10-1)为一次函数，所以计算式(10-1)所表示的图形为一直线。用直线将这些竖标各顶点连起来，所得的图形即为 R_A 的影响线[图 10-l(b)]，式(10-1)称为影响线方程。对于支座反力的影响线，通常规定向上为正，正值的竖标绘在基线的上方，并注明正号。

同理绘制支座反力 R_B 的影响线。由 $\sum M_A=0$ 得

$$R_B\times 1-P\times x=0$$

$$R_B=\frac{x}{l}\ (0\leqslant x\leqslant l) \tag{10-2}$$

式(10-2)是 R_B 的影响线方程，R_B 是 x 的一次函数，所以 R_B 的影响线也是一条直线：当 x=0 时，R_B=0；当：$x=l$ 时，R_B =1。由这两点便可绘出 R_B 的影响线，如图 10-1(c)所示。

根据影响线的定义，影响线的任一竖标表示移动荷载 P=1 作用于该点时该量值的大小，如图 10-1(b)中的 y_K 即代表 P=1 作用在 K 点时支座反力 R_A 的大小。

在绘制影响线时，为了研究方便，假定移动荷载 P=1 是不带任何单位的，即 P=1 为一无量纲量。由此可知，支座反力的影响线，其竖标也是一无量纲量。

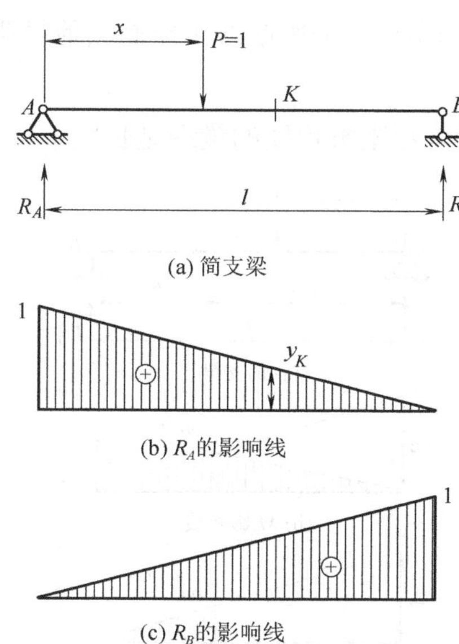

(a) 简支梁

(b) R_A的影响线

(c) R_B的影响线

图 10-1 简支梁 R_A、R_B 的影响线

2. 内力影响线

(1) 弯矩影响线。

现在绘制简支梁[图 l0-2(a)]某指定截面 C 的弯矩 M_C 的影响线。仍取 A 点为坐标原点，用 x 表示移动荷载 P=1 到 A 点的距离。当 P=1 在 AC 段 ($0 \leqslant x \leqslant a$)移动时，为了方便计算，取 BC 段为隔离体，并规定使梁下侧受拉弯矩为正，由平衡方程$\sum M_C = 0$得

$$M_C = R_B \times b = \frac{x}{l} b \quad (0 \leqslant x \leqslant a) \tag{10-3}$$

由此可知，M_C 的影响线在截面 C 以左的部分为一直线：当 x =0 时，M_C=0；当 x=a 时，$M_C = \frac{ab}{l}$，根据影响线方程可绘出 P=1 在截面 C 以左部分移动时 M_C 的影响线[图 10-2(b)]。

当 P=1 在 BC 段($a \leqslant x \leqslant l$)移动时，取 AC 段为隔离体，由平衡方程$\sum M_C = 0$得

$$M_C = R_A \times a = \frac{l-x}{l} a (a \leqslant x \leqslant t) \tag{10-4}$$

由式(10-4)可知，M_C 的影响线在截面 C 以右的部分也为一直线：当 x=a 时，$M_C = \frac{ab}{l}$；当 $x = l$ 时，M_C=0，根据影响线方程绘出 P=1 在截面 C 以右的部分移动时 M_C 的影响线[图 10-2(b)]。

由图 10-2(b)可知，M_C 的影响线由两部分组成，两直线在 C 点相交，C 点的竖标为$\frac{ab}{l}$，我们称截面以左的直线为影响线的左直线,截面以右的直线为影响线的右直线。

由式(10-3)、式(10-4)还可以看出，M_C 的影响线与支座反力的影响线之间存在一定关系：即左直线可由 R_B 的影响线将竖标放大 b 倍，然后取 AC 段，右直线可由 R_A 的影响线放

大 a 倍，取 BC 段得到。这种利用已知的影响线来绘制其他量值影响线的方法是很方便的，以后我们会经常用到。

因为 P=1 是无量纲量，所以弯矩影响线的量纲是长度单位。

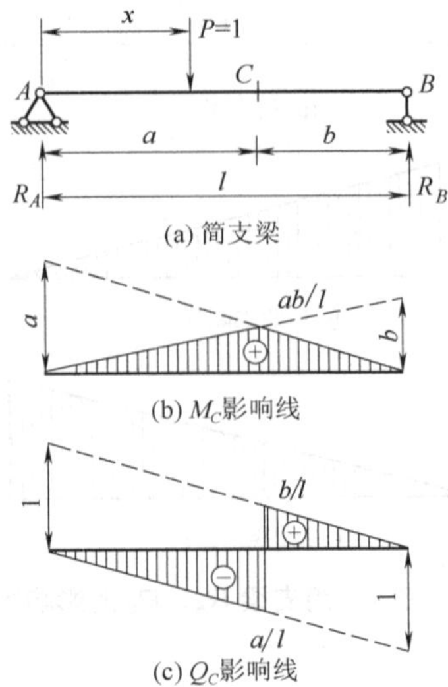

图 10-2　简支梁 M_C、Q_C 影响线

(2) 剪力影响线。

下面绘制图 10-2(a)所示简支梁 C 截面的剪力 Q_C 的影响线。

当 P=1 在 AC 段移动时，取 BC 段为隔离体，剪力以使隔离体产生顺时针方向旋转的为正，列平衡方程：

$$Q_C=-R_B \tag{10-5}$$

所以，绘制 Q_C 影响线的左直线时，可以将 R_B 的影响线取负号并只取 AC 段即可[图 10-2(c)]。根据比例关系，可求得 C 点的竖标为 $-a/l$。

当 P=1 在 BC 段移动时，取 AC 段为隔离体，列平衡方程：$Q_C=R_A$，即绘制 Q_C 影响线的右直线时，可以绘制出 R_A 的影响线，只取 BC 段即可(图 10-2(c))。按比例关系，求得 C 点的竖标为 b/l。由图 10-2(c)可知，Q_C 的影响线由两段互相平行的直线组成，在 C 点处竖标有突变，当 P=1 在 AC 段移动时，Q_C 为负值；当 P=1 在 BC 段移动时，Q_C 为正值；当 P=1 从 C 点的左侧移到右侧时，截面 C 的剪力发生了突变。

10.2.2　外伸梁的影响线

简支梁的影响线绘制完成后，我们来介绍外伸梁影响线的绘制。

作如图 10-3(a)所示外伸梁的支座反力的影响线，C、K 两截面弯矩和剪力的影响线以及支座 A 截面的剪力影响线。

1. 支座反力的影响线

取 A 点为坐标原点，横坐标 x 以向右为正。由平衡条件可求出支座反力：

$$\left.\begin{aligned} R_A &= \frac{l-x}{l} \\ R_B &= \frac{x}{l} \quad (-l_2 \leqslant x \leqslant l+l_1) \end{aligned}\right\} \tag{10-6}$$

上两式与简支梁的支座反力影响线方程完全相同，只不过 x 的范围为$-l_2 \leqslant x \leqslant l+l_1$，所以，只要将简支梁的支座反力影响线向两个伸臂部分延长，即得到外伸梁的支座反力影响线，如图 10-3(b)、(c)所示。

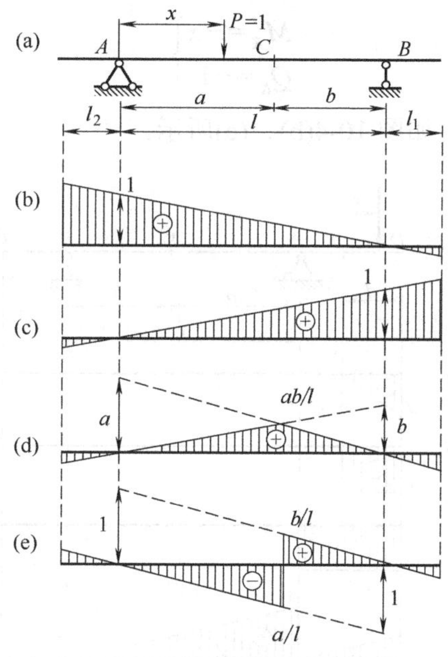

图 10-3　外伸梁影响线

(a)外伸梁；(b) R_A影响线；(c) R_B影响线；(d) M_C影响线；(e) Q_C影响线。

2. 跨内的部分截面内力 M_C、Q_C 的影响线

当 P=1 在 C 截面以左部分移动时，取 C 截面的右侧部分为隔离体，通过平衡方程可得到下式：

$$\left.\begin{aligned} M_C &= R_B \times b \\ Q_C &= -R_B \end{aligned}\right\} \tag{10-7}$$

当 P=1 在 C 截面以右部分移动时，取 C 截面的左侧部分为隔离体，通过平衡方程可得到下式：

$$\left.\begin{aligned} M_C &= R_A \times a \\ Q_C &= -R_A \end{aligned}\right\} \tag{10-8}$$

根据式(10-7)、式(10-8)可绘出 M_C、Q_C影响线，如图 10-3(d)、(e)所示。

由图可看出，只要将简支梁相应截面的内力影响线的左、右直线分别向左、右两伸臂部分延长，就可得到外伸梁跨内的部分截面的 M_C、Q_C 的影响线。

3. 外伸部分内力 M_K、Q_K 的影响线

当 P=1 在 K 截面以右部分移动时，取 K 截面的左侧部分为隔离体，通过平衡方程可得到下式：

$$\left.\begin{aligned} M_K &= 0 \\ Q_K &= -1 \end{aligned}\right\} \tag{10-9}$$

当 P=1 在 K 截面以左部分移动时，仍取 K 截面的左侧部分为隔离体，并取 K 点为坐标原点，x 以向左为正，则有

$$\left.\begin{aligned} M_K &= -x \\ Q_K &= -1 \end{aligned}\right\} \tag{10-10}$$

作出 M_K、Q_K 的影响线，如图 10-4(b)、(c)所示。

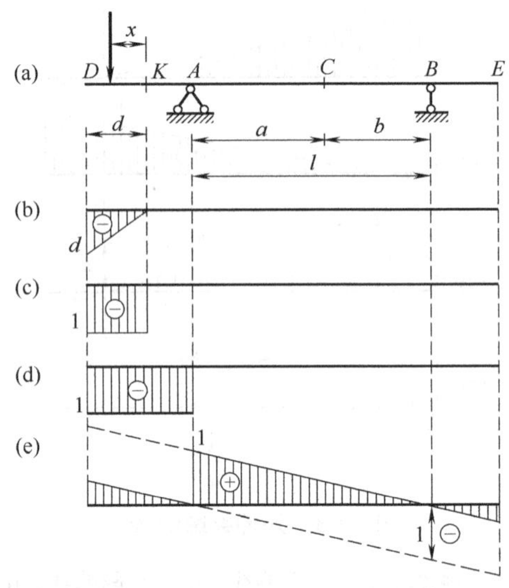

图 10-4　外伸梁 M_K、Q_K、Q_A 影响线

(a)外伸梁；(b) M_K 影响线；(c) Q_K 影响线；(d) $Q_{A左}$影响线；(e) $Q_{A右}$影响线。

4. A 支座截面的剪力 Q_A 影响线

对于 A 支座截面的剪力影响线，需对 A 支座的左、右截面分别进行讨论，这是因为 A 支座的左、右截面分别属于外伸部分和跨内部分。所以，对于 $Q_{A右}$的影响线，可由 Q_C 的影响线[图 10-3(e)]使截面 C 趋于截面 A 而得到，如图 10-4(e)所示；对于 $Q_{A左}$的影响线，可由 Q_K 的影响线[图 10-4(c)]使截面趋于截面 A 而得到，如图 10-4(d)所示。

由上面的例题可知，对于外伸梁作任意截面的内力影响线，只要作出其简支梁的影响线，将简支梁的影响线向伸臂部分延长即得。

上面以简支梁和外伸梁为例，说明了用静力法绘制影响线的具体步骤。用静力法绘制

影响线时，以单位荷载的位置 x 作为变量，适当选取隔离体，列出平衡方程，找出所求量值与 x 之间的函数关系，即影响线方程，根据影响线方程即可绘出所求量值的影响线。结构上各部分影响线方程不同时，应分段列出。

10.2.3　内力影响线与内力图比较

内力影响线与内力图是两个完全不同的概念。内力影响线反映了移动荷载作用下结构上某截面内力的变化规律，内力图则反映了固定荷载作用下结构各截面内力的分布情况。两者的主要区别见表 10-1。

表 10-1　内力影响线与内力图的比较

	内力影响线	内力图
荷载	单位集中荷载	实际荷载
荷载位置	变化的	固定的
横坐标意义	表示移动荷载 P=1 的位置	表示竖标所在截面的位置
竖标意义	表示指定量值	表示竖标所在截面量值
图形范围	P=1 移动的杆段	整个结构
作图一般规定	正号量值绘在基线上方，并注明符号	M 图绘在受拉侧，不标符号；剪力、轴力图与内力影响线规定相同

10.3　用机动法绘制影响线

机动法作影响线的依据是前面讲过的虚位移原理，在任何微小的虚位移中，力系所做的虚功之和为零。机动法把作影响线的静力问题转化为作位移图的几何问题。

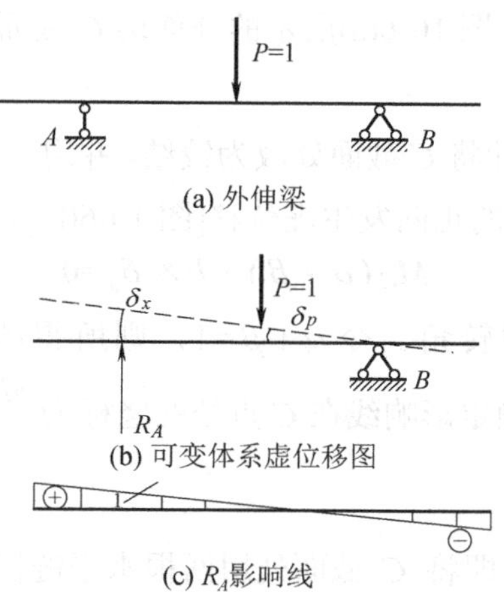

图 10-5　外伸梁及 R_A 影响线

我们以图 10-5(a)所示的外伸梁 AB 的支座反力 R_A 的影响线为例，说明机动法绘制影响线的原理。

要求外伸梁 AB 的支座反力 R_A，首先去掉与 R_A 相应的支座链杆，同时用向上的力 R_A 来表示[图 10-5(b)]，这时体系变为具有一个自由度的可变体系。我们让体系发生微小虚位移，即让外伸梁 AB 绕 B 点作微小的转动，并且分别用 δ_x 和 δ_p 表示支座反力 R_A 和荷载 P 的作用点沿作用线方向的虚位移。由于体系在 R_B、P 和 R_A 的共同作用下处于平衡状态，则由虚位移原理知各力在虚位移上所做的虚功之和应等于零，列出虚功方程如下：

$$\delta_x \times R_A - P \times \delta_p = 0 \tag{10-11}$$

由于 P=1，则

$$R_A = \frac{\delta_p}{\delta_x} \tag{10-12}$$

式中，δ_x 在给定虚位移的情况下是一个常数，而 δ_p 随单位荷载 P=1 的移动而变化，其实就是荷载 P=1 移动时各点的竖向虚位移图。可见 R_A 的影响线与 δ_p 是成正比的，将位移图除以常数 δ_x，就得到 R_A 的影响线[图 10-5 (c)]。为了方便起见，令 δ_p=1，则上式成为

$$R_A = \delta_p \tag{10-13}$$

由式(10-13)可知，此时的虚位移图 δ_p 就代表 R_A 的影响线。因为 δ_p 是以与力 P 方向一致为正，即以向下为正，也就是说，当 δ_p 向下时 R_A 为正，当 δ_p 向上时 R_A 为负，这正好与在影响线中正值的竖标绘在基线的上方相一致。

由上可知，欲作某一量值的影响线，将该量值相应的联系去掉，并使所得体系沿该量值的正方向发生单位位移，由此得到的荷载作用点的竖向位移图就是该量值的影响线。这种绘制影响线的方法称为机动法。

用机动法绘制影响线的优点是不需要计算就能快速绘出影响线的轮廓。这对设计工作很有帮助，而且还可利用它来校核静力法所绘制的影响线。

例 10-1 用机动法绘制如图 10-6(a)所示的外伸梁 C 截面的弯矩和剪力影响线。

解：(1) 绘制 M_C 影响线。

去掉与 M_C 相应的约束，即将 C 截面处改为铰结，并用一对力偶 M_C 代替原约束的作用，然后使 AC、BC 两部分沿 M_C 的正向发生虚位移[图 10-6(b)]，由虚功原理，得

$$M_C(\alpha+\beta) + P \times \delta_p = 0$$

式中，α,β 为两部分的相对转角。令 $\alpha+\beta$=1，则所得的虚位移图即为 M_C 的影响线[图 10-6(c)]，由比例关系可确定影响线在 C 点处的竖标为 $\frac{ab}{l}$。

(2) 绘制 Q_C 影响线。

去掉与 Q_C 相应的约束，即将 C 截面处用两根水平链杆相连，同时加上一对正向剪力 Q_C 代替原约束的作用，然后使 AC、BC 两部分沿 Q_C 的正向发生虚位移[图 10-6(d)]，由虚功原理，得

$$Q_C \times (CC_1 + CC_2) + P \times \delta_p = 0$$

$$Q_C = -\frac{\delta_p}{CC_1 + CC_2}$$

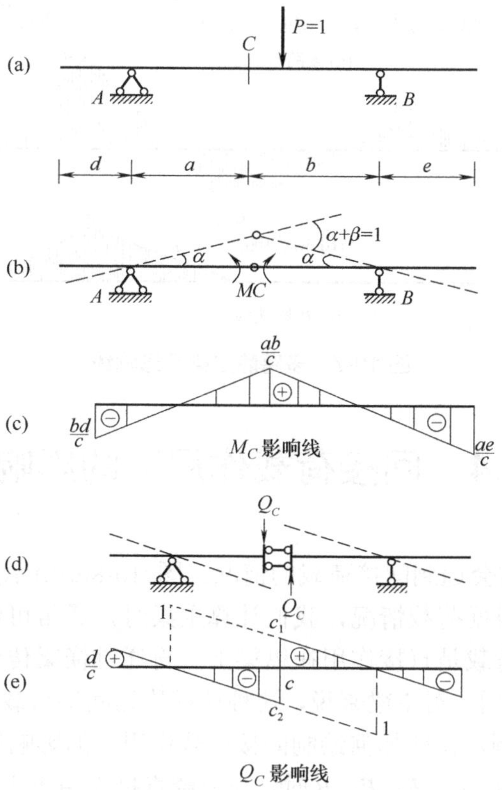

(a) P=1 C A B d a b e

(b) $\alpha+\beta=1$ α α A MC B

(c) $\frac{ab}{c}$ $\frac{bd}{c}$ $\frac{ae}{c}$ M_C影响线

(d) Q_C Q_C

(e) 1 c_1 $\frac{d}{c}$ c c_2 1

Q_C影响线

图 10-6　外伸梁及影响线

(a)外伸梁；(b)虚位移图；(c) M_C影响线；(d) 虚位移图；(e) Q_C影响线。

式中，CC_1、CC_2为截面左右两侧的相对竖向位移。令 $CC_1 + CC_2=1$，则所得的虚位移图(图 10-6(e))即为 Q_C的影响线，由比例关系知：$CC_1=\frac{b}{l}$，$CC_2=\frac{a}{l}$。由于 AC 和 BC 两部分是用两根平行链杆相连的，它们之间只能作相对的平行移动，因此图 10-6(d)所示的虚位移图中应为两平行直线，也就是说 Q_C影响线的左右直线是互相平行的。

例 10-2　用机动法绘制如图 10-7(a)所示多跨静定梁 M_K、R_C的影响线。

解：对于多跨静定梁，只需分清它的基本部分和附属部分及这些部分之间的传力关系，再利用单跨静定梁的已知影响线，就可顺利绘出多跨静定梁的影响线。

(1) 绘制 M_K的影响线。

先绘制基本部分 HE 的 M_K影响线，然后将 P=1 置于 C、D 两点时竖标为零，最后在附属部分将铰 E、F 为界连成直线，即为 M_K的影响线[图 10-7(b)]。

(2) 绘制 R_C的影响线。

基本部分 HE 的 R_C影响线竖标为零，附属部分按照直线变化规律绘制，即可得到 R_C的影响线[图 10-7(c)]。

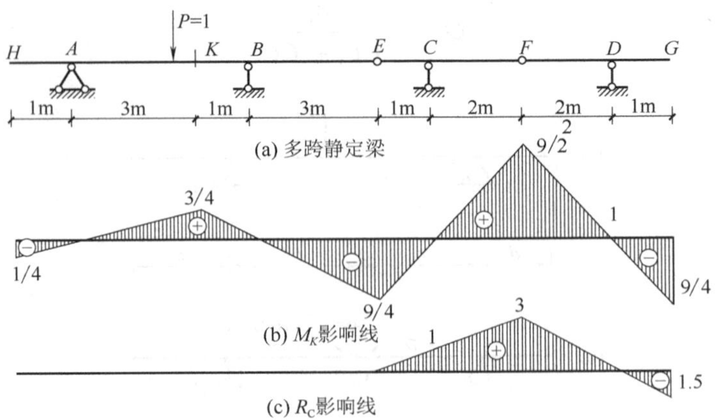

图 10-7 多跨静定梁及影响线

10.4 间接荷载作用下的影响线

在桥梁设计中，经常会遇到间接荷载的情况。图 10-8(a)所示为桥梁结构中的纵横梁桥面系统及主梁的简图，根据荷载情况，我们计算主梁时，通常可假定纵梁简支在横梁上，横梁简支在主梁上。而荷载是直接作用在纵梁上，再通过横梁传到主梁，主梁只在各横梁处(结点处)受到集中力作用。对主梁来说，这种荷载称为间接荷载或结点荷载。下面以主梁上任意截面 D 的弯矩为例，说明如何绘制间接荷载作用下的影响线。

当 P=1 作用于结点 A、C、E、F、B 时，与荷载直接作用于主梁上的情况完全相同。所以，可先绘出直接荷载作用下主梁 M_D 的影响线[图 10-8(c)]。在此影响线中，对于间接荷载来说，各结点处的竖标和直接荷载作用在各结点处的竖标完全相等。

当 P=1 作用在任意两相邻结点 C、E 之间时[图 10-8(b)]，设荷载 P 到 C 点的距离为 x，则纵梁 CE 两端的支座反力反向作用到主梁，C 点处的支座反力为$(d-x)/d$，E 点处的支座反力为 x/d，即此时主梁在 CE 段受到两结点荷载的作用，根据影响线的定义和叠加原理，可用下列方法求 M_D 的影响线。

设直接荷载作用下 M_D 的影响线在 C 点和 E 点处的影响线竖标分别为 y_C 和 y_E，则在两结点荷载的作用下，M_D 的竖标值 y 应为

$$y=\frac{d-x}{d}y_C+\frac{x}{d}y_E \tag{10-14}$$

由式(10-14)可知，y 与 x 是一次函数关系，当 x=0 时，y=y_C；当 x =d 时，y=y_E。所以在 CE 段，M_D 的影响线为连接竖标 y_C 和 y_E 的直线。

上述方法适用于绘制间接荷载作用下主梁的所有量值的影响线。间接荷载作用下，可按照如下步骤绘制影响线：

(1) 绘制出直接荷载作用下的影响线。

(2) 将直接荷载作用下各个结点处的影响线竖标顶点用直线相连，就得到间接荷载作用下的影响线。

同理，我们可以绘制出间接荷载作用下主梁上 D 截面的剪力影响线，如图 10-8(d)所示。

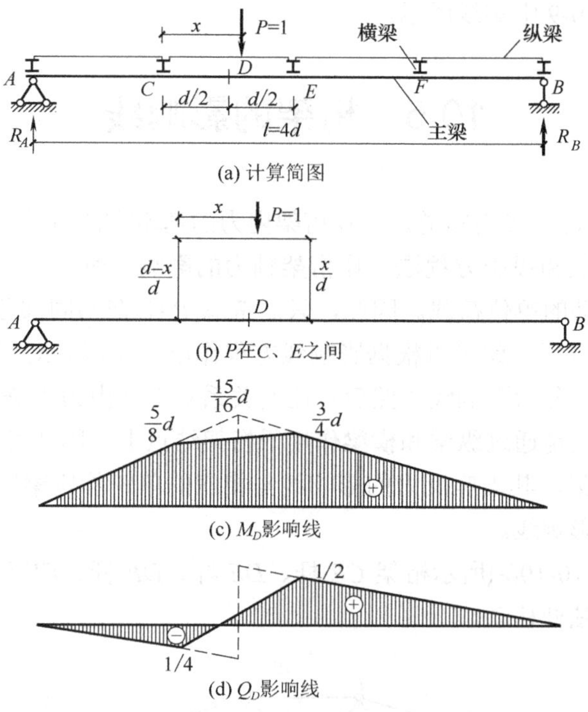

图 10-8　间接荷载影响线

例 10-3　作图 10-9 所示梁在间接荷载作用下 R_B、$Q_{G左}$、$Q_{G右}$、$Q_{B左}$、M_1、$Q_{1右}$的影响线。

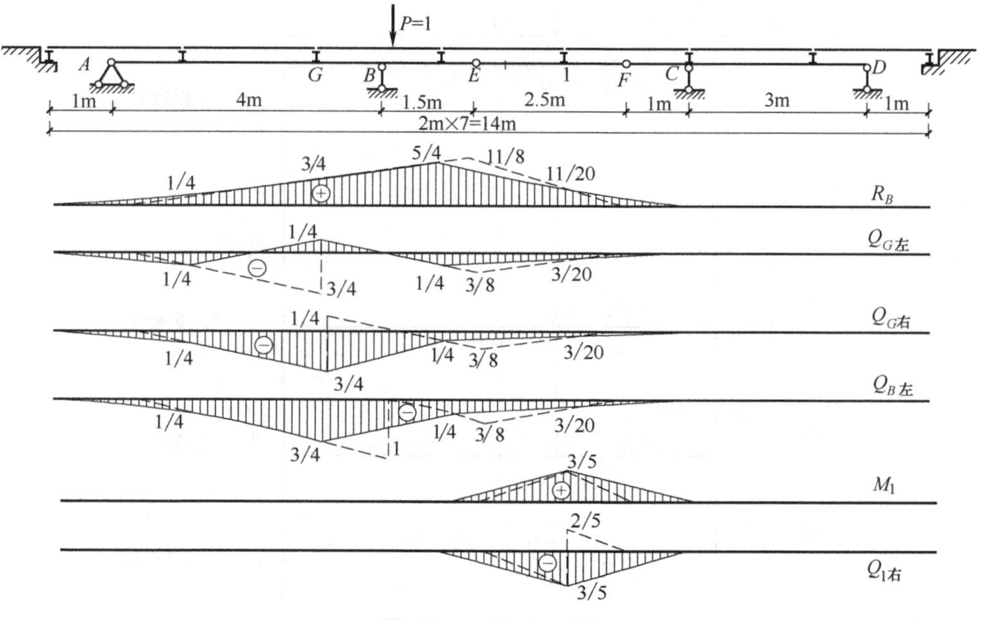

图 10-9　例 10-3 图

解：(1) 先按照多跨静定梁，作出直接荷载作用下 R_B、$Q_{G左}$、$Q_{G右}$、$Q_{B左}$、M_1、$Q_{1右}$的影响线，如图 10-9 中虚线所示。

(2) 将各个结点处的影响线竖标顶点用直线相连，便得到 R_B、$Q_{G左}$、$Q_{G右}$、$Q_{B左}$、M_I、$Q_{I右}$的影响线，如图 10-9 中实线所示。

10.5 桁架的影响线

通过第 5 章的学习，我们知道，计算桁架内力的基本方法有结点法和截面法，而截面法又可分为力矩方程法和投影方程法。作桁架轴力的影响线时，同样是用这些方法，只不过作用荷载是一个移动的单位荷载。因此，只需考虑 $P=1$ 在不同部分移动时，分别求出所求杆件的内力影响线方程，就可以根据影响线方程作出影响线。对于斜杆，为计算方便，可先绘出其水平或竖向分力影响线，然后按比例关系求得其内力影响线。

桁架上的荷载一般是通过纵梁和横梁作用于桁架结点上，因此可用 10.4 节所讲述的方法绘制。对于梁式桁架，其支座反力的影响线与相应的单跨静定梁完全相同，所以本节只讨论桁架杆件轴力的影响线。

例 10-4 作如图 10-10(a)所示桁架 CE 杆、DE 杆、DF 杆、EF 杆的内力影响线。假设单位荷载在桁架的下弦杆移动。

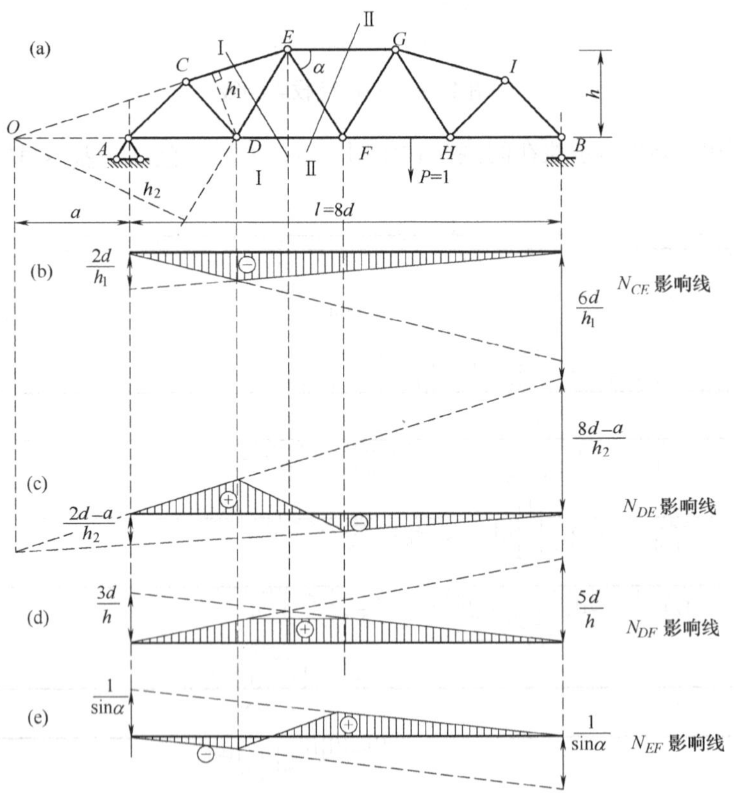

图 10-10 桁架杆件的轴力影响线

(a)原结构；(b) N_{CE} 影响线；(c) N_{DE} 影响线；(d) N_{DF} 影响线；(e)N_{EF} 影响线。

解：(1)绘制 N_{CE} 的影响线。

作Ⅰ—Ⅰ截面，当 $P=1$ 在 AD 之间移动时，取Ⅰ—Ⅰ截面右侧部分为隔离体，由 $\sum M_D=0$，并设 N_{CE} 为拉力，得

$$N_{CE}.\ h_1+R_B.6d=0$$

$$N_{CE}=-\frac{6d}{h_1}\cdot R_B \tag{10-15}$$

由式(10-15)可知，只要将 R_B 的影响线竖标乘以 $6d/h_1$，并取负号，取 AD 部分，即得 N_{CE} 影响线的左直线[图 10-10(b)]。

当 $P=1$ 在 BF 之间移动时，取Ⅰ—Ⅰ截面左侧部分为隔离体，仍由 $\sum M_D=0$，设 N_{CE} 为拉力，得

$$N_{CE}\times h_1+R_A\times 2d=0$$

$$N_{CE}=-\frac{2d}{h_1}R_A \tag{10-16}$$

由式(10-16)可知，只要将 R_A 的影响线竖标乘以 $2d/h_1$，并取负号，取 BD 部分，即得 N_{CE} 影响线的右直线[图 10-10(b)]。

由图 10-10(b)可看出，左右两直线的交点正好在矩心 D 点。我们可将式(10-15)和式(10-16)统一写成：$N_{CE}=-\frac{M_D}{h_1}$，即 N_{CE} 等于相应简支梁 D 截面的弯矩影响线乘以$-1/h_1$。

(2) 绘制 N_{DE} 的影响线。

绘制 N_{DE} 的影响线时，对 CE 和 AD 的延长线交点 O 列力矩平衡方程。

当 P=1 在 AD 段移动时，取Ⅰ—Ⅰ截面右侧部分为隔离体，由 $\sum M_O=0$ 设 N_{CE} 为拉力，得

$$N_{DE}=\frac{R_B\times(8d+a)}{h_2} \tag{10-17}$$

当 P=1 在 BF 段移动时，取Ⅰ—Ⅰ截面左侧部分为隔离体，由 $\sum M_O=0$ 设 N_{CE} 为拉力，得

$$N_{DE}=-\frac{R_A\times a}{h_2} \tag{10-18}$$

由式(10-17)和式(10-18)可知，将 R_B 的影响线竖标乘以$(8d+a)/h_2$，取 AD 部分，可得到 N_{DE} 影响线的左直线。将 R_A 的影响线竖标乘以$-(2\mathrm{d}+a)/h_2$，取 BF 段，可得到 N_{DE} 影响线的右直线，再将结点 D 和 F 之间用直线相连，即得 N_{DE} 影响线，如图 10-10(c)所示。两段直线的延长线交点也在矩心 O 点下方。

(3) 绘制 N_{DF} 的影响线。

根据上述方法，我们可以绘制出 N_{DF} 的影响线，如图 10-10(d)所示。左、右两段直线的交点在矩心 E 点下方。左直线的影响线方程为

$$N_{DF}=\frac{5d}{h}R_B$$

右直线的影响线方程为

$$N_{DF}=\frac{3d}{h}R_A$$

上两式可统一写成

$$N_{DF}=\frac{1}{h}M^0{}_E$$

式中，$M^0{}_E$为相应简支梁 E 截面处的弯矩。

(4) 绘制 N_{EF} 的影响线。

绘制 N_{EF} 的影响线，先作Ⅱ—Ⅱ截面，当 p=1 在 AD 段移动时，取Ⅱ—Ⅱ截面右侧部分为隔离体，根据投影方程 $\sum Y=0$，并设 N_{EF} 为拉力，得

$$N_{EF}\times\sin\alpha+R_B=0$$

$$N_{EF}=-\frac{1}{\sin\alpha}R_B \tag{10-19}$$

当 p=1 在 BF 段移动时，取Ⅱ—Ⅱ截面左侧部分为隔离体，根据投影方程 $\sum Y=0$，得

$$N_{EF}\times\sin\alpha-R_A=0$$

$$N_{EF}=-\frac{1}{\sin\alpha}R_A \tag{10-20}$$

由式(10-19)和式(10-20)作左、右直线，再将结点 D 和 F 之间用直线相连，即得 N_{EF} 的影响线[图 10-10(e)]。

绘制桁架的轴力影响线时，应注意单位荷载 P=1 是沿下弦移动还是沿上弦移动，通常将沿上弦移动称为上承式桁架，沿下弦移动称为下承式桁架，这两种情况所作出的影响线是不同的。

例 10-5　作如图 10-11(a)所示的平行弦桁架 N_{24}、N_{35} 的影响线。

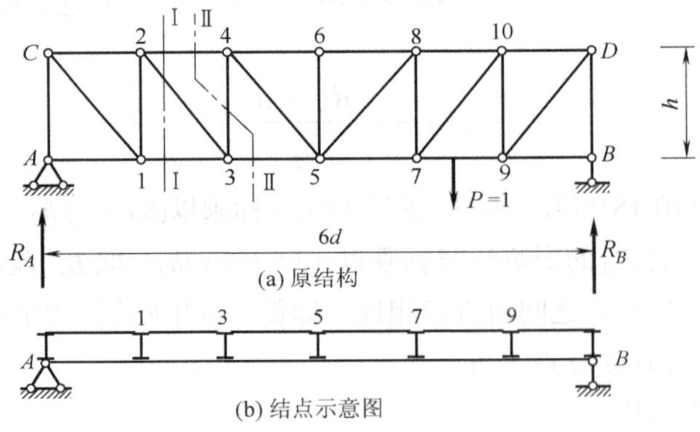

图 10-11　例 10-5 图

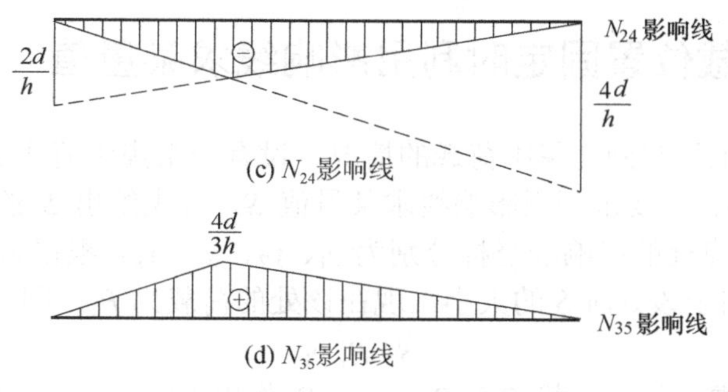

图 10-11　例 10-5 图(续)

解：(1) 绘制 N_{24} 的影响线。

作 I—I 截面，当 $P=1$ 在 $A1$ 之间移动时，取 I—I 截面右侧部分为隔离体，由 $\sum M_3=0$，并设 N_{24} 为拉力，得

$$N_{24}.\ h+R_B.4d=0$$

$$N_{CE}=-\frac{4d}{h}.R_B \tag{10-15}$$

由式(10-15)可知,只要将 R_B 的影响线竖标乘以 $4d/h$，并取负号，取 $A1$ 部分，即得 N_{24} 影响线的左直线[图 10-11(c)]。

当 P=1 在 $3B$ 之间移动时，取 I—I 截面左侧部分为隔离体，仍由 $\sum M_3=0$，设 N_{24} 为拉力，得

$$N_{24}\times h+R_A\times 2d=0$$

$$N_{24}=-\frac{2d}{h}R_A \tag{10-16}$$

由式(10-16)可知，只要将 R_A 的影响线竖标乘以 $2d/h$，并取负号，取 $3B$ 部分，即得 N_{24} 影响线的右直线[图 10-11(c)]。

由图 10-11(c)可看出,左右两直线的交点正好在矩心 3 点。我们可将式(10-15)和式(10-16)统一写成 $N_{24}=-\frac{M_3^0}{h}$，即 N_{24} 等于相应简支梁 3 截面的弯矩影响线乘以$-1/h$。

(2) 绘制 N_{35} 的影响线。

同理，作Ⅱ－Ⅱ截面，由 $\sum M_4=0$ 得 $N_{35}=\frac{M_3^0}{h}$，即得 N_{35} 影响线的影响线[图 10-11(d)]。

10.6　利用影响线求量值

绘制影响线是为了利用它来解决实际工程中的结构计算问题，主要用途有两个：一是当荷载位置固定时，利用影响线来确定某量值的大小；二是当荷载位置变化时，利用影响线来确定最不利荷载位置，以确定该量值的最大值。本节先介绍影响线的第一个应用，即荷载位置固定时，利用影响线求量值。

10.6.1 集中荷载位置固定时利用影响线求某量值

我们先研究结构上只有固定集中荷载的情况。设有一组集中荷载 P_1、P_2、…、P_n 作用于一结构上(见图 10-12)，要求利用影响线求某量值 S。首先绘出 S 的影响线，如图 10-12 所示,各集中荷载作用点处的影响线竖标分别为 y_1、y_2、…、y_n，根据影响线的定义，y_1 表示当集中荷载 $P=1$ 作用于该处时 S 的大小，现在该处的荷载为 P_1，则

$$S=P_1 y_1 \tag{10-21}$$

根据叠加原理可得，集中荷载 P_1、P_2、…、P_n 作用于结构上，结构上某量值 S 的影响线在各荷载作用点处的影响线竖标分别为 y_1、y_2、…、y_n，则在这组集中荷载的共同作用下，量值 S 的大小可按下式求得

$$S=P_1 y_1+P_2 y_2+\cdots+P_n y_n=\sum_{i=1}^{n} P_i y_i \tag{10-22}$$

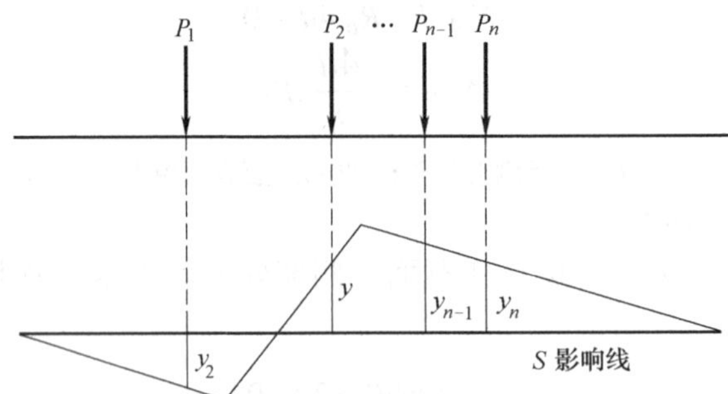

图 10-12 结构承受固定集中荷载作用

10.6.2 分布荷载位置固定时利用影响线求某量值

如果梁在某段上只有分布荷载作用，如图 10-13(a)所示，分布荷载的大小为 $q(x)$，长度为 DE，要求利用影响线求截面 C 的弯矩。此种情况，可将分布荷载沿其

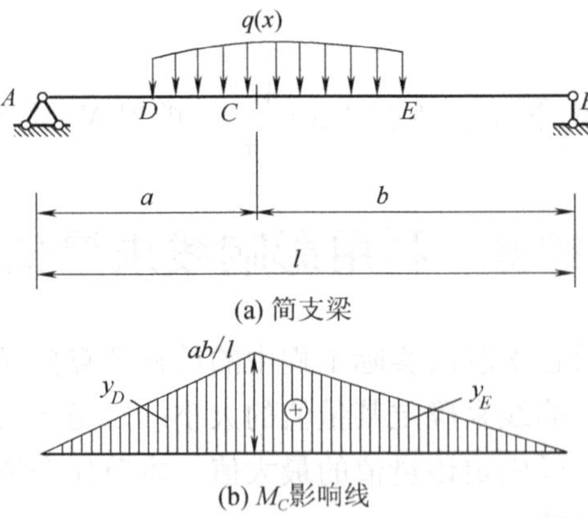

图 10-13 简支梁承受固定分布荷载作用

长度分成若干个无穷小的微段 dx，每一个微段 dx 上的荷载 $q(x)$dx 可看作一集中荷载，它所产生的 M_C 的大小为 $q(x)$dxy,由此，整个分布荷载所产生的 M_C 的大小可按积分求得

$$M_C=\int_D^E q(x)y\mathrm{d}x \tag{10-23}$$

若 $q(x)$为均布荷载，则式(10-23)可进一步简化为

$$M_C=q\int_D^E y\mathrm{d}x=q\omega \tag{10-24}$$

其中，ω 为影响线在均布荷载作用段 DE 上的面积。

在应用式(10-22)、式(10-24)时，需要注意竖标 y 和面积 ω 的正负号。

10.6.3　当集中荷载与均布荷载同时作用时利用影响线求某量值

根据叠加原理，当集中荷载与均布荷载同时作用时，某量值的大小可按下式计算：

$$S=\sum_{i=1}^{n}P_i y_i+q\omega \tag{10-25}$$

例 10-6　利用影响线求图 10-14 所示简支梁 AB 的 C 截面的弯矩和剪力。

解： (1) 绘出 M_C 和 Q_C 的影响线，如图 10-14(b)和图 10-14(c)所示。

(2) 依据公式 $S=\sum_{i=1}^{n}P_i y_i+q\omega$，有

$$M_C=15\times1+8\times\left(\frac{1}{2}\times4\times2-\frac{1}{2}\times2\times1\right)=15+24=39\mathrm{kN\cdot m}$$

$$Q_C=15\times(-0.25)+8\times\left(\frac{1}{2}\times4\times0.5-\frac{1}{2}\times2\times0.25\right)=2.25\mathrm{kN}$$

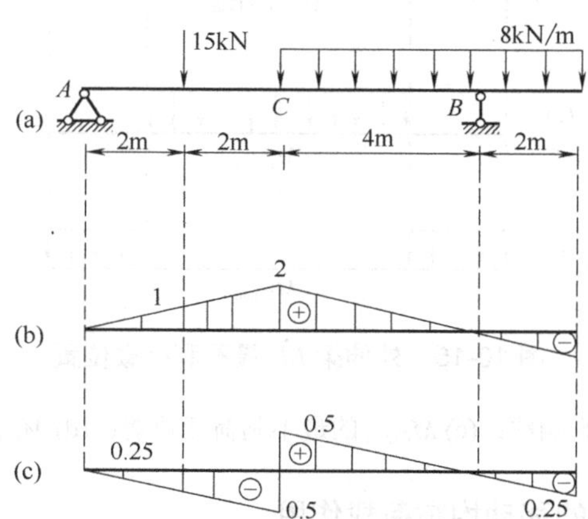

图 10-14　简支梁承受固定荷载作用

(a) 简支梁；(b) M_C 影响线；(c) Q_C 影响线

10.7 最不利荷载位置

上节为大家介绍了影响线的第一个应用，利用影响线求量值。本节介绍影响线的第二个应用，当荷载位置变化时，利用影响线来确定最不利荷载位置。移动荷载作用下，结构中所有量值都随着移动荷载的位置变化而变化，当移动荷载移动到某一位置时，某个量值达到最大值，包括最大正值和最大负值(最小值)，则此位置称为该量值的最不利荷载位置。

10.7.1 移动均布荷载作用时最不利荷载位置

1. 任意断续分布的移动均布荷载作用

如果移动均布荷载是任意断续分布的(如人群、货物等)，由式(10-25)可知：当移动均布荷载布满影响线正号面积时，量值有最大值；当移动均布荷载布满影响线负号面积时，量值有最小值。如图 10-15(a)所示外伸梁 *AB*，当荷载按图 10-15(c)所示进行布置时，*C* 截面弯距 M_C 有最大值，；当荷载按图 10-15(d)所示进行布置时，*C* 截面弯距 M_C 有最小值。

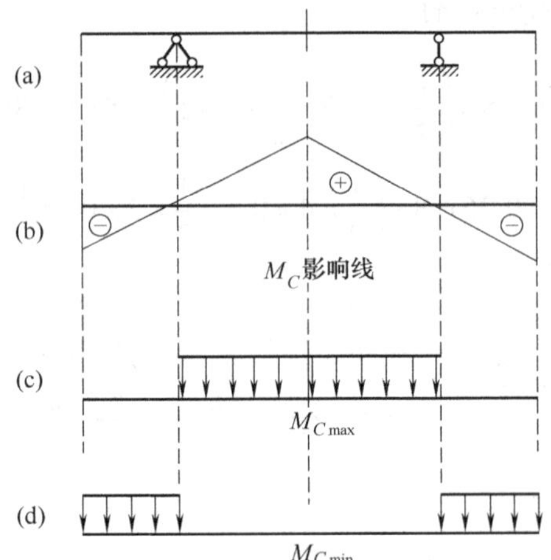

图 10-15 外伸梁 M_C 最不利荷载位置

(a)外伸梁；(b) M_C 的影响线；(c) $M_{C\max}$ 的最不利荷载位置；(d) $M_{C\min}$ 的最不利荷载位置

2. 一段固定长度为 *d* 的移动均布荷载作用

如果移动均布荷载的长度固定为 *d*，其最不利荷载位置可按下列方法确定。图 10-16(a)所示的简支梁 *AB*，梁上作用一段固定长度为 *d* 的移动均布荷载，求梁上任一截面 *C* 的弯矩最大值。绘出 M_C 的影响线，如图 10-16(b)所示，

$$M_C = q\omega$$

假设均布荷载在当前的 1、2 位置上向右移动一微段 dx，则影响线的面积左侧将减小

$y_1\mathrm{d}x$，右侧将增加 $y_2\mathrm{d}x$，所以 M_C 的增量为 $\mathrm{d}M_C = q(y_2\,\mathrm{d}x - y_1\mathrm{d}x)$，即

$$\mathrm{d}M_C/\mathrm{d}x = q(y_2 - y_1) \tag{10-26}$$

当 $\mathrm{d}M_C/\,\mathrm{d}x = 0$，即 $y_1 = y_2$ 时，M_C 有极值。

结论：一段固定长度为 d 的移动均布荷载，当移动至两端点所对应的影响线竖标相等时，其对应的影响线面积最大，此时量值取得最大值。

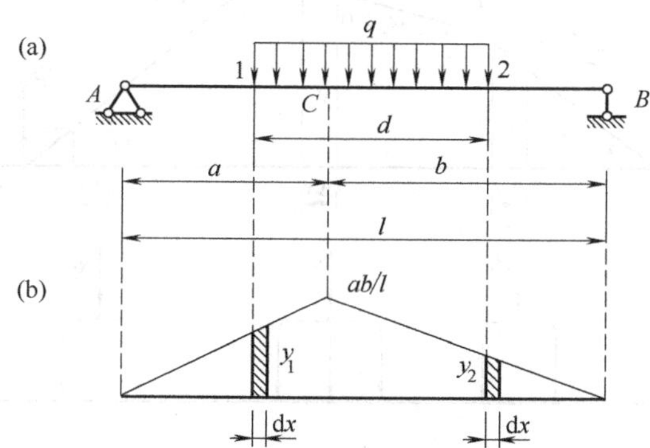

图 10-16　简支梁及 M_C 影响线

(a) 简支梁；(b) M_C 影响线

二、移动集中荷载作用时最不利荷载位置

1. 只有一个移动集中荷载 P 作用

只有一个移动集中荷载 P 作用时：当 P 移动至影响线的最大竖标处，量值取得最大值；当 P 移动至影响线的最小竖标处，量值取得最小值(图 10-17)。

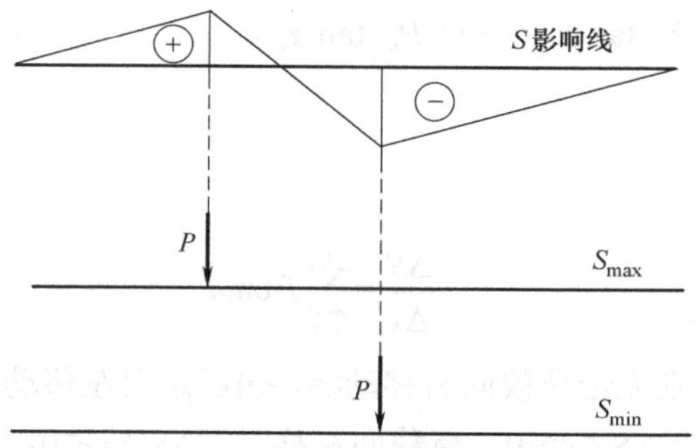

图 10-17　S 影响线及荷载不利布置

2. 一组相互平行且间距不变的移动集中荷载作用

实际工程中，移动集中荷载多为一组相互平行且间距不变的集中荷载，这时量值的最不利荷载位置，需要研究量值随荷载移动的变化情况。图 10-18(a)所示的多边形影响线，各段影响线的倾角分别为 α_1、α_2、…、α_n，一般 α 以逆时针为正。图 10-18 (b)所示为一组相互平行且间距不变的移动集中荷载，每段直线所对应的合力分别为 P_1、P_2、…、P_n，则它

们所产生的量值为

$$S = P_1 y_1 + P_2 y_2 + \cdots + P_n y_n = \sum_{i=1}^{n} P_i y_i$$

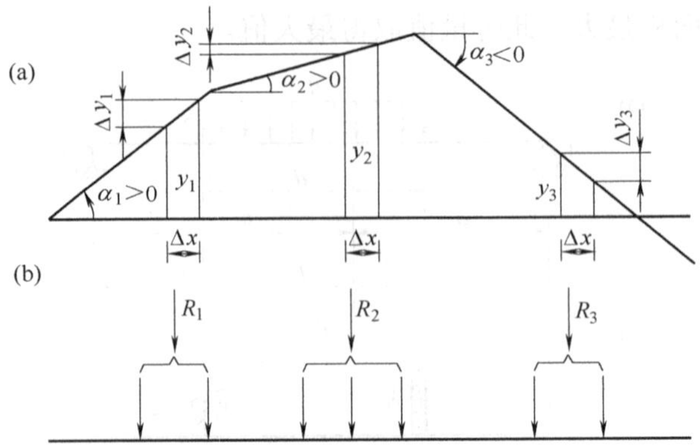

图 10-18　移动荷载组及多边形影响线

(a)多边形影响线；(b)移动荷载组

式中，y_1、y_2、…、y_n 为各合力在影响线上相应的竖标。当荷载向右移动微小距离Δx，在此移动过程中，各集中荷载都没有跨越影响线的顶点，则各合力 P 大小不变，相应竖标 y_i 增量为

$$\Delta y_i = \Delta x \cdot \tan\alpha_i$$

则 S 的增量为

$$\begin{aligned}\Delta S &= P_1 \cdot \Delta y_1 + P_2 \cdot \Delta y_2 + \cdots + P_n \cdot \Delta y_n \\ &= P_1 \cdot \Delta x\tan\alpha_1 + P_2 \cdot \Delta x\tan\alpha_2 + \cdots + P_n \cdot \Delta x\tan\alpha_n \\ &= \Delta x \cdot (P_1 \cdot \tan\alpha_1 + P_2 \cdot \tan\alpha_2 + \cdots + P_n \cdot \tan\alpha_n) \\ &= \Delta x \sum_{i=1}^{n} P_i \tan a_i\end{aligned}$$

所以

$$\frac{\Delta S}{\Delta x} = \sum_{i=1}^{n} P_i \tan a_i \tag{10-27}$$

若 S 要成为极大值，则无论荷载向右移动($\Delta x>0$)还是向左移动($\Delta x<0$)，ΔS 均应减小($\Delta S\leqslant 0$)。即：荷载向右移时，$\Delta S/\Delta x\leqslant 0$，荷载向左移时，$\Delta S/\Delta x\geqslant 0$，所以，$S$ 成为极大值的条件是

当荷载向左移动时，$\sum_{i=1}^{n} P_i \tan a_i \geqslant 0$；　(10-28)

当荷载向右移动时，$\sum_{i=1}^{n} P_i \tan a_i \leqslant 0$。

同理，S 成为极小值的条件是

当荷载向左移动时，$\sum_{i=1}^{n} P_i \tan a_i \leqslant 0$； (10-30)

当荷载向右移动时，$\sum_{i=1}^{n} P_i \tan a_i \geqslant 0$。

由式(10-28)、式(10-29)可知，S 若想成为极值，ΔS 必须变号，即无论荷载向左移动或向右移动，$\sum_{i=1}^{n} P_i \tan a_i$ 都要变号。

α_i 是各段影响线直线的斜率，为常数，所以若 $\sum_{i=1}^{n} P_i \tan a_i$ 想变号，则各段的合力 P_i 的数值必须发生变化，这种情况，只有当某一个集中荷载正好位于影响线的顶点时才有可能发生。所以当荷载稍向左或向右移动时，使合力 P_i 或ΔS 变号的条件是有一个集中荷载作用于影响线的顶点,这是必要条件，但不是充分条件。我们把能使ΔS 变号的集中荷载称为临界荷载，此时的荷载位置称为临界位置。临界位置可通过式(10-28)、式(10-29)来判别。

一般情况下，临界位置可能有几个，所以要求最不利荷载位置，应先对各临界位置求极值，从所有临界位置的极值中找出最大值或最小值，为最不利荷载位置。

一组相互平行且间距不变的移动集中荷载作用时，确定最不利荷载位置可按以下步骤进行：

(1) 将某一集中荷载置于影响线的一个顶点上。

(2) 令荷载向左或向右稍移动，计算 $\sum_{i=1}^{n} P_i \tan a_i$ 的数值。如果 $\sum_{i=1}^{n} P_i \tan a_i$ 变号，则此荷载为临界荷载；若不变号，应换一个集中荷载，重新计算。

(3) 将所有临界位置的极值求出，从中选出最大值或最小值，该位置即为最不利荷载位置。

例 10-7 求如图 10-19(a)所示简支梁在移动荷载作用下截面 K 的最大弯矩，其中 P_1=70kN，P_2=130kN，P_3=50kN，P_4=100kN。

解：(1)作 M_K 的影响线，如图 10-19(b)所示，各直线段的斜率分别为

$$\tan\alpha_1=3/4，\tan\alpha_2=1/4，\tan\alpha_3=-1/4$$

(2) 确定临界位置。

① 试将 P_2 = 130kN 放在 C 点[见图 10-19(c)]。

荷载向左移：$\sum_{i=1}^{n} P_i \tan a_i = 130\times3/4-(50+100)\times1/4=\dfrac{390-150}{4}>0$。

荷载向右移：$\sum_{i=1}^{n} P_i \tan a_i =70\times3/4+130\times1/4-(50+100)\times1/4=\dfrac{340-150}{4}>0$。

$\sum_{i=1}^{n} P_i \tan a_i$ 不变号，不满足判别式，此位置不是临界位置。

② 试将 P_2 = 130kN 放在 D 点[见图 10-19(d)]。

荷载向左移：$\sum_{i=1}^{n} P_i \tan a_i =70\times3/4+130\times1/4-(50+100)\times1/4=\dfrac{340-150}{4}>0$。

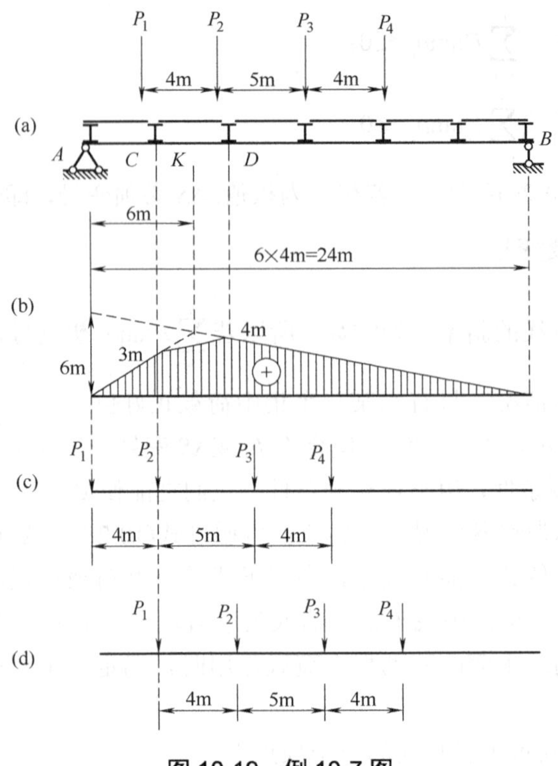

图 10-19 例 10-7 图

(a)简支梁；(b) M_K影响线；(c) P_2在 C 点；(d) P_2在 D 点

荷载向右移：$\sum_{i=1}^{n} P_i \tan a_i = 70\times 1/4 - (130+50+100)\times 1/4 = \dfrac{70\ -280}{4} < 0$。

$\sum_{i=1}^{n} P_i \tan a_i$ 变号，满足判别式，此位置为临界位置。

(3) 当 P_2在 D 点时为 M_K的最不利荷载位置，此时有

$$M_K = \sum_{i=1}^{n} P_i y_i = 70\times 3 + 130\times 4 + 50\times 11/4 + 100\times 7/4 = 1042.5\text{kN}\cdot\text{m}$$

如果影响线的图形是三角形(见图 10-20)，临界位置的判别式可进一步简化。设 P_{cr}为临界荷载，$\sum P_{左}$ 为影响线顶点左侧所有的集中力之和，$\sum P_{右}$ 为影响线顶点右侧所有的集中力之和，则式(10-28)可写成下式：

荷载向左移动时，$(\sum P_{左} + P_{cr})\tan a - \sum P_{右} \tan\beta \geqslant 0$；

荷载向右移动时，$\sum P_{左} \tan a - (P_{cr} + \sum P_{右})\tan\beta \leqslant 0$。

由于 $\tan\alpha = h/a$，$\tan\beta = h/b$，所以三角形的影响线，荷载的临界位置可按下式判别：

$$\frac{\sum P_{左} + p_{cr}}{a} \geqslant \frac{\sum P_{右}}{b}$$

$$\frac{\sum P_{左}}{a} \leqslant \frac{\sum P_{右} + p_{cr}}{b} \tag{10-30}$$

例 10-8 求图 10-20(a)在图示荷载作用下 B 支座的最大支座反力。已知 $P_1 = P_2 = 295$kN，

$P_3 = P_4 = 435\text{kN}$。

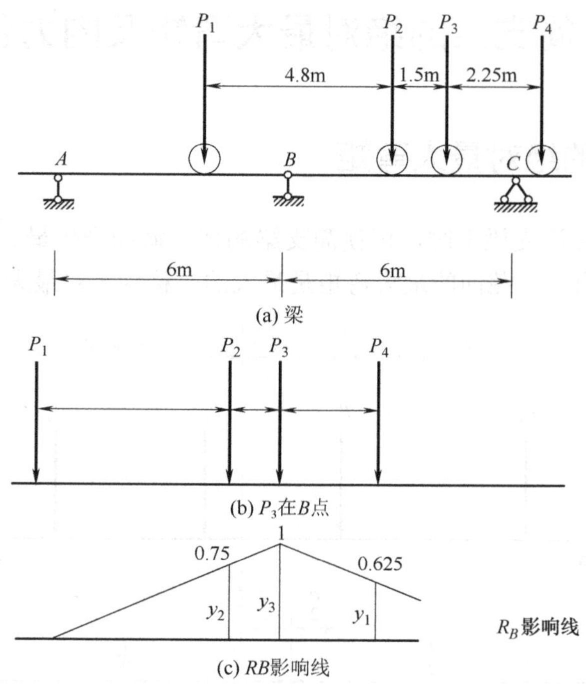

图 10-20　例 10-8 图

解：(1) 作出 R_B 影响线，如图 10-20(c)所示。

(2) 确定临界位置。由 $S=\sum_{i=1}^{n}P_iy_i$ 可以看出，欲使 $\sum_{i=1}^{n}P_iy_i$ 中的各项具有较大的值，要求在影响线顶点附近有较大的和较密集的集中荷载。由此可知，临界荷载必然是 P_2 或 P_3。

① 将 P_2 置于 R_B 影响线的顶点 B，有

$$\frac{295+295}{6}<\frac{435\times2}{6}$$

$$\frac{295}{6}>\frac{295+435\times2}{6}$$

不满足判别式，所以 P_2 在 B 点不是临界荷载。

② 将 P_3 置于 R_B 影响线的顶点 B[见图 10-20(b)]，有

$$\frac{295+435}{6}>\frac{435}{6}$$

$$\frac{295}{6}<\frac{435+2}{6}$$

满足判别式，所以 P_3 在 B 点是临界荷载。

(3) 当 P_3 在 B 点时为 R_B 的最不利荷载位置，此时有

$$R_{B\max}=295\times0.75+435\times1+435\times0.625=298.125\text{kN}$$

10.8 简支梁的绝对最大弯矩及内力包络图

10.8.1 简支梁的绝对最大弯矩

当移动荷载作用在简支梁上时，可使简支梁的任一截面产生最大弯矩，在整个简支梁的所有最大弯矩中，有一个截面的最大弯矩是最大的，称为绝对最大弯矩。

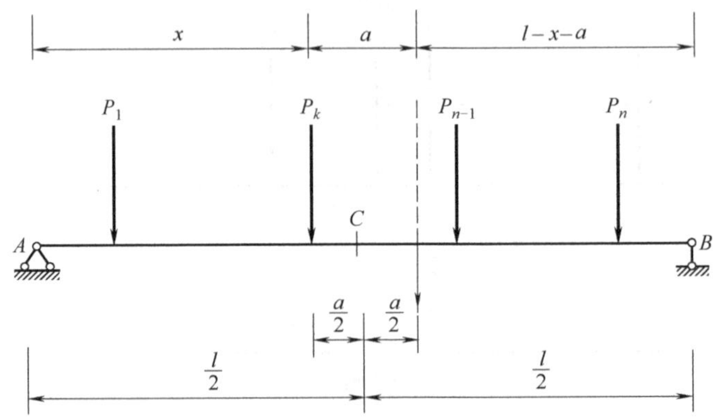

图 10-21 简支梁及其荷载

要想确定简支梁的绝对最大弯矩，必须要明确绝对最大弯矩的截面位置和此时移动荷载的位置。如图 10-21 所示简支梁 AB 上有一组间距不变的移动集中荷载。由前面所学内容可知，简支梁在移动集中荷载组的作用下，无论荷载在什么位置，弯矩图的顶点总是在移动集中荷载下面。由此判断，简支梁的绝对最大弯矩必然发生在某一移动集中荷载的作用点处的截面上。我们可以采用试算的办法，确定到底是哪个移动集中荷载。

从移动集中荷载组中任意取一集中荷载 P_K，其作用点到 A 支座的水平距离为 x，简支梁上所有移动集中荷载的合力为 R，R 与 P_K之间的水平距离为 a，由 $\sum M_B=0$，得

$$R_A=\frac{R}{l}(l-x-a)$$

P_K作用点截面的弯矩为

$$M=R_A x-M_K=\frac{R}{l}(l-x-a)x-M_K$$

式中，M_K为 P_K以左所有荷载对 P_K作用点的力矩之和，它是一个与 x 无关的常数。

当 $\mathrm{d}M/\mathrm{d}x=0$ 时，M 取得极值，即

$$\mathrm{d}M/\mathrm{d}x=\frac{R}{l}(l-2x-a)=0$$

因为 $R\neq 0$，所以

$$l-2x-a=0$$

即

$$x=\frac{l-a}{2} \tag{10-31}$$

结论：当 P_K 与 R 对称于梁的中点时，P_K 作用点截面的弯矩达到最大值，为

$$M_{\max}=R\left(\frac{l-a}{2}\right)^2\times\frac{1}{l}-M_K \tag{10-32}$$

根据式(10-32)可计算出各个荷载作用点截面的最大弯矩，而其中最大的一个就是整个简支梁的绝对最大弯矩。如果移动荷载的数目较多，对每个荷载均按照式(10-32)计算，则计算量较大。由经验可知，简支梁的绝对最大弯矩总是发生在梁跨中位置的附近，即梁中点处截面产生最大弯矩的临界荷载，也就是产生整个简支梁的绝对最大弯矩的临界荷载。因此，计算简支梁的绝对最大弯矩可按以下步骤进行：

(1) 确定使简支梁的中点截面发生最大弯矩的临界荷载 P_K。

(2) 使 P_K 与梁上移动荷载的合力 R 对称于梁的中点，算出该截面的弯矩，即为简支梁的绝对最大弯矩。

例 10-9　求图 10-22 所示的吊车梁在图示吊车荷载作用下的绝对最大弯矩。

解：(1) 可能使跨中产生最大弯矩的临界荷载$P_K=P_2$或P_3。

梁上所有移动荷载的合力　　$R=P_2+P_3=649\text{kN}$

(2) 临界荷载P_2与合力R对称于梁的中点。

利用合力矩定理，$a=0.725\text{m}$，则

$$M_{\max}=R\left(\frac{l-a}{2}\right)^2\cdot\frac{1}{l}-M_K=649\times\left(\frac{6-0.725}{2}\right)^2\times\frac{1}{6}=752.5\text{kN}\cdot\text{m}$$

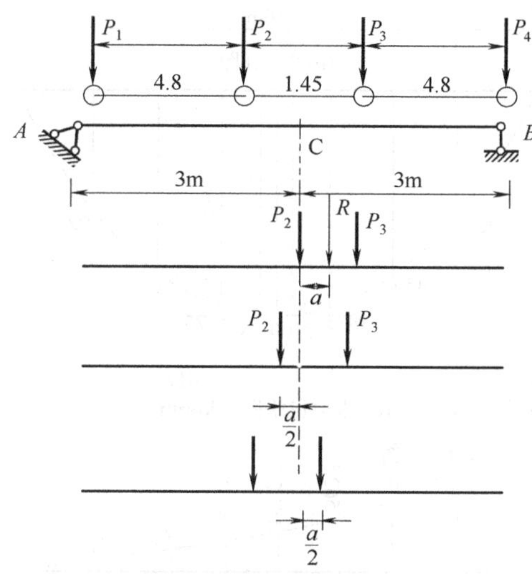

图 10-22　吊车梁及其荷载

10.8.2　简支梁的内力包络图

简支梁承受移动荷载时，需要确定出各截面的内力最大值(最大正值和最大负值)作为结

构设计的依据。我们把简支梁各截面内力的最大值按比例标在图上，连成曲线，该曲线称为简支梁的内力包络图。

简支梁内力包络图的绘制方法：将梁沿跨度分成若干等份，求出各等分点的内力最大值和最小值，将最大值连成光滑的曲线，将最小值也连成曲线，由此得到的图形即为简支梁的内力包络图。

例 10-10 绘制图 10-23(a)所示简支梁的内力包络图，$P_1=P_2=P_3=P_4=200\text{kN}$。

解：(1) 将梁分成 8 等份(如图 10-23(b))，依次取 $a=0.125l$、$a=0.25l$、…、$a=l$。

(2) 求出各等分点截面的弯矩最大值 $M_{C\max}=925$、1450、…；

(3) 将这些最大值按比例以竖标标出并连成光滑的曲线，便可以得到弯矩包络图[图 10-23(c)]按同样的方法可绘出简支梁的剪力包络图[如图 10-23(d)]。

在实际设计中，绘制简支梁的内力包络图需要同时考虑恒载和移动荷载(活载)的作用，对于移动荷载(活载)还要考虑动力效应，一般将移动荷载(活载)的内力乘以相应的动力系数，动力系数在有关规范中均有明确规定。

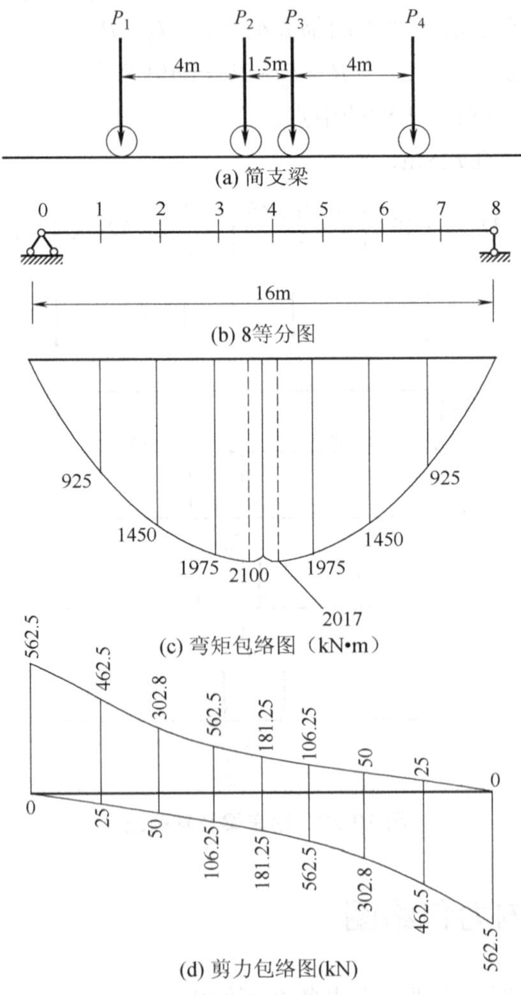

图 10-23 简支梁的内力包络图

10.9　超静定结构影响线作法概述

绘制超静定结构的内力和支座反力的影响线，和静定结构一样，通常也是采用两种方法，即静力法和机动法。

10.9.1　静力法绘制超静定结构的影响线

用静力法绘制超静定结构的影响线，需要先求解超静定结构，再写出影响线方程，然后根据影响线方程绘制影响线。如图 10-24(a)所示为一次超静定梁，要求绘制支座反力 R_B 的影响线。先求解超静定结构，建立基本体系[图 10-24(b)]，写出力法方程：

$$\delta_{11}X_1 + \Delta_{1P} = 0$$

式中

$$\Delta_{1P} = -\frac{1}{EI}\left[\frac{1}{2}\times x\times x\times\left(l-x+\frac{2}{3}x\right)\right] = -\frac{x^2}{2EI}\left(l-\frac{1}{3}x\right)$$

$$\delta_{11} = \frac{1}{EI}\left(\frac{1}{2}\times l\times l\times\frac{2}{3}l\right) = \frac{l^3}{3EI}$$

得到 R_B 的影响线方程：

$$R_B = X_1 = -\frac{\Delta_P}{\delta_{11}} = \frac{x^2(3l-x)}{2l^3}$$

根据影响线方程可知：R_B 是 x 的三次函数，R_B 影响线的形状为曲线[图 10-24(e)]。

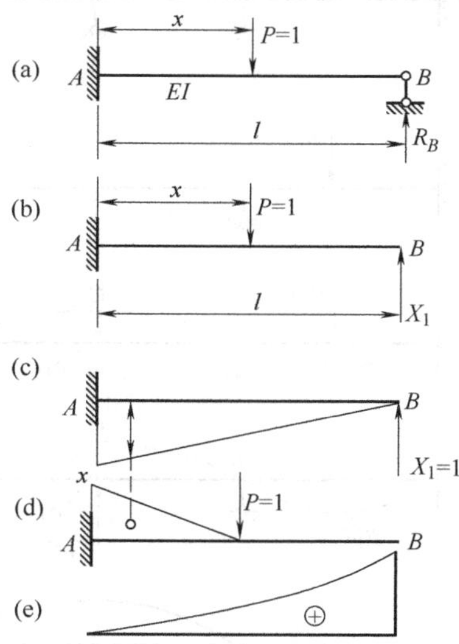

图 10-24　超静定梁及其支座反力影响线

(a)原结构；(b)基本体系；(c) $\overline{M}_1$ 图；(d) M_P 图；(e) R_B 影响线

10.9.2 机动法绘制超静定结构的影响线

用机动法绘制超静定结构的影响线，是通过绘制虚位移图，得到影响线的轮廓。如图10-25(a)所示为一超静定梁，要求绘制支座反力 R_C 的影响线。取 $R_C(x)$为基本未知量，建立基本体系如图 10-25(b)所示，写出力法方程为

$$\delta_{11}X_1 + \Delta_{1P} = 0$$

则

$$X_1 = -\frac{\Delta_{1P}}{\delta_{11}}$$

式中，δ_{11} 为单位力 X_1= 1 在 X_1 方向上引起的位移[图 10-25(d)]。由于 P =1 为单位荷载，所以

$$\Delta_{1P} = \delta_{1P}$$

式中，δ_{1P} 为单位力 P = 1 在 X_1 方向上引起的位移[图 10-25(c)]。

由位移互等定理可得，$\delta_{1P} = \delta_{P1}$，$\delta_{P1}$ 为单位力 X_1= 1 在 P 方向上引起的位移，所以

$$R_C = X_1 = -\frac{\delta_{P1}}{\delta_{11}} \tag{10-33}$$

在式(10-36)中，支座反力 X_1 和位移 δ_{P1} 都随荷载 P 的移动而变化，它们都是荷载位置 x 的函数，而 δ_{11} 为常量，因此式(10-36)可写成下式：

$$R_C = X_1 = -\frac{\delta_{P1}(x)}{\delta_{11}} \tag{10-34}$$

当 x 变化时，函数 X_1 的变化图就是 X_1 的影响线，而函数 $\delta_{P1}(x)$ 的变化图形就是荷载作用点的竖向位移图，因此可以得到影响线与位移图之间的关系。因为 $\delta_{P1}(x)$ 以向下为正，而 X_1 与 $\delta_{P1}(x)$ 反号，所以在影响线中梁轴线上方的位移为正。

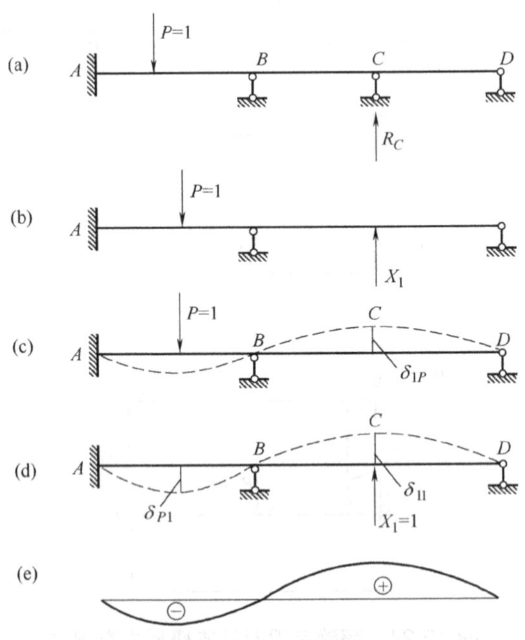

图 10-25 超静定梁及其支座反力影响线

(a) 超静定梁；(b)基本体系；(c) δ_{1P} 图；(d) δ_{P1} 图；(e) R_C影响线轮廓

例 10-11　如图 10-26(a)所示为一个四跨超静定连续梁，要求绘制 K 截面的剪力 Q_K 以及支座 M_C、R_B 的影响线。

解：(1) 绘制 Q_K 的影响线。

去掉与 Q_K 相应的约束，使体系沿 Q_K 正向发生相应的位移，所得的位移图即为 Q_K 影响线[图 10-26(a)]。

(2) 同样方法可绘制 M_C、R_B 的影响线，图 10-26(b)为 M_C 影响线，图 10-26(c)为 R_B 影响线。

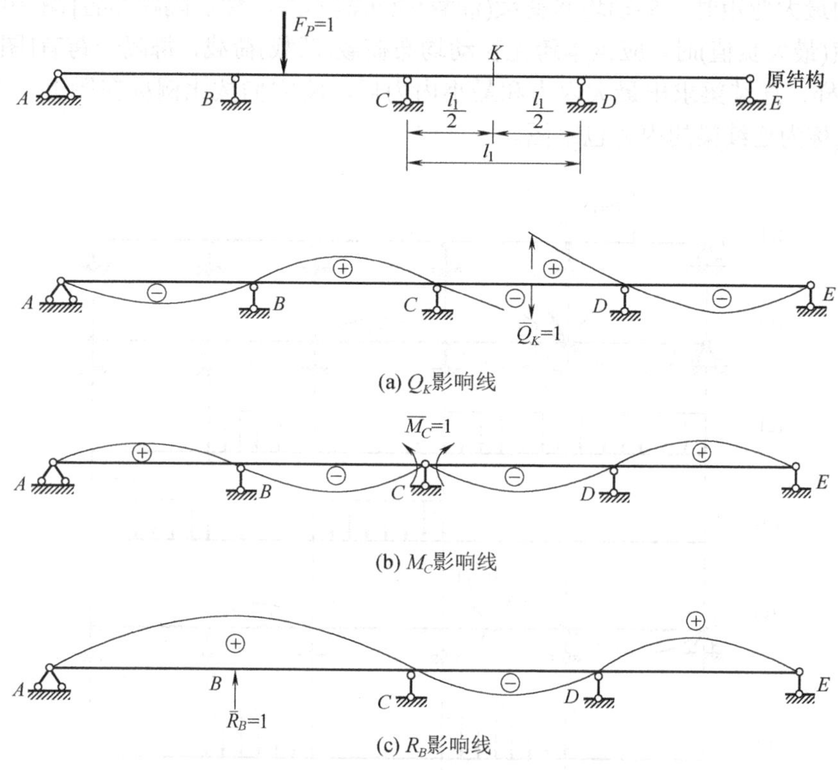

(a) Q_K影响线

(b) M_C影响线

(c) R_B影响线

图 10-26　超静定梁及其支座反力影响线

10.10　连续梁的内力包络图

结构中的板和梁一般都按连续梁计算，作用在连续梁上的荷载包括恒载和移动荷载(活载)，所以进行结构设计时，必须同时考虑恒载和移动荷载(活载)的共同影响。恒载作用下，连续梁的内力是不变的，而移动荷载(活载)产生的内力随活载位置的不同而不同。为保证结构在恒载和移动荷载(活载)的共同作用下能安全使用，必须求出结构各截面在恒载和移动荷载(活载)的共同作用下的最大内力，而其中关键在于确定移动荷载(活载)的影响。求出移动荷载(活载)作用下各截面的最大内力，再加上恒载作用下该截面的内力，就可以得到结构在恒载和移动荷载(活载)的共同作用下该截面的最大内力。

由于移动荷载(活载)的位置是不断变化的，所以确定各截面的最大内力，需要确定移动荷载(活载)的最不利荷载位置，我们知道最不利荷载位置是可以通过影响线来确定的。

如图 10-27(a)所示一五跨连续梁，求支座截面 B 的弯矩 M_B 及截面 C 的弯矩 M_C 的最不利荷载位置。首先绘出 M_B 及 M_C 处的影响线轮廓，如图 10-27(b)、(e)所示，由 $S=q\omega$ 可知，当移动均布荷载布满影响线正号面积时，将产生该量值的最大值，布影响线负号面积时，将产生该量值的最小值。所以，当移动均布荷载(活载)布满 B 支座的相邻跨及隔跨[图 10-27(c)]时，M_B 取得最小值；当移动均布荷载(活载)布满第三跨、第五跨时，M_B 取得最大值。同理，求截面 C 的最大弯矩时，移动均布荷载(活载)应布满本跨，然后隔跨布置[图 10-27(f)]；求 M_C 的最小值(最大负值)时，应该本跨无移动均布荷载(活载)荷载，每隔一跨有[图 10-27(g)]。和简支梁一样，连续梁求出最大内力和最小内力后，将它们按比例标在图上，并连成两条光滑的曲线,称为连续梁的内力包络图。

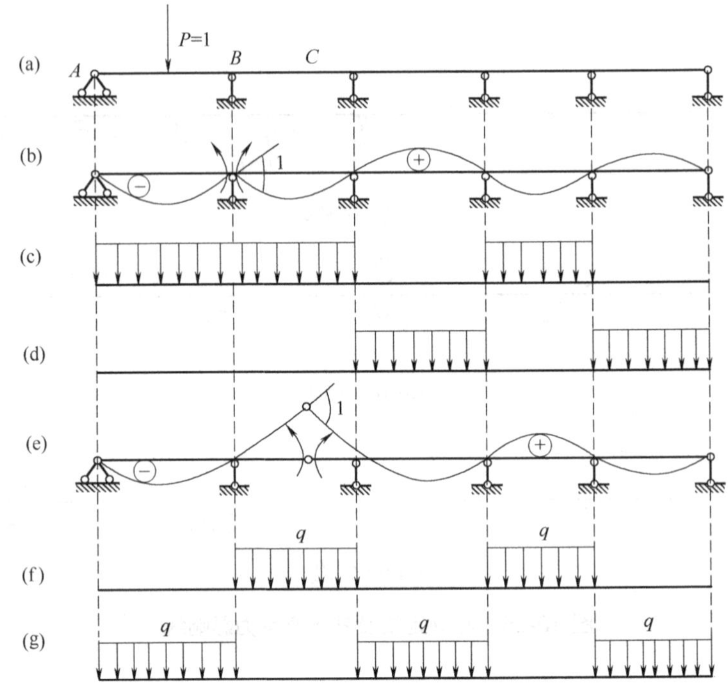

图 10-27　超静定梁最不利荷载位置

(a) 超静定梁；(b) M_B 影响线；(c) 求 M_{Bmin} 的荷载不利位置；(d)求 M_{Bmax} 的荷载不利位置；(e) M_C 影响线轮廓；(f) 求 M_{Cmax} 的荷载不利位置；(g) 求 M_{Cmin} 的荷载不利位置

绘制连续梁的内力包络图，首先绘出恒载作用下的内力图，然后将每一跨单独布置移动均布荷载(活载)情况下的内力图逐一绘出。再将各跨分成若干等份，将每一截面在恒载作用下的内力值以及移动均布荷载(活载)作用下的内力图对应的正(负)竖标值，进行叠加，得到该截面最大(小)内力值。将上述各最大(小)值按比例用竖标标在同一图上，并用曲线相连，即得到内力包络图。

例 10-12　如图 10-28(a)所示为三跨等截面连续梁，梁上的恒载 q_1=16kN/m，活载 q_2=30kN/m，绘制该连续梁的弯矩包络图和剪力包络图。

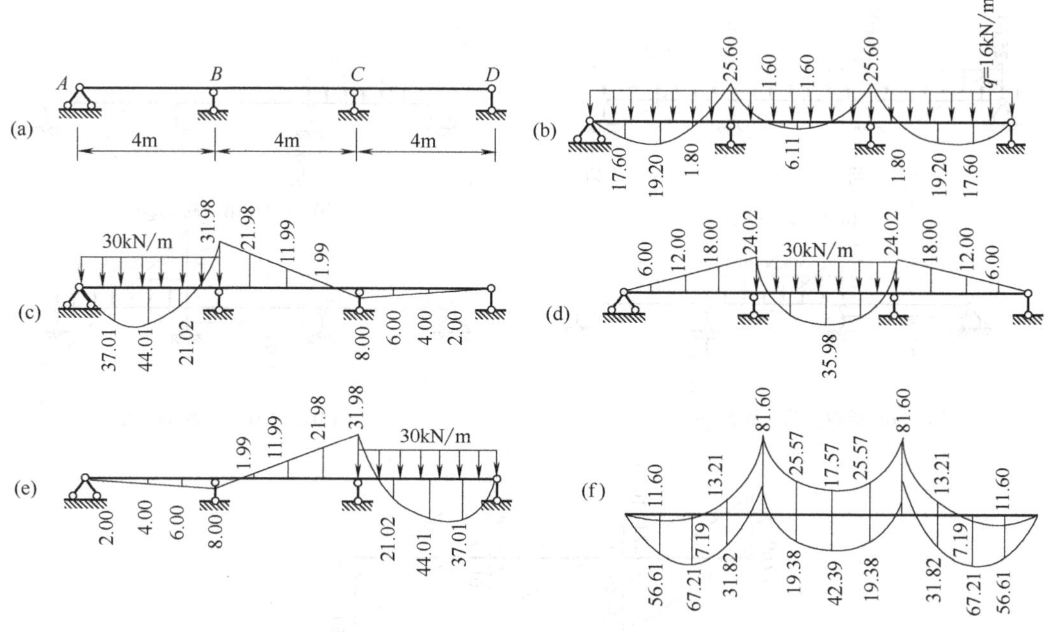

图 10-28　弯矩包络图

(a) 三跨连续梁；(b) 恒载下 M 图；(C) 活载在第一跨的 M 图；
(d) 活载在第二跨的 M 图；(e) 活载在第三跨的 M 图；(f) 弯矩包络图(单位：kN·m)

解：(1) 作弯矩包络图。

① 用力矩分配法作出恒载作用下的弯矩图[图 10-28(b)]。

② 作出每一跨单独布置活载情况下的弯矩图[图 10-28(c)、(d)、(e)]。

③ 将梁的每一跨分为四等份，求出各弯矩图中等分点的竖标值。然后将恒载弯矩图[图 10-28(b)]的竖标值和所有活载弯矩图[图 10-28 (c)、(d)、(e)]中对应的正(负)竖标值相加，即得最大(最小)弯矩值。例如，在支座 B 处：

$$M_{B\max}=(-25.6)+8.00=-17.6\text{kN·m}$$

$$M_{B\min}=(-25.6)+(-31.98)+(-24.02)=-81.60\text{kN·m}$$

④ 将每个最大弯矩值和最小弯矩值分别用曲线相连，即得弯矩包络图[图 10-28(f)]。

(2) 作剪力包络图。

① 作出恒荷载作用下的剪力图[图 10-29(a)]。

② 作出每一跨单独布置活载情况下的剪力图[图 10-29(b)、(c)、(d)]。

③ 将恒载剪力图[图 10-29(a)]中各支座左、右两边截面处的竖标值和各跨分别作用活载时的剪力图[图 10-29(b)、(c)、(d)]中对应的正(负)竖标值，相加即得最大(最小)剪力值。例如，在支座 B 的左侧截面上：

$$Q^{左}_{B\max}=(-38.40)+2.00=-36.40\text{kN}$$

$$Q^{左}_{B\min}=(-38.40)+(-67.99)+(-6.00)=-112.39\text{kN}$$

④ 将每个最大剪力值和最小剪力值分别用直线相连，即得剪力包络图[图 10-29(e)]。

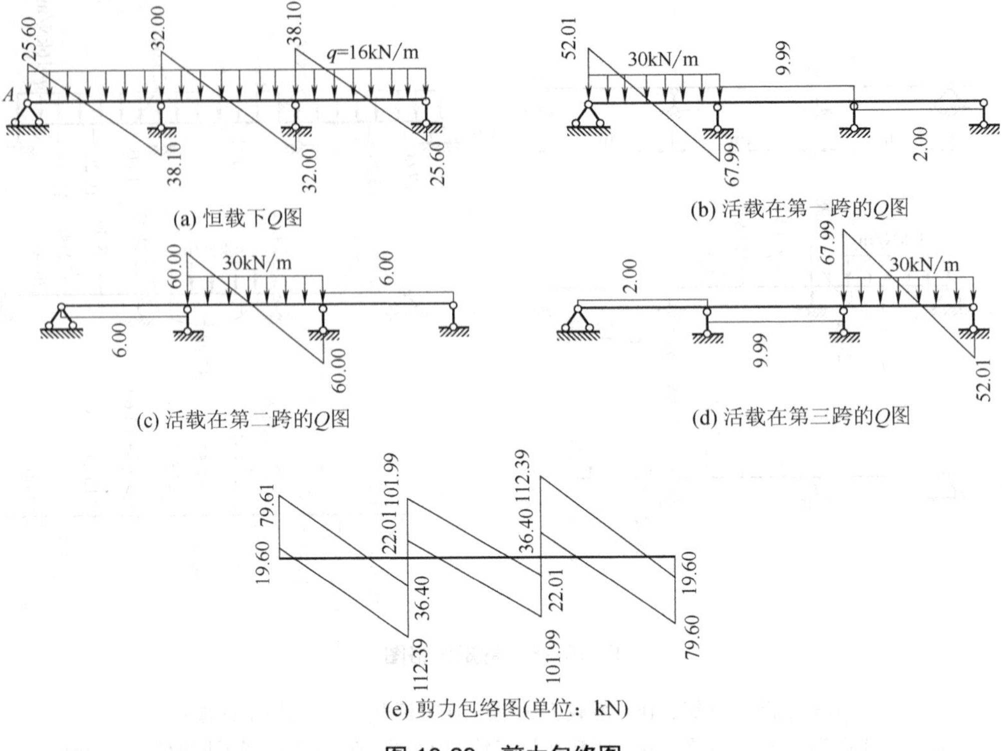

图 10-29　剪力包络图

复习思考题

1. 影响线的定义？

2. 如何用静力法作某内力影响线？

3. 在什么情况下影响线方程需要分段求出？

4. 什么是间接荷载？如何绘制间接荷载作用下的影响线？

5. 机动法作影响线的原理是什么？

6. 什么是最不利荷载位置？什么是临界荷载和临界位置？

7. 简支梁的绝对最大弯矩与跨中截面最大弯矩是否相等？什么情况下二者会相等？

8. 什么是内力包络图？它与内力图、影响线有什么区别？三者的用途分别是什么？

9. 如何用机动法绘制超静定结构内力(反力)影响线？它与静定结构的机动法作影响线有何异同？

习　题

10-1 作图示悬臂梁支座反力 M_A、R_A 及截面内力 M_C、Q_C 的影响线。

10-2 作图示外伸梁支座反力 R_A 及截面内力 M_C、Q_C、M_D、Q_D、M_B、$Q_{B左}$、$Q_{B右}$的影响线。

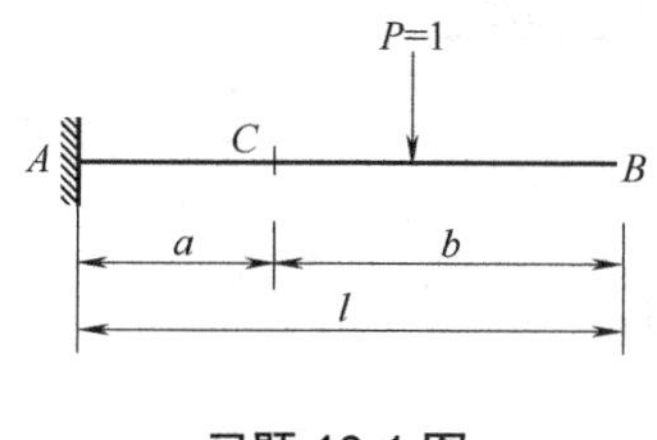

习题 10-1 图

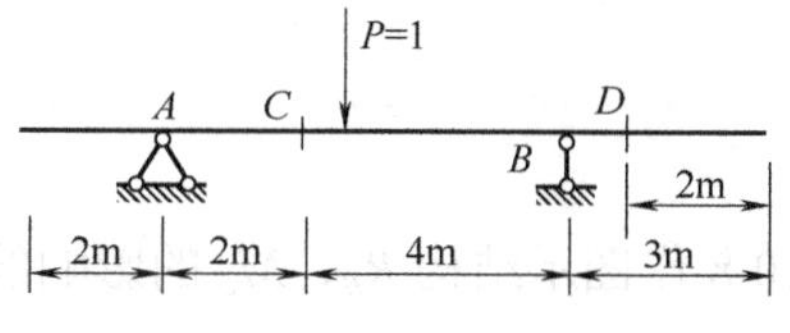

习题 10-2 图

10-3 作图示斜梁支座反力 R_B 及截面内力 M_C、Q_C、N_C 的影响线。

10-4 作图示多跨静定梁 M_D、Q_C 的影响线。

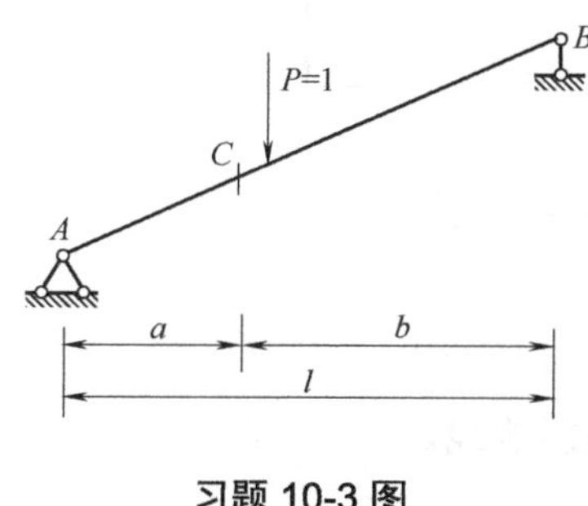

习题 10-3 图

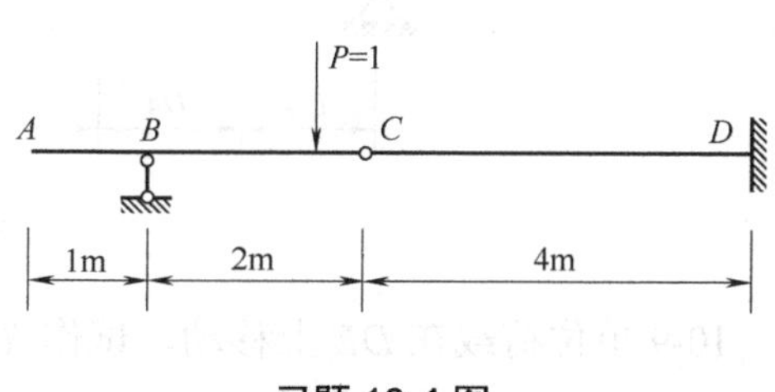

习题 10-4 图

10-5 作图示梁 M_C、Q_C 的影响线。

10-6 作图示结构 M_E、M_C、$Q_{C右}$、N_{CD} 的影响线。P=1 沿 AB 移动。

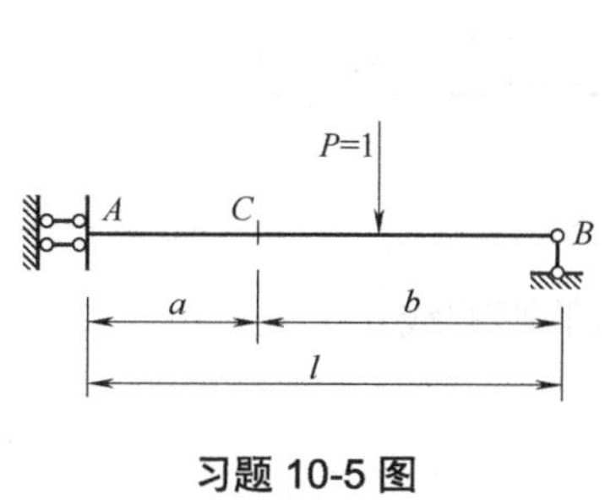

习题 10-5 图

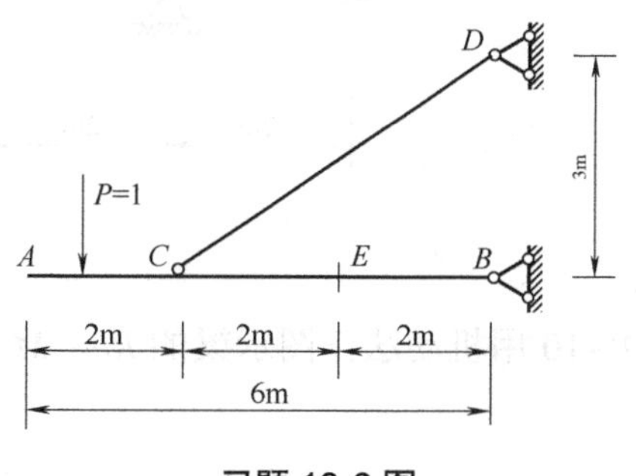

习题 10-6 图

10-7 作图示结构 M_C、Q_C 的影响线。P=1 沿 DE 移动。

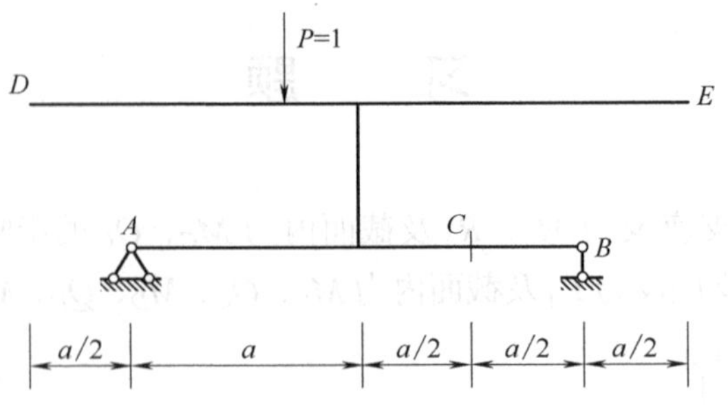

习题 10-7 图

10-8 作图示结构 R_B、M_E 的影响线。P=1 沿 AC 移动。

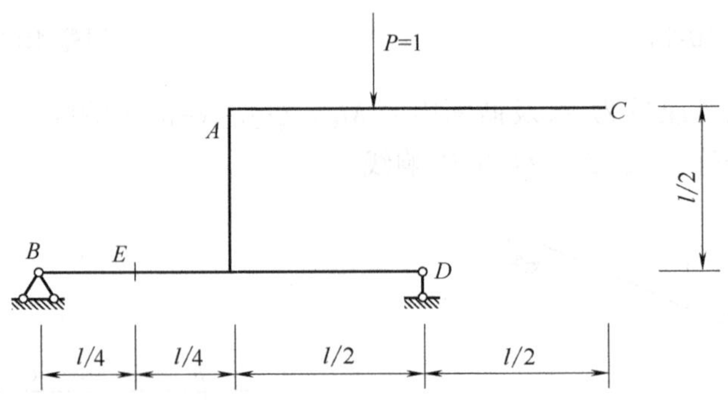

习题 10-8 图

10-9 单位荷载在 DE 上移动，试作 R_A、M_C、Q_C 的影响线。

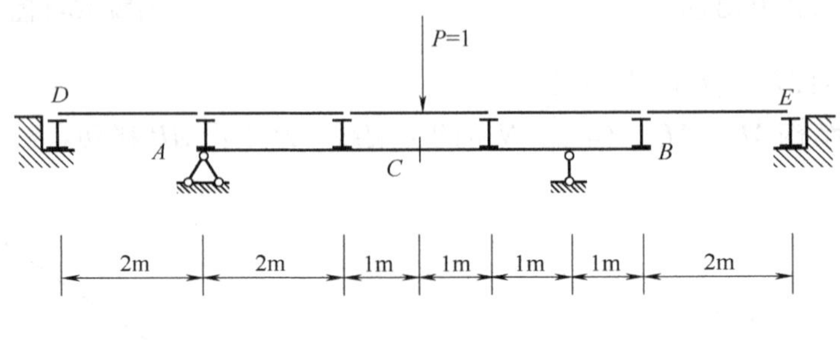

习题 10-9 图

10-10 用机动法作图示梁的 R_C、M_K、Q_K、Q_E、M_D 的影响线。

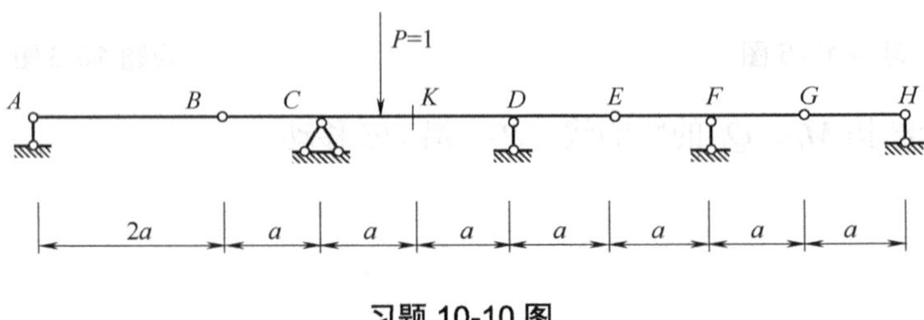

习题 10-10 图

10-11 作图示桁架 N_a、N_b、N_c 的影响线。

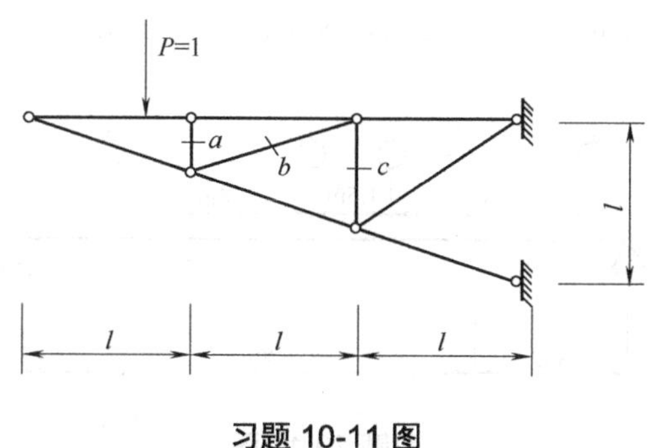

习题 10-11 图

10-12 作图示桁架 N_a、N_b 的影响线。考虑 P=1 在上弦和下弦移动。

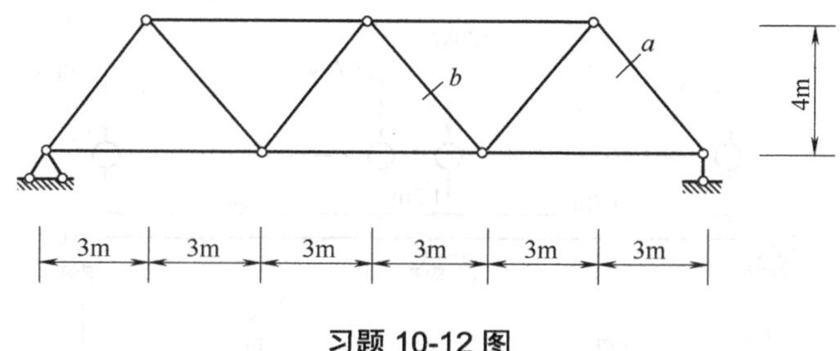

习题 10-12 图

10-13 作图示桁架 N_1、N_2 的影响线。P=1 在上弦移动。

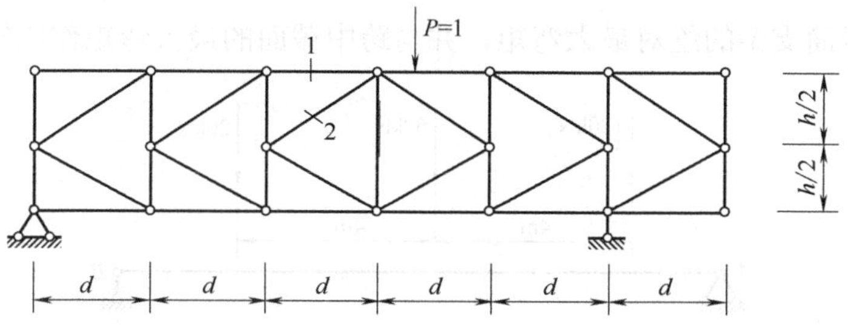

习题 10-13 图

10-14 画出图示梁 M_A 的影响线，并利用影响线求出给定荷载下 M_A 的值。

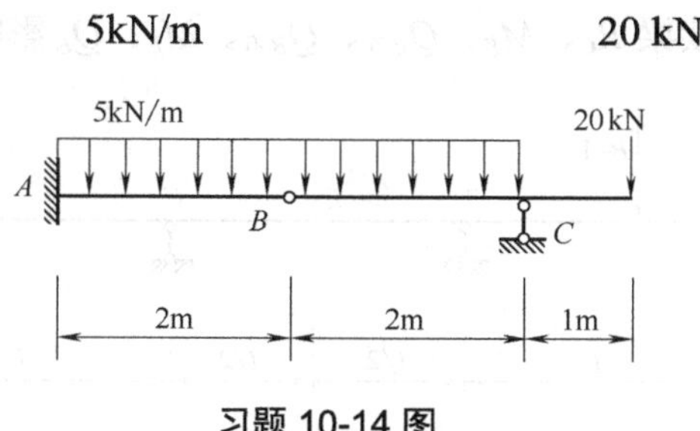

习题 10-14 图

10-15 试求图示梁在移动荷载作用下 M_C 的最大值。

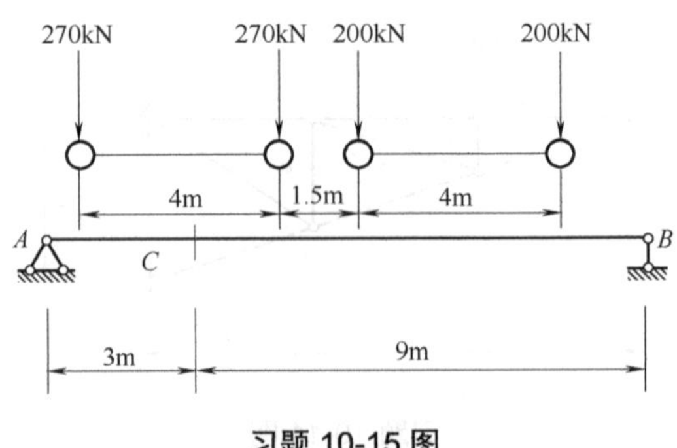

习题 10-15 图

10-16 求图示吊车梁在吊车荷载作用下支座 B 的最大反力。

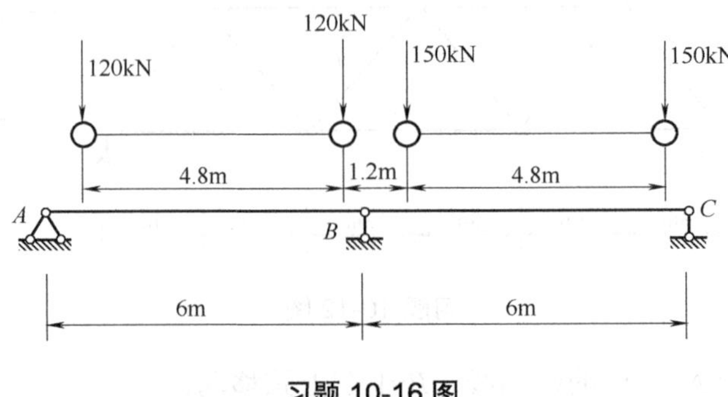

习题 10-16 图

10-17 求图示简支梁的绝对最大弯矩，并与跨中截面的最大弯矩作比较。

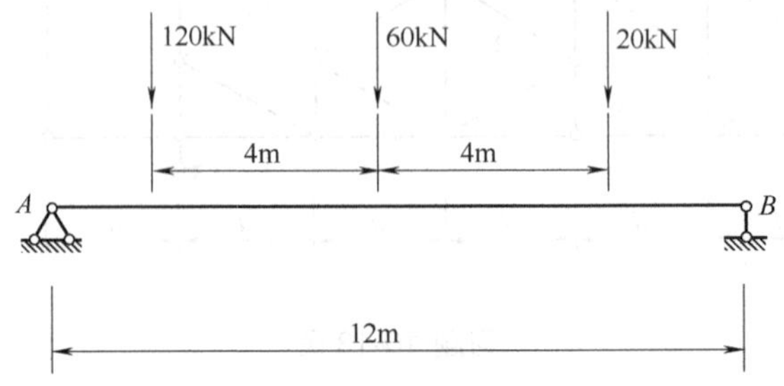

习题 10-17 图

10-18 试绘出图示连续梁 R_C、M_B、$Q_{B左}$、$Q_{B右}$、M_E、Q_E 影响线的轮廓。

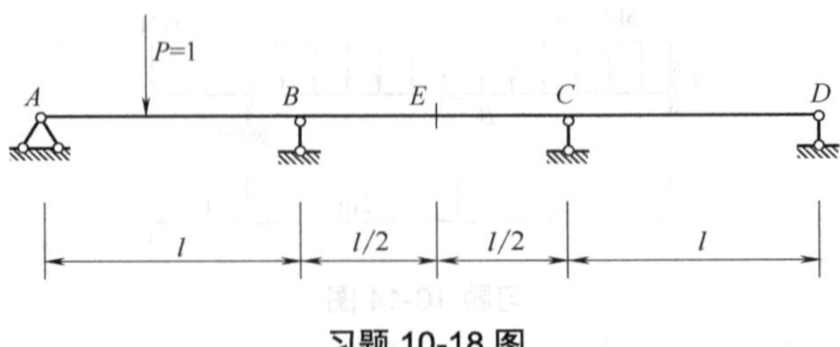

习题 10-18 图

参考文献

[1] 崔恩第．结构力学[M]．北京：国防工业出版社，2006．

[2] 李廉锟．结构力学[M]．5 版．北京：高等教育出版社，2010．

[3] 龙驭球，包世华，袁驷．结构力学 I [M]．北京：高等教育出版社，2012．

[4] 张系斌．结构力学简明教程[M]．北京：北京大学出版社，2006．

[5] 崔恩第．结构力学学习指导[M]．北京：国防工业出版社，2006．

[6] 刘昭培，张韫美．结构力学[M]．4 版．天津：天津大学出版社，2006．

[7] 刘金春，杜青．结构力学[M]．杭州：浙江大学出版社，2013．

[8] 樊友景． 结构力学学习辅导与习题精解[M]．北京：中国建筑工业出版社，2013．

[9] 常伏德，王晓天．结构力学实用教程[M]．北京：北京大学出版社，2014．

[10] 李家宝．结构力学[M]．北京：高等教育出版社，2004．

[11] 王焕定．结构力学[M]．北京：清华大学出版社，2004．

[12] 金圣才．注册结构工程师基础考试过关必做 1500 题[M]．北京：中国石化出版社．2009．

[13] 彭俊生，罗永坤．结构力学指导型习题册[M]．成都：西南交通大学出版社．2001．